高等职业教育药学类专业系列教材

U0322172

发酵技术

（第2版）

主　编　徐　锐

副主编　范文斌　徐　意

参　编　黄蓓蓓　史　瑞　董　翠

重庆大学出版社

内容提要

本书为高等职业教育药学类专业系列教材。全书遵循工学结合模式的编写体例,根据微生物发酵行业相关工作岗位的职业标准,将编写内容分为 9 个典型项目,主要包括发酵工业菌种及种子制备、发酵工业无菌操作、发酵过程控制、发酵罐操作、发酵产物提取与纯化、厌氧发酵产品的生产、有氧发酵产品的生产、基因重组产品的生产,同时在每个项目的子任务下设置了相应的技能训练。本书在保留微生物发酵领域基本理论知识的同时,强化了以相关职业标准为基础的技能操作训练,旨在提高技术技能型人才的操作技能水平。

本书适用于高等职业教育制药技术、生物制药技术、生物技术及应用、微生物技术、食品微生物技术等专业作为教材使用,也可供相关行业工程技术人员参考。

图书在版编目(CIP)数据

发酵技术／徐锐主编. -- 2 版. -- 重庆：重庆大
学出版社,2022.1
高等职业教育药学类专业系列教材
ISBN 978-7-5624-9590-1

Ⅰ.①发… Ⅱ.①徐… Ⅲ.①发酵工程—高等职业教
育—教材 Ⅳ.①TQ92

中国版本图书馆 CIP 数据核字(2022)第 008728 号

发酵技术
(第 2 版)

主 编 徐 锐
副主编 范文斌 徐 意
责任编辑:袁文华 版式设计:袁文华
责任校对:关德强 责任印制:赵 晟

*

重庆大学出版社出版发行
出版人:饶帮华
社址:重庆市沙坪坝区大学城西路 21 号
邮编:401331
电话:(023) 88617190 88617185(中小学)
传真:(023) 88617186 88617166
网址:http://www.cqup.com.cn
邮箱:fxk@ cqup.com.cn(营销中心)
全国新华书店经销
重庆市正前方彩色印刷有限公司印刷

*

开本:787mm×1092mm 1/16 印张:17.25 字数:432 千
2022 年 1 月第 2 版 2022 年 1 月第 2 次印刷
印数:2 001—3 500
ISBN 978-7-5624-9590-1 定价:39.00 元

本书如有印刷、装订等质量问题,本社负责调换
版权所有,请勿擅自翻印和用本书
制作各类出版物及配套用书,违者必究

前言

现代发酵产业作为生物产业中最早实现规模化和标准化的领域,在国民经济发展中扮演着重要角色。从几千年前的酒、酱、醋酿造到今天的胰岛素、干扰素、白介素、重组单抗;从昔日的地窖式发酵池到如今的大型不锈钢发酵罐;从传统的粗放式培养到结合基因克隆、细胞工程、信息技术的精细化培养,发酵工程产业历经了无数次的技术革新和演变,已经成为生物产业的支柱产业之一。发酵工程技术作为生物技术理论与生物产业的桥梁,在药品、食品、化工品、农业生产资料等产品生产领域广泛应用。

发酵技术课程作为生物制药技术专业和生物技术专业的核心课程,在学生职业能力培养的过程中扮演着重要角色。根据高等职业教育的要求与特点,结合相关专业人才培养规格,根据微生物发酵行业相关工作岗位的职业标准,以提高技术技能型人才的操作技能水平为核心,编者采用了工学结合模式的编写体例进行了各教学项目的编写。每个教学项目下的教学任务均设置了技能训练模块,技能训练内容紧贴工作岗位内容,在教学内容对接企业生产的同时又具有可操作性。

本书按照微生物发酵行业相关工作岗位的工作内容,对传统发酵工程教学内容进行了重组,将编写内容分为9个典型教学项目,每个项目由项目描述、学习目标、能力目标、活动情境、任务要求、基本知识、技能训练、项目小结、思考练习组成。典型教学项目主要包括发酵工业菌种及种子制备、发酵工业无菌操作、发酵过程控制、发酵罐操作、发酵产物提取与纯化、厌氧发酵产品的生产、有氧发酵产品的生产、基因重组产品的生产。在进行本课程教学时,可根据本地区或院校自身的人才培养定位对教学内容进行调整或升级。

参与编写本书的编者均为在一线从事发酵技术课程教学的教师,在理论教学及实践教学方面均有丰富经验,本书正是他们在多年教学工作中不断总结教学内容和教学经验的结晶。

全书由湖北生物科技职业学院徐锐主编,其中项目1、项目8由范文斌(呼和浩特职业学院)编写,项目2、项目9由徐意(天津生物工程职业技术学院)编写,项目3由史瑞(黑龙江生物科技职业学院)编写,项目4由黄蓓蓓(三门峡职业技术学院)编写,项目5由徐锐(湖北生物科技职业学院)编写,项目6由董翠(信阳农林学院,任务6.1和任务6.2)和史瑞(黑龙江生物科技职业学院,任务6.3和任务6.4)共同编写,项目7由董翠(信阳农林学院)编写。

本书适用于高职高专制药技术、生物制药技术、生物技术及应用、微生物技术、食品微生物技术等专业学生作为教材使用和教师参考,也可供相关行业工程技术人员参考。

本书在编写过程中得到重庆大学出版社的大力支持,谨在此表示衷心感谢。同时全体编者向为本书提供参考资料的各位专业同行致以衷心感谢和崇高敬意。

由于编者时间和水平有限,发酵行业出现的新工艺、新技术、新趋势未能及时呈现在书中,不足之处在所难免,恳请各位读者提出宝贵意见。

编　者

2021 年 12 月

目 录 CONTENTS

项目 1　发酵技术概论

📖 【项目描述】

　　发酵工业与人们的生活息息相关,发酵技术的应用已涉及农业生产、轻化工原料生产、医药卫生、食品、环境保护、资源和能源的开发等多个领域。本项目从发酵的概念入手,详细介绍了发酵工业的发展历史、特点、产品范围、应用、现状和未来等知识,让学生全面了解发酵行业,从而激发学习的兴趣。

📖 【学习目标】

　　深刻理解发酵的概念;掌握发酵的特点和产品范围;了解发酵工业的发展过程及典型的事例。

📖 【能力目标】

　　能解释日常生产生活中的发酵现象;知道我国发酵行业发展的现状及发展前景。

任务 1.1　发酵技术与发展

1.1.1　发酵和发酵工程的概念

　　提到发酵,在生活中往往会让人联想到发面制作馒头、面包,酿造醋、酱油、酒类,或者联想到食品霉烂。很早以前人们就在生产实践活动中广泛地运用发酵相关的技术,但是人们真正认识发酵的本质却是近 200 年的事情。

　　发酵(fermentation)一词最初来源于拉丁语"发泡、沸涌(*fervere*)",是派生词,是用来描述酵母菌作用于果汁或发芽谷物(麦芽汁)进行酒精发酵时产生气泡的现象。这种现象实际上是由于酵母菌作用果汁或麦芽汁中的糖,在厌氧条件下代谢产生二氧化碳气泡引起的。人们把这种现象称为"发酵"。传统的发酵概念只是对酿酒这类厌氧发酵现象的描述。

　　生化和生理学意义的发酵是指微生物在无氧条件下,分解各种有机物质产生能量的一种方式,或者更严格地说,发酵是以有机物作为电子受体的氧化还原产能反应。如葡萄糖在无氧条件下被微生物利用产生酒精并放出 CO_2。

工业上的发酵泛指大规模地培养微生物生产有用产品的过程,既包括微生物的厌氧发酵,如酒精,乳酸等,也包括微生物好氧发酵,如抗生素、氨基酸、酶制剂等。产品有细胞代谢产物,也包括菌体细胞、酶等。

发酵工程是指利用微生物的生长繁殖和代谢活动,通过现代工程技术手段,进行工业化生产人们所需产品的理论和工程技术体系,是生物工程与生物技术学科的重要组成部分。发酵工程也称为微生物工程,该技术体系主要包括菌种选育和保藏、菌种的扩大生产、微生物代谢产物的发酵生产和纯化制备,同时也包括微生物生理功能的工业化利用等。发酵工程是一门多学科、综合性的科学技术,既是现代生物技术的重要分支学科,又是食品工程的重要组成部分。

1.1.2　发酵工程与其他工程技术的关系

现代生物工程主要包括基因工程、细胞工程、酶工程、蛋白质工程和发酵工程5个部分。基因工程和细胞工程的研究结果,大多需要通过发酵工程和酶工程来实现产业化;基因工程、细胞工程和发酵工程中所需要的酶,往往是通过酶工程来获得;酶工程中酶的生产,一般要通过微生物发酵的方法来进行。由此可知,生物工程各个分支之间存在着交叉渗透的现象(表1.1)。

表1.1　生物工程五大主要技术体系关系

生物工程	主要操作对象	工程目的	与其他工程的关系
基因工程	基因及动物细胞、植物细胞、微生物	改造物种	通过细胞工程、发酵工程使目的基因得以表达
细胞工程	动物细胞、植物细胞、微生物细胞	改造物种	可以为发酵工程提供菌种,使基因工程得以实现
发酵工程	微生物	获得菌体及各种代谢产物	为酶工程提供酶的来源
酶工程	微生物	获得酶制剂或固定化酶	为其他生物工程提供酶制剂
蛋白质工程	蛋白质空间结构	合成具有特定功能的新蛋白质	是基因工程的延续

1.1.3　发酵工程技术的发展史

发酵工程技术的历史可以根据发酵技术的重大进步大致分为自然发酵阶段、纯培养发酵阶段、深层通气发酵阶段、代谢调控发酵阶段、开拓发酵原料阶段、基因工程阶段6个阶段(表1.2)。

1) 自然发酵阶段

几千年前,人们在长期的日常生产生活中发现一些粮食经过一段时间的储存后,经过自然界一些因素的作用,会产生一些像酸、辣等奇怪的现象,这些奇怪的味道逐渐被人们所接受并喜欢,同时慢慢地积累经验,利用自然界的这种现象来生产人们喜欢的味道,从事酿酒、酱、醋、奶酪等生产,改善人们的生活。但是,人们对这种现象的本质一无所知,直到19世纪的时候仍然是一知半解。当时人们酿酒、酱、醋、奶酪等产品完全凭经验,当周围的环境变化了,自然会导致产品口味的变化,甚至会浪费粮食,现在很容易解释这些现象,但对于我们的先人这是不可能的事情。

19世纪以前的很长时间,发酵一直处于天然发酵阶段,凭经验传授技术,靠自然,人为不可控制,产品质量不稳定。

2) 微生物纯培养技术阶段

自然发酵阶段,人们不清楚发酵的本质,更不知道有微生物的存在关键作用。1680年,荷兰商人、博物学家列文虎克发明了显微镜,人类借助显微镜首次发现了微生物世界,此后的200年间微生物学的研究基本上停留在形态描述和分门别类的阶段。直到1857年,法国微生物学家巴斯德在帮助酿造者解决葡萄酒酿造过程中总是变酸的问题时,证明了酒精是由活的酵母发酵引起的,指出发酵现象是微小生命体进行的化学反应,阐述了发酵的本质,葡萄酒的酸败是由于酵母以外的另一种更小的微生物(醋酸菌)发酵作用引起的。随后发明了巴氏消毒法,使法国葡萄酒酿造业免受酸败之苦。巴斯德也因此被人们誉为“发酵之父”。

1872年,微生物发展史上又一奠基人——德国人柯赫首先发明了固体培养基,建立了细菌纯培养技术,1905年因肺结核菌研究获得诺贝尔奖;1872年,布雷菲尔德创建了霉菌的纯粹培养法;1878年,汉逊建立了啤酒酵母的纯粹培养法,微生物的分离和纯粹培养技术,使发酵技术从天然发酵转变为纯粹培养发酵。并且,人们设计了便于灭除其他杂菌的密闭式发酵罐以及其他灭菌设备。微生物的纯种培养技术,是发酵工业的转折点。

3) 液体深层通气搅拌发酵技术阶段

1929年,英国人弗莱明(Fleming)发现了青霉素(弗莱明在污染了霉菌的细菌培养平板上观察到了霉菌菌落的周围有一个细菌抑制圈,由于这种霉菌是青霉菌,因此弗莱明把这种抑制细菌生长的霉菌分泌物称为青霉素)。1940年美国和英国合作对青霉素进行生产研究,精制出了青霉素,并确认青霉素对伤口感染症比当时的磺胺药剂更具有疗效。恰逢第二次世界大战爆发,对作为医疗战伤感染药物的青霉素需求大量增加,这些都大力推进了青霉素的工业化生产和研究。

最初青霉素是液体浅盘发酵,发酵单位(效价)只有40 U/mL,1943年发展到液体深层发酵,效价增加到200 U/mL,如今发展到5万~7万 U/mL。随后,链霉素、金霉素、新霉素、红霉素等抗生素相继问世,抗生素工业迅速崛起。抗生素工业的发展建立了一套完整的好氧发酵技术,大型搅拌发酵罐培养方法推动了整个发酵工业的深入发展,为现代发酵工程奠定了基础。

4) 微生物酶转化及代谢调控技术阶段

1950—1960年,随着生物化学、酶化学、微生物遗传学等基础生物科学的迅速发展,人类开始用代谢控制技术进行微生物的育种和发酵条件的优化控制,大大加速了发酵工业的进程。1956年由日本的木下祝郎弄清楚了生物素对细胞膜通透性的影响,在培养基中限量提供生物素体影响了膜磷脂的合成,从而使细胞膜的通透性增加,谷氨酸得以排出细胞外并大量积累。1957 年,日本将这一技术应用到谷氨酸发酵生产中,从而首先实现了 L-谷氨酸的工业生产。谷氨酸工业化发酵生产的成功促进了代谢调控理论的研究,采用营养缺陷型及类似物抗性突变株实现了 L-赖氨酸、L-苏氨酸等的工业化生产。

5) 发酵原料的拓宽阶段

1960—1970 年这段时期,由于粮食紧张以及饲料的需求日益增多,为了解决人畜争粮这一突出问题,许多生物公司开始研究生产微生物细胞作为饲料蛋白的来源,甚至研究以石油副产品为发酵原料,发酵原料多样化开发研究的开展,促进了单细胞蛋白(SCP)发酵工业的兴起,使发酵原料由过去单一性碳水化合物向非碳水化合物过渡。从过去仅仅依靠农产品的状况,过渡到从工厂、矿业资源中寻找原料,开辟了非粮食(如甲醇、甲烷、氢气等)发酵技术,拓宽了原料来源。

6) 基因工程育种技术阶段

20 世纪 70 年代以后,基因重组的成功实现,人们可以按预订方案把外源目的基因克隆到容易大规模培养的微生物(如大肠杆菌、酵母菌)细胞中,通过微生物的大规模发酵生产,可得到原先只有动物或植物才能生产的物质,如胰岛素、干扰素、白细胞介素和多种细胞生长因子等。例如发酵法生产胰岛素,传统的胰岛素生产方法是从牛或猪的胰脏中提取,每 454 kg 牛胰脏,才能得到 10 g 胰岛素。这种传统的胰岛素生产方法很难满足要求。现在通过基因工程育种,人们可以把编码胰岛素的基因导入大肠杆菌细胞中,创造出能够生产胰岛素的基因工程菌。再将带有人胰岛素基因的工程菌放到大型的发酵罐中,生产出大量的人胰岛素。人们把这种大肠杆菌称为生产胰岛素的活工厂,用这种方法每 200 L 发酵液就可得到 10 g 胰岛素,同时还大大缩短了生产周期。这给发酵工程带来了划时代的变革,使生物技术进入了一个新的阶段——现代生物技术阶段。

表 1.2　发酵工程技术的历史阶段及其特点

发展时期	技术特点及发酵产品
自然发酵 1900 年以前	利用自然发酵制曲酿酒,制醋,栽培食用菌,酿制酱油、酱品、泡菜、干酪、面包以及沤肥等 特点:凭经验生产,主要是食品,混菌发酵
纯培养发酵 1900—1940	利用微生物纯培养技术发酵生产面包酵母、甘油、酒精、乳酸、丙酮、丁醇等厌氧发酵产品和柠檬酸、淀粉酶、蛋白酶等好氧发酵产品 特点:生产过程简单,对发酵设备要求不高,生产规模不大,发酵产品的结构比原料简单,属于初级代谢产物
深层通气发酵 1940 年以后	利用液体深层通气培养技术大规模发酵生产抗生素以及各种有机酸、酶制剂、维生素、激素等产品 特点:微生物发酵的代谢从分解代谢转变为合成代谢;真正无杂菌发酵的机械搅拌液体深层发酵罐诞生;微生物学、生物化学、生化工程三大学科形成了完整的体系

续表

发展时期	技术特点及发酵产品
代谢调控发酵 1957 年以后	利用诱变育种和代谢调控技术发酵生产氨基酸、核苷酸等多种产品 特点:发酵罐达 50~200 m³;发酵产品从初级代谢产物到次级代谢产物;发展了气升式发酵罐(可降低能耗、提高供氧);多种膜分离介质问世
开拓发酵原料 1960 年以后	利用石油化工原料(碳氢化合物)发酵生产单细胞蛋白;发展了循环式、喷射式等多种发酵罐;利用生物合成与化学合成相结合的工程技术生产维生素、新型抗生素;发酵生产向大型化、多样化、连续化、自动化方向发展 特点:用工业原料代替粮食进行发酵
基因工程育种 1979 年以后	利用 DNA 重组技术构建的生物细胞发酵生产人们所希望的各种产品,如胰岛素、干扰素等基因工程产品 特点:按照人们的意愿改造物种、发酵生产人们所希望的各种产品;生物反应器也不再是传统意义上的钢铁设备,昆虫躯体、动物细胞乳腺、植物细胞的根茎果实都可以看作是一种生物反应器;基因工程技术使发酵工业发生了革命性变化

任务 1.2　发酵工业与产品

1.2.1　发酵工业的特点

发酵工业是利用微生物所具有的生物加工与生物转化能力,将廉价的发酵原料转变为各种高附加值产品的产业。它与化工产业相比,有以下特点:

①以微生物为主体　微生物菌种是进行发酵的根本因素,可以通过筛选、诱变或基因工程手段获得高产优良的菌株。发酵对杂菌污染的防治至关重要,除了必须对设备进行严格灭菌和空气过滤外,反应必须在无菌条件下进行,维持无菌条件是发酵成败的关键。

②反应条件的温和性　发酵过程一般都是在常温常压下进行的生物化学反应,反应条件比较温和。

③原料的廉价性　发酵所用的原料通常以淀粉质、玉米浆、糖蜜或其他农副产品为主,只要加入少量的有机和无机氮源就可进行反应生产较高价值的产品。此外,可以利用废水和废物等作为发酵的原料进行生物资源的改造和更新。实现环保和发酵生产的双层效益。

④产物的多样性　由于生物体本身所具有的反应机制,能专一性和高度选择性地对某些较为复杂的化合物进行特定部位的生物转化修饰,也可产生比较复杂的高分子化合物。

⑤生产的非限制性　发酵生产不受地理、气候、季节等自然条件的限制,可以根据订单安排通用发酵设备来生产多种多样的发酵产品。

基于以上特点,发酵工业日益受到人们的重视。与传统的发酵工艺相比,现代发酵工业除了上述特点之外更有其优越性。如除了使用从自然界筛选的微生物外,还可以采用人工构建的"基因工程菌"或微生物发酵所生产的酶制剂进行生物产品的工业化生产,而且发酵设备也为自动化、连续化设备所代替,使发酵水平在原有基础上得到大幅度提高,发酵类型不断创新。

1.2.2 发酵工业产品的类型

发酵工业的应用范围很广,分类方法也多种多样,依据最终发酵产品的类型可以分为4大类。

1) 微生物菌体

微生物菌体即经过培养微生物并收获其细胞作为发酵产品。传统的菌体发酵工业,有用于面包制作的酵母发酵及用于人类或动物食品的微生物菌体蛋白发酵两种类型,属于食品发酵产品范围的有酵母菌、单细胞蛋白、螺旋藻、食用菌、活性乳酸菌和双歧杆菌等益生菌。例如,直接培养并收获酵母细胞作为动物饲料添加剂,即单细胞蛋白。

新的菌体发酵可用来生产一些药用真菌,如香菇类、与天麻共生的蜜环菌、担子菌的灵芝等药用菌。这些药用真菌可以通过发酵培养的手段生产出与天然产品具有同等疗效的产物。涉及其他发酵产品范围的还有人畜用活菌疫苗、生物杀虫剂(杀鳞翅目、双翅目昆虫的苏云金芽孢杆菌、蜡样芽孢杆菌菌剂;防治松毛虫的白僵菌、绿僵菌菌剂)。其特点是:细胞的生长与产物积累成平行关系,生长速率最大时期也是产物合成速率最高阶段,生长稳定期产量最高。

2) 微生物代谢产物

微生物代谢产物即将微生物生长代谢过程中的代谢产物作为发酵产品。微生物生长过程中的代谢产物种类很多,是发酵工业中数量最多,产量最大,也是最重要的部分,包括初级代谢产物和次级代谢产物。

初级代谢产物是指微生物在对数生长期通过代谢活动所产生的、自身生长和繁殖所必需的物质,如氨基酸、核苷酸、多糖、脂类、维生素等。自然界的野生菌产生的初级代谢产物仅用于自身的生长繁殖,工业上必须通过菌种改良才能大规模生产。

次级代谢产物是指微生物生长到一定阶段才产生的化学结构十分复杂、对该微生物无明显生理功能,或并非微生物生长和繁殖所必需的物质,如抗生素、毒素、激素、色素等。不同种类的微生物所产生的次级代谢产物不相同,它们可能积累在细胞内,也可能排到外环境中。其中,抗生素是一类具有特异性抑菌和杀菌作用的有机化合物,种类很多,常用的有链霉素、青霉素、红霉素和四环素等。为了提高代谢产物的产量,需要对发酵微生物进行遗传特性的改造和代谢调控的研究。

3) 微生物酶制剂

微生物酶制剂即通过获取微生物的酶作为发酵产品。酶普遍存在于动物、植物和微生物中。最初,人们都是从动植物组织中提取酶,但目前工业应用的酶大多来自微生物发酵,因为微生物具有种类多、产酶的品种多、生产容易和成本低等特点。与从植物或动物中提取酶相比,利用微生物发酵法获取酶最大的优势是可以用发酵技术规模生产,还可以通过改变微生物代谢途径的方法提高酶的产量。

目前工业上微生物发酵可以生产的酶有上百种,经分离、提取、精制得到酶制剂,广泛用于医药、食品加工、活性饲料、纤维脱浆等许多行业,如用于医药生产和医疗检测的药用酶,如青霉素酰化酶、胆固醇氧化酶、葡萄糖氧化酶、氨基酰化酶。现在已有很多酶制剂加工成固定化酶,使发酵工业和酶制剂的应用范围发生了重大变化。其特点是:需要诱导作用,或遭受阻遏、抑制等调控作用的影响,在菌种选育、培养基配制以及发酵条件等方面需给予注意。

4)微生物转化产物

利用生物细胞中的一种或多种酶作用于某一底物的特定部位(基团),使其转化为结构类似并具有更大经济价值的化合物的生化反应。生物转化的最终产物不是生物细胞利用营养物质经过代谢而产生,而是生物细胞中的酶或酶系作用于某一底物的特定部位(基团)进行化学反应而形成。最简单的生物转化例子是微生物细胞将乙醇氧化形成乙酸,但是发酵工业中最重要的生物转化是甾体的转化,如将甾体化合物的 11 位进行氧化转化为可的松,结构类似的同族抗生素、类固醇、前列腺素的生产。生物转化包括脱氢、氧化、脱水、缩合、脱羧、羟化、氨化、脱氨、异构化等。

若将发酵工业的范围按照产品进行细分,大致可分为 14 类(表 1.3)。

表 1.3 发酵工业涉及的范围及主要发酵产品

发酵工业范围	主要发酵产品
食品发酵工业	酱油、食醋、活性酵母、活性乳酸菌、面包、酸奶奶酪、饮料酒等
有机酸发酵工业	醋酸、乳酸、柠檬酸、葡萄糖酸、苹果酸、琥珀酸、丙酮酸等
氨基酸发酵工业	谷氨酸、赖氨酸、色氨酸、苏氨酸、精氨酸、酪氨酸等
低聚糖与多糖发酵工业	低聚果糖、香菇多糖、云芝多糖、葡聚糖、黄原胶等
核苷酸发酵工业	肌苷酸(IMP)、鸟苷酸(GMP)(强力助鲜剂)、黄苷酸(XMP)
药物发酵工业	抗生素:青霉素、头孢菌素、链霉素、制霉菌素、丝裂霉素等 基因工程制药工业:促红细胞生成素(EPO)、集落刺激因子(CSF)、表皮生长因子(EGF)、人生长激素、干扰素、白介素、各种疫苗、单克隆抗体等 药理活性物质发酵工业:免疫抑制剂、免疫激活剂、糖苷酶抑制剂、脂酶抑制剂、类固醇激素等
维生素发酵工业	维生素 C、维生素 B_2、维生素 B_{12} 等
酶制剂发酵工业	淀粉酶、蛋白酶、脂酶、青霉素酰化酶、葡萄糖氧化酶、海因酶等
发酵饲料工业	干酵母、单细胞蛋白、益生菌、青贮饲料、抗生素和维生素饲料添加剂等
生物肥料与农药工业	细菌肥料、赤霉素、除草菌素、苏云金杆菌、白僵菌、绿僵菌、杀稻瘟菌素、有效霉素、春日霉素等
有机溶剂发酵工业	酒精、甘油、乙醇、丙酮、丁醇溶剂等
微生物环境净化工业	利用微生物处理废水、污水等
生物能工业	沼气、纤维素等发酵生产乙醇、乙烯甲烷等能源物质
微生物冶金工业	利用微生物探矿、冶金、石油脱硫等

1.2.3 发酵工业在国民经济中的应用

1) 医药工业

采用生物工程技术,通过微生物发酵方法生产传统或新型药物与化学合成药物相比具有工艺简单、投入较少、污染较小的明显优势。

①抗生素目前主要是由微生物发酵生产,包括抗菌剂、抗癌药物等许多不同生理活性类型。

②维生素是重要的医药产品,同时也是食品和饲料的重要添加剂。目前采用发酵工程生产的维生素有维生素 C、维生素 B_2、维生素 B_{12} 等。

③多烯不饱和脂肪酸如二十碳五烯酸(EPA)、二十二碳六烯酸(DHA)、二十碳四烯酸(AA)等都是很有价值的医药保健产品,有"智能食品"之称。国外对其开发十分活跃,不仅源于海鱼,而且可通过某些微生物进行生产。研究人员发现海洋中有一种繁殖能力很强的网黏菌,其干菌体生物量含脂质70%,其中 DHA 30%~40%,可通过发酵途径进行生产,每升培养液可收获 DHA 4.5 g,该菌 DHA 含量与海产金鲶鱼或鲣鱼眼窝脂肪中 DHA 含量相近。

④利用生物转化可以合成手性药物,随着手性药物需求量的增大,人们在这一领域的研究也越来越多。

2) 食品工业

发酵工程对食品工业的贡献较大,从传统酿造到菌体蛋白,都是农副产品升值的主要手段。据报道,由发酵工程贡献的产品可占食品工业总销售额的15%以上。例如,氨基酸可用作食品、饲料添加剂和药物。目前利用微生物发酵法可以生产近20种氨基酸。该法较蛋白质水解和化学合成法生产成本低,工艺简单,且全部具有光学活性。在欧美,乳制品及谷物的发酵是重要的食品发酵过程,与酸乳、酸性稀奶油和稀奶油干酪有关的特殊香味是由柠檬素发酵产生的。目前乳制品的发酵在我国正在兴起,酸牛奶几乎普及各个城市和乡镇。近年来,由国外引进了干酵母技术,由于活性干酵母的保存期可达半年以上,使得国内大多数城镇都能生产新鲜面包。

由于化学合成色素不断被限制使用,微生物发酵生产的生物色素如 β-胡萝卜素、虾青素等受到重视。同时随着多糖、多肽应用的开拓,由微生物发酵生产的免疫制剂、抗菌剂以及增稠剂等都得到了优先发展。

3) 能源工业

能源紧张是当今世界各国都面临的一大难题,石油危机之后,人们更加清楚地认识到地球上的石油、煤炭、天然气等化石燃料终将枯竭,而有些微生物则能开发再生性能源和新能源。

①通过微生物或酶的作用,可以利用含淀粉、糖质、纤维素和木质素等的植物资源如粮食、甜菜、甘蔗、木薯、玉米芯、秸秆、木材等生产"绿色石油"——燃料乙醇。包括我国在内的美国、巴西和欧洲的一些国家已开始大量使用"酒精汽油(酒精和汽油的混合物)"作为汽车的燃料。也可以用各种植物油料为原料生产另一类"绿色石油"——生物柴油。目前德国等发达国家正在推广使用生物柴油新能源。

②各种有机废料如秸秆以及鸡粪、猪粪等通过微生物发酵作用生成沼气是废物利用的重要手段之一,许多国家利用沼气作为能源取得了显著的成绩。

③微生物采油主要是用基因工程方法构建工程菌，连同细菌所需的营养物质一起注入地层中，在地下繁殖，同石油作用，产生 CO_2、甲烷等气体，从而增加了井压。同时，微生物能分泌高聚物、糖脂等表面活性剂及降解石油长链的水解酶，可降低表面张力，使原油从岩石沙土上松开，同时，减少黏度，使油井产量明显提高。

④生物电池。微生物的生命活动产生的所谓"电极活动物质"作为电池燃料，然后通过类似于燃料电池的办法，把化学能转换成电能，成为微生物电池。作为微生物电池的电极活性物质，主要是氢、甲酸、氨等。例如，人们已经发现了不少能够产氧的细菌，其中属于化能异养菌的有 30 多种，它们能够发酵糖类、醇类、酸类等有机物，吸收其中的化学能来满足自身生命活动的需要，同时把另一部分的能量以氢气的形式释放出来。有了氢作燃料，就可以制造出异氧型的微生物电池。

据西班牙皇家化学学会 2005 年公布的一项研究报告宣称，牛胃液中所含的细菌群在分解植物纤维的过程中能够产生电力，电能约与一节 5 号电池相当。微生物发电这一令人期待的发电模式正逐渐显现出巨大的潜力。

4) 化学工业

传统的化工生产需要耐热、耐压和耐腐蚀的材料，而随着微生物发酵技术的发展，不仅可制造出化学方法难以生产或价值高的稀有产品，而且有可能改变化学工业的面貌，创建节能、少污染的新工艺。例如，发酵工程为生产生物可降解塑料这一难题提供了途径，科学家经过选育和基因重组构建了"工程菌"，已获得积累聚酯塑料占菌体质量 70%~80% 的菌株。再如，以石油为原料发酵生产的长链二羧酸，是工程塑料、耐寒农用薄膜和黏合剂的合成原料。

显然，有越来越多的化工产品将由微生物发酵生产来实现。

5) 冶金工业

虽然地球上矿物质蕴藏量丰富，但其属于不可再生资源，且大多数矿床品位太低，随着现代工业的发展，高品位富矿也不断减少。面对以万吨计的废矿渣、贫矿、尾矿、废矿，采用一般选浮矿法已不可能，唯有细菌冶金给人们带来新的希望。细菌冶金是指利用微生物及其代谢产物作为浸矿剂，喷淋在堆放的矿石上，浸矿剂溶解矿石中的有效成分，最后从收集的浸取液中分离、浓缩和提纯有用的金属。采用细菌冶金可浸提包括金、银、铜、铀、锰、锌、钴、镁、钡、钪等稀有金属，特别是黄金、铜、铀等的开采。

6) 农业

发酵工程应用于农业领域，能生产生物肥料(固氮菌、钾细菌、磷细菌等)、生物农药(苏云金杆菌或其变种所产生伴孢晶体——能杀死蛾类幼虫的毒蛋白等)、兽类抗生素(泰乐霉素、抗金黄色葡萄球菌素等)、食品和饲料添加剂、农用酶制剂、动植物生长调节剂(如赤霉素)等，特别在生产单细胞蛋白(SCP)饲料方面，已是国际科技界公认的解决蛋白质资源匮乏的重要途径，目前世界 SCP 的年产量在 250 万~300 万吨。

现在，开发和应用微生物资源，大力发展节土、节水、不污染环境、资源可循环利用的工业型绿色农业，是目前我国农业发展中比较切实可行的新途径。据测算，通过微生物工程，如果利用每年世界石油总产量的 2% 作为原料，生产出的单细胞蛋白可供 20 亿人吃 1 年；又如我国农作物秸秆，每年约有 5 亿吨，假如其中 2% 的秸秆即 1 亿吨通过微生物发酵变为饲料，则可获得相当于 400 亿千克的饲料粮，这是目前中国每年饲料用粮食的一半。一座占地不多的年产

10 万吨单细胞蛋白的发酵工厂,能生产相当于 180 万亩耕地生产的大豆蛋白或 3 亿亩草原饲养牛羊生产的动物蛋白质。

7) 环境保护

环境污染已经是当今社会一大公害,但是,小小的微生物却对污染物有着惊人的降解能力,成为污染控制研究中最活跃的领域。例如,某些假单胞菌、无色杆菌具有清除氰、腈剧毒化合物的功能;某些产碱杆菌、无色杆菌、短芽孢杆菌对联苯类致癌物质具有降解功能。某些微生物能降解"吃掉"水上的浮油,在净化水域石油污染方面,显示出惊人的效果。有的国家利用甲烷氧化菌生产胞外多糖或单细胞蛋白,利用 CO 氧化菌发酵丁酸或生产单细胞蛋白,不仅消除或降低了有毒气体,还从菌体中开发了有价值的产品。

利用微生物发酵还可以处理工业三废、生活垃圾及农业废弃物等,不仅净化了环境,还可变废为宝。例如,造纸废水生产类激素,味精废液生产单细胞蛋白,甘薯废渣生产四环素,啤酒糟生产洗涤剂用的淀粉酶、蛋白酶,农作物秸秆生产蛋白饲料等。利用微生物发酵可降解塑料聚羟基丁酯(PHB)等,可以缓解并逐步消除"白色污染"对环境的危害。

任务 1.3 发酵工业的现状与未来

1.3.1 发酵工业的发展现状

发酵工业发展至今经历了半个多世纪,最早主要生产抗生素,随后是氨基酸、有机酸、甾体激素的生物转化、维生素、单细胞蛋白和淀粉糖等工业化生产。随着现代生物技术的发展,发酵工程技术的应用已涉及国计民生的方方面面,包括农业生产、轻化工原料生产、医药卫生、食品、环境保护、资源和能源的开发等领域。当代,随着生物工程上游技术的进步以及化学工程、信息技术和生物信息学等学科技术的发展,发酵工程迎来了又一个崭新的发展时期。

发酵工程技术经过 50 多年的发展,目前已形成了一个完整的工业技术体系,整个发酵行业也出现了一些新的发展态势。由于发酵工程应用面广,涉及行业多,因此应用发酵工程技术的企业较多。据报道,目前美国生物技术企业有 1 200 多家,西欧有 580 多家,日本有 300 多家。其中,既有 ADM 公司、诺维信(原诺和诺德)公司等专门以发酵工程技术大规模生产各种产品的公司,也有 DSM 公司、汉高公司等利用大规模发酵技术生产部分产品的公司,还有在某一方面有专长的公司,如生产基因重组蛋白质的 Amgen 公司等。进入 21 世纪,生命科学已成为新世纪最具活力的领域之一,世界大公司正在把注意力向生命科学部分转移,发酵技术正在从食品、医药、农产品加工这些传统领域向化工、塑料、燃料和溶剂等工业领域扩展,必将给化学工业带来巨大的变革。

发酵行业是能源和资源消耗的主要行业之一,由于过去长期的高速发展,一些高能耗、高污染产品的产能扩张十分迅速,这样不仅耗费了大量的能源,而且过多的产能导致市场竞争激烈,也制约了我国生物发酵行业的健康持续发展。我国味精、氨基酸、有机酸、核苷酸等生物发酵行业面临调整结构、优化升级、转变增长方式、节能减排的重任,科技创新对行业创新发展作用更加突显,发酵新产品、新技术、新设备研发步伐加快。但是从目前国内的实际情况来看,无论是在新技术研发水平,还是在新设备的开发程度都远远落后于发达国家。大多数企业缺乏自主知识产权,没有核心竞争力,所谓的竞争只是停留在价格战上,不但自身缺乏可持续发展的动力,还影响到整个发酵行业发展前景。

当前,许多国际先进水平的发酵生产技术、设备和产品纷纷进入中国市场,我国发酵工业正面临严峻的挑战,与先进国家相比存在的主要差距或问题表现为:

①传统产品过快过大,如谷氨酸、柠檬酸、普通酶制剂、抗生素等。

②发酵产业产值在国民生产总值中的比例较低(1%以下)。

③发酵产品档次低、品种少、不配套,如我国的氨基酸产品中,普通调味用的谷氨酸产量占世界第一位,而我国也可用发酵法和酶法生产的约10种氨基酸(如赖氨酸、天冬氨酸、缬氨酸、异亮氨酸、丙氨酸等),由于生产工艺不完善或生产成本过高等因素,未能形成正常的生产能力,导致了我国氨基酸产品品种少和相互不配套,需要从国外大量进口。

④我国发酵产业存在着技术创新力不够,很多企业普遍存在着重产量、轻质量,重产值、轻品种,重上游、轻中下游,原料能源消耗大,劳动生产率低,生产规模小,因而导致技术指标低,生产成本高,经济效益差等问题。

1.3.2　发酵工业的发展前景

随着生物技术的发展,发酵工程的应用领域也在不断扩大,而且发酵工程技术的巨大进步也逐渐成为动植物细胞大规模培养产业化的技术基础。发酵原料的更换也将使发酵工程发生重大变革。2000年以后,由于木质纤维素原料的大量应用,发酵工程将大规模生产通用化学品及能源,这样,发酵工程变得对人类更为重要。科技创新是行业发展的根本手段,是推动发酵行业发展的关键。随着我国经济的持续快速增长,今后关于发酵领域的研究进展必将对国民食物结构的改善和食品工业的发展形成巨大推动力,同时也为坚持创新的企业带来发展机遇。

1) 基因工程育种和代谢调控技术研究为发酵工业带来新的活力

随着基因工程技术的应用和微生物代谢机理的研究,人们能够根据自己的意愿将微生物以外的基因件导入微生物细胞中,从而达到定向地改变生物性状与功能创新的物种,使发酵工业能够生产出自然界微生物所不能合成的产物。这就从过去烦琐地随机选育生产菌株朝着定向育种转变,对传统发酵工业进行改造,提高发酵单位。如基因工程及细胞杂交技术在微生物育种上的应用,将使发酵用菌种达到前所未有的水平。

2) 研制大型自动化发酵设备提高发酵工业效率

发酵设备主要指发酵罐,也可称为生物反应器,现代生物技术的成功与发展,最重要的是取决于高效率、低能耗的生物反应过程,而它的高效率又取决于它的自动化,大大提高生产效率和产品质量,降低了成本,可更广泛地开拓发酵原料的来源和用途。生物反应器大型化为世界各发达国家所重视。发酵工厂不再是作坊式的,而是发展为规模庞大的现代化企业,使用了最大容量达到 500 m^3 的发酵罐,常用的发酵罐容重达到 200 m^3。

3) 生态型发酵工业的兴起开拓了发酵的新领域

随着近代发酵工业的发展,越来越多过去靠化学合成的产品,现在已全部或部分借助发酵方法来完成。也就是说,发酵法正逐渐代替化学工业的某些方面,如化妆品、添加剂、饲料的生产。有机化学合成方法与发酵生物合成方法关系更加密切,生物半合成或化学半合成方法应用到许多产品的工业生产中。微生物酶催化生物合成和化学合成相结合,使发酵产物通过化学修饰及化学结构改造进一步生产更多精细化工产品,开拓一个全新的领域。

4) 再生资源的利用给人们带来了希望

随着工业的发展,人口增长和国民生活的改善,废弃物也日益增多,同时也造成环境污染。因此,对各类废弃物的治理和转化,变害为益,实现无害化、资源化和产业化就具有重要意义。发酵技术的应用达到此目标是完全可能的,近年来,国外对纤维废料作为发酵工业的大宗原料引起重视。随着对纤维素水解的研究,取之不尽的纤维素资源将代替粮食,发酵生产各种产品和能源物质,这将具有重要的现实意义。目前,对纤维废料发酵生产酒精已取得重大进展。

• 项目小结 •

发酵的概念包括传统发酵、发酵的生化意义及工业发酵,传统发酵是用来描述酵母菌作用于果汁或发芽谷物(麦芽汁)进行酒精发酵时产生气泡的现象;生化和生理学意义的发酵指微生物在无氧条件下,分解各种有机物质产生能量的一种方式,工业发酵泛指大规模地培养微生物生产有用产品的过程。

发酵现象始于几千年以前,经历了自然发酵阶段、纯培养发酵阶段、深层通气发酵阶段、代谢调控发酵阶段、开拓发酵原料阶段、基因工程阶段 6 个阶段的发展,现在已经成为国民经济的重要组成部分。

发酵具有以微生物为主体、反应条件温和、原料廉价、产物多样、生产不受限制等特点,发酵产物包括微生物菌体、微生物酶、微生物代谢产物、微生物转化产物,以及微生物特殊机能的利用,发酵工业在与人们生活相关的医药、食品、农业、环保等不同的工业领域中都发挥着重要的应用。

发酵行业是能源和资源消耗的主要行业之一,由于过去长期的高速发展,大多数企业缺乏自主知识产权,没有核心竞争力,产品单一,缺乏创新,现在发展面临着调整结构、优化升级、转变增长方式、节能减排的重任。需要从基因工程育种、新型发酵设备研制、发酵机能的调控研究、再生资源的利用等方面努力,实现可持续发展。

 思考练习

1. 简述发酵和发酵工程的概念。
2. 简述发酵工业的发展史。
3. 列举发酵的特点及产品类型。
4. 分析发酵工业存在的问题。
5. 谈谈我国发酵行业的发展前景。

项目2　发酵工业菌种及种子制备

📖 **【项目描述】**

　　微生物细胞是发酵反应的主角,好的菌种才能造就高附加值的产品,因此菌种成为了发酵工厂、企业的命脉。菌种可以从菌种库或专利持有人那里购买,也可以自行筛选并改造。而菌种要进行大规模的生物反应,首先要进行活化,再进行扩大培养获得足够多的细胞才能进入发酵罐发酵。任何发酵过程的起始都是从菌种的获得与种子制备开始的。

📖 **【学习目标】**

　　掌握菌种选育的基本方法;知晓常见的工业发酵用微生物种类;掌握培养基的制备方法,掌握种子制备的流程。

📖 **【能力目标】**

　　能够采用紫外诱变等常规方法进行菌种的选育;能够进行工业发酵用培养基的配制及灭菌;能够进行种子的扩培获得数量与质量合格的种子。

❓ **引导问题**

1.怎样从自然界中筛选出工业发酵用的菌种?

2.获得菌种了可以直接发酵吗?

任务 2.1　发酵工业菌种选育与保藏

【活动情境】

　　黑曲霉是一种常见的真菌,是重要的发酵工业菌种,可生产淀粉酶、酸性蛋白酶、纤维素酶、果胶酶、柠檬酸、葡糖酸和没食子酸等重要产品。现以土壤为样品,要得到发酵生产果胶酶用的黑曲霉菌株,该如何完成这项任务?

【任务要求】

能够运用关于微生物的基本知识,根据菌株的特性,熟练进行微生物基本操作,实现黑曲霉菌株的分离、诱变、筛选及菌种保藏。

1.黑曲霉菌株从土壤样品中的分离。

2.黑曲霉菌株的紫外诱变。

3.高产果胶酶菌株的筛选。

4.菌种的保藏。

【基本知识】

工业微生物是指通过工业规模培养能够获得特定产品或达到特定作用效果的微生物。

优良的微生物菌种是发酵工业的基础和关键。从土壤中分离得到的野生型菌株很少能按人类的意愿生产所需要的物质或产量很小,因此必须对野生型菌株进行菌种选育,使发酵工业产品的产量和质量都有所提高。

微生物是发酵工业生产成败的关键,因此,工业生产用菌种应该满足以下要求:

①能在廉价原料制成的培养基上迅速生长,并生成所需的代谢产物,产量高。

②可以在易于控制的培养条件下(糖浓度、温度、pH、溶解氧、渗透压等)迅速生长和发酵,且所需酶活力高。

③生长速度和反应速度较快,发酵周期短。

④根据代谢控制要求,选择单产高的营养缺陷型突变菌株、调节突变菌株或野生菌株。

⑤选育抗噬菌体(侵染细菌和放线菌的病毒)能力强的菌株,使其不易感染噬菌体。

⑥菌种性能稳定,不易变异退化,以保证发酵生产和产品质量的稳定性。

⑦菌种不是病原菌,不产生任何有害的生物活性物质和毒素(包括抗生素、激素、毒素),以保证安全。

具有上述特征的微生物可以从大自然中分离筛选新的微生物菌种;也可以根据资料直接向科研单位、高等院校、工厂或菌种保藏部门索取或购买;或者是从生产过程中已有菌种中筛选发生正突变的优良菌种。

2.1.1 菌种类型

工业发酵生产中常用的微生物主要是细菌、放线菌、酵母菌和霉菌4大类。

1)常见的细菌

(1)大肠埃希氏杆菌

大肠埃希氏杆菌简称为大肠杆菌,是最为著名的原核微生物。革兰氏染色阴性,短杆状,大小为$(0.5\sim1.0)\mu m\times3.0\ \mu m$;运动或者不运动,运动者周生鞭毛。多数大肠杆菌对人体无害,是常见条件致病菌。大肠杆菌生长迅速,营养要求低,是最早用作基因工程的宿主菌。

工业上常将大肠杆菌用于生产谷氨酸脱羧酶、天冬酰胺酶和制备天冬氨酸、苏氨酸及缬氨酸等。此外,一些基因工程表达产物,如干扰素、人胰岛素、人生长激素等,已实现大肠杆菌的高密度发酵生产。

（2）枯草芽孢杆菌

枯草芽孢杆菌属于芽孢杆菌属。革兰氏染色阳性,大小为$(0.3\sim2.2)\,\mu m\times(1.2\sim7.0)\,\mu m$;周生或侧生鞭毛;无荚膜;芽孢中生或近中生,大小$0.5\,\mu m\times(1.5\sim1.8)\,\mu m$。菌落形态不规则;表面粗糙,不透明,污白色或微黄色。枯草芽孢杆菌是工业发酵的重要菌种之一,可用于生产淀粉酶、蛋白酶、核苷酸酶、氨基酸和核苷等。

（3）北京棒状杆菌

革兰氏染色阳性,短杆状或小棒状,有时微弯曲,两端钝圆,不分枝,单个或呈"八"字排列,无芽孢,不运动。北京棒状杆菌是我国谷氨酸发酵的主要生产菌种之一。

2）常见的放线菌

（1）链霉菌属

菌丝发达无隔膜,直径为$0.4\sim1\,\mu m$,长短不一,多核。菌丝体有营养菌丝、气生菌丝和孢子丝之分。链霉菌属是抗生素的主要生产菌。常用的抗生素,如链霉素、土霉素、博莱霉素、丝裂霉素、制霉菌素、卡娜霉素、井冈霉素等,都是链霉菌属产生的次级代谢产物。

（2）诺卡菌属

诺卡菌属又称为原放线菌属。菌丝体能产生横膈膜,多数种只有营养菌丝,没有气生菌丝。菌落一般比链霉菌属小,表面崎岖多皱,致密干燥。诺卡菌主要分布在土壤中,能产生30多种抗生素,如利福霉素、间型霉素等。此外,有些诺卡菌还用于石油脱蜡、烃类发酵及腈类化合物的转化。

3）常见的酵母菌

（1）酿酒酵母

细胞多为圆形或卵圆形,长宽比为$1:2$。它是发酵工业中最常用的菌种之一。它除了用于传统酒类(如啤酒、葡萄酒、果酒和蒸馏酒)的生产之外,工业上还用于酒精的发酵。

（2）产朊假丝酵母

细胞呈圆形、椭圆形或圆柱形,大小为$(3.5\sim4.5)\,\mu m\times(7\sim13)\,\mu m$。它是人们研究最多的生产单细胞蛋白的微生物之一。以无机氮为氮源,以五碳糖或六碳糖为碳源,在培养基中不需添加生长因子,它即可生长。它既能利用造纸工业的亚硫酸废液,也能利用糖蜜、土豆淀粉废料、木材水解液等生产出人畜可食用的单细胞蛋白。

4）常见的霉菌

（1）毛霉属

属接合菌亚门,毛霉目。菌丝无色透明,无横隔,菌落初期为白色,后为灰白色、淡黄色或淡褐色,气生,不产生匍匐菌丝,有孢子囊,能产生孢囊孢子。有性生殖时可形成球形的接合孢子。毛霉中的许多种分解蛋白质能力很强,因此,豆腐乳、豆豉的制作均用毛霉。

（2）根霉属

属接合菌亚门,毛霉目。菌丝无色透明,无隔膜,不长气生菌丝,只产生弧形的匍匐菌丝,有假根,有子囊,能产生孢囊孢子。根霉可分泌多种酶,如淀粉酶、蛋白酶等。它常用于酿酒业中淀粉的糖化。

（3）红曲霉属

红曲霉菌落开始为白色，成熟后变为红紫色，能向培养基中分泌红色色素。红曲霉能产生淀粉酶、麦芽糖酶、蛋白酶、柠檬酸、琥珀酸、乙醇，以及天然食用色素，从而用于黄酒、醋、红腐乳等的制作。

（4）青霉属

青霉在自然界中分布很广，是造成水果腐烂、粮食等工农业产品霉变的主要菌。不同菌种可形成不同的代谢产物，如有产青霉素的菌种，产灰黄霉素的菌种，产柠檬酸、延胡索酸、草酸等有机酸的菌种，产纤维素酶、糖苷酶的菌种。个别青霉菌还能产生致癌的霉菌毒素。

（5）曲霉属

曲霉为多细胞菌。菌丝有分隔，营养菌丝大多匍匐生长，无假根，能产生分生孢子。此属在自然界分布极广，是引起多种物质霉腐（如面包腐败，煤生物分解及皮革变质等）的主要微生物之一。其中，黄曲霉具有很强的毒性。绿色和黑色的具有很强的酶活性，在食品发酵中广泛用于制酱、酿酒。曲霉在现代发酵工业中用于生产葡萄糖氧化酶、糖化酶和蛋白酶等酶制剂。

2.1.2　菌种的选育

微生物是地球上分布最广、种类最丰富的生物种群。为了适应环境压力，微生物常常能产生许多特殊的生理活性物质，因此，微生物是人类获取生理活性物质的丰富资源。菌种选育是按照生产的要求，根据微生物遗传和变异的理论，用自然或人工的方法造成菌种变异，再经过筛选而达到菌种改良的目的。通过改造，可使现存的优良性状强化，或去除不良性状或增加新的性状。微生物菌种是决定发酵产品的工业化价值以及发酵过程成败的关键。

要使发酵工业产品的种类、产量和质量有较大的改善，首先必须选取性能优良的生产菌种。菌种选育包括根据菌种的自然变异而进行的自然选育，以及根据遗传学基础理论和方法利用诱变育种技术、原生质体融合技术、基因工程技术而进行的诱变育种、细胞工程育种、基因工程育种等。

1）菌种的自然选育

自然选育又称为自然分离。自然状态下，碱基对发生自然突变的概率为 $10^{-9} \sim 10^{-8}$，自然选育虽然突变率很低，但却是工厂保证稳产高产的重要措施。微生物菌种筛选包括采样、富集培养、纯种分离、初筛和复筛。

2）诱变育种

诱变育种是利用物理或化学诱变剂处理均匀分散的微生物细胞群，促进其突变率大幅度提高，然后采用简便、快速和高效的筛选方法，从中挑选少数符合育种目的的突变株，以供生产实践或科学研究用，诱变育种操作简单、快速，是目前被广泛使用的育种方法。当前发酵工业所使用的生产菌株，大部分都是通过诱变育种提高了生产性能。

诱变育种的基本过程包括出发菌株的选择、单细胞或单孢子悬浮液的制备、诱变方法的选择、诱变处理、筛选等。诱变育种的典型流程如图2.1所示。

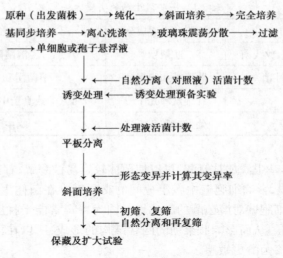

图 2.1　诱变育种的典型流程

3) 杂交育种

杂交育种狭义上是指两个基因型不同的菌株通过结合或原生质体融合使遗传物质重新组合,再从中分离和筛选出具有新性状的菌株。杂交育种广义上主要包括杂交和原生质体融合两种方法。

细胞壁被酶解剥离,剩下的由原生质膜包围的原生质部分称为原生质体。原生质体融合是通过人工方法,使遗传性状不同的两个细胞的原生质体发生融合,并产生全重组子的过程,原生质体融合技术是继转化、转导和接合等微生物基因重组方式之后,又一个极其重要的基因重组技术。原生质体融合技术的运用,使细胞间基因重组的频率大大提高,基因重组亲本的选择范围也得以扩大,可以在不同种、属、科,甚至更远缘的微生物之间进行,这为利用基因重组技术培育更多更优良的生产菌种提供了可能。原生质体融合技术已广泛应用于细菌、放线菌、霉菌和酵母菌的育种。

微生物原生质体融合分为以下 5 个步骤:

(1)选择亲株

为了能明确检测到融合后产生的重组子并计算重组频率,参与融合的亲株一般都需要带有可以识别的遗传标记。常用营养缺陷型或抗药性作为标记,也可以采用热致死、孢子颜色、菌落形态等作为标记。在进行原生质体融合前,应先测定菌株各遗传标记的稳定性,如果自发回复突变的频率过高,则不宜采用。

(2)原生质体制备

为了制备原生质体,去除细胞壁是关键。去壁的方法有机械法、非酶分离法和酶解法。一般都采用酶解法去壁,根据微生物细胞壁组成和结构的不同,需分别采用不同的酶,如溶菌酶、纤维素酶、蜗牛酶等。

一些微生物的去壁方法见表 2.1。

表 2.1 一些微生物的去壁方法

微生物	细胞壁主要成分	去壁方法
革兰氏阳性菌、放线菌	肽聚糖	溶菌酶
革兰氏阴性菌	肽聚糖和脂多糖	溶菌酶和 EDTA
霉菌	纤维素和几丁质	纤维素酶或真菌中分离的溶壁酶
酵母菌	葡聚糖和几丁质	蜗牛酶

在菌体生长的培养基中添加甘氨酸,可以使菌体较容易被酶解,甘氨酸渗入细胞壁肽聚糖中代替 D-丙氨酸的位置,影响细胞壁中各组分间的交联度。在菌体生长阶段添加蔗糖,扰乱菌体的代谢,也能提高细胞壁对溶菌酶的敏感性。因为青霉素能干扰肽聚糖合成中的转肽作用,使多糖部分不能交联,从而影响肽聚糖的网状结构的形成,所以在菌体生长对数期加入适量青霉素,能使细胞对溶菌酶更敏感。

(3)原生质体融合

聚乙二醇(PEG)能有效地促进原生质体融合。其助融作用可能与下列过程有关:开始时,由于强烈的脱水而使原生质体粘在一起,并形成聚合体。原生质体收缩并高度变形,使原生质体之间的接触面增大。细胞膜结构发生紊乱,加大了细胞膜的流动性,膜内的蛋白质和糖蛋白相互作用和混合,使紧密接触的原生质体相互融合。PEG 对细胞尤其是原生质体也有一定的毒害作用,因此,作用的时间一般不宜过长。PEG 有不同的聚合度。在细菌原生质体融合中,多采用高相对分子质量的 PEG(如 PEG 6 000);对放线菌则可采用各种相对分子质量的 PEG。PEG 的使用浓度范围一般为 30%~50%,但随着微生物种类的不同而异。此外,物理融合剂,如电场和激光也能有效促进融合。

(4)融合体再生

融合体再生就是使原生质体融合体重新长出细胞壁,恢复完整的细胞形态结构。能再生细胞壁的原生质体只占总量的一部分。细菌一般再生率为 3%~10%;真菌再生率一般为 20%~80%;链霉菌再生率最高可达 50%。若要获得较高的再生率,在实验过程中应避免因强力动作而使原生质体破裂。在将原生质体悬液涂布在再生培养基平板上前,宜预先去除培养基表面的冷凝水。涂布时,原生质体悬液的浓度不宜过高。若有残存的菌体存在,它们将会率先在再生培养基中长成菌落,并抑制周围原生质体的再生。另外,菌龄、再生时的温度、溶菌酶用量和溶壁时间等因素都会影响原生质体融合体的再生。

(5)筛选优良性状融合重组子

重组子的检出方法有 3 种:直接法、间接法和钝化选择法。直接法是将融合液涂布在不补充亲株生长需要的生长因子的高渗再生培养基平板上,直接筛选出原养型重组子。间接法是把融合液涂布在营养丰富的高渗再生平板上,使亲株和重组子都再生成菌落,然后用影印法将它们复制到选择培养基上,检出重组子。钝化选择法是在融合前使亲本中的一方(野生型)原生质体代谢途径中的某些酶钝化不能再生,再与另一方(双缺陷型)原生质体融合,融合体在基本培养基上分离。

以上获得的还仅仅是融合重组子,尚需进行生理生化测定及生产性能的测定,以确定是否符合育种的要求。

4) 基因工程育种

20世纪70年代出现的基因工程技术给微生物育种带来了革命性的变化。基因工程育种是以分子遗传学的理论为基础,综合分子生物学和微生物遗传学的重要技术而发展起来的一门新兴应用科学,是一种自觉的、能像工程一样事先设计和控制的育种技术,可以完成超远缘杂交,是最新、最有前途的育种方法,所创造的新物种是自然演化中不可能发生的组合。因为基因工程的实施首先需要对生物的基因结构、顺序和功能有充足的认识,而目前对基因的了解还十分有限,蛋白质类以外的发酵产物(如糖类、有机酸、核苷酸及次级代谢产物)的产生往往受到多个基因的控制,尤其是还有许多发酵产物的代谢途径没有被发现,所以就目前而言,基因工程的应用仍存在着很大的局限性,基因工程产品主要是一些较短的多肽和小分子蛋白质。

基因工程育种的全部过程一般包括目的基因DNA片段的取得、DNA片段与基因载体的体外连接、外源基因转入宿主细胞和目标基因的表达等主要环节。

2.1.3 生产菌种的保藏

菌种是从事微生物学以及生命科学研究的基本资料,特别是利用微生物进行有关生产,如抗生素、氨基酸、酿造等工业,更离不开菌种。因此,菌种保藏是一项重要的工业微生物学基础工作,优良的菌种来之不易,所以,在科研和生产中应设法减少菌种的衰退和死亡。其任务首先是使菌种不死亡,同时还要尽可能保证菌种经过较长时间后仍然保持着生活能力,不被其他杂菌污染,形态特征和生理性状应尽可能不发生变异,以便今后长期使用。

1) 生产菌种的衰退与复壮

因自发突变而使某物种原有的一系列生物学性状发生量变和质变的现象称为菌种衰退。衰退可以是生理上的,如产孢子能力、发酵主产物比例下降等,也可以是形态上的,如原有典型性状的消失。就产量性状而言,菌种的负突变就是衰退。具体体现为:①原有形态性状变得不典型了,如芽孢和伴孢晶体变小甚至丧失等;②生长速率变慢,产生的孢子变少;③代谢产物生产能力下降,这种情况极其普遍;④致病菌对宿主侵染力下降;⑤抗不良环境条件(抗噬菌体、抗低温等)能力减弱等。

菌种衰退是发生在细胞群体中一个由量变到质变的逐渐演化过程。首先,在细胞群体中出现个别发生负突变的菌株,这时如不及时发现并采取有效的措施,而一味地移种传代,则群体中这种负突变个体的比例逐渐增大,最后占据了优势,整个群体发生严重的衰退。因此,开始时所谓"纯"的菌株,实际上其中已包含着一定程度的不纯因素;同样,到了后来,整个菌种虽已"衰退",但也是不纯的,即其中还会有少数尚未衰退的个体存在。

定期使菌种复壮是防止菌种衰退最有效的方法。菌种复壮就是在菌种发生衰退后,通过纯种分离和性能测定,从衰退的群体中找出尚未衰退的个体,以达到恢复该菌种原有性状的一种措施。

狭义的复壮仅是一种消极的措施,指的是在菌种已发生衰退的情况下,通过纯种分离和测定典型性状、生产性能等指标,从已衰退的群体中筛选出少数尚未衰退的个体,以达到恢复原菌株固有性状的相应措施。而广义的复壮应是一项积极的措施,是在菌种尚未衰退之前定期地进行纯种分离和性能测定,使菌种的生产性能保持稳定。广义的复壮过程有可能利用正向的自发突变,在生产中培育出更优良的菌株。

(1)菌种衰退的防止

微生物都存在着自发突变,而突变都是在繁殖过程中发生或表现出来的,减少传代次数就能减少自发突变和菌种衰退的可能性。因此,不论在实验室还是在生产实践中,必须严格控制菌种的传代次数,以减少细胞分裂过程中所产生的自发突变概率($10^{-9} \sim 10^{-8}$)。

各种生产菌株对培养条件的要求和敏感性不同,培养条件若有利于生产菌株,就可在一定程度上防止衰退。例如,在赤霉素生产菌 G.fuikuroi 的培养基中,加入糖蜜、天冬酰胺、谷氨酰胺、5 核苷酸或甘露醇等丰富营养物时,有防止衰退的效果。

在育种过程中,应尽可能使用孢子或单核菌株,避免对多核细胞进行处理,可以减少分离回复现象。在实践中,若用无菌棉团轻巧地对放线菌进行斜面移种,就可避免菌丝接入。

另外,有些霉菌如用其分生孢子传代易于衰退,而改用其子囊孢子接种则能避免衰退。在用于工业生产的菌种中,重要的性状大多属于数量性状,而这类性状恰恰是最易衰退的。斜面保藏的时间较短,只能作为转接和短期保藏的种子用,应该在采用斜面保藏的同时,采用沙土管、冻干管和液氮管等能长期保藏的手段。

(2)菌种的复壮

在衰退菌种的细胞群中,一般还存在着保持原有典型性状的个体。通过纯种分离法,设法把这种细胞挑选出来即可达到复壮的效果。纯种分离方法可以分两类:一类是采用平板表面涂布法或平板划线分离法可达到"菌落纯"水平;另一类是用较精致的方法,如用"分离小室"进行单细胞分离,用显微操作器进行单细胞分离,或者用菌丝尖端切割法进行单细胞分离,可达到"菌株纯"的水平。

对于因长期在人工培养基上移种传代而衰退的病原菌,可接种到相应的昆虫或动植物宿主体中,通过各种特殊的活的"选择性培养基"一至多次选择,就可从典型的病灶部位分离到恢复原始毒力的复壮菌株。

2)生产菌种的常规保藏方法

菌种保藏主要是根据菌种的生理生化特点,人工创造条件,使孢子或菌体的生长代谢活动尽量降低,以减少其变异。一般可通过保持培养基营养成分在最低水平、缺氧状态、干燥和低温,使菌种处于"休眠"状态,抑制其繁殖能力。人们在长期的实践中,对微生物种子的保藏建立了许多方法。

(1)定期移植保藏法

将菌种接种于适宜的斜面或液体培养基,待其生长成健壮的菌体后,将菌种放置 4 ℃冰箱保藏,每间隔一定时间需重新移植;定期移植保藏法是最早使用而且至今仍然普遍采用的方法。该法简单易行,但是保藏的时间较短,菌种容易衰退。斜面保藏是一种短期的、过渡的保藏方法,一般保存期为 3~6 个月。

(2)液体石蜡保藏法

在生长良好的斜面表面覆盖一层无菌液体石蜡,液面高出培养基 1 cm 左右,然后保存在冰箱中。液体石蜡可以防止水分蒸发,隔绝氧气,因此能延长保藏的时间。此法适用于不能利用石蜡油作碳源的细菌、霉菌、酵母等微生物的保存,保存期约一年。

(3)沙土管保藏法

这是国内常采用的一种方法。制备方法:取河沙过 24 目筛,用 10%~20%的盐酸浸泡除去有机质,洗涤,烘干,分装入安瓿管,加塞灭菌。需要保藏的菌株先斜面培养,再用无菌水制成细胞或孢子悬液,将 10 滴悬液注入装有洗净、灭菌河沙的沙管内,使细胞或孢子吸附在沙上,放到干燥器中吸干沙中的水分,将干燥后的沙管用火焰熔封管口,可以室温或低温保藏。其特点是干燥,低温,隔氧,无营养物。此法保藏的效果较好,制作也简单,比液体石蜡法保藏时间长,适合于产孢子或芽孢的微生物,保藏时间可达数年,甚至数十年。

(4)冷冻干燥保藏法

真空冷冻干燥保藏法是目前常用的较理想的一种方法。该方法保藏效果好,对各种微生物都适用,国内外都已较普遍地应用。该法是将菌液在冻结状态下升华其中水分,最后获得干燥的菌体样品。这种方法的基本操作过程是先将微生物制成悬浮液,再与保护剂混合,然后放在特制的安瓿管内,用低温酒精或干冰使其迅速冻结,在低温下用真空泵抽干,最后将安瓿管真空熔封,并低温保藏。保护剂一般采用脱脂牛奶或血清等。该法同时具备干燥、低温和缺氧的菌种保藏条件,使微生物的生长和代谢都暂时停止,不易发生变异,因此,可使微生物菌种得到较长时间的保存,一般可以保存 5 年左右。这种保藏方法需要一定的设备,技术要求比较严格。

(5)液氮超低温保藏法

液氮超低温保藏技术已被公认为是当前最有效的菌种长期保藏技术之一,在国外已普遍采用。它也是适用范围最广的微生物保藏法,尤其是一些不产孢子的菌丝体,用其他保藏方法不理想,可用此法保藏。液氮保藏的另一大优点是可利用各种培养形式的微生物进行保藏,不论孢子或菌体、液体培养物或固体培养物均可使用该法。液氮的温度可达 -196 ℃,远远低于菌种新陈代谢作用停止的温度(-130 ℃),因此用液氮能长期保存菌种。

由于液氮保存于超低温状态,所使用的安瓿管需能承受大的温差而不至于破裂,一般用95 料或 GC17 的玻璃管。因为菌种要经受超低温的冷冻过程,常用 10%(体积分数)甘油为保护剂。液氮法的关键是先把微生物从常温过渡到低温。因此,在细胞接触低温前,应使细胞内自由水通过膜渗出而不使其遇冷形成冰晶而伤害细胞。当要使用或检查所保存的菌种时,可将安瓿管从冰箱中取出,室温或 35~40 ℃水浴中迅速解冻,当升温至 0 ℃时即可打开安瓿管,将菌种移到适宜的培养基斜面上培养。

(6)甘油保藏法

甘油保藏法与液氮超低温保藏法类似。菌种悬浮在 10%甘油蒸馏水中,置低温(-80~-70 ℃)保藏。该法较简便,保藏期较长,但需要有超低温冰箱。实际工作中,常将待保藏微生物菌培养至对数期的培养液直接加到已灭过菌的甘油中,并使甘油的终浓度在 10%~30%,再分装于小离心管中,置低温保藏。基因工程菌常采用该法保藏。

3)国内外菌种保藏机构

菌种保藏机构的任务是在广泛收集、生产和科研菌种、菌株的基础上,把它们妥善保藏,使之达到不死、不衰、不乱和便于交换使用的目的。国际上很多国家都设立了菌种保藏机构。主要的菌种保藏机构介绍如下:

ATCC American Type Culture Collection. Rockvill, Maryland, USA(美国标准菌种收藏所,美国马里兰州罗克维尔市)

CSH Cold Spring Harhor Laboratory. USA(冷泉港研究室,美国)

IAM Institute of Applied Microbiology, University of Tokyo. Tokyo. Japan（日本东京大学应用微生物研究所,日本东京）

IFO institute for Fermentation. Osaka, Japan（发酵研究所,日本大阪）

KCC Kaken Chemical Company Ltd. Tokyo, Japan（科研化学有限公司,日本东京）

NCTC National Collection of Type Culture. london, United Kingdom（国立标准菌种收藏所,英国伦敦）

NIH National Institutes of Health.Bethesda, Maryland.USA（国立卫生研究所,美国马里兰州贝塞斯达）

NRRL Northern Utilization Research and Development Division. US Department of Agriculture. Peoria, USA（美国农业部,北方开发利用研究部,美国皮奥里亚市）

中国微生物菌种保藏管理委员会成立于1979年,它的任务是促进我国微生物菌种保藏的合作、协调与发展,以便更好地利用微生物资源,为我国的经济建设、科学研究和教育事业服务。该委员会下设9个菌种保藏管理中心,其负责单位、代号和保藏菌种的性质如下:

①普通微生物菌种保藏管理中心,北京（CCGMC）。

②中国科学院微生物研究所,北京（AS）:真菌,细菌。

③中国科学院武汉病毒研究所,武汉（AS-IV）:病毒。

④中国农业微生物菌种保藏管理中心,北京（ACCC）。

⑤中国农业科学院土壤肥料研究所,北京（ISF）。

⑥中国工业微生物菌种保藏管理中心,北京（CICC）。

⑦轻工业部食品发酵工业科学研究所,北京（IFFI）。

⑧中国医学细菌保藏管理中心,北京（CMCC）。

⑨抗生素菌种保藏管理中心,北京（CACC）。

【技能训练】

黑曲霉菌株的紫外诱变育种

1) 目的要求

①熟悉紫外线诱变育种的原理。

②掌握紫外线照射剂量选择的操作。

2) 基本原理

用于微生物诱变的紫外线剂量表示方法,可分绝对剂量和相对剂量。由于绝对剂量操作比较困难,在诱变育种实际工作中,常以杀菌率或照射时间来作诱变剂的相对剂量。在灯的功率和照射距离都固定的情况下,剂量大小由照射的时间决定,即剂量与照射时间成正比关系,照射时间长,剂量就大。在育种实践中,早期育种工作者一般认为杀菌率以90%~99%效果较好,近年来,认为较低的杀菌率有利于正突变菌株的产生,以70%~80%或更低的杀菌率为好。

紫外线对各种微生物的诱变效应是不同的。某种微生物的最适剂量,不一定适合于另一种微生物,甚至同一种微生物第一代诱变的最适剂量也不一定适合以后进一步诱变的剂量,只能作参考。

3) 仪器与材料

(1) 菌种

从土壤中分离获得的黑曲霉菌株。

(2) 培养基

PDA 平板培养基:马铃薯 200 g 去皮,切块煮沸 30 min,然后用纱布过滤,再加葡萄糖 20 g 及琼脂 20 g,溶化后补足水至 1 000 mL,pH 自然。

(3) 器皿

15 W 紫外诱变箱、磁力搅拌器、培养皿、试管、移液管、玻璃涂棒、三角瓶、血球计数板、光学显微镜等。

4) 操作步骤

(1) 制备孢子悬液

①取活化菌种斜面 1 支,用 0.9% 的生理盐水洗下孢子,将孢子悬浮液置于无菌的盛有玻璃珠的三角瓶中,震荡使孢子分散。

②以双层无菌擦镜纸过滤,使形成分散程度达 90%~95% 的单孢子悬液。

③用血球计数板计数,用生理盐水将孢子悬浮液浓度调整到 10^6 个/mL。

(2) 制作平板

将灭菌后的 PDA 平板培养基趁热倒入无菌培养皿中,凝固后待用。

(3) 紫外线处理

①将紫外灯打开,预热 30 min,使光波稳定。

②吸取 10 mL 上述悬浮液,加入直径 9 cm 的底部平整的平皿中。将盛有悬浮液的平皿置于诱变箱内的磁力搅拌器上,平皿距紫外灯管垂直距离 30 cm,调节搅拌子的转速,待搅拌子转速稳定后,打开平皿盖子照射,照射计时从开盖起,加盖止,照射时间分别为 0 s,30 s,60 s,90 s,120 s。

(4) 稀释

分别从每个照射时间的平皿中取出菌悬液,用无菌生理盐水稀释成 10^{-1},10^{-2},10^{-3}。

(5) 涂平板

分别吸取 10^{-1},10^{-2},10^{-3} 各 0.1 mL 涂布于分离平板培养基,每一浓度涂布 3 个平板。以未经紫外线处理的各浓度的孢子悬液涂布作为对照。

(6) 培养

将平皿用黑牛皮纸包裹以避光,置于 30 ℃ 恒温箱中倒置培养,菌落长好后(约 3 d)计数。

(7) 计数

将培养好的平皿取出进行菌落计数。

5) 结果与分析

①计算紫外线照射的相对致死率。

$$相对致死率(\%) = \frac{未处理组存活孢子数 - 处理组存活孢子数}{未处理组存活孢子数} \times 100\%$$

将紫外线诱变结果填入表 2.2。

表 2.2　紫外线诱变结果

稀释倍数	照射时间/s	相对致死率/%
10^{-1}	0	
	30	
	60	
	90	
	120	
10^{-2}	0	
	30	
	60	
	90	
	120	
10^{-3}	0	
	30	
	60	
	90	
	120	

②绘制紫外线照射致死率曲线。

③选择致死率70%~80%作为紫外线照射剂量。

6)注意事项

①紫外线照射计时从开盖起,加盖止。先开磁力搅拌器,再开盖照射,使孢子悬液均匀接受照射。

②操作者应戴上玻璃眼镜,以防紫外线伤害眼睛。

③从紫外线照射处理开始,直到涂布完平板均需在红灯下进行。

任务 2.2　发酵工业用培养基制备

【活动情境】

　　高氏一号合成培养基是培养放线菌的培养基。这种培养基是采用化学成分完全了解的纯试剂配制而成的培养基,高氏一号培养基:碳源为可溶性淀粉、氮源为 KNO_3 , NaCl、 $K_2HPO_4 \cdot 3H_2O$, $MgSO_4 \cdot 7H_2O$ 作为无机盐, $FeSO_4 \cdot 7H_2O$ 作为微生物的微量元素,提供铁离子等组成。现要培养放线菌,要得到发酵生产用的培养基,该如何完成这项任务?

【任务要求】

能够运用关于微生物的基本知识,根据菌株的特性,熟练进行微生物基本操作,实现放线菌的培养。

1.培养基成分的确定。

2.培养基各组分用量的确定。

3.培养基配制的方法。

4.培养皿、三角瓶、移液管的包扎。

【基本知识】

广义上讲培养基是指一切人工配制的可供微生物或动植物细胞生长、繁殖、代谢和合成人们所需产物的一组营养物质和原料。同时培养基也为微生物等培养提供除营养外的其他所必需的环境条件。培养基的成分和配比,对微生物的生长、发育、代谢及产物合成,甚至对发酵工业的生产工艺都有很大的影响。

培养基可以按照不同的分类标准进行分类,通常按照培养基的原料成分、物理状态、用途以及所培养的对象的种类等标准来划分。发酵培养基一般含有碳源、氮源、无机盐及微量元素、生长因子、水等菌体生长所必需的元素以及合成产物所需的前体和促进剂等,由此可以看出培养基成分是非常复杂的。此外,还要考虑各种营养成分之间的配比及相互作用。针对某种特定的微生物,人们总是希望找到一种最适合其生长及发酵的培养基,以期达到生产最大发酵产物的目的。发酵培养基的优化在微生物产业化生产中举足轻重,是从实验室到工业生产的必要环节。能否设计出一个好的发酵培养基,是一个发酵产品工业化成功与否的关键一步。

2.2.1　发酵培养基的类型及功能

发酵培养基种类繁多,通常根据其成分、物理状态、用途、微生物种类等不同划分标准可将培养基分成多种类型。不同种类的培养基有其自身的特点和功能。

1) 按成分不同划分

按照培养基原料的来源不同,发酵培养基可分为天然培养基、合成培养基和半合成培养基。

(1) 天然培养基

天然培养基是含有化学成分还不清楚或化学成分不恒定的天然有机物,也称为非化学限定培养基。天然有机物主要是一些动、植物组织或微生物的浸出物、水解液等。常用的天然有机营养物质包括牛肉浸膏、蛋白胨、酵母浸膏、豆芽汁、玉米粉、土壤浸液、麸皮、牛奶、血清、稻草浸汁、羽毛浸汁、胡萝卜汁、椰子汁等。常用的牛肉膏蛋白胨培养基、麦芽汁培养基以及基因克隆技术中常用的 LB 培养基都属于天然培养基,这类培养基的优点在于营养丰富,价格低廉,取材方便,适用范围广,因此常被采用;但天然培养基同时也存在原料质量不稳定、批次间差异大、不利于发酵控制等缺点。

（2）合成培养基

合成培养基是由化学成分完全了解、稳定的化学物质配制而成的培养基,也称为化学限定培养基。高氏I号培养基和查氏培养基就属于此种类型。合成培养基中各成分含量完全清楚,使用该培养基的发酵便于控制,重复性强;但与天然培养基相比,其成本较高,营养单一,微生物在其中生长速率较慢,适用范围较窄,一般适于在实验室用来进行有关微生物营养需求、代谢、分类鉴定、生物量测定、菌种选育及遗传分析等方面的研究工作。

（3）半合成培养基

半合成培养基是在合成培养基中加入某些天然成分的培养基。如培养真菌的PDA培养基就属于此种类型。实际发酵时,使用完全天然培养基和完全合成培养基的情况较少,多数情况是使用半合成培养基。

2）按物理状态不同划分

根据培养基物理状态的不同,发酵培养基划分为固体培养基、半固体培养基和液体培养基3种类型。

（1）固体培养基

固体培养基是指外观呈固体状态的培养基。根据固体的性质不同,它分为4种类型。

①凝固培养基　如在液体培养基中加入1%～2%琼脂或5%～12%明胶作凝固剂,就可以制成遇热可融化、冷却后则凝固的固体培养基,此即凝固培养基。它在各种微生物学实验工作中有极其广泛的用途。常用的凝固剂有琼脂、明胶和硅胶。琼脂具有一系列优良性能（表2.3）,因此,从20世纪80年代初开始被用于配制微生物培养基后,立即取代了明胶作为凝固剂使用。

表2.3　琼脂与明胶主要特征比较

主要特征	琼　脂	明　胶
化学成分	多聚半乳糖硫酸酯	蛋白质
常用浓度	1.5%～2%	5%～12%
融化温度	96 ℃	25 ℃
凝固温度	40 ℃	20 ℃
pH	微酸	酸性
透明度	高	高
黏着力	强	强
耐加压灭菌	强	弱
生物利用能力	绝大多数微生物不能利用	许多微生物能利用

②非可逆性凝固培养基　它是指由血清凝固成的固体培养基或由无机硅胶配成的当凝固后就不能再融化的固体培养基。其中的硅胶平板是专门用于化能自养微生物分离、纯化的固体培养基。

③天然固体培养基　它是由天然固体状基质直接制成的培养基,如培养各种真菌用的由

麸皮、米糠、木屑、纤维、稻草粉等配制成的固体培养基,由马铃薯片、胡萝卜条、大米、麦粒、面包、动物或植物组织制备的固体培养基等。

④滤膜　它是一种坚韧且带有无数微孔的醋酸纤维素薄膜,如果把它制成圆片状覆盖在营养琼脂或浸有培养液的纤维素衬垫上,就形成了具有固体培养基性质的培养条件。滤膜主要用于对含菌量很少的水中微生物的过滤、浓缩,然后揭下滤膜,把它放在含适当培养液的衬垫上进行培养,待长出菌落后,可计算出单位水样中的含菌量。

固体培养基常用来进行微生物的分离、鉴定、活菌计数及菌种保藏等,在科学研究和生产实践中有非常广泛的应用。

（2）半固体培养基

半固体培养基是指培养基中凝固剂的含量低于正常量,呈现出在容器倒放时不致流下,但在剧烈振荡后则能破散的状态。一般半固体培养基中琼脂含量为 0.2%～0.7%。半固体培养基常用来观察微生物的运动特征、分类鉴定,噬菌体效价滴定,厌氧菌的培养保藏等。

（3）液体培养基

当培养基中未加任何凝固剂而呈液体状,称为液体培养基。在用液体培养基培养微生物时,通过振荡或搅拌可以增加培养基的通气量,同时使营养物质分布均匀。液体培养基常用于大规模工业生产以及在实验室进行微生物的基础理论和应用方面的研究。

3）按用途不同划分

培养基在实验室和发酵生产中按其用途可以有不同的分类方法。

（1）实验室常用培养基

①基础培养基　不同微生物的营养需求各不相同,但大多数微生物所需的基本营养物质一致。基础培养基就是含有一般微生物生长繁殖所需的基本营养物质的培养基。牛肉膏蛋白胨培养基是最常用的基础培养基,广泛用于细菌的增菌、检验中。

②加富培养基　加富培养基也称为营养培养基,即在基础培养基中加入某些特殊营养物质制成的一类营养丰富的培养基,这些特殊营养物质包括血液、血清、酵母浸膏、动植物组织液等。加富培养基一般用来培养营养要求比较苛刻的异养型微生物,如培养百日咳博德氏菌需要含有血液的加富培养基。加富培养基还可以用来富集和分离某种微生物,这是因为加富培养基含有某种微生物所需的特殊营养物质,这种微生物在这种培养基中较其他微生物生长速率快,并逐渐富集而占优势,逐步淘汰其他微生物,从而容易达到分离该种微生物的目的。

③鉴别培养基　鉴别培养基是用于鉴别不同类型微生物的培养基。在培养基中加入某种特殊化学物质,某种微生物在培养基中生长后能产生某种代谢产物,而这种代谢产物可以与培养基中的特殊化学物质发生特定的化学反应,产生明显的特征性变化,根据这种特征性变化,可将该种微生物与其他微生物区分开来。鉴别培养基主要用于微生物的快速分类鉴定,以及分离和筛选产生某种代谢产物的微生物菌种。常用的鉴别培养基有伊红美蓝乳糖（EMB）培养基、明胶培养基、淀粉培养基、H_2S 试验培养基等,它们的一些特性见表2.4。其中,EMB 培养基是最常用的鉴别培养基,它在饮用水、牛奶的大肠菌群数等细菌学检查和在 E.coli 的遗传学研究工作中有着重要的用途。

表 2.4　常用的鉴别培养基

培养基名称	加入化学物质	微生物代谢产物	培养基特征性变化	主要用途
酪素培养基	酪素	胞外蛋白酶	蛋白水解圈	鉴别产蛋白酶菌株
明胶培养基	明胶	胞外蛋白酶	明胶液化	鉴别产蛋白酶菌株
油脂培养基	食用油、吐温中性红指示剂	胞外脂肪酶	由淡红色变成深红色	鉴别产脂肪酶菌株
淀粉培养基	可溶性淀粉	胞外淀粉酶	淀粉水解圈	鉴别产淀粉酶菌株
H_2S 试验培养基	醋酸铅	H_2S	产生黑色沉淀	鉴别产 H_2S 菌株
糖发酵培养基	溴甲酚紫	乳酸、醋酸、丙酸等	由紫色变成黄色	鉴别肠道细菌
远藤氏培养基	碱性复红、亚硫酸钠	酸、乙醛	带金属光泽深红色菌落	鉴别水中大肠菌群
伊红美蓝培养基	伊红、美蓝	酸	带金属光泽深紫色菌落	鉴别水中大肠菌群

④选择培养基　选择培养基是根据某微生物的特殊营养要求或其对某些物理、化学因素的抗性而设计的培养基，用来将某种或某类微生物从混杂的微生物群体中分离出来，具有使混合菌样中的劣势菌变成优势菌的功能，广泛用于菌种筛选等领域。

选择培养基与鉴别培养基的功能往往结合在同一种培养基中。例如上述 EMB 培养基既有鉴别不同肠道菌的作用，又有抑制 G^+ 菌和选择性培养 G^- 菌的作用。

（2）发酵生产常用培养基

①孢子培养基　孢子培养基是供菌种繁殖、形成孢子的一种常用固体培养基。对这种培养基的要求是能使菌体迅速生长，产生较多优质的孢子，并要求这种培养基不易引起菌种变异。因此，孢子培养基的基本配制要求有：第一，营养不要太丰富（特别是有机氮源），否则不易产孢子。如灰色链霉菌在葡萄糖硝酸盐其他盐类的培养基上都能很好地生长和产孢子，但若加入 0.5% 酵母膏或酪蛋白后，就只长菌丝而不长孢子。第二，所用无机盐的浓度要适量，不然也会影响孢子量和孢子颜色。第三，要注意孢子培养基的 pH 和湿度。生产上常用的孢子培养基有麸皮培养基，小米培养基，大米培养基，玉米碎屑培养基和用葡萄糖、蛋白胨、牛肉膏和食盐等配制成的琼脂斜面培养基。大米和小米常用作霉菌产孢子培养基，因为它们含氮量少，疏松，表面积大，所以是较好的孢子培养基。大米培养基的水分需控制在 21%～50%，而曲房空气湿度需控制在 90%～100%。

②种子培养基　种子培养基是供孢子发芽、生长和大量繁殖菌丝体，并使菌体长得粗壮、成为活力强的"种子"的营养基质。因此，种子培养基的营养成分要求比较丰富和完全，氮源和维生素的含量也要高些，但总浓度以略稀为好，这样可有较高的溶解氧，供大量菌体生长繁殖。种子培养基在微生物代谢过程中能维持稳定的 pH，其组成还要根据不同菌种的生理特征而定。一般种子培养基都用营养丰富而完全的天然有机氮源，因为有些氨基酸能刺激孢子发芽，但无机氮源容易较快被利用，有利于菌体迅速生长，所以在种子培养基中常包括有机及无机氮源。最后一级的种子培养基的成分最好能较接近发酵培养基，这样可使种子进入发酵培养基后能迅速适应，快速生长。

③发酵培养基 发酵培养基是供菌种生长、繁殖和合成产物之用。它既要使种子接种后能迅速生长，达到一定的菌丝浓度，又要使长好的菌体能迅速合成所需产物。因此，发酵培养基的组成除有菌体生长所必需的元素外，还要有合成产物所需的特定元素、前体和促进剂等。当菌体生长和产物合成所需要的总的碳源、氮源、磷源等的浓度过高，或生长和合成两阶段各需的最佳条件要求不同时，可考虑用分批补料的方式来加以满足。

4）按微生物种类不同划分

培养基根据微生物的种类不同可分为细菌培养基、放线菌培养基、酵母菌培养基和霉菌培养基等。

常用的异养型细菌培养基为牛肉膏蛋白胨培养基；常用的自养型细菌培养基是无机的合成培养基；常用的放线菌培养基为高氏一号合成培养基；常用的酵母菌培养基为麦芽汁培养基；常用的霉菌培养基为察氏合成培养基和马铃薯蔗糖培养基。

2.2.2 发酵培养基的成分及来源

微生物生长所需要的营养物质主要是以有机物和无机盐的形式提供的，小部分由气体物质供给。发酵培养基的组成和配比由所培养的菌种、利用的设备、采用的工艺条件以及原料来源和质量不同而有所差别。因此，需要根据不同要求和情况，考虑所用培养基的成分与配比。但是综合所有培养基的营养成分，发酵培养基的成分中必须包含碳源、氮源、无机盐及微量元素、生长因子、前体和产物促进剂、水六大类营养要素。

1）碳源

凡是能够提供微生物细胞物质和代谢产物中碳素来源的营养物质称为碳源。它是组成培养基的主要成分之一，主要功能有两个：一是提供微生物菌体生长繁殖所需的能源以及合成菌体所需的碳骨架；二是提供菌体合成目的产物的原料。碳源分有机碳源和无机碳源。

在各种碳源中，糖类是微生物最好、应用最广泛的碳源，如葡萄糖、糖蜜和淀粉等；其次是醇类、有机酸类和脂类等。在各种糖类作为碳源使用时，单糖优于双糖，己糖优于戊糖，淀粉优于纤维素，纯多糖优于杂多糖和其他聚合物。

实验室内常用的碳源主要有葡萄糖、蔗糖、淀粉、甘露醇、有机酸等。工业发酵中利用碳源主要是糖类物质，如饴糖、玉米粉、甘薯粉、野生植物淀粉，以及麸皮、米糠、酒糟、废糖蜜、造纸厂的亚硫酸废液等。

各种菌种对不同碳源的利用速率和效率不一样，按被菌体利用的速率不同，碳源分为速效碳和缓效碳。速效碳是迅速利用的碳源。速效碳能较快速地参与代谢、合成菌体和产生能量，并产生分解产物，有利于菌体的生长，对很多产物合成产生阻遏作用，主要是葡萄糖，其他包括单糖和低级碳类物质。缓效碳是缓慢利用的碳源，多数有利于产物形成，主要是二糖、多糖。工业发酵两种碳源一般配合使用。

（1）淀粉水解糖

淀粉是由葡萄糖组成的生物大分子。大多数的微生物都不能直接利用淀粉，如氨基酸的生产菌、酒精酵母等。因此，在氨基酸、抗生素、有机酸的生产中，都要求将淀粉进行糖化，制成淀粉水解糖使用。

淀粉水解常用的有酸解法、酶解法、酸酶结合法。在淀粉水解糖液中,主要糖分是葡萄糖;另外,根据水解条件的不同,尚有数量不等的少量麦芽糖及其他一些二糖、低聚糖等复合糖类;除此以外,原料带来的杂质(如蛋白质、脂肪等)及其分解产物也混入糖液中。葡萄糖、麦芽糖和蛋白质、脂肪分解产物(氨基酸、脂肪酸等)等是生产菌的营养物,在发酵中容易被利用;而一些低聚糖类、复合糖等杂质存在,不但降低淀粉的利用率,而且影响到糖液的质量,降低糖液中可发酵成分的利用率。在谷氨酸发酵中,淀粉水解糖液质量的高低往往直接关系到谷氨酸菌的生长速率及谷氨酸的积累。因此,如何提高淀粉的出糖率,保证水解糖液的质量,满足发酵的要求,是一个不可忽视的重要环节。

（2）糖蜜

糖蜜也是工业发酵常用的碳源,它是制糖工业、甘蔗糖厂或甜菜糖厂的一种副产品。糖蜜含有相当数量的发酵性糖,而且成本低,是生物工业大规模生产的良好原料。

糖蜜原料中,有些成分不适用于发酵,因此在使用糖蜜原料时,一般要先进行预处理,以满足不同发酵产品的需求。例如,在使用糖蜜原料发酵生产谷氨酸时,必须想方设法降低糖蜜中生物素含量,一般用活性炭处理法、树脂法吸附生物素等方法进行预处理。

2) 氮源

凡能提供微生物生长繁殖所需氮素的营养物质皆为氮源。氮源主要用于构成菌体细胞物质和合成含氮代谢物。常用的氮源可分为两大类:有机氮源和无机氮源。各种菌种对不同氮源的利用速率和效率不一样,按被菌体利用的速率不同,氮源分为:速效氮和缓效氮。速效氮的种类包括氨基氮或铵基氮,如氨基酸或铵盐,其作用通常有利于机体的生长,用于发酵前期。缓效氮的种类包括黄豆饼粉、花生饼粉等,不能被微生物直接吸收利用,必须通过微生物分泌的胞外水解酶的消化才能被利用的物质,其作用通常有利于代谢产物的形成,用于发酵后期。在工业发酵过程中,速效氮和缓效氮按一定的比例制成混合氮源加到培养基中,以控制微生物的生长时期与代谢产物形成期的长短,达到提高产量的目的。

（1）有机氮源

常用的有机氮源有黄豆饼粉、花生饼粉、棉籽饼粉、玉米浆、玉米蛋白粉、蛋白胨、酵母粉、鱼粉、蚕蛹粉、废菌丝体和酒糟等。

有机氮源除含有丰富的蛋白质、多肽和游离氨基酸外,往往还含有少量的糖类、脂肪、无机盐、维生素及某些生长因子。由于有机氮源营养丰富,因而微生物在含有机氮源的培养基中常表现出生长旺盛、菌丝浓度增长迅速等特点。

玉米浆是玉米淀粉生产中的副产物,是一种很容易被微生物利用的良好氮源。它含有丰富的氨基酸、还原糖、磷、微量元素和生长素。其中玉米浆中含有的磷酸肌醇对红霉素、链霉素、青霉素和土霉素等的生产有积极促进作用。此外,玉米浆还含有较多的有机酸,如乳酸等,因此玉米浆的 pH 值在 4.0 左右。

尿素也是常用的有机氮源,但它成分单一,不具有上述有机氮源成分复杂、营养丰富的特点,但在青霉素和谷氨酸等发酵生产中也常被采用。尤其是在谷氨酸生产中,尿素可使 α-酮戊二酸还原并氨基化,从而提高谷氨酸的生产。有机氮源除了作为菌体生长繁殖的营养外,有的还是产物的前体。例如,缬氨酸、半胱氨酸和 α-氨基己二酸是合成青霉素和头孢菌素的主要前体;甘氨酸可作为 L-丝氨酸的前体等。

（2）无机氮源

常用的无机氮源有铵盐、硝酸盐和氨水等。微生物对它们的吸收利用一般较快，但无机氮源的迅速利用常会引起 pH 的变化，如：

$$(NH_4)_2SO_4 \longrightarrow 2NH_3 + H_2SO_4$$

$$NaNO_3 + 4H_2 \longrightarrow NH_3 + 2H_2O + NaOH$$

无机氮源被菌体作为氮源利用后，培养液中就留下了酸性或碱性物质，这种经微生物生理作用（代谢）后能形成酸性物质的无机氮源称为生理酸性物质，如硫酸铵；若菌体代谢后能产生碱性物质的则此种无机氮源称为生理碱性物质，如硝酸钠。正确使用生理酸碱性物质，对稳定和调节发酵过程的 pH 有积极作用。例如，在制液体曲时，用 $NaNO_3$ 作氮源，菌丝长得粗壮，培养时间短，且糖化力较高。这是因为由 $NaNO_3$ 代谢而得到的 NaOH 可中和曲霉生长中所释放出的酸，使 pH 稳定在工艺要求的范围内。又如，在黑曲霉发酵过程中用硫酸镁作氮源，可使培养基 pH 下降，而这对提高糖化型淀粉酶的活力有利，且较低的 pH 还能抑制杂菌的生长，防止污染。氨水在许多抗生素的生产中普遍使用。如在红霉素的生产工艺中以氨作为无机氮源可提高红霉素的产率和有效组分的比例，但由于氨水碱性较强，需分批次过滤除菌后少量多次地加入，并且应加强搅拌。

3）无机盐及微量元素

微生物在生长繁殖和生产过程中，需要某些无机盐和微量元素。无机盐和微量元素是指除碳、氮元素外其他各种重要元素及其供体。它们在机体中的生理功能主要是作为酶活性中心的组成部分，维持生物大分子和细胞结构的稳定性，调节并维持细胞的渗透压平衡，控制细胞的氧化还原电位和作为某些微生物生长的能源物质等。

无机盐和微量元素根据微生物对其需求量的大小不同，有大量元素和微量元素之分。一般微生物对大量元素的需求浓度为 $10^{-4} \sim 10^{-3}$ mol/L，常以盐的形式加入，如磷酸盐、硫酸盐以及含有钠、钾、钙、镁、铁等金属元素的化合物。微生物的生长还需要某些微量元素，如钴、铜、硒、锰、锌等，这些元素的需要量极其微小，通常在 $10^{-8} \sim 10^{-6}$ mol/L（培养基中含量）。除了合成培养基外，一般在天然培养基中不再另外单独加入无机盐和微量元素。因为天然培养基中的许多动、植物原料（如花生饼粉、黄豆饼粉、蛋白胨等）都含有多种微量元素，但有些发酵工业中也有单独加入微量元素的。例如生产维生素 B_{12} 时，尽管采用天然复合材料作培养基，但因为钴元素是维生素 B_{12} 的组成成分，其需求量是随产物量的增加而增加，所以，在培养基中就需要加入氧化钴以补充钴元素的不足。

（1）磷酸盐

磷是某些蛋白质和核酸的组成成分，也是二磷酸腺苷（ADP）、三磷酸腺苷（ATP）的组成成分，在代谢途径的调节方面起着很重要的作用。一般培养基中磷元素充足能促进微生物的生长。如黑曲霉 NRRL330 菌种生产 α-淀粉酶时，若加入 0.2%磷酸二氢钾，则活力可比无磷酸盐高 3 倍。但磷元素过量时，有些次级代谢途径也会受到抑制，次级代谢产物的合成常受抑制。例如，在谷氨酸的合成中，磷浓度过高就会抑制 6-磷酸葡萄糖脱氢酶的活性，使菌体生长旺盛，而谷氨酸的产量却很低，代谢向缬氨酸方向转化。磷元素的主要供体——磷酸盐在培养基中还具有缓冲作用。

微生物对磷的需要量一般为 0.005～0.01 mol/L。工业生产上常用 $K_3PO_4 \cdot 3H_2O$，K_3PO_4

和 $Na_2HPO_4 \cdot 12H_2O$，$Na_2HPO_4 \cdot 2H_2O$ 等磷酸盐，也可用磷酸（H_3PO_4）。$K_3PO_4 \cdot 3H_2O$ 含磷 13.55%。当培养基中用量为 1~1.5 g/L 时，磷浓度为 0.004 4~0.006 6 mol/L。$Na_2HPO_4 \cdot 12H_2O$ 含磷 8.7%，当培养基中用量在 1.7~2.0 g/L 时，磷浓度为 0.004 8~0.005 65 mol/L。磷酸含磷 3.16%，当培养基中用量在 0.5~3.7 g/L 时，磷浓度为 0.005~0.007 mol/L。如果使用磷酸，应先用 NaOH 或 KOH 中和后加入。另外，玉米浆、糖蜜、淀粉水解糖等原料中还有少量的磷。

（2）硫酸镁

镁是某些细菌的叶绿素的组成成分，虽不参与任何细胞结构物质的组成，但它的离子状态是许多重要酶（如己糖磷酸化酶、异柠檬酸脱氢酶、羧化酶等）的激活剂。镁离子能提高一些氨基糖苷类抗生素产生菌（如卡那霉素、链霉素、新生霉素等产生菌）对自身所产的抗生素的耐受能力。另外，如果镁离子的量太少，还会影响基质的氧化。一般革兰阳性菌对 Mg^{2+} 的最低要求量是 25 mg/L；革兰阴性菌为 4~5 mg/L。$MgSO_4 \cdot 7H_2O$ 中含 Mg^{2+} 9.87%，发酵培养基用量为 0.25~1 g/L 时，Mg^{2+} 浓度为 25~90 mg/L。

硫存在于细胞的蛋白质中，是含硫氨基酸的组成成分和某些辅酶的活性基团，如辅酶 A、硫锌酸和谷胱甘肽等。在某些产物（如青霉素、头孢菌素等分子）中均含硫，因此在这些产物的生产培养基中，需要加入硫酸镁等硫酸盐作为硫源。而如硫化氢、硫化亚铁等还原态的硫化物，对大多数发酵用微生物是有毒的，一般不能作为硫源。

（3）钾、钠、钙、铁盐

钾不参与细胞结构物质的组成，它与细胞渗透压和透性有关，是许多酶的激活剂。钾对谷氨酸发酵有影响；钾盐少，长菌体；钾盐足够，产谷氨酸。菌体生长需钾量约为 0.1 g/L（以 K_2SO_4 计，下同），谷氨酸生成需钾量为 0.2~1.0 g/L。当培养基中使用 1 g/L $K_3PO_4 \cdot 3H_2O$ 时，钾浓度约为 0.38 g/L。如果采用 $Na_2HPO_4 \cdot 12H_2O$ 时，应配用 0.3~0.6 g/L KCl，此时钾浓度为 0.35~0.7 g/L。

钠离子与维持细胞渗透压有关，故在培养基中常加入少量钠盐，但用量不能过高，否则会影响微生物生长。

钙离子主要控制细胞透性。常用的碳酸钙本身不溶于水，几乎是中性的，但它能与代谢过程中产生的酸起反应，形成中性化合物和二氧化碳，后者从培养基中逸出，因此碳酸钙对培养液的 pH 有一定的调节作用。在配制培养基时要注意两点：一是培养基中钙盐过多时，会形成磷酸钙沉淀，降低了培养基中可溶性磷的含量，因此，当培养基中磷和钙均要有较高浓度时，可将两者分别灭菌或逐步补加；二是先要将配好的培养基用碱调 pH 近中性，才能将 $CaCO_3$ 加入培养基中，这样可防止 $CaCO_3$ 在酸性培养基中被分解，而失去其在发酵过程中的缓冲能力，同时所采用的 $CaCO_3$ 要对其中 CaO 等杂质含量作严格控制。

铁是细胞色素、细胞色素氧化酶和过氧化氢酶的成分，因此铁是菌体有氧氧化必不可少的元素。工业生产上一般用铁制发酵罐，在一般发酵培养基中不再加入含铁化合物。

（4）氯离子

氯离子在一般微生物中不具有营养作用，但对一些嗜盐菌来讲是必需的。此外，在一些产生含氯代谢物（如金霉素和灰黄霉素等）的发酵中，除了从其他天然原料和水中带入的氯离子外，还需加入约 0.1% 氯化钾以补充氯离子。啤酒在糖化时，氯离子含量在 20~60 mg/L 能赋予啤酒柔和的口味,并对酶和酵母的活性有一定的促进作用,但氯离子含量过高会引起酵母早衰,使啤酒带有咸味。

(5)微量元素

微量元素大部分作为酶的辅基和激活剂。例如,锰是某些酶的激活剂,羧化反应必须有锰参与;在谷氨酸生物合成途径中,草酰琥珀脱羧生成 α-酮戊二醛是在 Mn^{2+} 存在下完成的。一般培养基配用 2 mg/L $MnSO_4 \cdot 4H_2O$。

4)生长因子

从广义上讲,凡是微生物生长不可缺少的微量有机物质,如氨基酸、嘌呤、嘧啶、维生素等,均称为生长因子。从狭义上讲,仅指维生素。缺乏合成生长因子能力的微生物称为生长因子异养型微生物、生物素营养缺陷型。生长因子不是对于所有微生物都是必需的,它只是对于某些自己不能合成这些成分的微生物才是必不可少的营养物。如目前所使用的赖氨酸产生菌几乎都是谷氨酸产生菌的各种突变株,均为生物素缺陷型,需要生物素作为生长因子。又如肠膜状明串珠菌的生长需要补充 10 种维生素、19 种氨基酸、3 种嘌呤以及尿嘧啶。绝大多数生长因子以辅酶或辅基的形式参与代谢过程中的酶促反应(表 2.5)。

表 2.5　几种生长因子的主要功能

生长因子	主要功能
维生素 B_1	脱羧酶、转醛酶、转酮酶的辅基
维生素 B_2	黄素蛋白的辅基,与氢的转移有关
维生素 B_6	辅基,与氨基酸的脱羧、转氨基有关
生物素	各种羧化酶的辅基
维生素 B_{12}	钴酰胺的辅酶,与甲硫氨酸和胸腺嘧啶棱苷酸的合成和异构化有关
叶酸	辅酶 F,与核酸的合成有关
泛酸	乙酰载体的辅基,与酰基转移有关
维生素 K	电子传递
尼克酸	脱氢酶的辅基

有机氮源是这些生长因子的重要来源。多数有机氮源含有较多的 B 族维生素、微量元素及一些微生物生长不可缺少的生长因子。例如,玉米浆和麸皮水解液能提供生长因子,特别是玉米浆,因为含有丰富的氨基酸、还原糖、磷、微量元素和生长素,所以是多数发酵产品良好的有机氮源。

5)前体和产物促进剂

在某些工业发酵过程中,发酵培养基中除了有碳源、氮源、无机盐、生长因子和水分等成分外,考虑到代谢控制,还需要添加某些特殊功用的物质。将这些物质加入到培养基中有助于调节产物的形成,而并不促进微生物的生长。例如,某些氨基酸、抗生素、核苷酸和酶制剂的发酵需要添加前体物质、促进剂、抑制剂及中间补料等。添加这些物质往往与菌种特性和生物合成产物的代谢控制有关,目的在于大幅度提高发酵产率,降低成本。

（1）前体

前体是指加入发酵培养基中，能直接被微生物在生物合成过程中结合到产物分子中去，其自身的结构并没有多大变化，但是产物的产量却因其加入而有较大提高的一类化合物。前体最早是在青霉素的生产过程中发现的。在青霉素生产中，人们发现加入玉米浆后，青霉素单位可从 20 U/mL 增加到 100 U/mL，进一步研究后发现了发酵单位增长的主要原因是玉米浆中含有苯乙胺，它能被优先合成到青霉素分子中去，从而提高了青霉素 G 的产量。在实际生产中，前体的加入不但提高了产物的产量，还显著提高产物中目的成分的比重。如在青霉素生产中加入前体物质苯乙酸增加青霉素 G 产量，而用苯氧乙酸作为前体则可增加青霉素 V 的产量。

大多数前体（如苯乙酸）对微生物的生长有毒性，在生产中为了减少毒性和增加前体的利用率，通常采用少量多次的流加工艺。一些生产抗生素和氨基酸的重要前体见表 2.6。

表 2.6　发酵过程中所用的一些前体物质

产　品	前体物质
青霉素 G	苯乙酸及其衍生物
青霉素 V	苯氧乙酸
金霉素	氯化物
灰黄霉素	氯化物
红霉素	正丙醇
核黄素	丙酸盐
类胡萝卜素	β-紫罗酮
L-异亮氨酸	α-氨基丁酸
L-色氨酸	邻氨基苯基甲酸
L-丝氨酸	甘氨酸

（2）产物合成促进剂

所谓产物合成促进剂，是指那些细胞生长非必需的，但加入后却能显著提高发酵产量的物质。它们常以添加剂的形式加入发酵培养基中。如栖土曲霉 3942 生产蛋白酶时，在发酵 2~8 h 时添加 0.1% LS 洗净剂（即脂肪酰胺磺酸钠），就可使蛋白酶产量提高 60%。在生产葡萄糖氧化酶时，加入金属螯合剂乙二胺四乙酸（EDTA）对酶的形成有显著影响，酶活力随 EDTA 用量的增加而递增。又如，添加大豆油抽提物后，米曲霉所产蛋白酶的量可提高 87%，脂肪酶可提高 150%。表 2.7 为一些添加剂对产酶发酵的促进作用。

表 2.7　各种添加剂对产酶的促进作用

添加剂	酶	微生物	酶活力增加倍数
Tween（0.1%）	纤维素酶	许多真菌	20
	蔗糖酶	许多真菌	16
	β-葡聚糖酶	许多真菌	10
	木聚糖酶	许多真菌	4
	淀粉酶	许多真菌	4
	脂酶	许多真菌	6
	右旋糖酐酶	绳状青霉 QM424	20
	普鲁兰酶	产气杆菌 QMB1591	1.5
大豆酒精提取物（2%）	蛋白酶	米曲霉	1.87
	脂酶	泡盛曲霉	2.50
植酸盐（0.01%~0.3%）	蛋白酶	曲霉、橘青霉、枯草杆菌、假丝酵母	2~4
洗净剂 LS（0.1%）	蛋白酶	橘土曲霉	1.6
聚乙烯醇	糖化酶	肋状拟内孢霉	1.2
苯乙醇（0.05%）	纤维素酶	真菌	4.4
醋酸+维生素	纤维素酶	绿色毛霉	2

目前,人们对促进剂提高产量的机制还不完全清楚,原因可能有多种。如在酶制剂生产中,有些促进剂本身是酶的诱导物;有些促进剂是表面活性剂,可改善细胞的透性,改善细胞与氧的接触,从而促进酶的分泌与生产,也有人认为表面活性剂对酶的表面失活有保护作用;有些促进剂的作用是沉淀或螯合有害的重金属离子等。

各种促进剂的效果除受菌种、菌龄的影响外,还与所用的培养基组成有关,即使是同一种产物促进剂,用同一菌株,生产同一产物,在使用不同的培养基时效果也会不一样。另外,促进剂的专一性较强,往往不能相互套用。

6）水

水是所有培养基的主要组成成分,也是微生物机体的重要组成成分。对于发酵工厂来说,洁净、恒定的水源是至关重要的,因为在不同水源中存在的各种因素对微生物发酵代谢影响甚大。例如,在抗生素发酵工业中,水质好坏有时是决定一个优良的生产菌种在异地能否发挥其生产能力的重要因素,另外,水中的矿物质组成对酿酒工业和淀粉糖化影响也很大。因此,在决定建造发酵工厂的地理位置时,应考虑附近水源的质量,主要考虑的指标包括 pH 值、溶解氧、可溶性固体、污染程度以及矿物质组成和含量等。

7）消泡剂

消泡剂的作用是消除发酵中产生的泡沫,防止逃液和染菌。常用的种类包括植物油脂、动物油脂和一些化学合成的高分子化合物。用法根据生产菌种的生理特性和地域而定。植物油脂主要指玉米油、豆油;动物油脂主要指鲸鱼油、猪油;高分子消泡剂效果最好。

2.2.3 发酵培养基的设计和优化

培养基的设计和优化贯穿于发酵工艺研究的各个阶段,无论是在微生物发酵实验室研究阶段、中试放大阶段,还是在发酵生产阶段,都要对发酵培养基的组成进行设计和优化。培养基的合理设计是一项繁重而细致的工作。

1)培养基设计原则

在培养基的设计优化过程中除了要考虑微生物生长所需的基本营养要素外,还要从微生物的生长、产物合成、原料的经济成本、供应等角度来考虑问题。培养基的种类、组分配比、缓冲能力、灭菌等因素都对菌体的生长和产物合成有影响。

目前还不能完全从生化反应的基本原理来推断和计算出适合某一菌种的培养基配方,只能用生物化学、细胞生物学、微生物学等的基本理论,参照前人所使用的较适合某一类菌种的经验配方,再结合所用菌种和产品的特性,采用摇瓶、玻璃罐等小型发酵设备,按照一定的实验设计和实验方法选择出较为适合的培养基。

选择和配制发酵培养基时应考虑以下基本原则:①必须提供合成微生物细胞和发酵产物的基本成分。②有利于减少培养基原料的单耗,即提高单位营养物质所合成产物的数量或最大产率。③有利于提高培养基和产物的浓度,以提高单位体积发酵罐的生产能力。④有利于提高产物的合成速度,缩短发酵周期。⑤尽量减少副产物的形成,便于产物的分离纯化。⑥原料价格低廉,质量稳定,取材容易。⑦所用原料尽可能减少对发酵过程中通气搅拌的影响,通过提高氧的利用率,降低成本能耗。⑧有利于产品的分离纯化,并尽可能减少产生"三废"物质。

(1)选择适宜的营养物质

微生物生长繁殖均需要培养基中含有碳源、氮源、无机盐、生长因子等生长要素,但不同微生物对营养物质的具体需求是不一样的,因此首先要根据不同微生物的营养需求配制针对性强的培养基。自养型微生物能从简单的无机物合成自身需要的糖类、脂类、蛋白质、核酸、维生素等复杂的有机物,因此可以(或应该)由简单的无机物组成培养基来培养。例如,培养化能自养型的氧化硫硫杆菌的培养基依靠空气中和溶于水中的 CO_2 为其提供碳源,培养基中并不需要加入其他碳源物质。

(2)营养物质浓度及配比合适

培养基中营养物质浓度合适时微生物才能生长良好;营养物质浓度过低时不能满足微生物正常生长所需;浓度过高时可能对微生物生长起抑制作用。例如,高浓度糖类物质、无机盐、重金属离子等不仅不利于微生物的生长,反而具有抑菌或杀菌作用。同时,培养基中各营养物质之间的浓度配比也直接影响微生物的生长繁殖和(或)代谢产物的形成和积累,其中碳氮比(C/N)的影响较大。例如,在利用微生物发酵生产谷氨酸的过程中,培养基碳氮比为4∶1时,菌体大量繁殖,谷氨酸积累少;当培养基碳氮比为3∶1时,菌体繁殖受到抑制,谷氨酸产量则大量增加。另外,培养基中速效氮(或碳)源与迟效氮(或碳)源之间的比例对发酵生产也会产生较大的影响。如在抗生素发酵生产过程中,可以通过控制培养基中速效氮(或碳)源与迟效氮(或碳)源之间的比例来控制菌体生长与抗生素的合成协调。

（3）控制 pH 条件

培养基的 pH 必须控制在一定的范围内，以满足不同类型微生物的生长繁殖或产生代谢产物。各类微生物生长繁殖合成产物的最适 pH 条件各不相同。一般来讲，细菌与放线菌适于在 pH 7.0~7.5 范围内生长；酵母菌和霉菌通常在 pH 4.5~6.0 范围内生长。因此，为了在微生物生长繁殖和合成产物的过程中保持培养基 pH 的相对恒定，通常在培养基中加入 pH 缓冲剂。常用的缓冲剂是一氢和二氢磷酸盐（如 KH_2PO_4 和 K_2HPO_4）组成的混合物，但 KH_2PO_4 和 K_2HPO_4 缓冲系统只能在一定的 pH 范围（pH 6.4~7.2）内起调节作用，有些微生物，如乳酸菌能大量产酸，上述缓冲系统就难以起到缓冲作用，此时可在培养基中添加难溶的碳酸盐（如 $CaCO_3$）来进行调节。$CaCO_3$ 难溶于水，不会使培养基 pH 过度升高，而且它可以不断中和微生物产生的酸，同时释放出 CO_2，将培养基 pH 控制在一定范围内。

此外，培养基中还存在一些天然缓冲系统，如氨基酸、肽、蛋白质都属于两性电解质，也可起到缓冲剂的作用。

（4）控制氧化还原电位

不同类型微生物生长对氧化还原电位 φ 的要求不一样，一般好氧微生物在 φ 值为+0.1 V 以上时可正常生长，一般以+0.3~+0.4 V 为宜；厌氧性微生物只能在 φ 值低于+0.1 V 条件下生长；兼性厌氧微生物在 φ 值为+0.1 V 以上时进行好氧呼吸，在+0.1 V 以下时进行发酵。φ 值大小受氧分压、pH、某些微生物代谢产物等因素的影响。在 pH 相对稳定的条件下，可通过增加通气量（如振荡培养、搅拌）提高培养基的氧分压，或通过氧化剂的加入，增加 φ 值；在培养基中加入抗坏血酸、硫化氢、半胱氨酸、谷胱甘肽、二硫苏糖醇等还原性物质可降低 φ 值。

（5）选择原料来源

在配制培养基时应尽量利用廉价且易于获得的原料作为培养基组分。特别是在发酵工业中，培养基用量很大，利用低成本的原料更体现出其经济价值。例如，在微生物单细胞蛋白的工业生产过程中，常常利用糖蜜、乳清（乳制品工业中含有乳糖的废液）、豆制品工业废液及黑废液（造纸工业中含有戊糖和己糖的亚硫酸纸浆）等都可作为培养基的原料。大量的农副产品或制品，如麸皮、米糠、玉米浆、酵母浸膏、酒糟、豆饼、花生饼、蛋白胨等都是常用的发酵工业原料。

（6）灭菌处理

要获得微生物纯培养，必须避免杂菌污染，因此要对所用器材及工作场所进行消毒与灭菌。对培养基而言，更要进行严格的灭菌。一般可以采取高压蒸汽灭菌法进行培养基灭菌，通常在 1.05 kg/cm^2，121.3 ℃条件下维持 15~30 min 可达到灭菌目的。某些在加热灭菌中易分解、挥发或者易形成沉淀的物质通常先进行过滤除菌或间歇灭菌，再与其他已灭菌的成分混合。

另外，培养基配制中泡沫的大量存在对灭菌处理极不利，容易使泡沫中微生物因空气形成隔热层而难以被杀死。因而有时需加入消泡剂，或适当提高灭菌温度。

2）培养基设计步骤

目前还不能完全从生化反应的基本原理来推断和计算出适合某一菌种的培养基配方，只能用生物化学、细胞生物学、微生物学等的基本理论，参照前人所使用的较适合某一类菌的经验配方，再结合所用菌种和产品的特性，采用摇瓶、玻璃罐等小型发酵设备，按照一定的实验设计和实验方法选择出较为适合的培养基。一般培养基设计要经过以下几个步骤：

①根据前人的经验和培养要求，初步确定可能的培养基组分用量。

②通过单因子实验最终确定最为适宜的培养基成分。

③当确定培养基成分后，再以统计学方法确定各成分最适的浓度。常用的实验设计有均匀设计、正交试验设计、响应面分析等。

最适培养基的配制除了要考虑到目标产物的产量外，还要考虑到培养基原料的转化率。

发酵过程中的转化率包括理论转化率和实际转化率。理论转化率是指理想状态下根据微生物的代谢途径进行物料衡算所得出的转化率的大小。实际转化率是指实际发酵过程中转化率的大小。实际转化率往往由于原料利用不完全、副产物形成等原因比理论转化率要低。

3）摇瓶水平到反应器水平的配方优化

从实验室放大到中试规模，最后到工业生产，放大效应会产生各种各样的问题。从摇瓶发酵放大到发酵罐水平，有很多不同之处：

①消毒方式不同　摇瓶是外流蒸汽静态加热（大部分是这样的）；发酵罐是直接蒸汽动态加热，部分是直接和蒸汽混合，因此会影响发酵培养基的质量、体积、pH、透光率等指标。

②接种方式不同　摇瓶是吸管加入；发酵罐是火焰直接接种（当然有其他的接种方式），要考虑接种时的菌株损失和菌种的适应性等。

③空气的通气方式不同　摇瓶是表面直接接触；发酵罐是和空气混合接触，要考虑二氧化碳的浓度和氧气的溶解情况。

④蒸发量不同　摇瓶的蒸发量不好控制，湿度控制好的话，蒸发量会少；发酵罐蒸发量大，但是可以通过补料解决。

⑤搅拌方式不同　摇瓶是以摇转方式进行混合搅拌，对菌株的剪切力较小；发酵罐是直接机械搅拌，要注意剪切力的影响。

⑥pH 的控制方法不同　摇瓶一般通过加入碳酸钙和间断补料控制 pH；发酵罐可以直接添加酸碱，控制 pH 比较方便。

⑦温度的控制方法不同　摇瓶是空气直接接触或者传热控制温度；发酵罐是蛇管或者夹套水降温控制，应注意降温和加热的影响。

⑧染菌的控制方法不同　发酵罐根据染菌的周期和染菌的类型等可以采取一些必要的措施以减少损失。

⑨检测的方法不同　摇瓶因为量小不能方便地进行控制和检测；发酵罐可以取样或者用仪表时时检测。

⑩原材料不同　发酵罐所用原材料比较廉价而且粗放，工艺控制和摇瓶区别很大，等等。

由于摇瓶水平和发酵罐水平存在多方面的区别，摇瓶水平的最适培养基和发酵罐水平的培养基往往也是有区别的。摇瓶优化是培养基设计的第一步，摇瓶优化配方一般用在菌种的筛选，以及作为进一步反应器水平上研究的基础，从反应器水平的培养基优化可以得出最终的发酵基础配方。例如，青霉素发酵摇瓶发酵培养基的配方为：玉米浆 4%，乳糖 10%，$(NH_4)_2SO_4$ 0.8%，轻质碳酸钙 1%；优化后发酵罐培养为：葡萄糖流加控制总量 10%~15%，玉米浆总量 4%~8%，补加硫酸、前体等。

培养基设计时应注意一些相关的问题：

①营养物质组成比较丰富,浓度恰当。

②在一定条件下,各种原材料彼此之间不能产生化学反应。

③黏度适中。

④要利于主要产物的生物合成并能维持较长时间的最高生产速率。

⑤不影响通气与搅拌,又不影响分离精制和废物处理。

⑥原材料价格便宜,来源充足,质量稳定,成本低。

⑦考虑碳源、氮源时,要注意快速利用碳/氮源和慢速利用碳/氮源的相互配合,发挥各自优势,避其所短。

⑧选用适当的碳氮比。C 源作为 C 架又作为能源,碳源较氮源,过多,容易形成较低 pH 值;不足,菌体衰老和自溶。N 源作营养和氨基的来源,过多,菌体生长过于旺盛,pH 值偏高,不利于代谢产物的积累;不足,菌体繁殖量少,从而影响产量。一般发酵工业的碳氮比为 $100:(0.2\sim2.0)$,但在氨基酸发酵中,碳氮比高。如谷氨酸发酵 $C:N=100:(15\sim21)$,若碳氮比为 $100:(0.2\sim2.0)$,则会出现只长菌体,而不产谷氨酸的现象。

⑨要注意生理酸性盐、生理碱性盐和 pH 缓冲剂的加入和搭配。

⑩培养基成分用量的多少通过经验和物料平衡计算加以确定。

2.2.4 影响培养基质量的因素

引起培养基质量变化的因素包括原材料品种和质量、培养基的配制工艺、灭菌操作等。

1)原材料质量的影响

有机氮源和碳源的原材料质量是引起生产水平波动的主要因素。防治措施是对所采用的全部原材料的质量要严格控制,按质量标准严格检测。如果要改换原材料品种时,必须先进行小试,甚至中试,确信对生产没有影响时,才能用于实际生产。

2)水质的影响

不同来源的水中各种物质的含量不同。防治措施是生产中对所采用的水的质量应定期检测,地表水应该经过适当的处理之后方可使用。采用加入一定量的某些无机盐的蒸馏水配制孢子培养基。种子培养基、发酵培养基一般采用深井水配制,有时用自来水。

3)灭菌的影响

在大规模发酵中应该尽可能采取连续灭菌的操作,而且保证灭菌条件的稳定是保证发酵稳定的前提。有时避免营养物质在加热的条件下,相互作用,可以将营养物质分开消毒。

$$Na_2HPO_4 + CaCO_3 \longrightarrow CaHPO_4 + Na_2CO_3$$

有些物质由于挥发和对热非常敏感,就不能采用湿热的灭菌方法。

4)其他因素的影响

pH 的影响是指有时在灭菌前用酸或碱予以调整;有时用生理酸碱性物质的用量来调节培养基,以酸碱调节为辅。黏度的影响是指培养基适度液体化,保证培养基灭菌质量。

【技能训练】

高氏合成一号培养基的配制

1）实训目的

①学习高氏合成一号培养基的配制技术。

②通过高氏合成一号培养基的配制能正确地包扎三角瓶。

2）实训原理

培养基是人工配制的适合微生物生长繁殖或积累代谢产物的营养基质，用以培养、分离、鉴定、保存各种微生物或积累代谢产物。

各类微生物对营养的要求不尽相同，因而培养基的种类繁多。培养细菌常用牛肉膏蛋白胨培养基，培养放线菌常用高氏一号培养基，培养霉菌常用蔡氏培养基或马铃薯培养基，培养酵母菌常用麦芽汁培养基或马铃薯葡萄糖培养基。另外还有固体、液体、加富、选择、鉴别等培养基之分。在这些培养基中，就营养物质而言，一般不外乎碳源、氮源、无机盐、生长因子及水等几大类。琼脂只是固体培养基的支持物，一般不为微生物所利用。它在 96 ℃以上熔化成液体，而在 45 ℃左右开始凝固成固体。在配制培养基时，根据各类微生物的特点，可以配制出适合不同种类微生物生长发育所需要的培养基。

培养基除了满足微生物所必需的营养物质外，还要求有一定的酸碱度和渗透压。霉菌和酵母菌的 pH 偏酸；细菌、放线菌的 pH 为微碱性。因此，每次配制培养基时，都要将培养基的 pH 值调到一定的范围。

$K_2HPO_4 \cdot 3H_2O$ 主要起调节 pH 值的功能，磷酸二氢钾会和磷酸氢钾形成一个缓冲对，能调节酸碱度在一定的范围。

3）实训步骤

（1）培养基成分

可溶性淀粉	2 g
KNO_3	0.1 g
K_2HPO_4	0.05 g
NaCl	0.05 g
$MgSO_4 \cdot 7H_2O$	0.05 g
$FeSO_4 \cdot 7H_2O$	0.01 g
琼脂	1.5~2 g
蒸馏水	100 mL
pH	7.2~7.4

（2）配制方法

①称量及溶化。量取所需水量的 2/3 左右加入烧杯中，置于石棉网上加热至沸。称量可溶性淀粉，置于另一小烧杯中，加入少量冷水，将淀粉调成糊状，然后倒入上述装沸水的烧杯中，继续加热，使淀粉完全融化。分别称量 KNO_3，NaCl，K_2HPO_4 和 $MgSO_4$ 依次逐一加入水中溶解。按每 100 mL 培养基加入 1 mL 0.1% $FeSO_4$ 溶液。

②调 pH。用 1 moL/L NaOH 溶液调 pH 至 7.4。

③定容。将溶液倒入量筒中,加水至所需体积。

④加琼脂。加入所需量琼脂,加热熔化,补充失水。

⑤分装、加塞、包扎。

⑥高压蒸汽灭菌 0.1 MPa 灭菌 20 min。

（3）棉塞的制作

试管棉塞是保护试管内物质不受外界微生物污染,并能保障管内气体需要的关键设施。本实验的棉塞是塞在装有培养基的锥形瓶中,其主要目的就是保护试管内物质不受外界微生物污染。

参考制作方法 1:将棉花撕成 6~8 cm 正方形整块,中间垫适量零星棉花,从一边向另一边卷起,对折。中间打折较坚硬处在上,两头蓬松处在下,将其塞入瓶口处,再旋转几圈。或用合适纱布包裹扎紧后塞入瓶口处,再旋转几圈。

参考制作方法 2:如图 2.2 所示。

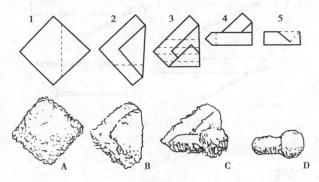

图 2.2　棉塞的制作

（4）三角瓶的包扎

①选取大小合适的棉塞塞入三角瓶瓶口,棉塞要求棉花紧贴玻璃壁,没有皱纹和缝隙,松紧适宜。棉塞的长度不小于管口直径的 2 倍,约 2/3 塞进管口。

②将报纸裁剪折成四层的正方形,对角线折叠。

③将对角线的中央对准棉塞包住三角瓶瓶口。

④左手大拇指压住线绳的一头,线头露出,右手缠绕线绳于瓶口沿以下的位置。

⑤将线绳的一端套于线绳套圈内,拉紧另一端打结,结为活结,松紧适宜,三角瓶完好。

（5）包扎打活结的方法

①将制作好的棉塞塞进培养瓶口,用大小适宜的牛皮纸向下包裹。

②用左手大拇指将棉绳一头（留出 1.5 cm）按在要打结瓶口处。

③右手拉住棉塞顺时针缠绕瓶口,第一圈通过大拇指,从第二圈开始不通过大拇指但要勒紧留出的棉绳（1.5 cm）一头。当棉绳剩余不够一圈时,用左手大拇指指甲扣紧剩余棉绳线头前端 2 cm。右手拉棉绳（1.5 cm）一头。打紧活结。

（6）培养皿的包扎

①根据需要剪裁成适合大小的报纸,整齐无破损。

②5 套培养皿叠在一起,竖立在报纸的一端。

③在培养皿的两端折叠报纸成三角形,包紧培养皿的两端面。

④转动培养皿,滚动到一定角度即折叠报纸成一个桶形。

⑤将两端的报纸折叠塞入纸缝内,整齐无破损,培养皿完好,报纸在两端面形成无空洞层。

(7)移液管的包扎

移液管的包扎如图 2.3 所示。

①用报纸裁一条宽 4~5 cm,长 60~70 cm 的纸条,整齐无破损。

②将纸条顶端回折一窄条。

③将无菌吸管管头斜放在回折的窄条上,管头位于窄条中央点。

④折叠无菌吸管头端的报纸将管头包紧。

⑤以 30~50 ℃的角度螺旋形卷起来,吸管的尖端在头部,另一端用剩余的纸条打成一结,以防散开,无菌吸管完好。

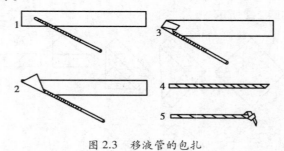

图 2.3　移液管的包扎

4)思考题

简述培养基的配制步骤。

任务 2.3　种子扩大培养及质量控制

【活动情境】

　　工业化生产中,种子制备的过程实际上就是种子逐步扩大培养的过程。种子的扩大培养是成功进行发酵生产的关键。对于不同的菌种,扩大培养的要求和工艺都不一样。为生产低成本、高质量的产品,需要根据工业化生产需求制订科学的扩大培养工艺,采用科学的手段对扩大培养的整个过程进行监测和控制。现要扩培大肠杆菌,要确定扩培的生物量,该如何完成这项任务?

【任务要求】

　　能够运用关于扩大培养的基本知识,根据菌株的特性,熟练进行扩培基本操作,实现大肠杆菌的扩大培养。

1.实验室中微生物从斜面→摇瓶→发酵罐的无菌操作培养技术。

2.发酵罐中微生物的生长特征。

3.发酵罐的基本操作技术。

4.发酵过程的控制工艺。

【基本知识】

2.3.1　种子扩大培养的目的与要求

工业化大规模生产所需要的菌体数量较多,为满足工业化生产需求,必须逐级扩大培养规模,增加菌体数量。同时,在逐步增殖过程中,应通过培养基组成和环境的调控,提升菌种的生产性能,使生产高效进行。

不同产品、不同菌种和不同生产工艺所对应的扩大培养工艺流程不同。菌种扩大培养的目的是高效生产优质产品。菌种扩大培养对环境、设备和流程的要求都以这一目的为出发点。

1)种子扩大培养的目的

种子扩大培养是指将保存在沙土管、冷冻管、斜面试管中的处于休眠状态的菌种接入试管斜面或液体培养基活化,再经过扁瓶或摇瓶及种子罐、增殖罐等逐级扩大规模培养而获得大量生产性能优良的纯种过程。这些纯种培养物称为种子。

种子扩大培养增加菌体的数量,满足工业化生产对菌种大量的需求。菌体达到一定浓度不仅是高效率和高质量生产的保证,而且是缩短发酵周期、降低生产成本的必然要求。因此,在工业化大规模生产中,生物反应器中的菌体必须达到一定的浓度。工业化生产的规模非常大,达到生产工艺所要求的菌体浓度所需的菌体数量巨大;另外,直接保藏的菌体数量较少,远远小于工业化生产规模所需要的菌体数量,因此必须通过种子扩大培养,大幅度增加菌体数量。

种子扩大培养可以提升种子生产性能。首先,通过营养物质的充分供应和适宜环境的控制,可激发菌体的新陈代谢活力,让菌体生长代谢旺盛;其次,在扩大培养过程中通过调节培养基组成、发酵温度、pH等因素逐步向生产阶段的真实环境逼近,调理菌体的代谢,让菌体在快速增殖的同时使菌体的各项生理性能向最适宜于生产需要的方向趋近。

菌种经过扩大培养后,以优势菌进行生产可以减少杂菌污染几率,减少"倒罐"现象,是成功生产的保证。扩大培养工艺的实施,可以有效缩短生产周期,提高生产效率。

2)种子的要求

优质种子必须具备5项最基本的条件:

①满足工业化大规模生产的菌体数量。

②菌种的生长活力高,接种到发酵罐后能迅速生长繁殖。

③生理和生化性状稳定,生产的产品质量稳定。

④无杂菌污染。

⑤有稳定的生产能力,产品的生物合成持续稳定高产。

要达到以上要求,必须具备以下条件:

①适宜的菌种复苏方法,使菌种在活化培养基上的菌种存活率达到最大。

②具有无菌操作所需要的环境和设备。

③具有良好的种子质量检验方法。

2.3.2 种子制备的技术概要

工业化生产中,种子制备的过程实际上就是种子逐步扩大培养的过程。种子的扩大培养是成功进行发酵生产的关键。对于不同的菌种,扩大培养的要求和工艺都不一样。为生产低成本、高质量的产品,需要根据工业化生产需求制订科学的扩大培养工艺,采用科学的手段对扩大培养的整个过程进行监测和控制。

1)种子制备流程

种子制备包括两个阶段:实验室阶段和生产车间阶段。实验室制备阶段一般包括琼脂斜面或液体种子管、茄子瓶固体培养或摇瓶液体培养。生产车间种子制备阶段主要是种子罐的扩大培养,一般在生产现场操作。种子制备的一般流程如图2.4所示。

休眠孢子→母斜面活化→摇瓶种子或茄子瓶斜面细胞或固体培养基孢子→一级种子罐→二级种子罐→发酵罐

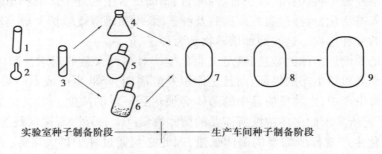

图2.4 菌种扩大培养流程

(1)实验室阶段

保藏在沙土管冷冻干燥管或斜面中的菌种经无菌操作接入适合干孢子发芽或培养体的斜面培养基中经培养成熟后挑选菌落,正常的孢子或营养体再一次接入试管斜面,反复培养几次,这一阶段称为菌种活化。

在发酵生产中,各个生产环节环环相扣,任何一个环节达不到生产工艺的要求,都会造成不可逆转的巨大损失,而种子扩大培养首当其冲,因此必须高度重视种子扩大培养这一环节。不同种子的扩大培养工艺流程总体相似,但是具体的控制条件(如温度,培养时间等)都因种子不同而有一些差别,这些差别往往是种子扩大培养成功与否的关键。因此,在扩大培养特定的种子时,在遵循种子扩大培养的一般原则和一般流程的基础上,应根据种子特性和生产要求作适当调整,也可以进行试验,优化种子扩大培养工艺。

细菌、酵母菌、霉菌和放线菌的生理特性显著不同,种子扩大培养工艺流程差别也较大。

实验室种子的制备一般采用两种方式:

a.对于产孢子能力强及孢子发芽、生长繁殖快的种子(如霉菌等),可以采用固体培养基培养孢子,孢子直接作为种子罐的种子。这种方法操作简便,不易污染杂菌。

　　b.对于细菌、酵母菌或产孢子能力不强、孢子发芽慢的种子(如链霉菌),采用液体摇瓶培养。

　　①细菌实验室扩大培养　原种一般保存在冷冻管内,一些产芽孢的细菌(如芽孢杆菌等)可用斜面或沙土管保存。其扩大培养工艺为(包括生产车间种子制备):

　　冷冻管或斜面→斜面→斜面(二代以上)→种子罐→发酵罐

　　细菌培养的最适温度一般为37 ℃(近年来对海洋微生物的研究表明,有许多菌株为低温菌株,最适生长温度为15 ℃左右),培养时间因菌种而异,达到对数生长期一般要20 h左右,有的芽孢需5~6 d,甚至20 d以上。细菌种子的培养基一般采用碳氮比较小的培养基,氮源供应要相对丰富一些。如牛肉膏、蛋白胨、酵母膏、马丁肉汤等,因为有充足的氮源供应,可以最大限度地复苏菌种活力或使菌体的增殖速率达到最大。

　　制备细菌斜面时,先在冷冻管加入适量无菌水(加入无菌水使菌体均匀分布在水中,便于转接;同时保证同一支菌种转接的不同斜面相对较均一),制成悬浮液,用以接空白斜面,并控制好斜面的涂布面积,使菌落分布均匀,密度适宜。划线后的接种针应作双碟划线培养或浸入肉汤作无菌检验。

　　②放线菌实验室阶段扩大培养　孢子制备是发酵生产的起始环节,孢子的质量、数量对后续工艺中的菌丝的生长、繁殖和发酵水平都有明显的影响。菌种不同,孢子的制备工艺不同。放线菌的孢子培养基多采用半合成培养基,培养基中含有适合孢子形成的营养成分,如麸皮、蛋白胨和无机盐。培养基中氮源不能太丰富,碳氮比应该大一些,从而避免菌丝的大量形成,以产生大量孢子。其扩大培养工艺如下(包括生产车间种子扩大培养工艺):

　　冷冻管或沙土管→斜面一代→斜面二代→摇瓶→种子罐→发酵罐

　　放线菌孢子的培养温度多为28 ℃,部分菌种为30 ℃或37 ℃,培养时间因菌种不同而异,一般为4~7 d,也有14 d,甚至有一些达到21 d。孢子成熟后于5 ℃保存。存放时间不宜过长,一般在一周内,少数品种可存放30~90 d。

　　制备放线菌孢子时,首先要制备合格的琼脂斜面。琼脂斜面培养基灭菌后,冷却到40 ℃左右放置,温度不宜过高,否则冷凝水较多。待斜面凝固后恒温培养7~8 d,经检查无杂菌后于4~6 ℃冰箱内保存备用,放置时间以不超过30 d为宜。使用前在27~30 ℃恒温箱中培养1 d。操作时用灭菌冷却后的接种勺直接从沙土管内取适量沙土孢子(必须使用干接种法),然后均匀地散布在空白斜面培养基上,使长出的菌落密度分布均匀。沙土管用后可以立即冷藏保存备用,但是为杜绝杂菌污染,一般应考虑废弃。

　　进行斜面传代,最好不要超过3代,以防衰老和变异,必要时对斜面进行观察。斜面孢子移植时,最好采用点种法。挑选形态正常的单个菌落,用接种针将孢子轻轻沾下,用划线法在空白斜面上划线,在斜面中下段形成单菌落,便于挑选传代的菌种。悬浮液接种要控制浓度,菌落不宜过密或过稀,过密容易把低单位或不正常的菌落掩盖,检查时难以发现;过稀则孢子数量太少,不宜作种子。划线后的接种针均需浸入肉汤作无菌检查,培养2 d,观察是否污染杂菌。

　　③酵母菌实验室阶段扩大培养　酵母菌的种子扩大一般采用麦汁培养基进行扩大培养,其培养工艺(包括生产车间阶段)为:

　　试管斜面→富氏瓶→巴式瓶→卡氏罐→汉生罐→增殖罐→发酵罐

　　在有些工业化生产中,菌种生产厂家把酵母菌制备为能长时间保存的固体菌种。生产厂家把固体菌种以较大接种量接种于卡氏罐中,然后逐级扩大培养。这样可以使菌种生产厂家和产品生产厂家各自充分发挥自身优势,提高产品质量,降低设备投入和生产成本等。

有些厂家甚至直接把大量的固体菌种在经增殖罐活化增殖后接入发酵罐,这样做可以减少工艺步骤,避免污染。

④霉菌扩大培养工艺 霉菌孢子培养大多采用大米、小米、麦麸等来源丰富、简单易得、价格低廉的天然培养基。天然培养基营养丰富,一般比合成培养基产生孢子的数量多(不同来源的天然培养基,其成分可能相差较大,有时会对菌种扩大培养产生不利影响)。菌种扩大培养工艺(包括生产车间扩大培养工艺)为:

沙土管或冷冻管或斜面→母斜面→子斜面→摇瓶→种子罐→发酵罐

首先将保存的孢子接种在斜面进行培养,待孢子成熟后制孢子悬浮液,接种到大米或小米等培养基上,培养成熟成为"亲米",由"亲米"再转到大米或小米培养基上,培养成熟成为"生产米","生产米"接入种子罐。"亲米"和"生产米"的培养温度一般为26~28 ℃,培养时间因菌种不同而异,一般为4~14 d。为了使通气均匀,菌体分散度大,局部营养供应均一,在培养过程中要注意翻动或搅动培养基。制备好的大米或小米孢子,可放在5 ℃冰箱内保存备用,或将大米或小米孢子的水分去除到含水量在1%以下后保存备用。这种干燥孢子可在生产上连续使用180 d左右。干燥孢子可以保存较长的时间,但是在整个孢子制备过程中要严格控制无杂菌污染,同时保存孢子的环境和设备要绝对保证无杂菌污染的可能性。

制备孢子时要使母斜面生长的菌落尽可能分散,以便挑选理想的单个菌落。接种时应选取中央丰满的孢子,不要触及菌落边缘的菌丝。吸悬浮液时注意吸管上端塞的棉花要紧一些,吸管下口要大些,吸管头不能接触火焰,否则孢子容易烫死或溢出口外,使用后的吸管随即插入肉汤内浸一下作无菌检查。吸取孢子悬浮液体,也可以用移液枪(枪头先灭菌)在无菌环境下直接吸取,该方法方便、快捷。如果用带有过滤膜的移液枪,可以非常好地做到无杂菌污染。

孢子进罐的方式分为两种:直接进罐和经过摇瓶扩大培养后间接进罐。直接进罐的优点有:工艺路线较短,容易控制;斜面孢子易于保藏,菌种纯度高,一次操作制备的孢子量较大。因此,直接进罐可节约人力、物力和时间,并减少染菌机会,为稳定生产提供有利条件。

某些微生物菌种的孢子发芽和菌丝繁殖速度较缓慢,为了缩短种子培养周期和稳定种子质量,将孢子经摇瓶培养成菌丝后再进罐。摇瓶的培养基配方和培养条件与种子罐近似。制备摇瓶种子的目的是使孢子发芽长成苗壮的菌丝,从而增加菌体的活力和菌体数量,同时可以先对斜面孢子的质量和无菌情况进行考察,然后选择质量较好的作为优秀菌种保留。摇瓶种子进罐常用两级培养的方式:母瓶培养和子瓶培养。母瓶培养基成分比较丰富,易于分解利用,氮源丰富利于菌丝生长。子瓶培养基更接近于种子罐的培养基组成。摇瓶种子进罐的缺点是工艺过程长,操作过程中染菌几率高。摇瓶种子的质量主要以外观颜色、菌丝浓度或黏度、效价以及糖氮代谢、pH值为指标,符合要求后方可进罐。

(2)生产车间阶段

生产车间种子扩大培养是以实验室制备的孢子或摇瓶营养细胞做种子,经种子罐扩大培养后,满足发酵罐对种子的要求。实验室制备的孢子或摇瓶菌丝体移到种子罐进行扩大培养,对于不同的菌种,种子罐培养基虽各有不同,但配制原则是基本相同的。好氧种子进罐培养时需要供给足够的无菌空气并不断搅拌,使每部分菌丝体在培养过程中获得相同的培养条件,均匀地获得溶解氧。孢子悬浮液一般采用微孔接种法接种。摇瓶菌丝体种子可采用火焰接种或压差法接种。种子罐之间或发酵罐之间的移种主要采用压差法,由种子接种管道进行移种,操作过程中要防止接受罐的表压降到零,否则会染菌。生产车间制备种子时应考虑种子罐级数、种龄和接种量。

种子罐级数是制备种子需逐级扩大培养的次数。种子罐级数通常是根据菌种生长特性、孢子发芽速率、菌体繁殖速率以及发酵的容积而设定的。对于生长较慢的链霉菌,一般采用三级发酵(二级种子罐扩大培养)、四级发酵(三级种子罐扩大培养)。对于生长快的细菌,种子用量比较少,接种的级数相应也少,一般采用二级发酵(一级扩大培养)。种子罐的级数少,有利于简化工艺,并可减少由于多次移种而产生的染菌几率。在实际生产中,应该考虑尽量延长发酵时间(如生产产物的时间),缩短由于种子发芽、生长而占用的时间,以提高发酵生产效率,从而降低生产成本。

种龄是指种子罐中培养的菌丝体开始移入下一级种子罐或发酵罐时的培养时间。在种子罐中,随着培养时间的延长,菌丝量增加,营养基质逐渐消耗,代谢产物不断积累,导致最后菌丝量不再增加而逐渐趋于老化,因此选择适当的种龄显得十分重要。通常种龄以菌丝处于生命力极为旺盛的对数生长期,培养液中菌体量还未达到顶峰时为宜。若过于年轻的种子接入发酵罐,往往会出现前期生长缓慢,整个发酵周期延长,产物开始形成的时间推迟,甚至会因菌丝量过少而在发酵罐内结球,造成发酵异常的情况。

接种量是指移入的种子液体积与接种后培养液总体积的比例。接种量的大小取决于生产菌种在发酵罐中生长繁殖的速率和产品生产的工艺要求。较适宜的接种量可以缩短发酵罐中菌丝繁殖到达顶峰的时间,使其在生产中迅速占据整个培养环境,减少杂菌生长机会,同时也缩短了产品生成时间。相反,接种量过多,使菌丝生长过快,培养液黏度增加,造成溶解氧不足而影响产物的合成。总之,对每一个生产菌种,要进行多次试验后才能决定最适接种量。接种量过大过小都不好,最终以实践定,如大多数抗生素为 7%~15%。但是一般认为大一点好。加大接种量的方法包括:①双种法,即两个种子罐接种到一个发酵罐中。②倒种法,即以适宜的发酵液倒出部分给另一发酵罐作为种子。③混种进罐,即一部分种子来源于种子罐,另一部分来源于发酵罐。

2) 影响种子质量的因素及控制方法

高质量的种子是生产顺利进行的关键。种子的质量可以通过种子的多种生理和生化特性体现出来,因此可以通过监测这些特性来判断种子质量的好坏。种子质量的控检包括:①细胞或菌体:菌体形态、菌体浓度以及培养液的外观,是种子质量重要的指标。②生化指标:种子液的糖、氮、磷含量的变化和 pH 变化是菌体生长繁殖、物质代谢的反映。③产物生成量:产物生成量是多种抗生素发酵考察种子生产能力及成熟程度的重要指标。

种子异常可能出现的情况有:①菌种生长发育缓慢或过快:各种参数正常的情况下,通入种子罐中无菌空气的温度较低或者培养基的灭菌质量较差是菌种生长发育缓慢的主要原因。②菌丝结团:可能和接入种子罐的种子量小以及通气搅拌效果差有关。加入某些表面活性剂如吐温 80 可以促进菌丝团的分散。③菌丝黏壁:菌丝黏壁的原因是搅拌效果不好,搅拌时泡沫过多,以及种子罐装料系数过小等原因造成的。

种子的生产性能除菌种自身的遗传特性外,还取决于种子扩大培养过程中各个要素的控制情况。

（1）影响孢子质量的因素及控制方法

影响孢子种子的质量因素通常有培养基、培养温度、培养湿度、培养时间、冷藏时间和接种量。

培养基的组成对种子质量有非常显著的影响。在生产实践中发现，琼脂品牌不同，对孢子质量的影响也不同。据分析，这是由于不同品牌的琼脂含有不同的无机盐造成的。可先对琼脂用水进行浸泡处理，除去其中的可溶性杂质，从而减少琼脂差异对孢子质量的影响。

培养温度对菌种的质量有显著的影响。有些菌体在生长过程中，温度波动稍大就会显著影响孢子的生长。链霉菌产生灰色的斜面孢子，必须在26.5~27.5 ℃下培养，超过28 ℃，斜面孢子的生长就会异常。龟裂链霉菌斜面孢子，一般在36~37 ℃下培养较为适宜；培养温度高于37 ℃，孢子成熟早且易老化，在接入发酵罐后，就会出现菌丝对氨基氮的利用提前回升，糖氮利用缓慢，效价降低等现象；培养温度低则有利于孢子的形成，如斜面先放在36.5 ℃下培养3 d，再在28 ℃下培养1 d，则所得龟裂链霉菌的孢子数量可比在36.5 ℃下培养4 d所得数量多3~7倍。

斜面孢子培养时，培养室的相对湿度是很重要的，它对孢子生长速率和质量均有影响。不同湿度对龟裂链霉菌的孢子产生的影响见表2.8。

表2.8　湿度对孢子形成的影响（参考黄方一，2006）

湿度/%	活孢子/(亿·支$^{-1}$)	外　观
17	1.1	上部稀薄，下部略黄
25	2.3	上部稀薄，中部均匀发白
42	5.7	全白，孢子多

一个有趣的例子是，在北方气候干燥的地区，冬季斜面孢子长得快，孢子由下向上长，上部长得不好；夏季斜面孢子长得慢，由上向下长，斜面底部有较多的冷凝水，使下部菌落长不好。据分析，这是因为冬季气温低而干燥，斜面水分很快蒸发，斜面上部较干燥，因而菌落长不出来，而夏季温度偏高，相对湿度较大，斜面下部积水较多，不利于菌落生长。试验表明，在一定条件下培养斜面孢子时，若北方相对湿度控制在40%~46%，南方控制在35%~42%，则所得的孢子数量适中，较成熟，外观好，进罐后孢子发芽时间早，糖代谢快，发酵单位增长快。在恒温箱培养时，若湿度较低，可放入盛水的平面皿或广口烧杯使相对湿度提高。为了保证新鲜空气的交换，恒温箱每天要开启几次。

孢子过于年轻则经不起冷藏，过于衰老则生产能力又会降低。因此，孢子龄控制在孢子量多、孢子成熟、发酵单位正常的阶段。

冷藏总的原则是宜短不宜长，一般不超过7 d。成熟斜面孢子耐冷藏，但冷藏时间过长，菌种特性也会衰退。如土霉素菌种斜面培养4 d，孢子尚未完全成熟，冷藏7~8 d后，菌丝即开始自溶；而培养时间延长到5 d，孢子完全成熟后，则冷藏20 d也不会自溶。

孢子数量的多少也会影响孢子质量。如青霉素产生菌之一的球状菌的孢子数量对发酵单位影响极大。这是因为孢子数量过少，接入罐内长出的球状体过大，影响通气效果；若孢子量过大，则接入罐内后不能很好地维持球状体。实验证明，从冷冻管制备大米孢子时，若能严格控制球状孢子的数量，则既能保证孢子的质量，并能提高青霉素的产量。

斜面孢子质量的控制标准主要以菌落性状和色泽、密度、孢子量及色素分泌为指标。接种摇瓶或进罐的斜面孢子要求菌落密度适中,菌落正常、大小均匀,孢子丰满,孢子颜色及分泌色素正常,孢子量符合要求。为确保孢子质量,还应考察发芽率、变异率和保证无杂菌,必要时还要观察摇瓶发酵单位效价。

(2)影响液体种子质量的因素及控制方法

生产过程中影响液体种子质量的因素通常有培养基、培养条件、种龄和接种量。

液体种子的培养基应满足以下要求:营养成分适宜、充分,易于吸收,适合种子培养的需要,氮源和维生素含量高,且尽可能与发酵培养基相近。

培养条件最主要的因素为温度和通气量。温度升高时,微生物的生物化学反应速率加快,同时细胞中对温度敏感的成分受到不可逆破坏。超过最适温度以后,生长速率随温度升高而迅速下降。从总体上看,微生物适宜生长的温度范围较大,但是具体到某一种微生物,则只能在有限的温度范围内,并且有最低、最适和最高 3 个临界值。对于在种子罐中培养的种子,除了要保证供应适宜的培养基外,适当的溶解氧供应可以保证种子的质量。溶解氧的供应一般通过通气量来控制。例如,在制备青霉素的生产菌种的过程中,将在通气充足和不足两种情况下得到的种子分别接入发酵罐内,它们的发酵单位效价相差近一倍。

种子培养时间太长,菌种趋于老化,生产能力下降,菌体自溶;种龄过短,发酵前期生长缓慢。不同菌种或同一菌种工艺条件不同,种龄是不一样的,需多次试验确定。

较大的接种量可以缩短发酵罐中菌体繁殖达到高峰的时间,使产物的形成提前,并可减少杂菌生长机会;但过大的接种量也会引起菌种活力不足,影响产物合成,而且代谢副产物相对较多,不利于发酵获得高质量或产量的产品。通常情况下,细菌的最适接种量为 1%～5%,酵母菌为 5%～10%,霉菌为 7%～15%。

【技能训练】

小型发酵罐的使用及大肠杆菌分批培养动力学实验

1)实验目的

①了解发酵罐的结构,掌握发酵罐的基本操作技术。

②了解发酵罐中微生物的生长特征。

③掌握实验室中微生物从斜面→摇瓶→发酵罐的无菌操作培养技术,对工业化微生物生产过程作出初步了解。

④掌握酶合成代谢调控机制。

⑤掌握发酵过程的控制工艺。

2)基本要求

掌握发酵过程的 4 个时期:延迟期、对数期、稳定期和衰亡期。酶合成调节机制之一——酶合成的诱导。

3)实验原理

一定数量的微生物,接种于合适的新鲜培养基中,在适宜的培养条件下,所表现出的群体生长特征可分为 4 个时期,即延迟期、对数期、稳定期和衰亡期。微生物在各个时期的生理特征各不相同。

微生物的生长过程是其总的代谢活动的综合体现,每一种代谢途径均由一些特有的酶的反应组成,同时微生物代谢具有高度的调节作用,通过本实验了解酶合成的调节机制之一——酶合成的诱导。

4)试剂及器材

①菌种:液体培养 24 h 的 E.coli。

②发酵培养基:牛肉膏 2%,玉米浆 2%,K_2HPO_4 0.2%,$MgSO_4$ 0.1%,富马酸铵 0.5%,富马酸钠 1%,pH 7.5。

③消泡剂:植物油。

④器材:发酵罐、灭菌锅、721 分光光度计、超净工作台、台式高速离心机、离心管、移液管。

5)实验步骤

①按配方配制 1 200 mL 发酵培养基,调 pH 值为 7.5,装入发酵罐中,封好各个封口,保持 1 kg/cm^2 压力下灭菌 30 min,结束后取出放在超净工作台上。

②待发酵点中的培养基冷却至 35 ℃ 左右时,用火环接种法将 E.coli 种子液接发酵器中,接种量 10% ~ 15%,控制温度 37 ℃,转速约为 300 r/min,空气流速 1 L/min,发酵培养 22 ~ 24 h,其中每间隔 1 h 取样测 pH 值和 OD_{660} 值(样品进行适当稀释),记录发酵全过程中 pH 值变化和菌体生长情况。

③发酵结束后放罐、收集发酵液并测量其总体积(V)。吸取 1 mL 发酵液于离心管中,放入台式高速离心机中离心,转速 8 000 r/min,时间 10 min,测湿菌体重(W'),计算发酵产菌率。

6)实验结果

将实验结果填入表 2.9 中。

表 2.9 实验结果表

时　间	1	2	3	4	5	6
OD_{660}						
pH 值						

· 项目小结 ·

良好的菌种是发酵反应的基础,对菌种持续不断的改造可以不断开发微生物的发酵潜力。应用诱变法可以获得较佳的突变效果。经筛选得到的优良菌种在进入发酵罐发酵前必须经过活化与扩大培养,获得数量足够多代谢旺盛的种子。本项目要求掌握菌种筛选、诱变改造、菌种保藏、培养基制备、种子扩培等基本技能,能够完成菌种的选育与种子的制备等工作任务。

 思考练习

一、单选题

1.下列产物属于次级代谢产物的是(　　　)。

　　A.蛋白质　　　　　　　B.核酸　　　　　　　C.毒素　　　　　　　D.脂类

2.下列产物属于初级代谢产物的是(　　　)。

　　A.维生素　　　　　　　B.毒素　　　　　　　C.抗生素　　　　　　D.氨基酸

3.微生物产生初级代谢产物和次级代谢产物的最佳时期是(　　　)。

　　A.对数期、稳定期　　　B.调整期、稳定期　　C.稳定期、稳定期　　D.调整期、对数期

4.在工业生产过程中,选育菌种所常用的方法是(　　　)。

　　A.基因重组　　　　　　B.杂交育种　　　　　C.人工诱变育种　　　D.单倍体育种

5.下列原料中,哪一种属于天然培养基成分?(　　　)

　　A.尿素　　　　　　　　B.豆饼粉　　　　　　C.氨水　　　　　　　D.葡萄糖

6.下列物质在工业上常用作碳源的是(　　　)。

　　A.酵母粉　　　　　　　B.花生粉　　　　　　C.尿素　　　　　　　D.淀粉水解糖

7.下列物质在工业上常用作氮源的是(　　　)。

　　A.葡萄糖　　　　　　　B.蔗糖　　　　　　　C.黄豆饼粉　　　　　D.木薯

8.下列物质在工业上常用作前体的是(　　　)。

　　A.苯乙酸　　　　　　　B.酵母粉　　　　　　C.玉米粉　　　　　　D.油脂

二、判断题

1.用诱变率作为各种诱变剂的相对计量。　　　　　　　　　　　　　　　　(　　)

2.生长圈法所用的工具菌是一些抗维生素的敏感菌。　　　　　　　　　　(　　)

3.斜面低温保藏法是一种长期的保藏法。　　　　　　　　　　　　　　　(　　)

4.液氮超低温保藏法中使用的冷冻保护剂是脱脂乳或血清。　　　　　　　(　　)

5.真空冷冻干燥保藏法是适用范围广、保藏期最长的方法。　　　　　　　(　　)

6.种子罐级数越多,越有利于控制发酵和减少变异。　　　　　　　　　　(　　)

7.速效碳一般用于发酵的后期,缓效碳一般用于发酵的前期。　　　　　　(　　)

8.增殖培养基是满足一般微生物的野生菌株最低营养要求制成的培养基。　(　　)

9.使菌种恢复活力要进行菌种驯化。　　　　　　　　　　　　　　　　　(　　)

10.把二级种子接入发酵罐内发酵称为二级发酵。　　　　　　　　　　　(　　)

三、简述题

1.简述工业发酵对生产菌种的一般要求和菌种来源。

2.简述自然选育的步骤,典型新菌种从自然界自然分离筛选的过程。

3.简述利用平板的生化反应进行分离的方法,并以图示意。

4.简述诱变育种的典型流程及步骤。

5.菌种保藏的方法并举例至少5例。

6.简述对发酵培养基的要求。

7.简述培养基设计的一般思路和步骤。

8.简述影响培养基质量的因素。

9.简述种子扩大培养的过程和流程。

10.简述发酵对种子的质量要求。如何判断?

项目 3　发酵工业无菌操作

📖 【项目描述】

　　大多数工业发酵是需氧过程,发酵过程中除大量扩增的菌种之外,不应有其他杂菌生长,这就要求使用的培养基、发酵设备和管路等附件以及通入发酵罐内的空气必须经过彻底灭菌。杂菌的污染不仅消耗了培养基中的营养成分,而且代谢废物影响生产菌株的正常生长,改变了发酵液的性质。污染的杂菌对下游的过滤、提取等后续操作,影响了产品的质量及收率。因此,发酵工业中的无菌操作是非常重要的。

📖 【学习目标】

　　掌握常用的灭菌方法;掌握常见的工业发酵罐及种子罐的灭菌方法;掌握分批灭菌和连续灭菌;掌握发酵过程中的空气灭菌流程。

📖 【能力目标】

　　能够采用湿热灭菌方法对发酵罐及相应附件进行灭菌;能够完成培养基的分批灭菌和连续灭菌;能够制备符合 GMP 标准的无菌空气。

❓ **引导问题**

　　1.怎样对制备好的工业培养基进行灭菌处理?

　　2.除了培养基以外,发酵设备及空气怎样做到无菌?

任务 3.1　发酵工业设备管道灭菌

【活动情境】

　　大肠杆菌 BL21(pBAI)是用于生产人干扰素 α2b 的重组基因工程菌种,在工业生产中采用葡萄糖流加法进行发酵生产。现在按照生产安排,要进行批生产的前期准备工作,对 50 L

种子罐及其附属设备进行灭菌,如何完成好这个生产环节?

【任务要求】

能够根据灭菌对象的特点,选择合适的灭菌方法,按照规范的操作步骤完成发酵生产前的50 L发酵罐及其附属设备的灭菌操作。

1.选择合适的灭菌方法。
2.湿热灭菌的参数和操作步骤。
3.发酵罐及其附属设备灭菌。
4.生产环境的灭菌。

【基本知识】

3.1.1 常用的灭菌方法及原理

灭菌是指利用物理和化学的方法杀灭物料及设备上所有微生物的方法。在整个发酵过程中为了防止杂菌的污染,需要对培养基、消泡剂、补加物料、空气、发酵罐及相关附件及整个生产环境进行严格灭菌。常用的灭菌方法有很多,主要包括化学灭菌法、射线灭菌法、干热灭菌法、湿热灭菌法、介质过滤除菌法等。

1)化学灭菌法

化学灭菌是用化学药品直接作用于微生物而将其杀死的方法。一般化学药剂无法杀死所有的微生物而只能杀死其中的病原微生物,是起消毒剂的作用,而不能起灭菌剂的作用。能迅速杀灭病原微生物的药物称为消毒剂,能抑制或阻止微生物生长繁殖的药物称为防腐剂。

化学药剂灭菌法的原理是利用药物与微生物细胞中的某种成分产生化学反应,如使蛋白质变性、核酸的破坏、酶类失活、细胞膜透性的改变而杀灭微生物。化学药剂灭菌法可用于器皿、生产小器具、皮肤表面、实验室和无菌室的环境灭菌。常用的化学药剂有石炭酸、甲醛、氯化汞、碘酒、酒精等。

化学药品灭菌的使用方法根据灭菌对象的不同有浸泡、添加、擦拭、喷洒、气态熏蒸等方法。常用化学灭菌试剂及使用方法见表3.1。

表3.1 常用化学灭菌试剂及使用方法

化学消毒剂		用 途	常用浓度
氧化剂	高锰酸钾	皮肤消毒	0.1%~0.25%
	次氯酸钠	车间环境消毒	2%~5%
醇类	乙醇	皮肤及器具消毒	70%~75%
酚类	石炭酸	表面消毒	1%~5%
	来苏水	表面消毒	3%~5%

续表

化学消毒剂		用　途	常用浓度
醛类	甲醛	空气消毒	$10 \sim 15 \ mL/m^3$
胺类	新洁尔灭	皮肤及器具消毒	$0.1\% \sim 0.25\%$

2）射线灭菌法

射线灭菌法的原理是微生物细胞在紫外线照射下细胞中 DNA 遭到破坏,形成胸腺嘧啶二聚体和胞嘧啶水合物,抑制 DNA 正常复制;空气在紫外线照射下产生的臭氧,也有一定的杀菌作用。

常用的射线有紫外线、X 射线和 β 射线、高速电子流的阴极射线。以紫外线最常用,波长 260 nm 的紫外线灭菌效率最高,一般用 30 W 紫外灯照射 30 min,就可以完成灭菌。

紫外线对芽孢和营养细胞都能起作用,但是细菌的芽孢和霉菌的孢子对紫外线的抵抗力较强。紫外线的穿透力低,只能用于表面灭菌,对固体物料灭菌不彻底,也不能用于液体物料灭菌。一般用于无菌室、接种台和培养间等空间灭菌。空气中悬浮杂质多,灭菌效率低;温度高,灭菌效率高;湿度大,紫外灯的使用寿命长。

3）干热灭菌法

干热灭菌法的灭菌机制主要是在干燥高温条件下,微生物细胞内的各种与温度有关的氧化还原反应速度迅速增加,使微生物的致死率迅速增高。氧化作用导致微生物死亡是干热灭菌的主要依据。微生物对干热的耐受力比对湿热强得多,因此,干热灭菌所需要的温度较高、时间较长。干热灭菌的温度和时间关系见表 3.2。

表 3.2   干热灭菌需要的温度和时间

灭菌温度/℃	170	160	150	140	121
灭菌时间/min	60	120	150	180	过夜

最简单和常用的干热灭菌是将金属或其他耐热材料制成的器物在火焰上灼烧,称为灼烧灭菌法。在实验室的接种操作中,就是采用这种方法。大多数的干热灭菌是利用电热或红外线在某设备内加热到一定温度将微生物杀死,例如,实验室内常用干燥箱对玻璃器具等的灭菌,常采用 160 ℃,120 min。干热灭菌用于灭菌后要求保持干燥的物料和器具等。

4）湿热灭菌法

湿热灭菌法的原理是借助蒸汽释放的热能使微生物细胞中的蛋白质、酶和核酸分子内部的化学键,特别是氢键受到破坏,引起不可逆的变性,使微生物死亡。在有水分存在的情况下,蛋白质更易受热而凝固变性。湿热灭菌的温度和时间需根据灭菌对象和要求来决定。一般,水分含量增加,蛋白质凝固变性的温度显著降低,见表 3.3。

表 3.3   不同含水量下的蛋白凝固温度

卵蛋白含水量/%	50	25	15	5	0
凝固温度/℃	56	76	96	149	165

杀死微生物的极限温度称为致死温度。在致死温度下,杀死全部微生物所需的时间,称为

致死时间。高于致死温度的情况下,随温度的升高致死时间也相应缩短。一般的微生物营养细胞在 60 ℃ 下加热 10 min 即可全部被杀死,但细菌的芽孢在 100 ℃ 下保温数十分钟乃至数小时才能被杀死。不同微生物对热的抵抗力不同,常用热阻来表示。热阻是指微生物细胞在某一特定条件下(主要是指温度和加热方式)的致死时间,一般评价灭菌彻底与否的指标主要是看能否完全杀死热阻大的芽孢杆菌。表 3.4 列出了某些微生物的相对热阻和对灭菌剂的相对抵抗力。

表 3.4　某些微生物的相对热阻和对灭菌剂的相对抵抗力与大肠杆菌比较

灭菌方式	大肠杆菌	霉菌孢子	细菌芽孢	噬菌体
干热	1	2~10	1×10^3	1
湿热	1	2~10	3×10^6	1~5
苯酚	1	1~2	1×10^9	30
甲醛	1	2~10	250	2
紫外线	1	2~100	2~5	5~10

(1)微生物受热的死亡定律

在一定温度下,微生物的受热死亡遵循分子反应速度理论。在微生物受热死亡过程中,活菌数逐渐减少,其减少量随残留活菌数的减少而递减,即微生物的死亡速率($\mathrm{d}N/\mathrm{d}t$)与任何一瞬时残存的活菌数成正比,称之为对数残留定律,表示为:

$$-\frac{\mathrm{d}N}{\mathrm{d}t}=kN \tag{3.1}$$

式中　N——培养基中残留的活菌个数,个;

　　　t——灭菌时间,s;

　　　k——灭菌反应常数或称为菌死亡速率,s^{-1},k 值大小与灭菌温度和菌种特性有关;

　　　$\mathrm{d}N/\mathrm{d}t$——活菌数的瞬时变化速率,即死亡速率,个/s。

以 $t=0$ 时,$N=N_0$ 为初始条件,式(3.1)通过积分可得:

$$N=N_0\mathrm{e}^{-kt} \tag{3.2}$$

$$t=\frac{1}{k}\ln\frac{N_0}{N}\text{或}\ t=\frac{2.303}{k}\lg\frac{N_0}{N} \tag{3.3}$$

式(3.3)即对数残留定律的数学表达式,其中 N 为经过时间 t 灭菌后活微生物的残留数。根据此式可计算灭菌时间。如果 $N\to0$,那么 $t\to\infty$,这在实际中是不可能的,即灭菌的程度在计算中要选择一个合适度,常采用 $N=0.001$ 计算,也就是说 1 000 次灭菌过程有一次失败的可能。

将 N/N_0 对时间 t 在对数坐标上绘图,可以得到一条斜率为 k 的直线,死亡速率常数 k 值越大,表明微生物越容易致死。如图 3.1 所示为大肠杆菌在不同温度

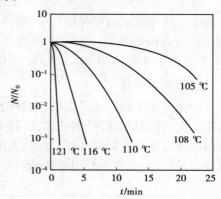

图 3.1　嗜热芽孢杆菌在
不同温度下的死亡曲线

下的死亡曲线。温度越高,k 值越大,表明微生物越容易死亡。k 值越小说明微生物的热阻越大。

（2）杀灭细菌芽孢的温度和时间

成熟的细菌芽孢除含有大量的钙吡啶二羧酸成分外,还处于脱水状态,成熟芽孢的核心只含有营养细胞水分的 10%~30%。这些特性都大大增加了芽孢的抗热和抵抗化学物质的能力。在相同的温度下杀灭不同细菌芽孢所需的时间是不同的,一方面是因为不同细菌芽孢对热的耐受性是不同的,另一方面培养条件的不同也使耐热性产生差别。因此,杀灭细菌芽孢的温度和时间一般根据试验确定,也可以推算确定。多数细菌芽孢的灭菌温度与时间见表 3.5。

表 3.5　多数细菌芽孢的灭菌温度与时间

灭菌温度/℃	100	110	115	121	125	130
灭菌时间/min	1 200	150	51	15	6.4	2.4

5) 介质过滤除菌法

介质过滤除菌法是让含菌空气通过过滤介质,阻截空气中所含微生物而取得无菌空气的方法。通过过滤除菌处理的空气可达到无菌,并有足够的压力和适宜的温度以供好氧微生物培养过程之用。介质除菌的原理是将过滤介质填充到过滤器中,空气流过时借助惯性碰撞、阻截、扩散、静电电极吸附、沉降等作用将尘埃微生物截留在介质中,达到除菌的目的。

填充床过滤器有:

①纤维或颗粒介质填充床过滤器:过滤介质包括棉花、玻璃纤维、腈纶、涤纶、维尼纶或活性炭等。

②折叠式硼硅酸超细纤维过滤器:过滤介质有超细玻璃纤维。

③烧结金属、陶瓷过滤器。

膜过滤绝对过滤器:膜过滤的原理是利用微孔滤膜对空气进行过滤,膜的孔径为 0.20~0.45 μm,大于这一孔径的微生物能绝对截留。膜过滤器的过滤介质有聚四氟乙烯、偏聚二氟乙烯、聚丙烯和纤维素脂膜等。表 3.6 列出了各种灭菌方法的特点及适用范围。

表 3.6　各种灭菌方法的特点及适用范围

灭菌方法	原理与条件	特　点	适用范围
火焰灭菌法	利用火焰直接把微生物杀死	方法简单、灭菌彻底但适用范围有限	适用于接种针玻璃棒、试管口、三角瓶灭菌
干热灭菌法	利用热空气将微生物体内的蛋白质氧化进行灭菌	灭菌后物料可保持干燥,方法简单	适用于金属或玻璃器皿的灭菌
湿热灭菌法	利用高温蒸汽将物料的温度升高,使微生物体内的蛋白质变性进行灭菌	蒸汽来源容易潜力大,穿透力强,灭菌效果好,操作费用低	广泛应用于生产设备及培养基的灭菌
射线灭菌法	用射线穿透微生物细胞进行灭菌	使用方便,但穿透力较差,适用范围有限	一般只用于无菌室、无菌箱、摇瓶间和器皿表面的消毒

续表

灭菌方法	原理与条件	特　点	适用范围
化学试剂灭菌法	利用化学试剂对微生物的氧化作用或损伤细胞等进行灭菌	使用方法较广,可用于无法用加热方法进行灭菌的材料	常用于环境空气的灭菌及一些表面的灭菌
过滤除菌法	利用过滤介质将微生物菌体细胞过滤进行除菌	不改变物性而达到灭菌目的,设备要求高	常用于生产中空气的净化除菌,少数用于容易被热破坏的培养基的灭菌

3.1.2　发酵罐及附属设备的灭菌

发酵罐的附属设备主要包括补料罐、空气过滤器、管路等,这些设备的灭菌可采用实罐灭菌或空罐灭菌的方式。

1)发酵罐及补料罐的灭菌

采用空罐灭菌时从有关管道通入蒸汽,使罐内蒸汽压力达到 $1.5×10^5$ Pa,保温 45 min,灭菌过程从有关阀门、边阀门排除空气,并使蒸汽通过达到死角灭菌。灭菌完毕后关闭蒸汽后,待罐内压力低于蒸汽过滤器压力时,通入无菌空气,保持罐压 $1.0×10^5$ Pa,补料罐的实罐灭菌条件应视物料性质而定,如糖液灭菌是表压 $1.0×10^5$ Pa(120 ℃)保温 30 min 左右,灭菌温度不宜过高,否则糖液会出现焦化。

2)空气过滤器的灭菌

排出过滤器中的空气,从过滤器上部通入蒸汽,并从上、下排气口排气,灭菌后用无菌空气将过滤介质吹干备用。灭菌时,总蒸汽压力为 $(3~3.5)×10^5$ Pa,总过滤器保温灭菌时间为 $1.5~2$ h,吹干时间为 $2~4$ h;中小型过滤器一般保温 $45~60$ min,吹干需要 $1~2$ h。

（1）种子罐及发酵罐的空气过滤器灭菌

关闭精过滤器前段空气阀,放尽过滤器压力后,打开精过滤器,检查滤芯是否需要更换,安装滤芯,开启过滤器下吹口并缓慢开启消空气精过滤器的蒸汽阀,升压灭菌。灭菌后先缓慢关闭过滤器下吹口,再关闭蒸汽阀。当压力下降到 $3.0×10^4$ Pa 时,微开精过滤器前空气阀,升压至 $1.0×10^5$ Pa。微开精过滤器下吹口,待过滤器基本冷却干燥后,将过滤器前空气阀打开,关闭下吹口。

（2）消泡剂及补料系统空气过滤器及空气管路灭菌

关闭过滤器前空气阀,放尽压力,打开精过滤器,检查滤芯后,先不安装滤芯。安好过滤器空盖,开精过滤器前蒸汽阀,空消管路,半小时后关闭蒸汽阀。压力放尽后,拆开过滤器安装过滤滤芯,进行过滤器灭菌,余下的灭菌过程和种子罐灭菌相同。

3)管路灭菌

管路灭菌所用蒸汽压力一般为 $(3~3.5)×10^5$ Pa,灭菌保温时间 1 h。灭菌后,应立即通入无菌空气,以防止外界空气侵入。通过补料管路、消泡剂管路可与补料罐一同灭菌,移种及补料管路用后要用蒸汽冲净,防止杂菌污染。

【技能训练】

无菌器材的准备及灭菌技术

1) 目的要求

①了解干热灭菌的原理和应用范围,学习干热灭菌的操作技术。

②了解高压蒸汽灭菌的基本原理及应用范围,学习高压蒸汽灭菌的操作方法。

③学习和掌握常用玻璃器材的包扎。

2) 基本原理

干热灭菌是利用高温使微生物细胞内的蛋白质凝固变性而达到灭菌的目的。细胞内的蛋白质凝固性与其本身的含水量有关,在菌体受热时,当环境和细胞内含水量越大,则蛋白质凝固就越快,反之含水量越少,凝固缓慢。因此,与湿热灭菌相比,干热灭菌所需温度要高(160~170 ℃),时间要长(1~2 h),但干热灭菌温度不能超过180 ℃,否则包器皿的纸或棉塞就会被烧焦,甚至引起燃烧。

高压蒸汽灭菌是将待灭菌的物品放在一个密闭的加压灭菌锅内,通过加热,使灭菌锅隔套间的水沸腾而产生蒸汽。待水蒸气急剧地将锅内的冷空气从排气阀中驱尽,然后关闭排气阀,继续加热,此时由于蒸汽不能溢出,而增加了灭菌锅内的压力,从而使沸点增高,得到高于100 ℃的温度。导致菌体蛋白质凝固变性而达到灭菌的目的。

在同一温度下,湿热的杀菌效力比干热大,其原因有三:一是湿热中细菌菌体吸收水分,蛋白质较易凝固,因蛋白质含水量增加;二是湿热的穿透力比干热大;三是湿热的蒸汽有潜热存在。1 g水在100 ℃时,由气态变为液态时可放出2.26 kJ的热量,这种潜热,能迅速提高被灭菌物体的温度,从而增加灭菌效力。

3) 仪器与材料

实验器材:培养皿、试管、移液管、电烘箱、高压灭菌锅等。

4) 操作步骤

(1) 培养皿、移液管的包扎

①培养皿的包扎:用无油质的纸将其单个或数个包成一包,进行灭菌。

②吸管的包扎:用细铁丝或长针头塞少许棉花于吸管口端,以免使用时将病原微生物吸入口中,同时又可滤过从口中吹出的空气。塞进的棉花大小要适度,太松太紧对其使用都有影响。每根吸管均需用纸分别包卷,有时也可用报纸每5~10根包成一束或装入金属筒内进行干烤灭菌。

③试管的包扎:试管口塞入棉塞,5~7只成捆,用牛皮纸包扎,标好日期、培养基名称。

(2) 干热灭菌基本流程

干热灭菌:装物品→关门→升温→恒温→降温→开箱取物。

①装入待灭菌物品:将包好的待灭菌物品(培养皿、试管、吸管等)放入电烘箱内,关好箱门。物品不要摆得太挤,以免妨碍空气流通,灭菌物品不要接触电烘箱内壁的铁板,以防包装纸烤焦起火。

②升温:接通电源,拨动开关,设定温度和时间,打开电烘箱排气孔,旋动恒温调节器至绿

灯亮,让温度逐渐上升。当温度升至 100 ℃时,关闭排气孔,直至达到所需温度。

③恒温:当温度升达到 160~170 ℃时,恒温调节器会自动控制调节温度,保持此温度 2 h。干热灭菌过程,要严防恒温调节的自动控制失灵而造成安全事故。

④降温:切断电源,自然降温。

⑤开箱取物:待电烘箱内温度降到 70 ℃以下后,打开箱门,取出灭菌物品。电烘箱内温度未降到 70 ℃切勿自行打开箱门,以免骤然降温导致玻璃器皿炸裂。

(3)高压蒸汽灭菌

高压蒸汽灭菌:加水→装物品→加盖→加热→排冷空气→加热→降压回零→排气→取物。

①加水:向灭菌锅内加入适量水。切勿忘记加水,同时水量不可过少,以防灭菌锅烧干而引起炸裂事故。

②装入待灭菌物品:注意不要装得太挤,以免阻碍蒸汽流通而影响灭菌效果。三角瓶与试管口不要与锅壁接触,以免冷凝水淋湿包口的纸而透入棉塞。设定好时间温度。

③预热排气:加热升温使水沸腾,同时打开排气阀,以排除锅内的冷空气。若未排除即使压力表已指到 103.43 kPa,而锅内温度达不到 121 ℃,这样芽孢则不能被杀死,造成灭菌不彻底,因此必须进行排气。待冷空气完全排尽后,关上排气阀。

④加热:锅内的温度随蒸汽压力增加到逐渐上升。当锅内压力升到所需压力时(一般为 103.43 kPa,温度则相当于 121.3 ℃),控制热源,维持所需时间,维持 15~20 min,即可达到灭菌目的。

⑤降压取物:灭菌所需时间到后,切断电源,让灭菌锅内温度自然下降,当压力表的压力降至 0 时,打开排气阀,打开盖子,取出灭菌物品。压力一定要降到 0 时,才能打开排气阀,开盖取物,否则就会因锅内压力突然下降,使容器内的培养基由于内外压力不平衡而冲出烧瓶口或试管口,造成棉塞沾染培养基而发生污染,甚至灼伤操作者。

5)注意事项

①堆放消毒物品时,严禁堵塞安全阀的出气孔,必须留出空位,保证其畅通放气,否则安全阀因出气孔堵塞不能工作,易造成事故。

②应确保容器内的水位,水位过高会使敷料过温,并浪费电源,水位低会损坏电热管,因此在消毒时,必须补足水量。

③开始加热时,必须将两个安全阀的手柄置于放气位置,使容器内的冷气逸出,否则得不到良好的消毒灭菌效果。

任务 3.2 发酵工业的连续灭菌

【活动情境】

大肠杆菌 BL21(pBAI)是用于生产人干扰素 α2b 的重组基因工程菌种,在工业生产中采用葡萄糖流加法进行发酵生产,流加的培养基主要成分是 400 g/L 的葡萄糖,现需要对配制好的流加培养基进行连续灭菌,用于发酵生产,该如何完成这个生产环节?

【任务要求】

能够根据数学模型及糖液培养基的特性,确定相应的灭菌时间,按照标准操作规程,完成流加葡萄糖培养基的连续灭菌操作,制备出合格的葡萄糖培养基。

1. 葡萄糖培养基灭菌温度的确定。
2. 根据数学模型计算连续灭菌的保温时间。
3. 完成流加葡萄糖培养基的连续灭菌操作。

【基本知识】

3.2.1　连续灭菌

培养基灭菌最基本的要求是杀死培养基中混杂的微生物,再接入纯菌以达到纯种培养的目的。尽管灭菌的方法很多,但发酵生产中对培养基和设备的灭菌,以湿热灭菌法灭菌效果最好,应用最为普遍。

在利用蒸汽对培养基灭菌的过程中,由于蒸汽冷凝时会释放出大量的潜热,并具有强大的穿透能力,在高温及存在水分的条件下,微生物细胞内的蛋白质极易变性或凝固而引起微生物的死亡,故湿热灭菌法在培养基灭菌中具有经济和快速的特点。高温虽然能杀死培养基中的杂菌,同时也会破坏培养基中的营养成分,甚至会产生不利于菌体生长的物质。因此,在生产中除了尽可能杀死培养基中的杂菌,还要求尽可能减少培养基中营养成分的损失。合理选择灭菌条件是灭菌的关键,这就要求必须了解在灭菌过程中温度、时间对微生物死亡和培养基营养成分破坏的关系。一般最常用的灭菌条件是 121 ℃,20~30 min。

工业化生产中培养基的灭菌采用湿热灭菌的方式,主要有连续灭菌和分批灭菌两种方法。

连续灭菌是将培养基通过专门设计的灭菌器,进行连续流动灭菌后,再导入预先灭过菌的发酵罐中的灭菌方式,也称之为连消。在短时间加热使料液温度升到灭菌温度126~132 ℃,在维持罐中保温 5~8 min,快速冷却后进入灭菌完毕的发酵罐中。连续灭菌时培养基可在短时间内加热到保温温度,并且能很快地被冷却,保温时间很短,有利于减少培养基中营养物质的破坏。

1)连续灭菌设备

连续灭菌设备主要由配料罐、连消塔、维持罐、冷却器和冷却排管组成(图 3.2)。

(1)配料罐

配料罐也称为配料预热罐,其主要作用是将料液置于 60~75 ℃下预热,避免连续灭菌时由于料液与蒸汽的温度相差过大产生水汽撞击而影响灭菌质量。

(2)连消塔

连消塔也称为加热器,主要作用是使高温蒸汽与料液迅速混合接触,温度很快提高到灭菌温度(126~132 ℃)。加热器有塔式和喷射式两种(图 3.3)。

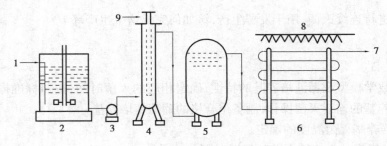

图 3.2　连续灭菌设备流程示意图

1,9—蒸汽;2—配料罐;3—泵;4—连消塔;5—维持罐;6—冷却管;7—无菌培养基;8—冷却水管

①塔式加热器　是由一根多孔的蒸汽导管和一套套管组成。导入管的小孔与管壁呈45°夹角,导管上的小孔上稀下密,使蒸汽能够均匀地从小孔喷出。操作时培养基由加热器的下端进入,并使其在内外管间流动,蒸汽从塔顶通入导管经小孔喷出后与物料剧烈混合均匀,实现加热。

②喷射式加热器　国内连消设备主要的加热方式,物料从中间进入,蒸汽从进料管周围进入,两者在喷口处快速混合。喷射出口设置有拱形挡板和扩大管,使料液和蒸汽混合更均匀,受热后培养基从扩大管顶部排出。

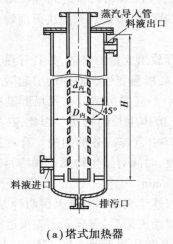

（a）塔式加热器

（b）喷射式加热器

图 3.3　连续灭菌加热器

（3）维持罐

由于连消塔加热时间短,不能达到灭菌要求,因此加设维持罐,使料液保持灭菌温度 5~8 min,罐压维持在 4×10^5 Pa 以达到灭菌目的。维持罐(图3.4)是一个直立容器,附有进出料管。有些设备为了防止维持期间返混发生,也有采用管式维持器代替维持罐的。

（4）冷却器

连消设备一般采用喷淋式冷却,冷水自上而下喷淋,使管内料液快速冷却。料液在管内自下而上流动,一般冷却到 45 ℃左右,运输到经过空消的储

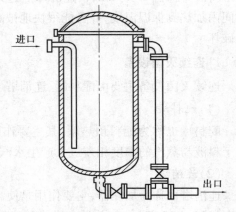

图 3.4　维持罐示意图

液罐内。

连续灭菌的优点主要是灭菌温度较高,时间短,培养基破坏较少,质量高;培养基不在发酵罐内灭菌,发酵罐的利用效率提高。不足之处是需要的设备较多,操作复杂,染菌的几率增大。

2)连续灭菌操作流程

配料人员核对料液温度、体积、pH,无误后开配料罐底阀,启动打料泵。待泵压升高至$(4\sim6)\times10^5$Pa,开连消塔蒸汽阀,缓慢开启打料泵出口物料阀,将已配好物料送入连消塔。使蒸汽稳定在固定数值4.5×10^5Pa。

计算好进料体积,当确认冷却器中充满料液时,打开喷淋冷水阀,对物料进行冷却,向已空消结束的发酵罐送料,打到规定体积后,关闭连消塔阀门,同时关闭蒸汽阀。维持罐压力在$(2\sim3)\times10^5$Pa,维持在一定时间。达到时间后,开维持罐底阀,关维持罐旁阀,开大连消罐蒸汽阀使罐压升至4×10^5Pa,将罐内料液压入发酵罐中。当维持罐压力降至2×10^5Pa时,关闭喷淋冷水阀,将物料管路内残液压入发酵罐中。

3.2.2 连续灭菌时间的计算

连续灭菌的理论灭菌时间计算仍可采用对数残留定律,如果忽略升温过程,则灭菌保温时间的计算方法为:

$$t = \frac{2.303}{k}\lg\frac{C_0}{C_t} \tag{3.4}$$

式中　C_0——单位体积培养基灭菌前的含菌数,个/mL;

　　　C_t——单位体积培养基灭菌后的含菌数,个/mL。

【例3.1】发酵罐内有培养基40 000 L,每升培养基中含有细菌芽孢2×10^8个,现在131 ℃条件下进行连续灭菌,已知在这个条件下,灭菌的速度常数为15/min,请计算完成灭菌所需的时间。

解:$C_0 = 2\times10^5$(个/mL)

$$C_t = \frac{1}{40\,000\times10^3\times10^3} = 2.5\times10^{-11}(\text{个/mL})$$

$$t = \frac{2.303}{15}\lg\frac{2\times10^5}{2.5\times10^{-11}} = 2.37\ \text{min}$$

与分批灭菌相比,连续灭菌的保温时间是非常短的,能够有效地防止培养基有效成分在长时间灭菌中的损失。在实际生产中,为保证灭菌效果,一般采用的实际灭菌时间为理论计算值的3倍。

3.2.3 培养基灭菌效果的影响因素

培养基要达到较好的灭菌效果,除了要达到连续灭菌的相应温度和维持时间,还有多种因素的影响,主要表现在以下几个方面:

1)培养基成分

培养基中的油脂、糖类和蛋白质会增加微生物的耐热性,使微生物的受热死亡速率变慢,这主要是因为有机物质会在微生物细胞外形成一层薄膜，影响热的传递，所以应提高灭菌温度或延长灭菌时间。例如，大肠杆菌在 65 ℃水中加热 10 min 便死亡；在 10%糖液中，70 ℃需 6 min；在 30%糖液中，70 ℃需 28 min；灭菌时，对灭菌效果和营养成分的保持都应兼顾，既要使培养基彻底灭菌又要尽可能减少培养基营养成分的破坏。相反培养基中高浓度的盐类、色素会减弱微生物细胞的耐热性，增强灭菌效果。

2）培养基成分的颗粒度

培养基成分的颗粒越大，灭菌时蒸汽穿透所需的时间越长，灭菌难；相反颗粒小，灭菌容易。一般对小于 1 nm 颗粒的培养基，可不必考虑颗粒对灭菌的影响，但对于含有少量大颗粒及粗纤，特别是存在凝结成团的胶体的培养基进行灭菌时，则应适当提高灭菌温度或过滤除去。

3）培养基的 pH 值

pH 值对微生物的耐热性影响，很大的微生物一般在 pH 7.0 左右最耐热；氢离子易渗入微生物细胞内，从而改变细胞的生理反应促使其死亡。培养基 pH 值越低，灭菌所需的时间越短。培养基的 pH 值与灭菌时间的关系见表 3.7。

表 3.7　培养基的 pH 值与灭菌时间的关系

温度/℃	孢子数/（个·mL⁻¹）	灭菌时间/min				
		pH 6.0	pH 5.5	pH 5.0	pH 4.8	pH 4.5
120	$1×10^4$	8	6	5	3	3
115	$1×10^4$	25	25	12	12	13
110	$1×10^4$	72	65	35	32	27
100	$1×10^4$	350	725	180	155	160

4）培养基的 pH 值微生物细胞含水量

微生物含水量越少，灭菌时间越长。孢子、芽孢的含水量少，代谢缓慢，要很长时间的高温才能杀死。因为含水量很高的物品，蛋白质不易变性（表 3.8）。但在灭菌时如果是含水量很高的物品，高温蒸汽的穿透效果会降低，因此也要延长时间。

表 3.8　含水量不同蛋白凝固温度差异

水分含量/%	50	25	18	6	0
变性温度/℃	55	75	86	150	160

5）微生物性质与数量

各种微生物对热的抵抗力相差较大，细菌的营养体、酵母菌、霉菌的菌丝体对热较为敏感，而放线菌、酵母菌、霉菌孢子对热的抵抗力较强。处于不同生长阶段的微生物，所需灭菌的温度与时间也不相同，繁殖期的微生物对高温的抵抗力要比衰老时期抵抗力小得多，这与衰老时期微生物细胞中蛋白质的含水量低有关。芽孢的耐热性比繁殖期的微生物更强。在同一温度下微生物的数量越多，所需的灭菌时间越长，因为微生物在数量比较多的时候，耐热个体出现的机会也越多,天然原料配成的培养基,一般含菌量较高,用纯粹化学试剂配制成的组合培养基含菌量低。

6)冷空气排出情况

高压蒸汽灭菌的关键问题是为热的传导提供良好条件,而其中最重要的是使冷空气从灭菌器中顺利排出。因为冷空气导热性差,阻碍蒸汽接触灭菌物品,并且还可降低蒸汽分压,使之不能达到应有的温度。如果灭菌器内冷空气排出不彻底,压力表所显示的压力就不单是罐内蒸汽的压力,还有空气的分压,罐内的实际温度低于压力表所对应的温度,造成灭菌温度不够(表3.9)。灭菌器内空气排出度可采用多种方法测量,最好的办法是灭菌锅上同时装有压力表和温度计。

表3.9　空气排出程度与温度的关系

蒸汽压力/atm	实际温度/℃				
	未排空气	排1/3空气	排1/2空气	排2/3空气	完全排空气
0.3	72	90	95	100	110
0.6	88	98	105	110	115
1.0	100	109	112	115	121
1.5	115	121	124	126	130

【技能训练】

发酵罐灭菌

1)目的要求

①了解小型发酵罐的基本结构。
②学习和掌握小型发酵罐的灭菌技术。

2)基本原理

发酵罐主要采用高压蒸汽灭菌,通过通入高压蒸汽,由于蒸汽不能逸出,而增加了灭菌锅内的压力,从而使沸点增高,得到高于100 ℃的温度,导致菌体蛋白质凝固变性而达到灭菌的目的。

3)仪器与材料

实验器材:5 L发酵罐。

4)操作步骤

(1)灭菌前的准备

①取下马达,平放于桌上。罐顶端套上黑色保护帽。
②由罐上取下温度传感器,该传感器不需要灭菌。
③取下pH电缆线,盖上红色保护帽;将pH电极要插到底。务必拧紧电极的上下两个固定螺帽。pH电极灭菌前要标定。

④取下 DO 电缆线,DO 电缆接口处用锡箔纸包好后套上黑色帽。DO 电极灭菌完后标定。

⑤取下消泡或液位电缆线,将消泡或液位电缆插到底,灭菌后定位到所需的高度后不要再压下去。消泡电极的高度离液面约 1.5 cm 处。

⑥拆下发酵罐上和冷凝器上的进、出水管,拆下的同时要用夹子夹住拆下水管的接头处,以防水流出。

⑦发酵罐上的过滤器的两端要用夹子夹死,过滤器的出口处用锡箔包好,所有过滤器的两端要用夹子夹住。发酵完毕倒罐后注意检查过滤器是否被打湿,若有则赶快用吸球将其中的液体吹出。

⑧用铁夹夹死收获管上的硅胶管以防在灭菌锅内跑液。收获管不用时上面一定要卡死不移走。

⑨在灭菌前将发酵罐的 6 个固定螺帽拧松出气,其他螺帽一定要拧紧。灭菌后打开高压锅立刻将其拧紧,注意戴上手套防止被烫伤。

⑩酸不要放高压锅内灭菌,将空的酸液瓶上的过滤器用锡箔包好,并将瓶盖拧松出气。灭菌完后去掉锡箔过滤器上的锡箔纸作为出气口(注意与酸瓶相连的硅胶管不要卡死);碱液瓶和硅胶管可以一起灭菌(与碱液瓶相连的硅胶管要卡死)。

⑪取下电热夹套将其平铺于桌面。

⑫灭菌前调整好搅拌叶的位置,底下的搅拌叶尽量靠近空气分布器,上面的一个位置调整到所加发酵液的中间位置。

⑬取样器的位置不要靠近挡板的位置,尽量靠中间位置。

⑭灭菌前将取样器的吸球取下。

(2)灭菌的基本流程

①发酵罐空消前,应将排污阀打开。

②打开蒸汽阀门向罐内通蒸汽;同时,打开通过取样口向罐内通蒸汽。

③将罐上的接种口、排气阀及排污管路上的阀门微微打开,使蒸汽通过这些阀门排出,当温度达到 121 ℃后开始计时,调整阀门的开度,保持罐内温度 121 ℃(压力一般在 0.11 ~ 0.15 MPa),可根据工艺调整空消的温度与压力。

④当时间达到 30~40 min 后,关闭相应阀门,打开空气管路上的阀门向罐内通空气冷却,让罐内保持正压为 0.03~0.05 MPa。

任务 3.3　发酵工业的分批灭菌

【活动情境】

大肠杆菌 BL21(pBAI)是用于生产人干扰素 α2b 的重组基因工程菌种,在工业生产中采用葡萄糖流加法进行发酵生产,起始发酵培养基主要成分是含 5 g/L 的葡萄糖的 LB 培养基,现需要对配制好的起始发酵培养基进行分批灭菌,该如何完成这个生产环节?

【任务要求】

能够根据数学模型及起始发酵培养基的特性,确定相应的灭菌时间,按照标准操作规程,完成起始发酵培养基的分批灭菌操作,制备出合格的 LB 培养基。

1.LB 培养基的灭菌温度确定。

2.根据数学模型计算分批灭菌的保温时间。

3.完成 LB 培养基的分批灭菌操作。

【基本知识】

3.3.1 分批灭菌

分批灭菌又称为间歇灭菌,就是将配制好的培养基全部输入到发酵罐内或其他装置中,通入蒸汽将培养基和所用设备加热至灭菌温度后维持一定时间,再冷却到接种温度,这一工艺过程也称为实罐灭菌。分批灭菌过程包括升温、保温和冷却 3 个阶段,如图 3.5 所示为培养基分批灭菌过程中温度的变化情况。如图 3.6 所示为分批灭菌的进气、排气及冷却水管路系统。

在培养基灭菌之前,通常应先将与罐相连的分空气过滤器用蒸汽灭菌并用无菌空气吹干。

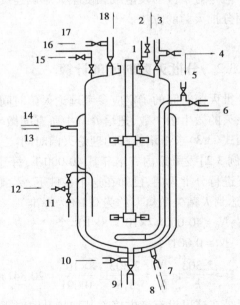

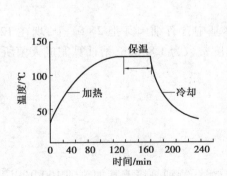

图 3.5　分批灭菌温度变化曲线

图 3.6　分批灭菌系统
1—接种管;2,4,15,17—排气口;3—进料管;
5,10,12,14—进气;6—进气管;7—冷凝水;
8—冷却水进口;9—排液管;11—取样管;
13—冷却水出口;16—消泡剂管;18—排气管

分批灭菌时,先将输料管路内的污水放掉冲净,然后将配制好的培养基用泵送至发酵罐种子罐或补料罐内,同时开动搅拌器进行搅拌。灭菌前先将各排气阀打开,将蒸汽引入夹套或蛇管进行预热,当罐温升至 $80 \sim 90$ ℃,将排气阀逐渐关小,预热是为了使物料溶胀和受热均匀,预热后再将蒸汽直接通入培养基中,这样可以减少冷凝水量。温度升到灭菌温度121 ℃,罐压为 1×10^5 Pa 时,打开接种、补料、消泡剂、酸、碱等管道阀门进行排气,并调节好各进气和排气阀门的排气量,使罐压和温度保持在一定水平上进行保温。

生产中通常采用的保温时间为 30 min,在保温的过程中应注意,凡在培养基液面下的各种入口管道均通入蒸汽,即"三路进汽",蒸汽从通风口、取样口和出料口进入罐内直接加热;而在液面以上的管道口则应排放蒸汽,即"四路出汽",蒸汽从排气、接种、进料和消泡剂管排气;这样做可以不留灭菌死角。

保温结束时,先关闭排气阀门,再关闭进气阀门,待罐内压力低于无菌空气压力后,立即向罐内通入无菌空气,以维持罐压。在夹套或蛇管中通冷水进行快速冷却,使培养基的温度降至所需温度。

分批灭菌不需要其他设备,操作简单易行,规模较小的发酵罐往往采用分批灭菌的方法。该方法的主要缺点是加热和冷却所需时间较长,增加了发酵前的准备时间,也就相应地延长了发酵周期,使发酵罐的利用率降低,因此,大型发酵罐采用这种方法在经济上是不合算的。同时,分批灭菌无法采用高温短时间灭菌,因而不可避免地使培养基中营养成分遭到一定程度的破坏。但是对于极易发泡或黏度很大难以连续灭菌的培养基,即使进行大型发酵生产,也不得不采用分批灭菌的方法。

3.3.2　分批灭菌时间的计算

分批灭菌时间的确定应参考理论灭菌时间作适当的延长或缩短。如果不计升温与降温阶段所杀灭的微生物个数,把培养基中所有的微生物均看作是在保温阶段被杀灭,这样可以简单地利用式(3.3)求得培养基的理论灭菌时间。

【例3.2】发酵罐内有培养基 40 000 L,每升培养基中含有细菌芽孢 2×10^8 个,现在 121 ℃条件下进行分批灭菌,已知在这个条件下,灭菌的速度常数为 1.8/min,请计算完成灭菌所需时间(以达到灭菌失败概率约为 0.1% 为标准)。

解:$N_0 = 40\ 000 \times 2 \times 10^8 = 8 \times 10^{12}$ 个

$N_1 = 0.001$ 个

$$t = \frac{2.303}{k} \lg \frac{N_0}{N_1} = \frac{2.303}{1.8} \lg \frac{8 \times 10^{12}}{0.001} = 20.34 (\text{min})$$

但是在这里没有考虑培养基加热升温对灭菌的贡献,特别是培养基加热到100 ℃以上时,这个作用更为明显。也就是说保温开始时培养基中的活微生物不是 N_0。另外,降温阶段对灭菌也有一定的贡献,但现在普遍采用迅速降温,降温时间在计算时一般不予以考虑。

3.3.3　分批灭菌与连续灭菌的比较

分批灭菌与连续灭菌相比较各有其优缺点。分批灭菌的优点主要表现在以下几个方面:

①设备要求低,不需另外的设备进行加热和冷却;②操作技术含量低,适用于手动操作;③适合于含有固体颗粒或较多泡沫培养基的灭菌;④适合于小的发酵罐中培养基的灭菌。与连续灭菌相比较,分批灭菌的不足之处主要是对培养基营养成分破坏较大,在大规模生产过程中破坏更为严重,同时培养基反复加热与冷却使能耗增加和发酵周期延长,降低了发酵罐的利用率。

当进行大规模生产时较适宜采用连续灭菌。连续灭菌的温度较高,灭菌时间较短,培养基的营养成分得到了最大限度的保护,保证了培养基的质量,另外由于灭菌过程不在发酵中进行,提高了发酵设备的利用率,易于实现自动化操作,降低了劳动强度。当然连续灭菌对设备与蒸汽的质量要求较高,还需外设加热、冷却装置,操作复杂,染菌机会多,不适合含有大量固体物料培养基的灭菌。

【技能训练】

大肠杆菌 BL21(pBAI)培养基分批灭菌

1)目的要求
①掌握发酵罐的基本结构和阀门管路的使用方法。
②掌握利用发酵罐进行培养基分批灭菌的操作方法。

2)基本原理
分批灭菌对设备要求低,不需另外的设备进行加热和冷却;灭菌过程适用于手动操作,适合于小型发酵罐、含有固体颗粒或较多泡沫培养基的灭菌。在进行培养基实罐灭菌之前,通常先把发酵罐空气分过滤器灭菌并用空气吹干。进料后,开动搅拌以防止沉淀。然后开启夹套蒸汽阀,缓慢引进蒸汽,使料液升温至 80 ℃左右后关闭夹套蒸汽阀门。开三路(空气、出料、取样)进气阀,开排气阀。当温度升到 110 ℃时,控制进出气阀门直至 121 ℃(表压 0.1 ～ 0.15 MPa),开始保温,一般保温 20 min。保温结束后,关闭过滤器排气阀、进气阀。关闭夹套下水道阀,开启冷却水进回水阀。待罐压低于过滤器压力时,开启空气进气阀引入无菌空气。随后引入冷却水,将培养基温度降至培养温度。

3)仪器与材料
(1)实验样品
大肠杆菌 BL21(pBAI)发酵培养基(配方:胰蛋白胨 10 g,酵母提取物 5 g,NaCl 10 g,葡萄糖 5 g,NaOH 调 pH 至 7.0,用去离子水定容至 1 L)。
(2)主要仪器
Minifors-C-Pack 型 7.5 L 小型发酵罐。
(3)主要试剂
胰蛋白胨、酵母提取物、NaCl、葡萄糖、NaOH。

4)操作步骤
(1)发酵培养及制备
按配方配制大肠杆菌 BL21(pBAI)发酵培养基 5 L,待用。

（2）发酵罐状态确认

首先确认蒸汽发生器的各开关都处于正常状态,向发酵罐内加入水,将蒸汽发生器打开,然后检查发酵罐的各个开关是否都处于关闭状态。

（3）发酵罐清洗及 pH 电极校正

清洗罐内,用自来水冲洗,并且取下 pH 电极,pH 电极使用前要进行校正。校正用两种标准溶液:一种 pH 为 4,另一种 pH 为 6.86。校正方法与一般电极相同,校正完成后插上电极。

（4）实罐灭菌操作

①确认排料口已经关闭,向罐内注入 5 L 发酵培养基,然后旋紧加料口盖,打开搅拌,搅拌速度为 200 r/min。

②打开蒸汽发生器的蒸汽输出阀门,打开发酵罐的蒸汽通路总阀和排料口的蒸汽阀,排尽管路中残存的冷凝水,待出料口只有水蒸气冒出,说明冷凝水排尽,此时关闭排料口的蒸汽阀门,打开通入夹套中的蒸汽阀门与排污阀,控制夹套中的压力,使其处于 1.5～2.0 MPa,罐内的温度会迅速上升;温度达到 95 ℃时关闭搅拌,此时罐内的培养基已经沸腾无须搅拌,同时要开始控制罐顶端的排气阀,先全开,以排尽罐内的空气,然后适当关小此阀,使罐内的压力略大于大气压。当温度达到 121 ℃时,实罐灭菌开始计时,同时控制罐压和夹套内的压力,温度维持在 121 ℃。

③计时开始 10 min 后,打开空气过滤器的蒸汽阀门和隔膜阀,对空气通路灭菌。在维持 121 ℃结束前,校正溶氧电极,设置为亚硫酸钠,即溶氧设定为 0。

④计时结束后关闭所有的蒸汽阀门,向夹套中通入自来水,此时排污阀仍需要适当打开,吹干空气过滤器内的滤棉,当罐内的温度降到 95 ℃时,打开搅拌,转速设定在 200 r/min,关闭排污阀和排气阀,向罐内通入无菌空气,当罐压上升后,打开排气阀。

⑤当罐内的温度下降到 40 ℃时,启动控温程序,关闭一个水阀,使水流经控制器后进入夹套。此时可以校正溶氧电极,设置为空气,即溶氧设定为 100。

至此,实罐灭菌过程完成。

5）注意事项

①整个灭菌过程要保证液面以下管路均通入蒸汽,液面以上管路均排出蒸汽。

②若在检查时发现阀门、管路堵塞或泄漏,应及时修复,然后才能进行灭菌操作。

③操作过程中应注意压力变化,如超出安全范围,应停止灭菌,以免发生安全事故。

任务 3.4　发酵工业的空气灭菌

【活动情境】

大肠杆菌 BL21(pBAI)是用于生产人干扰素 α2b 的重组基因工程菌种,在工业生产中采用葡萄糖流加法进行发酵生产。大肠杆菌是兼性厌氧菌,在 50 L 发酵罐进行高密度发酵过程中,无菌空气通入量为 80 L/h,如何制备足量的无菌空气保证生产?

【任务要求】

能够根据所在地区的空气环境和气候特性,确定适宜的无菌空气制备方案,按照标准操作规程,完成无菌空气的制备过程,制备出足量符合 GMP 要求的无菌空气。

1.本地所处气候环境、空气中主要杂质。

2.根据杂质情况选择合适的无菌空气制备流程。

3.完成无菌空气制备操作。

【基本知识】

氧气是好氧微生物生长、繁殖以及合成代谢产物所必需的重要原料。工业生产中通常采用空气作为氧气的来源,空气中三大类杂质主要包括微粒、水和有机物,还含有多种微生物,如果这些微生物随空气进入发酵培养系统,会在适宜的条件下大量繁殖,与生产用微生物竞争性消耗培养基中的营养物质,同时产生各种副产物,干扰或破坏纯培养过程的正常进行,甚至使培养过程彻底失败导致倒罐,造成严重的经济损失,因此必须将空气中的微生物除去或杀死。

空气除菌的方法很多,如介质过滤除菌、热灭菌、静电除菌、辐射杀菌等,其中介质过滤除菌最常采用。各种除菌方法的除菌效果、设备条件、经济指标各不相同。经冷却的压缩空气带有大量水分或油,在过滤前将空气中的水油除去,才能保持过滤介质的干燥状态,以保证过滤除菌效率。同时供给发酵罐的无菌空气需具有一定的压力,以维持发酵过程中的罐压力,由此就构成了一个无菌空气的制备系统,这是发酵工程中非常重要的一环。

3.4.1 发酵用空气标准

空气主要由氮气、氧气、二氧化碳和水蒸气以及悬浮在空气中的尘埃等组成。通常微生物在固体或液体培养基中繁殖后,很多细小而轻的菌体、芽孢或孢子会随水分的蒸发、物料的转移被气流带入空气中或黏附于灰尘上随风飘浮。它们在空气中的含量和种类随地区、高低、季节、空气中尘埃的多少和人们活动情况而变化。一般寒冷的北方比暖和、潮湿的南方含菌量少;离地面越高含菌量越少;农村比工业城市含菌量少。空气中微生物以细菌和细菌芽孢为主,也有酵母菌、霉菌、放线菌和噬菌体。据统计,一般城市空气中含菌量 $10^3 \sim 10^4$ 个/m³。

发酵工业生产中应用的"无菌空气"是指通过除菌处理使空气中含菌量降到零或极低,从而使污染的可能性降至极小,一般按染菌率为 10% 来计算,即 1 000 次发酵周期所用的无菌空气只允许 1~2 次染菌。

不同的发酵工业生产中,不同菌种由于生产能力强弱、生长速度快慢、发酵周期长短、产物性质、培养基的营养成分和 pH 值的差异等,对空气质量有不同的要求。其中,空气的无菌程度是一项关键指标。例如,在酵母菌发酵过程中,培养基是以糖源为主,无机氮源多,有机氮比较少,pH 值较低,一般细菌较难繁殖,而酵母菌的繁殖速度较快,在繁殖过程中能抵抗少量的杂菌影响,因而对空气无菌程度的要求不如氨基酸、抗生素发酵那么严格。而氨基酸与抗生素发酵因周期长短不同,对无菌空气的要求也不同。总的来说,影响因素比较复杂,需要根据具体的工艺情况而定。

对不同的生物发酵生产和同一工厂的不同生产区域,应有不同的空气无菌程度的要求。空气无菌程度是用空气洁净度来表示,空气洁净度是指洁净环境中空气含尘微粒量多少,含尘浓度高则洁净度低。2010 年版 GMP 里将无菌药品生产所需的洁净度分为 A,B,C,D 4 个级别,每个级别空气悬浮粒子的标准规定见表 3.10。

表 3.10 2010 年版 GMP 空气洁净度级别

洁净度级别	悬浮粒子最大允许数/(个·m⁻³)			
	静态		动态	
	≥0.5 μm	≥5.0 μm	≥0.5 μm	≥5.0 μm
A 级	3 520	20	3 520	20
B 级	3 520	29	352 000	2 900
C 级	352 000	2 900	3 520 000	29 000
D 级	3 520 000	29 000	不作规定	不作规定

3.4.2 无菌空气制备原理

鉴于不同的培养过程所用的菌种的生长能力强弱、生长速度快慢、培养周期长短等方面的差异,对空气灭菌的要求也不相同。空气灭菌的要求应根据具体情况而定,但总的原则不超过 10^{-3} 染菌概率。获取无菌空气的方法有多种,如辐射灭菌、化学灭菌、加热灭菌、静电除菌、过滤介质除菌等。下面介绍工业生产中较为常用的用于制备大量无菌空气的方法。

1)热灭菌

空气热灭菌是基于加热后微生物体内蛋白质变性得以实现的。利用空气压缩释放出的热量进行保温杀菌,是比较经济的做法(图 3.7)。空气进口温度若为 21 ℃,空气的出口温度为 187~198 ℃,压力为 7×10^5 Pa。可见,若是空气经压缩后温度升高用于干热灭菌是完全能够实现的。在实际应用时,应对培养装置与空气压缩机的相对位置,连接压缩机与培养装置之间的管道的灭菌以及管道的长度等问题都必须加以考虑。从压缩机出口到空气储罐过程进行保温,使空气达到高温后保持一段时间,从而使微生物死亡。为了延长空气的高温时间,最好在储罐内加装导管筒。

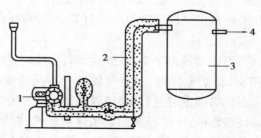

图 3.7 热灭菌设备示意图
1—压缩机;2—保温层;3—储罐;4—无菌空气

采用热杀菌装置时,还应装空气冷却器排出冷凝水,以防止在管道设备死角积聚而造成杂菌繁殖。在进入发酵罐前应加装分过滤器以保证安全,但采用这种系统的压缩机能量消耗会相应增大,压缩机耐热性能要增加,零部件也要选用耐热材料加工。

2) 静电除菌

静电除菌是利用静电引力来吸附带电粒子而达到除尘灭菌的目的。悬浮于空气中的微生物,其孢子大多带有不同的电荷,没有带电荷的微粒进入高压静电场时都会被电离成带电微粒,但对于一些直径很小的微粒,带的电荷很小,当产生的引力等于或小于气流对微粒的作用力或微粒布朗扩散运动的动量时,则微粒不能被吸附而沉降,因此静电除尘灭菌对很小的微粒效率较低。

3) 介质过滤灭菌

过滤除菌法是让含菌空气通过过滤介质以阻截空气中所含微生物,而取得无菌空气的方法。通过过滤处理的空气可达无菌,并有足够的压力和适宜的温度以供耗氧培养过程之用。该法是目前广泛用来获得大量无菌空气的常规方法。

（1）过滤除菌原理

过滤除菌所用的介质间隙一般大于微生物颗粒,那么悬浮于空气中的菌体是如何被除去的呢?当气流通过滤层时,基于滤层纤维的层层阻碍,迫使空气在流动过程中出现无数次改变气速大小和方向的绕流运动,从而使微生物微粒与滤层纤维间产生撞击、拦截、布朗扩散、重力及静电引力等作用,将其中的尘埃和微生物截留在介质层内达到过滤除菌的目的。

①布朗扩散截留作用　布朗扩散运动距离很短,在较大的流速下基本不起作用,但在很慢的气流中这种运动大大增加了微粒与介质的接触概率。假设微粒扩散运动的距离为 x,则离纤维表面距离小于或等于 x 的气流微粒会因为扩散运动而与纤维接触,截留在纤维上。由于布朗扩散截留作用的存在,大大增加了纤维的截留效率。

②惯性撞击截留作用　过滤器中的滤层交织着无数的纤维,并形成层层网格。随着纤维直径的减小和填充密度的增大,所形成的网格也就越细致、紧密,网格的层数也就越多,纤维间的间隙就越小。当含有微生物颗粒的空气通过滤层时,纤维纵横交错层层叠叠,迫使空气流不断地改变它的运动方向和速度大小。鉴于微生物颗粒的惯性大于空气,因而当空气流遇阻而绕道前进时,微生物颗粒不能及时改变它的运动方向,结果将撞击纤维并被截留于纤维的表面。

惯性撞击截流作用的大小取决于颗粒的动能和纤维的阻力,其中尤以气流的流速更为重要。惯性力与气流流速成正比,当空气流速过低时惯性撞击截留作用很小,甚至接近于零;当空气的流速增大时,惯性撞击截留作用起主导作用。介质层越厚,孔隙越小,惯性撞击截留作用越显著。

③拦截截留作用　在一定条件下,空气速度是影响截留速度的重要参数,改变气流的流速就是改变微粒的运动惯力。通过降低气流速度,可以使惯性截留作用接近于零,此时的气流速度称为临界气流速度。气流速度在临界速度以下,微粒不能因惯性截留于纤维上,截留效率显著下降,但实践证明随着气流速度的继续下降,纤维对微粒的截留作用又回升,说明有另一种机理在起作用。

因为微生物微粒直径很小,质量很轻,它随气流流动慢慢靠近纤维时,微粒所在主导气流流线受纤维所阻改变流动方向,绕过纤维前进,并在纤维的周边形成一层边界滞留区。滞留区的气流流速更慢,进到滞留区的微粒慢慢靠近和接触纤维,而被黏附截留。拦截截留的截留效率与气流的雷诺数和微粒同纤维的直径比有关。雷诺数越大,拦截截留效率越高。

④重力沉降作用　重力沉降起到一个稳定的分离作用,当微粒所受的重力大于气流对它的拖带力时微粒就沉降。就单一的重力沉降情况来看,大颗粒比小颗粒作用显著,对于小颗粒只有气流速度很慢才起作用。一般它是配合拦截截留作用的,即在纤维的边界滞留区内微粒的沉降作用提高了拦截截留的效率。

⑤静电吸引作用　当具有一定速度的气流在通过介质时,由于摩擦会产生诱导电荷,悬浮在空气中的微生物颗粒大多带有不同的电荷,当菌体所带的电荷与介质所带的电荷相反时,就会发生静电吸引作用。带电的微粒会受带异性电荷的物体吸引而沉降,此外表面吸附也归属于这个范畴,如活性炭的大部分过滤作用是表面吸附的作用。

在过滤除菌中,有时很难分辨上述各种机理各自所作贡献的大小,随着参数的变化各种作用之间有着复杂的关系,目前还未能作准确的理论计算。一般认为惯性截留拦截和布朗运动的作用较大,而重力沉降作用和静电吸引的作用则很小。

（2）过滤介质

过滤介质是过滤除菌的关键,不仅要求过滤介质高效除菌,介质耐高温、高压,不易被水和油等污染,阻力小、成本低等也是不可忽视的因素。

①棉花　棉花是最早使用的过滤介质,棉花随品种的不同过滤性能有很大的差别。棉花纤维的直径为 $16 \sim 21~\mu m$,装填时要分层均匀铺放,最后压紧。装填密度以 $150 \sim 200~kg/m^3$ 为宜,装填均匀是最重要的一点,必须严格做到,否则将会严重影响过滤效果。为了使棉花装填平整,可先将棉花弹成比筒稍大的棉垫后再放入器内。

②玻璃纤维　为散装充填过滤器的玻璃纤维,纤维直径越小越好,但由于纤维直径越小,其强度越低很容易断碎而造成堵塞,增大阻力,因此充填系数不宜太大,一般采用 $6\% \sim 10\%$,它的阻力损失一般比棉花小,如果采用硅硼玻璃纤维,则可得到较细直径的高强度纤维。玻璃纤维的过滤效率随填充密度和填充厚度的增大而提高。玻璃纤维充填的最大缺点是更换过滤介质时易造成碎末飞扬,使皮肤发痒甚至出现过敏现象。

③活性炭　活性炭有非常大的表面积,通过吸附作用捕集微生物。通常采用直径 3 mm,长 $5 \sim 10$ mm 的圆柱状活性炭,因其粒子间空隙很大,故阻力很小,仅为棉花的1/2。但它的过滤效率很低,目前常与棉花联合使用,即在两层棉花中夹一层活性炭以降低滤层阻力。活性炭的好坏决定于它的强度和表面积,表面积小则吸附性能差,过滤效率低;强度不足,则很容易破碎,堵塞孔隙增大气流阻力。

④石棉滤板　采用蓝石棉和纸浆纤维混合打浆压制而成。由于纤维直径比较粗,空隙比较大,虽然厚度较大,但是过滤效率比较低。优点是耐潮,不易穿孔折断,使用寿命长。

近年来新型的滤材的研发和使用使"绝对除菌"成为可能,极大地推进了纯种发酵生产。目前,较为成熟的材料包括硼硅酸纤维、聚偏二氟乙烯、聚四氟乙烯等,表 3.11 介绍了它们的主要性能。

表 3.11 新型滤材适用条件及性能比较

材 质	适用条件及性能
硼硅酸纤维	亲水性,无需蒸汽灭菌,95%容尘空间,过滤精度 1 μm,介质受潮后处理能力和过滤效率下降;适合无油干燥的空压系统,可作为预过滤器、除尘、管垢及铁锈等,过滤介质经折叠后制成滤芯过滤面积大,阻力小,更换方便
聚偏二氟乙烯	疏水性,要反复蒸汽灭菌,65%容尘空间,过滤精度 0.1~0.01 μm,可以作为无菌空气的终端过滤器,过滤介质经折叠后制成滤芯过滤面积大,阻力小,更换方便
聚四氟乙烯	疏水性,可反复蒸汽灭菌,85%容尘空间,过滤精度 0.01 μm,可去除微生物;可以作为无菌空气的终端过滤器,无菌槽、罐的呼吸过滤器及发酵罐尾气除菌过滤器;过滤介质经折叠后的滤芯面积大,阻力小,更换方便

3.4.3 无菌空气的制备过程

无菌空气制备的整个过程包括两部分:一是对进入空气过滤器的空气进行预处理,达到合适的空气状态;二是对空气进行过滤处理,以除去微生物颗粒,满足生物细胞培养需要。

空气过滤除菌的工艺过程一般是将吸入的空气先经前过滤,再进空气压缩机,从压缩机出来的空气先冷却至适当的温度(20~25 ℃),除去油水,再加热至适当的温度(30~35 ℃),经过空气过滤器除菌得到合乎要求的无菌空气。

空气过滤除菌有多种工艺流程,下面分别介绍几种较典型的流程。

1)两级冷却加热空气除菌流程

两级冷却加热空气除菌示意图如图 3.8 所示。这是一个比较完善的空气除菌流程,它可以适应各种气候条件,能充分地分离空气中的水分,使空气在低的相对湿度下进入过滤器,提高过滤除菌效率。

这种流程的特点是:两次冷却、两次分离、适当加热。两次冷却、两次分离油水的主要优点是可节约冷却用水,油和水雾分离除去比较完全,保证干过滤。经第一次冷却后,大部分的水油都已结成较大的雾粒,且雾粒浓度比较大,故适宜用旋风分离器分离。第二级冷却器使空气进一步冷却后析出较小的雾粒,宜采用丝网分离器分离。这类分离器可分离较小直径的雾粒且分离效果好。经两次分离后,空气带的雾沫就较小,两级冷却可以减小油膜污染对传热的影响。两级冷却加热除菌流程尤其适用于潮湿地区,其他地区可根据当地的情况对流程中的设备作适当的增减。

2)冷热空气直接混合空气除菌流程

冷热空气直接混合空气除菌流程如图 3.9 所示。从流程图可以看出,压缩空气从储罐出来后分成两部分,一部分进入冷却器,冷却到较低温度,经分离器分离水、油雾后与另一部分未

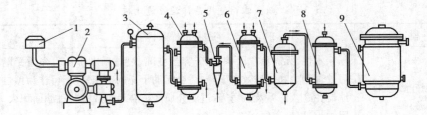

图 3.8　两级冷却加热空气除菌示意图

1—粗滤器;2—压缩机;3—储罐;4,6—冷却器;5—旋风分离机;

7—丝网除沫器;8—加热器;9—空气过滤器

处理过的高温压缩空气混合,此时混合空气温度已达到 30~35 ℃,相对湿度为 50%~60% 的要求,再进入过滤器过滤。

　　该流程的特点是可省去第二次冷却后的分离设备和空气加热设备,流程比较简单,利用压缩空气来加热析水后的空气,冷却水用量少等。该流程适用于中等含湿地区,但不适合于空气含湿量高的地区。由于外界空气随季节而变化,冷热空气的混合流程需要较高的操作技术。

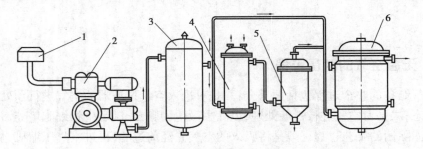

图 3.9　热空气直接混合空气除菌示意图

1—粗滤器;2—压缩机;3—储罐;4—冷却器;5—丝网除沫器;6—空气过滤器

3) 高效前置过滤空气除菌流程

　　高效前置过滤空气除菌流程采用了高效率的前置过滤设备,利用压缩机的抽吸作用,使空气先经中、高效过滤后,再进入空气压缩机,这样就降低了主过滤器的负荷。经高效前置过滤后,空气的无菌程度已经相当高,再经冷却、分离,进入主过滤器过滤就可获得无菌程度很高的空气。此流程的特点是采用了高效率的前置过滤设备,使空气经多次过滤,因而所得空气的无菌程度很高。如图 3.10 所示为高效前置过滤除菌的流程示意图。

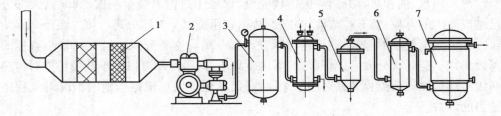

图 3.10　高效前置过滤空气除菌示意图

1—高效前置过滤器;2—压缩机;3—储罐;4—冷却器;5—丝网除沫器;6—加热器;7—空气过滤器

4)利用热空气加热冷空气除菌流程

如图3.11所示为热空气加热冷空气除菌的流程示意图。利用压缩后的热空气和冷却后的冷空气,进行热交换使冷空气的温度升高,降低相对湿度。此流程对热能的利用比较合理,热交换器还可兼作储气罐,但由于气气换热的传热系数很小,加热面积要足够大才能满足要求。

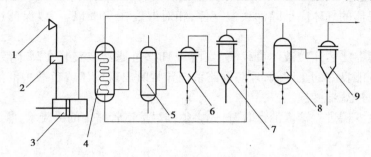

图3.11　利用热空气加热冷空气除菌流程示意图

1—高空采风;2—粗过滤器;3—压缩机;4—热交换器;5—冷却器;

6,7—析水器;8—空气总过滤器;9—空气分过滤器

以上几个除菌流程都是根据目前使用的过滤介质的过滤性能,结合环境条件从提高过滤效率和使用寿命来设计的。

【技能训练】

空气过滤器使用及维护

1)目的要求

①熟悉空气过滤器的基本结构。

②掌握发酵罐空气过滤器的使用及维护技术。

2)基本原理

空气过滤除菌是发酵工业最主要的空气除菌方法。该方法的主要原理是采用过滤介质对颗粒物、微生物进行有效拦截,各种微粒进入滤材纤维,通过惯性冲击、拦截、静电吸附、布朗抗扩散等作用滞留在铝材内部,从而达到除菌目的。

3)仪器与材料

实验器材:5 L发酵罐及空气过滤装置、密理博0.45 μm除菌滤膜。

4)操作步骤

①彻底清洗过滤器壳体。

②吹净气体管路中的杂质,按照正确的工作流程,将过滤器壳体接入过滤系统管路中。连接时注意进出气口方向,确保滤芯为外侧进气、内侧出气状态。

③将滤芯开口一端的塑料袋打开,检查O形圈是否完好并就位。

④用合适的湿润剂(例如水)湿润O形圈和滤芯座插孔。

⑤手握滤芯靠近O形圈的一端,垂直将滤芯插口完全插入滤芯座插口内。

⑥将所有的滤芯插好后去掉滤芯包装袋,多芯过滤器需扣上压板固定,然后将金属罩壳安装好。

5) 注意事项

①操作时应防止压力冲击,禁止反向加压。

②当精过滤器上、下游之间的压力降大于 0.05 MPa 或气通量明显下降时,应考虑更换滤芯;预过滤器压差达 0.03~0.04 MPa 时考虑更换。

③进入过滤器的气体应是除油去湿气体,相对湿度在 70% 以下,以保证过滤器的最佳过滤效率。

④气体过滤器之后连接液体负载(如发酵罐)时,过滤器应安装在高于液面的平台上,出气口端应安装性能良好的止回阀,以防管路系统异常时出现反压或负载中的液体反向进入气体过滤器中导致过滤器受损。

⑤如需对过滤器进行蒸汽消毒时,首先必须排尽蒸汽管路中的冷凝水,蒸汽压力不要超过 0.1 MPa。

· 项目小结 ·

　　微生物制药发酵生产所用的空气必须经过除菌处理,成为无菌空气后才能使用。由于工业大规模生产过程中菌体生长和代谢需要大量氧气,相应所要供给无菌空气的量是巨大的,而且是一个连续过程,因此,无菌空气制备技术是发酵生产能否成功的关键因素。本项目要求掌握空气除菌的目的和方法,理解介质过滤除菌的基本原理,掌握常见过滤介质的特性和适用范围,掌握无菌空气制备的基本流程,最终能够制备出符合 GMP 要求的无菌空气。

 思考练习

一、单选题

1.下列不属于新型过滤介质的是(　　　　)。

  A.硼硅酸纤维　　　　B.聚偏二氟乙烯　　　　C.聚四氟乙烯　　　　D.金属烧结介质

2.工业制备无菌空气的方法不包括(　　　　)。

  A.热灭菌　　　　B.静电灭菌　　　　C.化学试剂灭菌　　　　D.过滤灭菌

3.适用于皮肤表面灭菌的方法是(　　　　)。

  A.化学试剂灭菌　　　　B.热灭菌　　　　C.辐射灭菌　　　　D.过滤灭菌

4.连续灭菌的条件一般选择(　　　　)。

  A.126~132 ℃,7 min　　　　　　　　B.110~120 ℃,20 min

  C.160~170 ℃,120 min　　　　　　　D.50~60 ℃,30 min

二、判断题

1.无菌空气是指不含有微生物的空气。　　　　　　　　　　　　　　　　　　(　　　)

2.分批灭菌的效率高于连续灭菌。　　　　　　　　　　　　　　　　　　　　(　　　)

3.两级冷却加热除菌适用于潮湿气候地区。　　　　　　　　　　　　　　　　(　　　)

4.发酵罐及附属管路灭菌后应通入无菌空气,保持罐内正压。　　　　　　（　　）

5.含糖培养基在灭菌过程中,应稍高于普通培养基灭菌的温度。　　　　　（　　）

三、简答题

1.简述介质过滤除菌的主要原理。

2.简述空气过滤除菌的 3 种主要流程及适用范围。

3.简述 2010 年版 GMP 关于无菌空气的要求。

4.简述影响培养基灭菌效果的主要因素。

5.简述利用对数残留定律确定最佳灭菌时间的过程,说明工业生产中采用高温瞬时灭菌的理论依据。

四、综合应用题

发酵罐内有培养基 100 000 L,每升培养基中含有细菌芽孢 $7×10^7$ 个,根据要求回答下列问题:

1.现在 121 ℃条件下进行分批灭菌,已知在这个条件下,灭菌的速度常数为 1.8/min,请计算完成灭菌所需的时间(以达到灭菌失败概率约为 0.1%为标准)。

2.现在 135 ℃条件下进行连续灭菌,已知在这个条件下,灭菌的速度常数为 18/min,请计算完成灭菌所需的时间。

3.根据以上两个不同灭菌的时间,试叙述分批灭菌和连续灭菌的优缺点。

项目 4　发酵过程控制

📖 【项目描述】

　　发酵工业生产是大规模利用微生物制造或生产某些产品的过程。生产菌种的性能虽然对发酵生产起决定性作用，但是优良菌株良好生产性能的发挥还需要有最佳的环境条件即发酵工艺相配合才能实现。因此，研究生产菌种的最佳发酵工艺条件（如营养要求、培养温度、pH、对氧的需求等），以及发酵过程中最适水平的控制，这些在发酵生产中十分重要。

　　发酵过程控制的一般步骤为：先确定能反映发酵过程变化的各种参数（如温度、pH值、DO值、基质浓度、菌体浓度等）及其检测方法，进而研究这些参数变化对发酵生产水平的影响及其机制，获取最适水平和最佳范围，然后建立数学模型，定量描述各参数之间随时间变化的关系，最后通过计算机实施在线检测和控制，验证各种控制模型的可行性及适用范围，实现发酵过程最优控制。

📖 【学习目标】

　　理解温度、pH、DO、泡沫、基质浓度、菌体浓度等条件对发酵的影响，及其控制优化机理；掌握温度、pH、DO、泡沫、基质浓度、菌体浓度等条件的控制方法。

📖 【能力目标】

　　能对温度、pH、溶氧浓度、菌体浓度等常见的发酵参数进行测定；能够按操作规程对温度、pH、泡沫、溶氧等发酵条件进行控制；能够正确地进行发酵生产数据的记录，并对其进行分析处理。

❓ 引导问题

1.怎样了解发酵过程中的代谢情况？
2.如何进行条件控制才能获得良好的发酵效果？

任务 4.1　发酵过程温度控制

【活动情境】

任何生化酶促反应都受温度的直接影响,因此温度也是影响微生物生长、繁殖、代谢最重要的因素之一。温度是发酵过程控制的重要条件之一,为得到好的发酵效果,就需要保证适宜的发酵温度。按照工艺要求,利用发酵设备上的仪表与设备,如何实施发酵温度控制?

【任务要求】

能够运用有关知识,按照工艺要求,熟练地进行发酵温度的监测与控制。

1. 发酵温度的监测。
2. 发酵温度的控制。

【基本知识】

4.1.1　温度对发酵过程的影响

温度对发酵过程的影响是多方面的,如对细胞生长、产物形成、发酵液的物理性质、生物合成方向等方面有影响,甚至对其他发酵条件也有影响。

1) 温度对细胞生长的影响

不同微生物的生长对温度的要求不同,据此可将微生物分为嗜冷菌(0~26 ℃)、嗜温菌(15~43 ℃)、嗜热菌(37~65 ℃)、嗜高温菌(65 ℃以上)。每种微生物都有生长的最适温度、最高温度和最低温度。由于微生物生长代谢与繁殖都是酶促反应,温度升高反应会加速,通常在生物学范围内温度每升高 10 ℃,酶反应速度增加 2~3 倍,微生物生长速度加快 1 倍。因此,微生物处于最低和最高温度之间时,生长速率会随温度升高而提高;但是超过最适温度后,随温度升高,酶失活的速度也越快,生长速率下降,菌体衰老提前,发酵周期缩短,这对发酵生产极为不利。此外,处于不同生长阶段的微生物对温度的反应也不同。迟滞期的细菌对温度的反应十分敏感,处于最适生长温度附近时,迟滞期会缩短,在低于最适温度的环境中,迟滞期会延长;对数期的微生物在最适生长温度范围内,会因培养温度提高而生长加速,但超过最适生长温度,比生长速率开始迅速地下降。

2) 温度对产物合成的影响

发酵过程的反应速率实际是酶反应速率,酶反应都有一个最适温度。大量实验证明,抗生素发酵过程中,产物形成速率对温度反应最为敏感,过高或过低的温度都会使其生产速率下降。通常,同一种生产菌,菌体生长繁殖的最适温度和代谢产物积累的最适温度也不相同,例如,青霉素发酵时,菌体生长繁殖温度为 30 ℃,抗生素积累温度为 25 ℃;谷氨酸生产菌最适生长温度为 30~32 ℃,产谷氨酸的最适温度是 34~37 ℃。

3)温度对生物合成方向的影响

研究发现,温度与微生物的代谢调节机制关系密切。在发酵过程中会出现同一个生产菌株在不同温度下得到不同代谢产物的情况。例如,金色链霉菌同时能代谢生成金霉素与四环素,当温度低于 30 ℃时,合成金霉素能力较强,随着温度的提高,合成四环素的比例逐渐增大,当温度达到 35 ℃时,金霉素的合成几乎停止,只产生四环素。因此,发酵生产过程中要重视温度的调节控制。

4)温度对发酵液物理性质的影响

温度除了直接影响发酵过程的各种反应速率外,还会通过改变发酵液的物理性质间接影响发酵过程的各种反应速率。实践证明,温度会改变发酵液的黏度;随着温度的升高,气体在发酵液中的溶解度减小,氧的传递速率也会改变;温度还影响基质的分解速率,以及菌体对养分的分解和吸收速率,间接影响产物的合成。例如,在 25 ℃时菌体对硫酸盐的吸收最小。

此外,研究还发现,温度影响菌体的调节机制。例如,在 20 ℃低温下,氨基酸合成途径的终产物对第一个酶的反馈抑制作用比在正常生长温度 37 ℃下更大。利用此特性,可以在抗生素发酵后期降低温度,加强氨基酸的反馈抑制作用,使蛋白质和核酸的合成途径提前关闭,使代谢更有效地转向抗生素的合成。温度能影响细胞中酶系组成及酶的特性,例如,采用米曲霉制曲时,温度控制在低限,蛋白酶合成有利,α-淀粉酶活性受抑。

4.1.2 发酵温度变化的影响因素

发酵热是引起发酵过程温度变化的原因。发酵产生的热量会引起发酵液的温度上升,发酵热越大,温度上升越快,发酵热越小,温度上升越慢。

1)发酵热($Q_{发酵}$)

在发酵工业生产中,微生物对培养料的分解利用,机械搅拌都会产生一定的热量;同时由于发酵罐罐壁的散热、水分的蒸发等会丧失一部分热量。习惯上将发酵过程中释放出来的引起温度变化的净热量(各种产生的热量和各种散失的热量的代数和)称为发酵热,单位是 $J/(m^3 \cdot h)$。发酵热包括生物热、搅拌热、蒸发热和辐射热。

(1)生物热($Q_{生物}$)

生物热是微生物在生长繁殖过程中,自身产生的热量。菌体分解氧化碳水化合物、脂肪、蛋白质等营养物质的时候会产生能量,其中一部分能量用于合成高能化合物(如 ATP),供给细胞合成和代谢产物合成的能量所需,其余一部分以热的形式散发出来,散发出来的热量就是生物热。生物热的大小受微生物种类、发酵类型、菌体的呼吸强度、培养时间、培养基成分等因素的影响。生物热产生具有规律性,可用于监控发酵过程,例如,若培养前期温度上升缓慢,说明菌体代谢缓慢,发酵不正常;若发酵前期温度上升剧烈,则有可能染菌。

(2)搅拌热($Q_{搅拌}$)

搅拌热的产生主要是因为机械搅拌通气发酵罐中发酵液会在机械搅拌的带动下做机械运动,造成液体之间、液体与搅拌器等设备之间的摩擦而生热。搅拌热单位为 kJ/h。搅拌热与

搅拌轴功率有关,可计算为:

$$Q_{搅拌} = P \times 3\ 600 \tag{4.1}$$

式中,P 为发酵罐的搅拌轴功率,kW,可按 $P = \sqrt{3}EI\cos\varphi$ 进行计算,其中,E 为额定电压,I 为额定电流,$\cos\varphi$ 为功率因数;3 600 为机械能转变为热能的热功当量,kJ/(kW·h)。搅拌热有时也可从电机的电能消耗中扣除部分其他形式能量的散失后来估算。

(3)蒸发热($Q_{蒸发}$)

蒸发热是指向发酵罐内通气时,进入发酵罐的空气与发酵液广泛接触后,引起发酵液水分蒸发所需的热量,单位是 kJ/h。蒸发热可计算为:

$$Q_{蒸发} = G(I_{出} - I_{进}) \tag{4.2}$$

式中,G 为通入发酵罐中空气的质量流量,kg/h;$I_{出}$,$I_{进}$ 分别为发酵罐进气、排气的热焓,kJ/kg。

(4)辐射热($Q_{辐射}$)

辐射热是指由于发酵罐内温度与罐外环境大气间的温度差异,而使发酵液通过罐体向大气辐射的热量。辐射热的大小受罐内温度与罐外环境温度差值的大小的影响,差值越大,散热越多。通常,冬天比夏天大,但一般不超过发酵热的 5%。

综上所述,在发酵过程中,既有产生热能的因素(生物热和搅拌热),又有散失热能的因素(蒸发热和辐射热),发酵热是发酵过程中释放出来的净热量(即产生的热能减去散失的热能)。

因此,发酵热为:

$$Q_{发酵} = Q_{生物} + Q_{搅拌} - Q_{蒸发} - Q_{辐射}$$

发酵热是发酵温度变化的主要因素。由于生物热、蒸发热,尤其是生物热在发酵过程中是随时间变化的,因此发酵热在整个发酵过程中也随时间变化,从而引起发酵温度的波动。

2)发酵热的测定和计算

常见的发酵热的测定方法有以下几种:

(1)根据冷却水进出口温度差计算发酵热

在工厂里,可以根据测量冷却水的流量及进出口的水温来计算发酵热,这是一种较为便捷的方法,具体计算公式如下:

$$Q_{发酵} = \frac{Gc_w(t_2 - t_1)}{V} \tag{4.3}$$

式中,G 为冷却水流量,kg/h;c_w 为水的比热,kJ/(kg·℃);t_1,t_2 分别为冷却水的进、出口温度,℃;V 为发酵液的体积,m^3。

(2)根据罐温上升速率(S)计算发酵热

利用发酵罐温度的自动控制,先使罐温达到恒定,然后关闭自动控制装置(停止加热或冷却),测定温度随时间上升的速率(S),然后根据 S 值计算出发酵热,具体公式如下:

$$Q_{发酵} = \frac{(M_1 c_1 + M_2 c_2) \cdot S}{V} \tag{4.4}$$

式中,M_1 为系统中发酵液的质量,kg;M_2 为发酵罐的质量,kg;c_1 为发酵液的比热,kJ/(kg·℃);c_2 为发酵罐材料的比热,kJ/(kg·℃);S 为温度上升速率,℃/h;V 为发酵液的体积,m^3。

（3）根据化合物的燃烧值估算生物热的近似值

根据盖斯定律，热效应取决于系统的初态和终态，而与变化途径无关。反应的热效应等于底物燃烧热总和减去产物的燃烧热总和。有机化合物的燃烧热能直接测定，故可用燃烧值来计算，更简便。具体计算公式如下：

$$\Delta H = \sum (\Delta H)_{底物} - \sum (\Delta H)_{产物} \tag{4.5}$$

发酵是一个复杂的生化反应过程，底物与产物都很多，但是，利用反应主要的物质（在反应中起决定作用的物质）就可以进行生物热的近似计算。

4.1.3 发酵温度的控制

1）最适温度的选择

发酵最适温度是指最适于微生物的生长或代谢产物合成的温度。最适温度是一种相对概念，是在一定条件下测得的结果，受微生物的种类、生长阶段、培养条件、菌体生长状况等因素的影响。微生物种类不同，所具有的酶系及其性质不同，其最适生长温度范围也不同。另外，同一种微生物在不同生长阶段对温度的要求也不同。温度选择还要根据培养条件综合考虑，灵活选择。温度选择还要考虑菌体的生长情况。

通常，微生物的最适生长温度和最适产物合成的温度是不一致的。例如乳酸发酵时，乳酸链球菌的最适生长温度为 34 ℃，产酸量最多的温度为 30 ℃，发酵速率最高的温度为 40 ℃；谷氨酸发酵中，生产菌的最适生长温度为 30~34 ℃，谷氨酸合成的最适温度为 36~37 ℃；青霉素发酵时，产黄青霉的最适生长温度通常为 30 ℃，而青霉素合成的最适温度为 24.7 ℃。因此，生产中应考虑在不同的菌体培养阶段，分阶段控制发酵温度，以获得较高的产量。

总的来说，在各种微生物的培养过程中，各发酵阶段最适温度的选择要根据菌种、生长阶段及培养条件综合考虑，同时还需通过不断的生产实践才能确实掌握其规律。通常还要根据菌种与发酵阶段做试验，反复实践以确定最适温度。

2）发酵温度的控制

最适温度确定之后，生产上常利用专门的换热设备、控制设备来进行调温、控温。工业生产中，所用的大发酵罐会因发酵中释放了大量的发酵热，常常需要冷却降温，而需要加热的情况并不多。对于小型种子罐或发酵前期，在散热量大于菌种所产生的发酵热时，尤其是气候寒冷的地区或冬季，则需用热水保温。

目前，发酵罐的温度控制主要有罐内、罐外两种换热方式。罐内换热主要采用蛇管或列管式换热，适用于体积在 10 m³ 以上的发酵罐。罐外换热主要用夹套式换热，常用于体积小于 10 m³ 的发酵罐；或采用将发酵液引出罐外，在罐外用换热效率较高的换热器（如螺旋板式换热器）对发酵液进行集中换热，之后再通过泵或压差将发酵液打回发酵罐的循环换热方式。发酵过程的恒温控制常用自动化控制或手动调整的阀门来控制冷却水的流量大小，以平衡时刻变化的发酵温度，维持恒温发酵。但是，气温较高（尤其是我国南方的夏季气温）且冷却水的温度又高时，这种冷却效果就很差，达不到预定的温度，此时，可采用冷冻盐水进行循环式降温，以迅速降到最适温度。大型工厂需要建立冷冻站，提高冷却能力，以保证在正常温度下进行发酵。

此外,从菌种使用角度来看,发酵时选用能耐受高温条件的微生物对生产是大有好处的,既能减少污染杂菌的机会,也可减少冷却水用量及相关设备的投入。实践证明,通过合适的发酵温度的控制可以提高发酵产物的产量,进一步挖掘和发挥微生物的潜力。生产中,尤其是在抗生素发酵过程中,常采用变温培养,并且相较于恒温培养可获得更多的产物。现在利用计算机模拟最佳的发酵条件,使发酵的温度能处于一个相对合适的条件的控制已成为现实。

【技能训练】

发酵温度的检测与控制

1)目的与要求

①理解温度测定的基本原理。

②学习并掌握温度的测定与控制方法。

2)基本原理

发酵过程中,温度对菌体生长和产物代谢有很大的影响。在一定范围内,温度的升高能加快细胞中生物化学的反应速率,导致生长代谢加快,生产期提前;但是,蛋白质、核酸等菌体的重要组成成分对温度较敏感,尤其是酶很易受热失活,温度越高,酶失活越快,菌体会易于衰老,发酵周期会缩短,导致发酵不彻底,影响产量。因此,检测发酵过程中温度变化,控制适宜的发酵温度在生产中是十分重要的。在实际操作中,一般根据培养方式的不同,采用不同的检测方法。一般摇瓶培养主要通过监测恒温室的温度来检测培养温度;大规模固体培养可采取温度计直接插入培养基质内进行监测或仪表显示检测;微生物液体深层培养时,温度检测可根据发酵器及培养液体积的大小采用不同的方法,小规模的搅拌培养(如发酵液体积仅有几百毫升)可采用磁力搅拌水浴法控温,采用导温表或半导体感温元件检测水浴温度或进水温度,大规模的搅拌培养可采用由感温元件热电阻和二次仪表组成的温度检测装置测温。

3)仪器与材料

发酵罐、发酵液、温度电极等。

4)操作步骤

(1)温度测定

利用发酵罐上的温度电极实时采集温度数据,并及时按照发酵工艺要求进行控制,记录有关数据。

(2)温度的控制

根据发酵工艺要求利用发酵罐控制系统对温度进行设定,利用调节冷却水进出阀门,对发酵罐内培养液的温度实施控制,将其控制在工艺规定的范围内,尤其注意菌体生长繁殖期以及产物代谢期的分阶段控温。

5)结果与分析

(1)结果

设计表格并将测定结果填入表格。

(2)思考题

不同规模的发酵生产过程中如何进行温度检测?

任务 4.2　发酵过程 pH 控制

【活动情境】

基质代谢、产物合成、细胞状态、营养状况、供氧状况等微生物代谢状况可以通过发酵液中 pH 值的变化来综合反映。pH 值对微生物的生长繁殖、产物代谢都有影响,是十分重要的状态参数,通过观察 pH 变化规律可以了解发酵是否正常,控制 pH 值还可以防止杂菌的污染。因此,掌握发酵过程中 pH 值的变化规律,对其及时监控和控制,在发酵过程中是十分重要的。按照工艺要求,利用发酵设备上的仪表与设备,如何实施 pH 值控制?

【任务要求】

能够运用有关知识,按照工艺要求,熟练地进行 pH 值的监测与控制。
1. pH 值的监测。
2. pH 值的控制。

【基本知识】

4.2.1　pH 值对发酵过程的影响

1) pH 值对细胞生长的影响

不同的微生物对 pH 值要求是不同的,每种微生物都有其生长最适的 pH 值范围和耐受的 pH 值。例如,大多数细菌的最适 pH 为 6.5~7.5,放线菌的最适 pH 为 6.5~8.0,霉菌的最适 pH 为 4.0~5.8,酵母菌的最适 pH 为 3.8~6.0。若培养液的 pH 值不合适,微生物的生长就会受到影响,这也是防止杂菌污染的一种重要的措施。例如,石油代蜡酵母在 pH 3.5~5.0 时生长良好,且不易染菌;pH 大于 5.0 时,菌体形态变小,发酵液变黑,易被大量细菌污染;pH 小于 3.0 时,酵母生长受到严重的抑制,细胞极不整齐,出现细胞自溶。

2) pH 值对代谢产物形成的影响

pH 值还会影响代谢产物的形成,即便是对于同一种微生物,pH 值不同时,得到的代谢产物也不同。例如,酵母菌在 pH 4.5~5.0 时发酵产物主要是酒精,在 pH 8.0 时,发酵产物除酒精外,还有醋酸和甘油。

通常,微生物生长的最适 pH 值和发酵产物形成的最适 pH 值常常是不一致的。例如,青霉素产生菌生长最适 pH 为 6.5~7.2,而青霉素合成的最适 pH 为 6.2~6.3。

pH 对微生物生长繁殖和代谢产物合成的影响,原因主要在于:pH 对微生物细胞内酶的活性有影响,当 pH 值抑制微生物细胞内某些酶的活性时,会使其新陈代谢受阻。pH 会影响细胞膜的通透性,从而影响微生物对营养物质的吸收及代谢物的排泄,进而影响微生物的生长及新陈代谢的正常进行。pH 值对培养基中某些重要的营养成分和中间代谢物的解离有影响,从而影响到微生物对这些物质的吸收和利用。此外,pH 对菌体的细胞结构也有影响。pH 还会影响微生物的代谢方向,使代谢产物的质量和比例发生改变。与温度对发酵的影响类似,pH 值对产物稳定性也有影响。

4.2.2 发酵过程中 pH 值的变化规律及影响因素

1)发酵过程中 pH 值的变化规律

发酵时,微生物对培养基中碳、氮源等营养物的利用,以及有机酸或氨基氮等物质的积累,会使发酵液 pH 值发生一定的变化。一般在适宜微生物生长及产物合成的环境下,菌体本身具有一定调节 pH 值的能力,会使 pH 值处于比较适宜的状态。因此,发酵过程中 pH 值的变化具有一定的规律性。其一般规律如下:

①菌体生长阶段 发酵液 pH 值变化较大,由于菌种的不同,相对于接种后起始 pH 而言,会有发酵液 pH 上升(如蛋白胨利用过程中产生的铵离子)或下降(如葡萄糖利用过程中产生的有机酸)的趋势。例如,利福霉素 B 发酵起始 pH 值为中性,之后菌体产生蛋白酶,水解培养基中蛋白胨生成铵离子使 pH 上升为碱性,随着菌体量的增多,铵离子的利用,以及有机酸的积累(葡萄糖利用过程中产生)使 pH 值下降到酸性范围(pH 6.5),此时有利于菌的生长。

②菌体生产阶段 一般发酵液 pH 趋于稳定,维持在最适产物合成的范围内。

③菌体自溶阶段 随着培养基中营养物质的耗尽,菌体细胞内蛋白酶的积累与活跃,微生物趋于自溶,造成培养液中的氨基氮增加,pH 值上升,此时代谢活动终止。

由此可知,在适合于微生物生长和合成产物的环境条件下,菌体本身具有一定调节 pH 的能力,而使 pH 值处于适宜状态。但是当外界条件变化过于剧烈,菌体就会失去调节能力,发酵液的 pH 值就会发生波动。

2)发酵过程中 pH 值变化的原因

发酵过程中,引起 pH 值变化的因素有微生物代谢、培养基成分、微生物活动、培养条件等。此外,通气条件的变化、菌体自溶或杂菌污染都可能引起发酵液 pH 值的变化。

(1)基质代谢会引起 pH 值变化

糖代谢,尤其是快速利用的糖,能分解成小分子酸、醇,使 pH 下降;糖缺乏,pH 会上升,这也是补料的标志之一。氮代谢时,当氨基酸中的-NH_2 被利用后使 pH 下降;若尿素被分解成 NH_3,pH 上升;NH_3 被利用后 pH 会下降;当碳源不足,氮源被当碳源利用时 pH 上升。通常 pH 变化与碳氮比直接有关,高碳源培养基倾向于向酸性 pH 转移,高氮源培养基倾向于向碱性 pH 转移。

此外,生理酸性物质或生理碱性物质被利用后也会导致 pH 下降或上升。如醋酸根、磷酸根等阴离子被吸收或氮源被利用后产生 NH_3,则 pH 上升;NH_4^+、K^+ 等阳离子被吸收或有机酸的积累,使 pH 下降。

(2)具有酸性或碱性的产物形成会导致 pH 变化

微生物代谢生成的某些产物本身具有酸性或碱性,导致发酵液 pH 变化。例如,有机酸的生成会使 pH 下降,红霉素、洁霉素、螺旋霉素等呈碱性的抗生素的积累,会使 pH 上升。

（3）菌体自溶会引起 pH 上升

发酵到后期,培养基中营养物质耗尽,菌体细胞内蛋白酶比较活跃,菌体自溶,造成发酵液中的氨基氮增加,pH 上升。

总之,凡是导致酸性物质的生成或碱性物质消耗的代谢过程,就会引起 pH 的下降。而凡是导致碱性物质的生成或酸性物质消耗的代谢过程,就会引起 pH 上升。常见的引起发酵液 pH 下降的原因主要有:培养基中碳氮比例不当,碳过多,特别是葡萄糖过量或中间补糖过多或溶氧不足,造成有机物氧化不完全而积累大量的有机酸;消泡油加得多;生理酸性物质过多,氨被利用。常见的引起发酵液 pH 上升的原因主要有:培养基中碳氮比不当,氮过多,氨基氮释放;生理碱性物质过多;中间补料时,加入的氨水或尿素等碱性物质过多。

4.2.3　发酵过程中 pH 值的控制

1）最适 pH 的确定

由于发酵是多酶复合反应系统,各酶的最适 pH 值也不相同,因此与温度类似,微生物也有生长繁殖和产物合成的最适 pH 值。同一菌种,生长最适 pH 值可能与产物合成的最适 pH 值常是不一样的。并且发酵的 pH 值又随菌种和产品不同而不同。发酵过程中应按照不同阶段的要求分别控制在不同的 pH 值范围,使产物的产量达到最大。

最适 pH 选择的原则为既有利于菌体的生长繁殖,又可以最大限度地获得高的产量。最适宜 pH 的确定一般需要通过实验结果来实现,具体过程是:通常将发酵培养基调节成不同的起始 pH 值,在发酵过程中通过定时测定与调节,或利用缓冲剂,将发酵液的 pH 维持在起始 pH 值,最后观察菌体的生长情况,菌体生长达到最大值的 pH 值即为菌体生长的最适宜 pH。类似地,产物形成的最适宜 pH 也可以依照此法进行确定。在确定最适 pH 值时,不定期要考虑培养温度的影响,若温度提高或降低,合适 pH 值也可能发生变动。此外,同一产品的合适 pH 值,还与所用的菌种、培养基组成和培养条件有关。

2）pH 的控制

发酵生产中,pH 的控制方法需要根据具体情况进行选择,常见的有以下几种:

①调节好基础料的 pH。即调节培养基的原始 pH 值,具体是向培养基中加入维持 pH 的物质。例如,采用生理酸性铵盐作氮源时,NH_4^+ 被利用,pH 会下降,可加 $CaCO_3$ 来调节,但加入量一般较大,操作上易引起染菌,在生产中应用较少;有时可以在培养基中加入具有缓冲能力的试剂,如磷酸缓冲液等,或者选用代谢速度不同的碳源与氮源种类和比例来调节 pH。培养基在灭菌后 pH 会降低,因此在灭菌前往往将 pH 值适当调高一些。

②在发酵过程中通过向发酵液中加入弱酸或弱碱来调节 pH。

③通过调整通风量来控制 pH。

④通过补料来调节 pH。在仅用酸或碱调节 pH 不能改善发酵,且补料与调 pH 没有矛盾时,可采用补料调 pH。这样做既能调节发酵液的 pH,又能补充营养,增加培养基的总浓度,减少阻遏作用,进而提高发酵产物的得率,一举多得。应注意采用补料来控制 pH 值时,除考虑

pH 的变化外,还要考虑微生物细胞的生长、发酵过程耗糖、代谢的不同阶段等因素,采用少量多次流加来控制。

有时,也可采用一些应急措施来控制 pH,如改变加入的消泡油用量或加糖量等,调节有机酸的积累量;改变罐压及通风量,改变溶解二氧化碳浓度;改变温度,以控制微生物的代谢速率。

总之,pH 控制是一项非常细致的工作,在确定了发酵过程中不同阶段的最适宜 pH 要求之后,便可以采用各种方法来控制。目前 pH 可以连续在线测定,并可反馈自动添加酸或碱来调节 pH,将其控制在最小的波动范围内。

【技能训练】

发酵 pH 值的检测与控制

1) 目的与要求

①理解 pH 值测定的基本原理。

②学习并掌握 pH 值的测定与控制方法。

2) 基本原理

pH 是指溶液中 H^+ 的活度,定义为:$pH = -\lg[H^+]$。pH 的范围是 0~14,酸性溶液的 pH<7,碱性溶液的 pH>7,pH=7 相当于纯水。pH 值的测量基于标准氢电极的电化学性质的绝对基准,通过指示电极、参比电极组成一个化学电池来完成。pH 电极是一种电化学传感器,其原理是利用电极和待测溶液间发生的可逆反应来测量 pH 值。目前,发酵设备上使用的多是能够耐受加热灭菌的组合式 pH 探头(电极),由一个玻璃电极和参比电极组成,通过一个位于小的多孔塞(一般位于传感器的侧面)上的液体接合点与培养基连接,具体结构原理如图 4.1 所示。通常 pH 传感器的测定范围是 0~14,精度达±(0.02~0.05),响应时间为数秒至数十秒,灵敏度为 0.01。

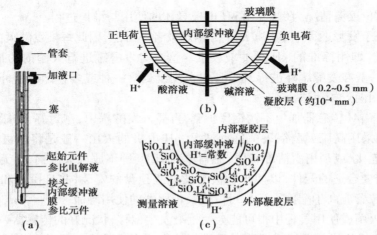

图 4.1 组合式 pH 电极的结构与原理示意图

(a)玻璃膜的功能示意;(b)和(c)玻璃膜的剖面

pH 电极上 0.2~0.5 mm 极薄的玻璃膜是电极的基础部分,可与水发生反应,形成厚度为 50~500 nm 的水合成凝胶层(存在于膜的两侧,是正确操作和保养电极的关键部位),其中的 H$^+$ 是流动的,膜两侧离子活度之差会形成 pH 相关的电位。电极末端的球形元件采用能对 pH 产生响应的玻璃制成,可将响应限定在电极顶端小面积的玻璃膜内。通过在电极的球内填充缓冲液来维持玻璃膜内表面的电位恒定,该缓冲液经过精确测定,并具有稳定的组分及恒定而精确的 H$^+$ 活度。组合电极中参比电极由含有饱和 AgCl 的 KCl 电解液中的 Ag/AgCl 电极组成,通过将 Cl$^-$ 电解液与过程流体相连的横隔膜来实现两者的直接接触,以便使微量且连续的电解液透过膜向外流动,在保持连续的同时还可防止过程流体污染电极。

一般原位灭菌所使用的 pH 电极(传感器)安装在由发酵罐制造商提供的专用外壳内,以使电极的外部能耐受高压灭菌(1.013 25×10^{5}Pa 以上的压力),也可防止罐压使物料流入多孔塞中。

大多数 pH 电极(探头)都具有温度补偿系统。基于电极内容物会随使用时间或高温灭菌而不断变化的原因,因此,每批发酵灭菌操作前后均需要标定电极,也就是用标准的 pH 缓冲液校准电极。

pH 电极需要进行日常清洗与维护,原因在于电极探头需经常地填充或填满参比电极的电解液,它会通过多孔塞慢慢地流失,会引起多孔塞结垢;此外发酵液中的物质也常常会污染多孔塞,造成 pH 探头恶化。有时 pH 传感器的玻璃电极电缆接头的受潮,也会造成电极故障,故应当使接头密封,并在密封盒中加入干燥剂以保持干燥。

3)仪器与材料

发酵罐、发酵液、pH 电极、标准缓冲液等。

4)操作步骤

(1)pH 值的在线测定

利用发酵罐上的 pH 电极实时采集 pH 数据,并及时按照发酵工艺要求进行控制,记录有关数据。

以发酵罐原位灭菌情况为例,说明 pH 电极具体的使用与维护过程。

①使用 由于发酵过程中重新校准十分困难或者不可能,因此每批发酵灭菌操作前,都需对电极进行标定,即用标准的 pH 缓冲液校准。这是对发酵罐进行灭菌前的最后一步操作。pH 电极的标定一般在发酵罐外进行,将 pH 电极浸没到含一种或多种标准缓冲液的适当容器中进行校准,常用两点校正法。

校准以后,将 pH 传感器加上不锈钢保护套,再插入发酵罐中,密封好,与罐体一起进行灭菌。对于发酵罐采用高压灭菌锅灭菌这种情况,pH 电极的灭菌一般是将电极的连接线先移开,灭菌后重新连接,或是用酒精对 pH 传感器单独消毒(即不放入灭菌锅,在无水酒精中至少放置 1 h,同时需要合适的配件,以便于电极与发酵罐顶盘的安装,并且探头和配件必须很干净,探头的浸没位置应高于配件),这样可以延长传感器的使用寿命。

pH 电极在灭菌或使用过程中很可能会使校准发生偏移,状况好的传感器一般偏移不会超过 0.2 个单位,但仍建议在发酵罐灭菌以后进行校准或者再校准。目前已有适用于较大发酵罐的这种系统,可以完全无菌地取出传感器,再将其部分地插入校准缓冲液中进行校准。实验中检查校准的较好方法是:无菌取样(发酵液),罐外测量其 pH 值,然后与传感器的读数进行比较,注意此法应在取样后尽快对 pH 值进行检测、读数,否则因细胞在不断变化的条件下(例如在连续培养中氧和基质的消耗)进行连续代谢,会导致 pH 值在几分钟内即可发生显著变化,以致无法正确检查传感器的校准。

②维护　如果 pH 电极被待测溶液污染或发生老化,会造成电极响应时间增加,零点漂移,斜率减小等现象。电极的使用寿命取决于玻璃的化学性质,高温也会减少电极的寿命。在实验室条件下,电极的使用寿命可多于 3 年,如果电极在 80 ℃下进行连续测量,则电极的使用年限会大大下降(可能只能用几个月)。

在日常使用时,可以通过经常用适当溶剂冲洗电极、提高搅拌转速或增大通气速率去除膜表面的固体物质沉淀等方法避免电极的污染。若电极的玻璃膜和连接部位受污染,则应及时清洗。例如,由含有蛋白质的待测溶液污染接合处时,可将电极进入胃蛋白酶或 HCl 中几小时;由含有硫化物的待测溶液造成接合处变黑时,可将接合处浸入尿素或 HCl 溶液中直至其发白;受脂类或其他有机待测溶液污染时,可用丙酮或乙醇短时间冲洗电极;受酸溶或碱溶的污染物污染时,用 0.1 mol/L NaOH 或 0.1 mol/L HCl 冲洗电极几分钟。在用这些方法处理过电极以后,应将电极浸入参考电解液中 15 min,由于清洗液也会扩散进入接合处,引起扩散电势,因此在测量之前还要标定电极。注意:电极只能淋洗,不能擦洗或机械清洗,因为这种洗法会导致静电荷,同时会增加电极测量响应时间。

当参考电极的传导元件已不再能完全浸入电解液中(由于电解质会通过接合处扩散),或因待测溶液的扩散而造成参考电解质溶液被污染,或是参考电解液由于水分蒸发引起浓度升高时,需要补充或更新电解液。需要注意的是更新电解液时应使用与电极相同的电解质溶液。此外,当充液式 pH 电极用于反应器或管线中 pH 测量时,电极必须在正压下操作,以防止参考电解液被待测溶液污染。

电极不使用时应储存在参考电解液中,便于电极即时投入使用,同时保证电极有较短的响应时间。若电极长时间干燥储存,为了获得准确 pH 测量,则应在再次使用前浸入参考电解液中活化数小时,或使用特定的活化溶液;若电极在蒸馏水中储存,则其响应时间会延长。特别要注意,有些电极是不能干燥储存的。

(2)pH 值的控制

根据发酵工艺要求利用发酵罐控制系统对 pH 值进行设定,事先准备好调节酸碱度用的溶液,利用蠕动泵补入酸或碱溶液,对发酵罐内培养液的 pH 值实施控制。当补料与酸碱调节方向不冲突时也可以通过补料来调节 pH 值,可以达到较好的发酵效果。

5)结果与分析

(1)结果

设计表格并将测定结果填入表格。

(2)思考题

生产中如何检测 pH 值? 如何进行 pH 值的控制?

任务 4.3　发酵过程 DO 控制

【活动情境】

发酵生产菌多数是好氧菌,通常需要供给大量的空气才能满足其对氧的需求,但因氧气是难溶性气体,故它常常是发酵生产的限制性因素。生产上如何保证氧的供给,以满足生产菌对氧的需求,是稳定和提高产量、降低成本的关键之一。了解发酵中氧究竟够不够及通气搅拌对发酵的影响,最简便有效的办法便是就地测量发酵液中的溶解氧,即 DO 值,此外,从氧浓度变化曲线还可以看出氧的供需规律及其对生产的影响,也是监控发酵是否异常、发酵中间控制、考查设备及工艺条件对氧供需与产物形成影响的指标之一。按照工艺要求,利用发酵设备上的仪表与设备,如何实施发酵过程 DO 控制?

【任务要求】

能够运用有关知识,按照工艺要求,熟练地进行 DO 的监测与控制。

1.发酵过程 DO 的监测。

2.发酵过程 DO 的控制。

【基本知识】

4.3.1　溶氧对发酵过程的影响

1)氧的性质

氧气属于难溶气体,25 ℃和 10^5 Pa 时,在纯水中的溶解度仅为 $0.25 \ mol/m^3$,在发酵液中的溶解度比纯水中还小。氧的溶解度会随着温度的升高而下降,随着培养液固形物的增多,或黏度的增加而下降。通常微生物只能利用溶解在发酵液中的氧,发酵时每小时每立方米培养液中需氧量是其溶解量的 750 倍,生产中必须提供适当的通气条件,才能维持一定的发酵水平。如果中断供氧,菌体会在几秒钟内耗尽溶氧,使溶解氧成为限制因素。因此,氧气的供应往往是发酵能否成功的重要限制因素之一。目前,发酵工业中氧的利用率还很低,只有40%~60%,抗生素发酵工业更低,只有 2%~8%。随着高产菌株的广泛应用和丰富培养基的采用,对氧气的要求更高。

2)氧的传递过程

氧在发酵液中溶解时,首先是气态氧从气泡中通过扩散溶入发酵液中,然后变成液体中的溶氧,再进入微生物细胞内,最后被利用。

氧传递的过程常用双膜理论来描述:在气泡与包围着气泡的液体之间存在着界面,在界面

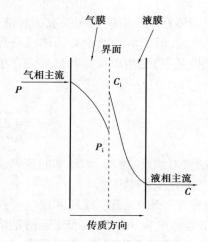

图 4.2 氧传递双膜理论示意图

的气泡一侧存在着一层气膜,在界面的液体一侧存在着一层液膜,气膜内的气体分子及液膜内的液体分子都处于层流状态,氧分子只能以扩散方式,即借浓度差而透过双膜,气液两相的主流中不存在浓度差(气液两相的主流空间中任意一点的氧分子浓度相同);在气液界面上,氧气的分压与溶于液体中的氧的浓度平衡,界面上不存在传递阻力;氧在两膜间的传质过程处于稳定状态,氧在气膜中的传递速率与在液膜中的是一样的,且传质途径上各点的氧的浓度不随时间而变化。如图 4.2 所示为双膜理论的示意图。

在双膜理论 3 个假设条件的基础上,气态氧转变为溶解氧的传质方程为:

$$\frac{\mathrm{d}c}{\mathrm{d}t} = K_L a \times (c^* - c) \tag{4.6}$$

式中,$\mathrm{d}c/\mathrm{d}t$ 为溶氧速率,$\mathrm{mol}/(\mathrm{m}^3 \cdot \mathrm{h})$;$K_L a$ 为液相体积氧传递系数,h^{-1};c^* 为溶液中饱和溶氧浓度,$\mathrm{mol}/\mathrm{m}^3$;$c$ 为液相中氧的实际浓度,$\mathrm{mol}/\mathrm{m}^3$。这是以 $(c^* - c)$ 为传质动力的氧传递方程式。

以 $(P^* - P)$ 为推动力时,式(4.6)还可以改写成以下方程:

$$\frac{\mathrm{d}c}{\mathrm{d}t} = K_L a \times (P^* - P) \tag{4.7}$$

氧传递过程的推动力来自气相与细胞内的氧分压之差;传递的阻力包括供氧方面的阻力和耗氧方面的阻力,其相对大小受流体力学特性、温度、细胞活性和浓度、液体的组成、界面特性以及其他因素的影响。供氧方面的阻力,因氧在水中的溶解度比较低,所以液膜阻力较大,是氧溶于发酵液的主要限制性因素。需氧方面的阻力,主要是菌丝丛(团)内的传质阻力对微生物摄氧能力的影响较大。氧传递过程中各项阻力情况如图 4.3 所示。

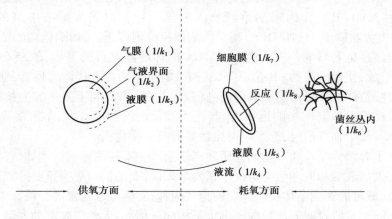

图 4.3 氧传递过程中各项阻力示意图

3)微生物对氧的需求

微生物的耗氧量(需氧量)及耗氧速率主要受菌体代谢活动变化的影响,常用呼吸强度和耗氧速率两个物理量来表示。呼吸强度是指单位质量的干菌体在单位时间内所吸取的氧量,用 Q_{O_2} 表示,单位 mmol/(g·h),描述的是微生物的绝对耗氧量,但当培养液中有固体成分存在时测定困难,因此生产上多用耗氧速率表示。耗氧速率(摄氧率)是指单位体积培养液在单位时间内的吸氧量,用 r 表示,单位 mmol/(L·h)。

呼吸强度与耗氧速率二者关系为:

$$r = Q_{O_2} \cdot X \tag{4.8}$$

式中,X 为菌体干重,g/L。

微生物的需氧量取决于菌体本身的遗传特性、发酵液的溶氧浓度、菌龄、培养基的营养成分与浓度、有害物质的形成与积累、培养条件、挥发性中间产物的损失等因素。

发酵行业采用空气饱和度百分数来表示溶氧浓度。规定在一定的温度、罐压和通气搅拌下,以消毒灭菌后的发酵液充分通风搅拌,达到饱和时的溶氧水平为 100%,饱和亚硫酸钠溶液中的溶氧水平为 0。在培养过程中不需要使溶解氧浓度达到或接近饱和值,而只要超过某一临界氧浓度(是指满足微生物呼吸的最低氧浓度,对产物而言,是指不影响产物合成所允许的最低浓度)即可,一般呼吸临界氧值与产物合成临界氧值并不一定相同。临界溶氧浓度不仅取决于微生物本身的呼吸强度,还受到培养基的组分、菌龄、代谢物的积累、温度等其他条件的影响。一般好氧微生物临界溶氧浓度很低,为 0.003~0.05 mmol/L,需氧量一般为 25~100 mmol/(L·h)。好氧微生物临界氧浓度是饱和浓度的 1%~25%,如细菌和酵母为 3%~10%,放线菌为 5%~30%,霉菌为 10%~15%。若用空气氧饱和度(即发酵液中氧的浓度/临界溶氧溶度)表示各种微生物的临界氧值,对于微生物生长,只需要控制发酵过程中氧饱和度>1。

4)溶解氧与发酵过程之间的相互影响

(1)溶解氧浓度(DO)对发酵过程的影响

氧对辅酶 NAD(P)浓度有影响。NAD(P)是微生物的代谢过程中的许多催化脱氢氧化反应的酶的辅酶,其浓度是保证酶活力的基础。NAD(P)H 是 NAD(P)接受 H 后加氢还原的产物,只有在有氧的条件下才可以及时地通过呼吸链被氧化或在少数情况下通过还原反应脱氢,生成氧化性的 NAD(P),作为辅酶重新加入脱氢反应。但当发酵液中氧的浓度不够时,NAD(P)的浓度大量降低,与 NAD(P)相关的酶促反应则停止,会影响代谢的正常进行。

氧对代谢途径也有影响。氧的存在是 TCA 循环能够进行的基础,缺氧必然使丙酮酸积累,导致乳酸形成,使发酵液的 pH 值下降,从而影响菌体的正常代谢。通常,在无其他限制性基质、发酵条件适宜的情况下,溶解氧浓度高(高于临界值)有利于菌体的生长和产物合成,但溶氧太大有时反而会抑制产物的形成,尤其是次级代谢产物的合成,溶解氧高未必有效。但是,溶解氧过低,低于临界值时,会影响微生物呼吸及正常代谢。

溶解氧大小对菌体生长和产物的性质和产量会产生不同的影响。例如,谷氨酸发酵时,通气不足会积累大量乳酸和琥珀酸。对抗生素发酵来说,氧的供给更为重要。如金霉素发酵,生长期停止通风,就可能影响菌体在生产期的糖代谢途径,降低金霉素的合成。不同微生物或同一微生物的不同生长阶段对通风量的要求也不相同。例如,天冬酰胺酶的发酵,前期为好氧培养,后期为厌氧培养,产酶能力会大大提高。

(2)发酵过程对溶解氧浓度(DO)的影响

发酵过程对溶解氧浓度的影响主要是耗氧方面的影响,主要表现为:①培养基的成分和浓度会对耗氧有影响。例如,培养液营养越丰富,菌体生长越快,耗氧量越大。②发酵浓度高,耗氧量大。③发酵过程补料或补糖,微生物对氧的摄取量也会随之增大。处于不同菌龄微生物的耗氧情况也不一样。例如,处于对数期的菌体,其呼吸旺盛时,耗氧量大。④处于衰老状态的菌体,呼吸作用弱,耗氧量随之减弱。发酵条件也对耗氧情况有影响。如菌体在最适条件下发酵,耗氧量就大。此外,发酵过程中的二氧化碳、挥发性的有机酸和过量的氨等有毒代谢产物的排出,有利于提高菌体的摄氧量。

4.3.2　发酵过程中溶氧的变化

1)发酵过程中溶解氧浓度(DO)的变化规律

分批发酵过程中,在确定的设备和发酵条件下,每种微生物对氧气的需要变化均有自己的规律,如图4.4、图4.5所示。

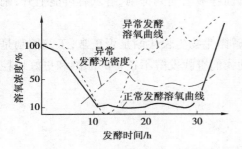

图4.4　谷氨酸发酵时正常溶氧曲线和
异常溶氧曲线

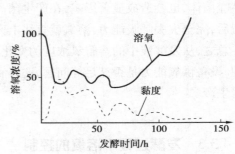

图4.5　红霉素发酵时溶氧和黏度的
变化曲线

一般说来,发酵过程中溶解氧浓度有以下变化规律:发酵初期,菌体大量增殖,氧气消耗大,耗氧量超过供氧量,使溶解氧浓度明显下降,出现一个低谷(如谷氨酸发酵的溶氧低谷在发酵后的6~20 h,抗生素在发酵后的10~70 h),对应地,菌体的摄氧率同时出现一个高峰,随着发酵液中的菌体浓度不断上升,黏度一般在这个时期也会出现一个高峰阶段,说明菌体处于对数生长期。溶解氧曲线中低谷出现的时间和低谷的溶解氧浓度随菌种、工艺和设备供氧能力不同而异。过了生长阶段,菌体需氧量有所减少,溶解氧浓度经过一段时间的平稳阶段(如谷氨酸发酵)或上升阶段(如抗生素发酵)后,就转入产物形成阶段,溶解氧浓度也不断上升。发酵中后期,对于分批发酵来说,由于菌体已繁殖到一定程度,呼吸强度变化不大,进入静止期,若不补加基质,发酵液的摄氧率变化也不大,供氧能力仍保持不变,故溶解氧浓度变化比较小;但若补入碳源、前体、消泡油等物料时,溶氧浓度就会发生改变,且变化的大小和持续时间的长短,会随着补料时的菌龄、补入物质的种类和剂量不同而不同,例如补糖后,菌体的摄氧率就会增加,引起发酵液溶解氧浓度下降,经过一段时间后又逐步回升,若继续补糖,溶解氧浓度甚至会降到临界氧浓度以下,而成为生产的限制因素。发酵后期,由于菌体大量衰亡,呼吸强度减弱,溶解氧浓度也会逐步上升,一旦菌体开始自溶,溶解氧浓度上升更为明显。

与发酵液中溶解氧浓度变化规律类似的是,菌体在发酵过程中比耗氧速率的变化也具有规律性。菌体在对数生长初期,比耗氧速率达到最大值,但此时细胞浓度低,摄氧率并不高,随着细胞浓度的迅速增高,发酵液的摄氧率增高,在对数生长后期达到峰值。对数生长阶段结束,比耗氧速率下降,摄氧率下降。基质耗尽,细胞自溶,摄氧率迅速下降。

2)发酵过程中溶解氧浓度(DO)的异常变化

在发酵过程中,有时出现溶解氧浓度明显降低或明显升高的异常变化,常见的是溶氧下降。造成异常变化的原因有两方面:耗氧或供氧出现了异常因素,或是生产发生了障碍。

引起溶氧异常下降的可能原因主要有:污染好氧杂菌,溶氧在短时间内下降至零附近,若杂菌耗氧能力不强时,溶氧的变化也可能不明显;菌体代谢发生异常,例如向好氧代谢途径迁移,对氧的需求增加,造成溶氧下降;某些供氧设备或工艺控制发生故障或变化,也可能引起溶氧下降,例如搅拌速率变小,或停止搅拌、闷罐(罐排气封闭),又如消泡剂因自动加油器失灵或人为加量太多等。

在供氧条件没有发生变化的情况下,引起溶氧异常升高的原因主要是耗氧发生改变。例如,菌体代谢出现异常(菌体向厌氧代谢途径迁移),耗氧能力下降,使溶氧上升。此外,污染烈性噬菌体,也会造成显著影响,在产生菌尚未裂解前呼吸已受到抑制,溶氧有可能上升;菌体破裂后,完全失去呼吸能力,溶氧就直线上升。

总之,从发酵液中的溶解氧浓度的变化能够了解微生物生长代谢是否正常,工艺控制是否合理,设备供氧能力是否充足等问题,这有利于帮助我们查找发酵不正常的原因和更好地控制发酵生产。

4.3.3 发酵过程中溶氧的控制

1)溶氧浓度的决定因素

发酵液的溶解氧浓度是由供氧和需氧两方面所决定的。发酵液中溶氧的任何变化都是氧供需不平衡的结果。当供氧量大于需氧量,溶氧浓度就上升,直到饱和;反之就下降。发酵液中氧的供给与消耗始终处于动态平衡。要控制好发酵液中的溶氧浓度,需从氧的供需着手。

2)溶氧的控制

(1)供氧控制

供氧的控制可以从式(4.6)上考虑,要想提高氧传递速率,需设法提高氧传递的推动力(c^*-c)和液相体积氧传递系数$K_L a$值。

一般生产上,液相中氧的实际浓度c值都有一定的工艺要求,故供氧常通过溶液中饱和溶氧浓度c^*和液相体积氧传递系数$K_L a$来调节,其中c^*与氧分压(P)成正比。凡是能使$K_L a$和c^*增加的因素都能使发酵供氧改善。

调节$K_L a$是最常用的方法,$K_L a$反映了设备的供氧能力,一般来讲大罐比小罐要好。影响$K_L a$的因素较为复杂,主要包括发酵罐形状结构(如高径比)、搅拌器形状及其直径、挡板安置情况、空气分布器等设备设计参数;搅拌转速N、搅拌器功率P_W、空气表观线速度W_S、发酵液体积V等操作参数;发酵液的黏度η、密度ρ、界面张力σ及扩散系数D_L、泡沫状态等物理化学性质。其中,对$K_L a$影响较大的是搅拌转速和通气量。因此,常用于提高$K_L a$的措施有:①提高搅拌转速。但对于机械搅拌式发酵罐,过快的搅拌转速或不合适的搅拌器类型会导致剪切力太大,造成菌丝损伤,反而影响菌体的正常代谢;此外,还会在反应器中形成漩涡,降低了气液间的混合效果;高转速的能耗也较大,会增加生产成本;激烈的搅拌还会产生大量的搅拌热,增加传热的负担。此外,发酵罐内设置的挡板(4~6块)或蛇管能改善液体搅拌时形成的旋涡情况,提高混合效果。另外,搅拌器的功率、搅拌器的类型、直径、组数、搅拌器间的距离等操作及设备参数对氧的传递系数 $K_L a$ 都有不同程度的影响。②通过提高通气量来实现 $K_L a$ 的提高。改变通气速率,可以增加液体中夹持气体体积的平均成分。研究表明,当通气量较低时,随着通气量的增加,空气表观线速度也会增加,溶氧提高的效果显著,但通气量增加到一定程度后,单位体积发酵液所拥有的搅拌功率会随着通气量的增加而下降,$K_L a$ 不升反降。并且通气量过大会使搅拌器无法有效地将空气气泡充分分散,造成"过载",会大大降低搅拌器功率,$K_L a$ 也降低。此外,高通气量还会造成发酵液逃液,增大料液与产物损失及染菌机会。

此外,设备参数与发酵液性质对 $K_L a$ 也有影响。发酵时,菌体本身的繁殖、代谢会引起发酵液理化性质的不断改变(如培养液的密度、表面张力、扩散系数、pH、黏度和离子强度的改变),进而影响到发酵液中气泡的大小、气泡的溶解性、稳定性以及合并为大气泡的速率;还会影响发酵液的湍动以及界面或液膜的阻力,因而显著影响氧传递速率及 $K_L a$ 值。

提高氧传递的推动力($c^* - c$)也能提高氧传递速率。一般液相中氧的实际浓度 c 值都有一定的工艺要求,因此供氧可通过调节溶液中饱和溶氧浓度 c^* 来实现。发酵温度、发酵液的浓度、黏度、pH 值等因素都会影响饱和溶氧浓度 c^*,但因菌体生长、生产对发酵工艺要求的限制,c^* 的变化幅度并不大。增加 c^* 的措施有:①提高罐压,可增加气体在液体中的溶解度,对提高($c^* - c$)有一定的作用。但在增加溶氧浓度的同时,代谢产物 CO_2 在发酵液中的浓度也会增加,不利于液相中 CO_2 的排出。并且罐压过大,对细胞的渗透压有不利影响,会影响 pH 值和菌体的生理代谢,还会增加对设备强度的要求,因此增加罐压有一定的限度。②采用在通气中掺入纯氧或富氧的方法,使氧分压提高。富氧空气制备成本较高,不够经济,对产值高、规模较小的发酵,在关键时刻(即菌体的摄氧率达高峰阶段)采用富氧气体来改善供氧状况是可取的,这应当是改善供氧措施中的最后一招。在发酵罐中局部氧的浓度高,会引起菌体的氧中毒。而且纯氧易引起爆炸(直接通入罐内,高浓度的氧遇油可能引起爆炸),增加了生产管理的难度,一般纯氧与空气混合后使用较为安全。通常在生产中采用控制气体成分的办法既费事又不经济。因此,提高溶氧速率的方法中,提高($c^* - c$)的方法实用性较差。

综上所述,发酵液中氧溶解效果会受到发酵罐结构(如高径比)、挡板安置情况、罐压与发酵液深度、搅拌器型式、搅拌转速、通风量、培养基组成等因素的影响。目前,在工业生产上供氧的控制手段,除发酵器的设计上作多方面的考虑外,对于已定反应器,提高 $K_L a$ 方法中改变搅拌器转速及通气量等操作参数的方法较为有效,也可采用调整培养液的黏度等方法(如在某些抗生素发酵过程中,当菌体浓度过浓时,通过补加无菌水来降低培养液的黏度,提高溶解氧浓度)。但是原则上讲,无论发酵罐的供氧能力提得多高,若工艺条件不配合,还会出现溶氧供不应求的现象。欲有效利用现有的设备条件就需要适当控制菌体的摄氧率。只要这些措施运用得当,便能改善溶氧状况和维持合适的溶氧水平。

(2)需氧控制

在发酵过程中,微生物是耗氧的主体,其需氧量受微生物的种类、代谢类型、菌龄、菌体浓度、培养基成分及浓度、培养条件等因素的影响。

通常，微生物的种类不同，耗氧量不相同，一般在 $25\sim100$ mmol/（L·h）的范围内。菌体不同的代谢过程涉及的代谢途径不同，其呼吸强度及对氧的需求也不相同。不同菌龄的微生物，所处的生长阶段不同，对氧的需求也不同，一般幼龄菌生长旺盛，呼吸强度大，但生长初期菌体浓度较低，总需氧量不会太高，老龄菌生长速率减慢，呼吸强度变弱，但生长后期菌体浓度较大，使得总需氧量也不会太低。总体上讲，需氧量受菌体浓度影响最明显。一般情况下，发酵液的摄氧率（耗氧速率）会随着菌体浓度的增加而按比例增加，氧的传递速率随菌体浓度的对数关系减少。控制菌体的比生长速率略高于临界值水平，达到最适菌体浓度，既能保证产物的比生长速率维持在最大值，又不会使需氧大于供氧，这是控制最适溶氧的重要方法。最适菌体浓度可以通过控制基础培养基组分及补料组分、组成或调节连续流加培养基的速率等来控制菌种的比生长速率，达到控制菌体呼吸强度及菌体浓度的目的，实现供氧和需氧的平衡。除控制补料速度外，在工业上，还可通过调节温度（氧传质的温度系数比微生物生长速率低，降低培养温度可提高溶氧浓度）、液化培养基、中间补水、添加表面活性剂等工艺措施，来改善溶氧水平。

发酵培养基的组成和成分也对菌体需氧量有影响，尤其是碳、氮的组成与比例。氮源丰富，且有机氮源与无机氮源的比例恰当时，菌体比生长速率大，呼吸强度增大，需氧量大。培养基的浓度偏高，即营养丰富，特别是限制性营养物质的浓度得以保证，菌体代谢旺盛，呼吸强度就大，耗氧量大。

此外，菌体耗氧能力也受发酵条件的影响，例如温度、pH、补料方式等会影响菌体内的酶系活性，会对菌体生长及代谢能力造成影响，影响其对氧的需求。因此，在一定范围内，可以通过调节发酵条件来控制菌体的需氧量。具体影响需氧的工艺条件见表4.1。

表 4.1 影响需氧的工艺条件

项　目	工艺条件	项　目	工艺条件
菌种特性	好氧程度 菌龄、数量 菌的聚集状态，絮状或小球状	补料或加糖	配方、方式、次数和时机
		温度	恒温或阶段变温控制
培养基的性能	基础培养基组成与配比 黏度、表面张力等物理性质	溶氧与尾气 O_2 及 CO_2 水平消泡剂或油表面活性剂	按生长或产物合成的临界值控制
			种类、数量、次数和时机

溶氧浓度与氧的供需有关，若供需平衡，则浓度暂时不变；失去平衡就会改变溶氧浓度。发酵生产中，供氧量的大小必须与需氧量相协调，使生产菌的生长和产物形成对氧的需求量与设备的供氧能力相适应，以发挥出产生菌的最大生产能力。这对生产实际具有重要的意义。表 4.2 中列出了常用溶氧控制方法的优劣比较。

表 4.2 常用溶氧控制方法的优劣比较

溶氧控制方法	作用于	投资	运转成本	效果	对生产的作用	备　注
气体含氧量	c^*	中~低	高	高	好	气相中高氧浓度可能会爆炸，适用于小规模生产

续表

溶氧控制方法	作用于	投资	运转成本	效果	对生产的作用	备 注
搅拌转速	$K_L a$	高	低	高	好	在一定限度内,要避免过分剪切力作用
挡板	$K_L a$	中	低	高	好	设备上需改装
通气速率	c^*, a	低	低	低		可能引起泡沫
罐压	c^*	中~高	低	中	好	对罐的强度要求高,对密封、探头有影响
基质浓度	需求	中	低	高	不一定	响应较慢,需及早行动
温度	需求、c^*	低	低	变化	不一定	不是经常应用
表面活性剂	K_L	低	低	变化	不一定	需通过试验确定

溶氧只是发酵参数之一,它对发酵过程的影响还必须与其他参数配合起来进行分析。例如,虽然搅拌对发酵液的溶氧和菌的呼吸有较大的影响,但分析时还要考虑到搅拌对菌丝形态、泡沫的形成、CO_2的排出等其他因素的影响。

此外,溶氧还有重要的监控作用,例如,将溶氧作为发酵异常的指示,在掌握发酵过程中溶氧和其他参数间的关系后,若溶氧发生异常变化,便可及时预告生产可能出现的问题,以便及时采取措施补救,如操作故障或事故、中间补料得当与否、杂菌污染等;将溶氧作为发酵中间控制的手段之一;将溶氧作为考查设备、工艺条件对氧供需与产物形成影响的指标之一。对溶氧参数的监测,能研究发酵中溶氧的变化规律,改变设备或工艺条件,配合其他参数的应用,必然会对发酵生产控制,增产节能等方面起到重要作用。

【技能训练】
发酵罐体积溶氧系数 $K_L a$ 的测定

1) 目的与要求
①理解体积溶氧系数测定的基本原理。
②学习并掌握体积溶氧系数测定的方法。

2) 基本原理

氧属于难溶性气体,空气中的氧(25 ℃,1×10^5 Pa)在纯水中的溶解度仅为 0.25 mol/m^3 左右,在含有大量有机物和无机盐的培养基中的溶解度更低。而培养基中微生物菌体浓度大,其呼吸强度就高,此时若停止供氧,菌体在几秒钟内会把培养基中的溶解氧耗尽。因此在培养过程中有效而经济的供氧对发酵极其重要。氧从空气中传递到微生物细胞内部的速率与体积溶氧系数 $K_L a$ 有很大的关系。体积溶氧系数 $K_L a$ 的测定有多种方法,其中亚硫酸盐氧化法是应用较为广泛的方法之一。这种方法的原理是:正常条件下,亚硫酸根离子的氧化反应速度远大于氧的溶解速度,氧一旦溶解于液相中立即被氧化,反应液中的溶解氧浓度为零,氧的溶解速度(氧传递速度)达到最大。利用此特性,以铜(或钴)离子为催化剂,溶解在水中的氧能立即

99

氧化其中的亚硫酸根离子,使之成为硫酸根离子,即氧分子一经溶入液相,立即就被还原掉,此氧化反应的速度在较大的范围内与亚硫酸根离子的浓度无关。具体的反应方程式如下:

亚硫酸钠的氧化反应式为:

$$2Na_2SO_3+O_2 \xrightarrow{CuSO_4} 2Na_2SO_4$$

反应剩余的 Na_2SO_3 与过量的碘作用,反应式为:

$$Na_2SO_3+I_2+H_2O \longrightarrow Na_2SO_4+2HI$$

再用已知浓度的 $Na_2S_2O_3$ 标准溶液滴定剩余的碘,反应式为:

$$2Na_2S_2O_3+I_2 \longrightarrow Na_2S_4O_6+2NaI$$

最后,根据 $Na_2S_2O_3$ 溶液消耗的体积量,可求出 $Na_2S_2O_3$ 的浓度。

3)仪器与材料

(1)仪器

发酵罐、酸式滴定管、碘量瓶、移液管、试管、灭菌三角瓶等。

(2)试剂

①0.1 mol/L $Na_2S_2O_3$ 溶液:在使用前1~2周配制。称取25 g $Na_2S_2O_3 \cdot 5H_2O$,放入烧杯中(500 mL),加入300 mL新煮沸过的冷蒸馏水,完全溶解后,加入0.2 g Na_2CO_3,再用新煮沸过的蒸馏水稀释至1 000 mL,保存于棕色瓶中,置于暗处放置10 d左右,标定备用。

②0.2%淀粉溶液(指示剂):称0.2 g可溶性淀粉,用少量水调成糊状,溶解于100 mL沸水(蒸馏水)中,煮沸至溶液透明,冷却,存于带塞玻璃瓶中备用,通常要现用现配。

③0.05 mol/L的碘溶液:取13 g I_2 和25 g KI于200 mL烧杯中,加少许蒸馏水,搅拌至 I_2 全部溶解后,转入棕色瓶中,加水稀释至1 L。塞紧,摇匀后放置过夜。由于碘溶液不稳定,需避光保存。

④其他:0.001 mol/L $CuSO_4$ 溶液、碳酸钙、盐酸等。

(3)实验材料

发酵液等。

4)操作步骤

(1)发酵罐体积溶氧系数 K_La 测定

①向5 L发酵罐中装入0.5 mol/L的 Na_2SO_3 溶液3 L,罐温调至25 ℃,加入0.001 mol/L $CuSO_4$ 溶液50 mL,开搅拌搅匀(转速300 r/min左右),待通气量(3 L/min)稳定后,即可取样测定。

②取样前先弃去20 mL左右的反应液,之后再用试管正式取样,同时开始计时,15 min后第二次取样,再过15 min后第三次取样。

③从所取反应液中移取2 mL,加入预先装有25 mL 0.05 mol/L碘标准溶液的碘量瓶(250 mL)中,然后加入50 mL预先煮沸冷却的水,混匀后用0.1 mol/L Na_2SO_3 标准溶液滴定至淡黄色,再加入0.2%淀粉指示剂5 mL,溶液会呈深蓝色,继续用0.1 mol/L Na_2SO_3 标准溶液滴定至蓝色刚好消失。

测定时应注意,由于所取反应液极易被氧化,故取样滴定要迅速,将样品放入碘溶液时应注意吸管的出口应尽可能靠近碘溶液的液面。

（2）计算

由反应方程式可知：每溶解 1 mol O_2，将消耗 2 mol Na_2SO_3，将少消耗 2 mol I_2，将多消耗 4 mol $Na_2S_2O_3$。故根据两次取样滴定消耗 $Na_2S_2O_3$ 的摩尔数之差可计算出体积溶氧速率。公式如下：

$$N_a = \frac{\Delta V M}{4 \Delta t V_0} \times 3\,600 = \frac{900 \Delta V M}{\Delta t V_0}$$

式中，ΔV 为两次取样滴定消耗的 $Na_2S_2O_3$ 标准溶液的体积之差；M 为 $Na_2S_2O_3$ 标准溶液的浓度；Δt 为两次取样的时间间隔；V_0 为所取的分析液体积。

将上式所求的 N_a 值代入公式 $K_L a = \dfrac{N_a}{c^* - c}$，即可计算出 $K_L a$。此式中，由于溶液中 SO_3^{2-} 在 Cu^{2+} 催化下瞬间可把溶解氧还原掉，因此在搅拌作用充分的条件下整个实验过程中溶液中的溶氧浓度 $c = 0$；在 0.1 MPa（1 atm）下，25 ℃时空气中氧的分压为 0.021 MPa，根据亨利定律可计算出 $c^* = 0.24$ mmol/L，但是由于亚硫酸盐的存在，c^* 的实际值要低于 0.24 mmol/L，一般规定 $c^* = 0.21$ mmol/L。

由此，$K_L a = N_a / (0.21 \times 10^{-3})$。

5）结果与分析

（1）结果

将测定及计算结果填入表4.3。

表 4.3　测定及计算结果

反应液组成	0.5 mol/L Na_2SO_3 水溶液，另加 0.001 mol/L 的 $CuSO_4$	
实验基本条件	反应液体积/L	反应温度/℃
	通风量/（L·min^{-1}）	搅拌转速/（r·min^{-1}）
两次取样时间间隔 Δt/s		
两次滴定 $Na_2S_2O_3$ 体积差 ΔV/mL		
$Na_2S_2O_3$ 溶液浓度/（mol·L^{-1}）		
体积溶氧速率 N_a/kmol·（m^{-3}·h^{-1}）		
体积溶氧系数 $K_L a$/（1·h^{-1}）		
$K_L a$ 平均值/（1·h^{-1}）		

（2）思考题

①亚硫酸盐氧化法测定 $K_L a$ 的过程中有哪些需要注意的事项？

②除了亚硫酸盐氧化法之外，还有哪些 $K_L a$ 的测定方法？

任务 4.4　发酵过程泡沫控制

【活动情境】

　　好氧发酵时,通气、搅拌会使空气溶于发酵液,此外发酵还会产生二氧化碳等代谢气体。因此,发酵过程中会产生少量泡沫,这属于正常情况,但是当泡沫过多就会造成发酵液外溢、染菌、减少设备装填系数,甚至影响菌体正常呼吸等问题,因此生产上要控制发酵过程中产生的泡沫,这是保证发酵顺利进行,以及稳产、高产的重要因素之一。如何根据泡沫生成的情况合理地进行控制?

【任务要求】

　　能够运用有关知识,按照工艺要求,熟练地进行发酵液中泡沫的监测与控制。
　　1.发酵液泡沫的监测。
　　2.发酵液泡沫的控制。

【基本知识】

4.4.1　发酵过程中泡沫的形成及其影响

1)发酵过程中泡沫的形成

　　泡沫是气体在液体中的粗分散体,属于气液非均相体系。发酵过程中之所以会产生泡沫是因为:①好氧发酵需要不断通入大量无菌空气,同时为了达到较好的传质效果,通入的气流还需在机械搅拌的作用下被分散成无数的小气泡。②发酵过程也会产生 CO_2 等代谢气体,这种情况在代谢旺盛时才比较明显。③发酵液中的蛋白质、糖和脂肪等物质也对泡沫的产生及稳定起到了重要的作用。

　　发酵时产生的泡沫,其分散相是无菌空气和代谢气体,连续相是发酵液。发酵液中的泡沫主要有面上泡沫和面下泡沫两种。面上泡沫,即表面泡沫,存在于发酵液液面上的泡沫,这类泡沫气相所占的比例特别大,泡沫密集,并且泡沫与其下面的液体之间有较明显的界限,形状为多面体,如在某些稀薄的前期发酵液或种子培养液中见到的泡沫。面下泡沫,即流态泡沫,出现在黏稠的菌丝的发酵液中,这种泡沫分散得很细且均匀,比较稳定地分散在发酵液中,泡沫与液体之间无明显的界限,在鼓泡的发酵液中气体分散相所占比例由上而下逐渐增加。

2)泡沫对发酵的影响

　　泡沫的存在对发酵有有利方面的影响:发酵过程中由于通气搅拌、发酵产生的 CO_2 以及发酵液中糖、蛋白质和代谢物等稳定泡沫的物质的存在,使发酵液含有一定数量的泡沫,尤其是搅拌可以使大气泡变为小气泡,能增加气体与液体的接触面积,提高氧传递速率,也有利于 CO_2 气体的逸出。

大量过多的泡沫给发酵带来更多不利的影响:一是会因"逃液"而导致产物的损失。二是为预留出容纳泡沫的空间,会降低发酵罐的装料系数,直接影响了收率,降低了生产能力,设备利用率也降低。三是大量的泡沫上涌,增加了染菌的几率。四是增加菌群的非均一性,引起菌的分化,从而影响了菌群的整体效果。五是影响菌体的呼吸,造成了代谢异常,甚至造成菌体提前自溶,会促使更多泡沫的形成。

4.4.2　发酵过程中泡沫的控制

1) 发酵过程中泡沫形成的影响因素

发酵过程中泡沫的形成与通气搅拌的强烈程度、培养基配比与原料组成(培养基性质)、种子质量及接种量、培养基灭菌质量等因素有关。

(1) 通气搅拌的强烈程度

通气量和搅拌速度越快,泡沫生成得越多,并且搅拌所引起的泡沫比通气来得大。因此,当泡沫过多时,可以通过减少通气量和搅拌速度作消极预防。此外,在发酵前期培养基成分丰富,易起泡,应先开小通气量及低搅拌转速,再逐步加大,也可在基础料中加入消泡剂。若培养基适当稀一些,接种量大一些,菌体生长速度快些,发酵前期就容易搅拌。

(2) 培养基性质

培养基的配比与原料组成、物理化学性质对于泡沫的形成及多少有一定的影响。例如,蛋白胨、玉米浆、花生饼粉、黄豆饼粉、酵母粉、糖蜜等蛋白质原料是主要的发泡因素。在同一浓度下,起泡能力最强的是玉米浆,其次是花生饼粉,再次是黄豆饼粉。此外,葡萄糖等糖类虽然本身起泡能力很低,但高浓度的糖类增加了培养基的黏度,能起到稳定泡沫的作用,糊精含量多也会引起泡沫的形成。

(3) 菌种、种子质量及接种量

菌种或种子质量好,生长速度快,培养基中可溶性氮源能较快被利用,泡沫产生概率也就少。因此,生长慢的菌种可以加大接种量来解决。

(4) 灭菌质量

培养基的灭菌方法、灭菌温度和灭菌时间会改变培养基的性质,从而影响培养基的起泡能力。若培养基灭菌质量不好,糖氮被破坏,会抑制微生物生长,使菌体自溶,产生大量泡沫,加消泡剂也无效。如糖蜜培养基的灭菌温度从 110 ℃升高到 130 ℃,灭菌时间为 30 min,灭菌过程中形成大量蛋白黑色素和 5-羟甲基(呋喃醇)糠醛,致使培养基的发泡系数(用于表征泡沫和发泡液体的技术特性)几乎增加一倍。

(5) 染菌

细菌本身有稳定泡沫的作用,尤其是感染杂菌和噬菌体时,泡沫特别多。此外,发酵条件不当,导致菌体自溶的话,泡沫也会增多。

2) 发酵过程中泡沫的消长规律

在发酵过程中,培养液的性质随微生物的代谢活动而不断变化,影响了泡沫的消长,泡沫的形成有一定的规律性。试验发现,发酵初期,培养基的浓度大、黏度高、营养丰富,泡沫的高稳定性与高的表观黏度和低的表面张力有关,随着菌体对碳、氮源的利用,造成泡沫稳定的蛋白质分解,培养液的黏度下降,促进表面张力上升,泡沫减少;发酵旺盛期,随着发酵进行,表观黏度下降,表面张力上升,泡沫寿命逐渐缩短,但菌体的繁殖,尤其是细菌本身具有稳定泡沫的作用,在发酵最旺盛期泡沫形成较多;发酵后期,菌体自溶,导致发酵液中可溶性蛋白质增加,利于泡沫产生,又促使泡沫上升;发酵过程中染菌会使发酵液黏度增加,产生大量泡沫。

3)泡沫的消除

在了解发酵过程中泡沫形成的原因、影响因素及消长规律的基础上,可有效地控制泡沫。一方面可从控制发酵工艺入手,如调整培养基成分避免或减少(少加或缓加)易起泡沫的培养基成分(原材料),改善发酵工艺,采用分批补料方法发酵,以减少泡沫形成的机会,改变发酵的部分物理化学参数,如温度、pH值、通气和搅拌,但效果有限。另一方面是采用菌种选育的方法,筛选不产生流态泡沫的菌种,预防泡沫的形成。此外,采用机械消泡与消泡剂消泡这两种方法可以消除已形成的泡沫,这也是目前工业上常用的消泡方法。

(1)机械消泡

机械消泡是一种物理消泡方法,依靠的是物理学原理,即依靠机械力引起强烈振动或者压力变化促使泡沫的破裂。

机械消泡的优点在于:不需要在发酵液中引进外界物质(如消泡剂),可降低培养液性质复杂化的程度,也可节省原材料,减少污染杂菌机会及对下游工艺的影响作用。缺点是不能从根本上消除引起泡沫稳定的因素,效果不如化学消泡迅速可靠,还需要一定设备和消耗一定的动力。机械消泡的效果不理想,仅可作为消泡的辅助方法。

机械消泡一般分为罐内消泡(内消法)和罐外消泡(外消法)。罐内消泡是靠安装在罐内的消泡桨的转动来打碎泡沫,也可将少量消泡剂加到消泡转子上以增强消沫效果;罐外消泡是将泡沫引出罐外,通过喷嘴的加速作用或利用离心力来消除泡沫。

罐内最简单的消泡装置是在搅拌轴上方安装消泡桨,形式多样,利用旋风离心场压制泡沫,为提高消沫效果可将少量消泡剂加到机械消沫转子上,再喷洒到主流液体中,常见的有耙式消泡桨、冲击反射板式、碟式气流吸入式、流体吸入式、超声波等。罐外消泡装置常见的有旋转叶片式、喷雾式、离心力式、转向板式等。

(2)化学消泡

化学消泡是一种利用化学消泡剂消除泡沫的方法。化学消泡的原理在于消泡剂能起到破泡和抑制泡沫产生的作用。大、小规模的发酵生产均适用,添加某种测试装置后易实现自动控制。化学消泡剂来源广泛,消泡效果好,作用迅速可靠,尤其是合成消泡剂效率高,用量少,不需改造现有设备,不耗能,具有很多优点。

良好的消泡剂要满足以下条件:①必须是表面活性剂,有较低的表面张力,能同时降低液膜的机械强度和降低液膜表面的黏度。②要具有一定的亲水性,应该在气—液界面上具有足够大的铺展系数,在水中的溶解度小,能保持长久的消泡能力。③消泡作用迅速,效果好和持久性能好。④对菌体无毒,不影响菌体生长和代谢,对人、畜无害和不影响酶的生物合成。⑤不影响氧在培养液中的溶解和传递,不干扰分析系统,如溶解氧、pH测定仪的探头。⑥对发酵、提取、产品质量和产量无影响,不会在使用、运输中引起任何危害。⑦具有良好的热稳定性,能耐高压蒸气灭菌而不变性,在灭菌温度下对设备无腐蚀性或不形成腐蚀性产物。⑧来源方便、广泛,价格便宜,添加装置简单等。

发酵工业上,常用的消泡剂主要有天然油脂类、高级醇类、聚醚类及硅酮类等4大类。此外,还有脂肪酸、磺酸盐和亚硫酸等。其中以天然油脂类和聚醚类在生物发酵中最为常用。常用的天然油脂有玉米油、豆油、米糠油、棉籽油、鱼油和猪油等,除作消泡剂外,还可作为碳源或中间补料。此类消泡剂的消泡能力不强,还需注意油脂的新鲜程度。聚醚类消泡剂是应用较多的一类消泡剂,主要有聚氧丙烯甘油和聚氧乙烯氧丙烯甘油(俗称泡敌),用量一般为0.03%~0.035%,消泡能力比植物油大10倍以上,尤其是泡敌的亲水性好,在发泡介质中易铺展,消沫能力强,但其溶解度也大,消沫活性维持时间较短,在黏稠发酵液中使用效果比在稀薄发酵液中更好。近年来出于对环境保护的重视,天然产物消泡剂的地位又有些提高,而且还在研究新的天然消泡剂,如酒糟榨出液、啤酒花油。

发酵过程中,消泡剂的使用应考虑对消泡效果有影响的一些因素,如消泡剂的种类、性质、分子量大小、消泡剂亲水亲油基团、消泡剂的浓度、加入方法、使用浓度和温度等。一般消泡剂可在基础料中一次加入,连同培养基一起灭菌,此方式操作简单,但消泡剂用量大;或者将消泡剂配制一定浓度,经灭菌、冷却后在发酵过程中加入,此法能充分发挥消泡剂作用,用量较少,但工艺复杂,易造成杂菌污染。对于已形成的泡沫,工业上可以采用机械消泡和化学消泡剂消泡或两者同时使用消泡。过量的消沫剂通常会影响菌的呼吸活性和物质(包括氧)透过细胞壁的运输。因此,应尽可能减少消沫剂的用量。使用前需做比较性试验,找出一种对微生物生理、产物合成影响最小,消泡效果最好,且成本低的消泡剂。

【技能训练】

发酵过程中泡沫的控制

1)目的与要求

①理解泡沫检测电极的工作原理。
②学习并掌握泡沫监控的方法。

2)基本原理

发酵时产生过多的泡沫会导致发酵液的损失,也容易使排气系统发生堵塞,并可能由于打湿空气过滤器而造成染菌,进而影响发酵过程的正常进行。因而必须防止大量泡沫的形成。发酵液中的泡沫可以迅速且突然地形成,虽然有些泡沫比较容易消除,但有些泡沫却非常稳定。常用的消泡方法有机械法、化学法。机械消泡能避免向发酵液中添加化学物质。机械消泡装置主要利用向心力消泡,能够连续运行,一般只有当机械装置不能消除泡沫时,才添加化学消泡剂。使用化学消泡剂时,因其比较昂贵且可能影响发酵,需小心地控制添加量。消泡剂有时可在发酵初始时就足量地添加在发酵液中以防止泡沫的产生。一般通过控制补料来添加,这时就需要一些泡沫检测装置。化学消泡时,泡沫的检测对于其添加量的控制具有重要意义。通过具有可变延迟及可变的定量给料时间的开关控制算法的控制,能防止消泡剂的过早添加或不必要的添加,同时避免了消泡剂的浪费。

常见的泡沫检测电极按照工作原理不同,可以分电导、电容、热导、超声波、转盘等几种。电容传感器由两个电极组成,主要检测超过发酵罐正常工作液位部分的电容,可以检测因泡沫气体空间的电容下降而引起的两个电极间交变电流的微小改变,检测器的输出信号与泡沫量成正比,此法通常用于大规模发酵罐。实践中电容泡沫检测器也会发生问题,例如发酵液使电极结垢,或者反应器内液体的蒸发引起液体体积改变而影响检测结果。电导电极除尖端暴露在外,表面覆有聚四氟乙烯(PTFE)或其他电绝缘材料,当泡沫形成时,就会与电极的尖端接触,从而组成了一个电路并产生输出信号,但此法仅能提供泡沫生成或破裂的信号,不能提供有关反应器内泡沫生成速率的信息,此外还需要在泡沫中通过微量电流,有时这是不符合发酵过程要求的。发酵液使电极尖端结垢、发酵液零星的喷溅或者液体上方细小的雾滴或液滴的形成,有时会使电极内产生电流。在检测器的放大器回路中设置可变的灵敏度可解决上述问题。热导泡沫电极的工作原理是泡沫与加热后的电子元件相接触后导致其突然冷却,但也存在结垢和喷溅的问题。超声波传感器是将变送器与接收器安装在生物反应器中两个相对的位置,泡沫可以吸收 25~40 kHz 的波长。转盘式泡沫传感器可以通过旋转阻力的增加来检测泡沫的存在,同时还可用作机械泡沫破碎机。

3)仪器与材料

发酵罐、发酵液、泡沫检测电极、消泡剂等。

4)操作步骤

(1)泡沫的测定

利用发酵罐上的泡沫检测电极对发酵过程中的泡沫生成情况进行检测。

(2)泡沫的控制

选择对微生物生理、产物合成影响最小,消沫效果最好,且成本低的消泡剂。将其一部分添加至发酵培养基中;另一部分装入补料瓶中,灭菌备用。根据泡沫监测的情况,实时补入消泡剂进行消泡。

5)结果与分析

(1)结果

设计表格并将观测结果和消泡情况填入表格。

(2)思考题

①比较不同消泡剂的优劣。

②列举消泡剂选择的原则。

任务 4.5　发酵补料控制

【活动情境】

发酵培养基的浓度过高会抑制微生物代谢产物的合成,并且一次性投糖过多易引起细胞大量生长,从而导致供氧不足。为了克服这种基质过浓的抑制作用,常采用中间补料的培养方法,即补料分批发酵(也称作补料分批培养),是指在分批培养过程中,间歇或连续地补加一种或多种成分的新鲜料液的培养方法,是介于分批培养和连续培养之间的一种过渡培养方式,也是一种控制发酵的好方法,现已广泛用于发酵工业。如何按照工艺要求,制订合理的补料方案,并能利用发酵设备上的仪表与设备完成补料操作?

【任务要求】

能够运用有关知识,按照工艺要求,熟练地进行补料操作。

1.补料方案的制订。

2.补料操作。

【基本知识】

4.5.1　补料的作用

补料是在发酵过程中补充某些养料以维持菌的生理代谢活动和合成的需要。可以补充微生物能源和碳源,如葡萄糖、饴糖、液化淀粉、天然油脂等。也可以补充菌体所需的氮源,如蛋白胨、豆饼粉、花生饼、玉米浆、酵母粉、尿素、氨气、氨水等。还可以加入某些微生物生长或合成需要的微量元素或无机盐,如磷酸盐、硫酸盐、氯化钴等。此外,对于产诱导酶的微生物,在补料中适当加入该酶的作用底物,是提高酶产量的重要措施。

在分批发酵的基础上实施补料能起到以下作用:一是解除了底物抑制、产物反馈抑制和分解产物阻遏。二是可以避免在分批发酵中因一次投料过多造成细胞大量生长所引起的不良影响,降低发酵液的黏度。三是可用作控制细胞质量的手段,以提高发芽孢子的比例。四是可作为理论研究的手段,为自动控制和最优控制提供实验基础。补料能产生推迟产生菌的自溶期,延长生物合成期,可维持较高的产物增长幅度和增加发酵的总体积,提高产量等效果。补料分批发酵比连续发酵具有菌株不易老化、变异的优点,因此具有更广泛的使用范围,现已被广泛地用于微生物发酵生产和研究中,如抗生素类、酶类、激素药物类、维生素和氨基酸等十余类几十种产品的生产。

4.5.2　补料的方式和控制

1)补料的方式

早期工业生产中,补料方式较为简单,一般是在发酵到预定时间后,根据基质的消耗速率及设定的残留基质浓度,称取一定量的添加物,投入发酵液中。这是一种经验性的方法,操作比较简单,但对发酵控制不太有效。

现代工业生产中,随着理论研究和工业应用不断发展,补料方式多样。就补料方式而言有连续流加、变速流加;每次流加又可分为快速流加、恒速流加、指数速率流加、变速流加。按补加的培养基成分来分,又有单一组分补料、多组分补料等方式。按反应器中发酵体积来分,又有变体积和恒体积之分。按反应器数目分,又有单级和多级之分。

2）补料的控制

流加操作控制系统可分为两类，即有反馈控制和无反馈控制。这两类的数学模型在理论上没有什么区别。

（1）有反馈控制的分批补料发酵

反馈控制系统一般由三个单元所组成，包括传感器、控制器和驱动器。根据控制依据的指标不同，反馈控制又有直接方法和间接方法之分。直接方法是直接以碳源、氮源、碳氮比等限制性营养物（限制性因子）的浓度作为反馈控制的参数，但是目前只有甲醇、乙醇、葡萄糖等少数基质能直接测量，由于缺乏直接测量重要参数的传感器，故直接法的使用受到限制。间接方法是以溶氧、pH、呼吸商、排气中 CO_2 分压及代谢产物浓度等作为反馈控制的参数，该法的关键在于选择与过程直接相关的可检测参数作为控制指标，这需要详尽地考察分批发酵的代谢曲线和动力学特性，获得各个参数之间有意义的相互关系，来确定控制参数。好氧发酵中，利用排气中 CO_2 含量作为补料反馈控制参数是较为常用的间接方法。例如，控制青霉素生产所采用的葡萄糖流加的质量平衡法，就是利用 CO_2 的反馈控制，依靠精确测量 CO_2 的逸出速度和葡萄糖的流加速度，达到控制菌体的比生长速率和菌体浓度。此外，pH 也可用作糖的流加控制的参数。近些年，随着各类生物传感器的出现，底物和产物的在线分析逐渐成为可能，更有利于控制适时补料。

有反馈控制的分批补料发酵，若是依据个别指标进行控制，在许多情况下效果并不理想，但是依据多因素分析的结果进行控制，其效果就比较理想。

（2）无反馈控制的分批补料发酵

无反馈控制的分批补料发酵是一种无固定的反馈控制参数来使操作最优化控制的分批补料发酵。之前多是以经验为基础，之后才出现严格的数学模型。例如，青霉素发酵中，以产物浓度为目的函数，运用 Pontryaghin 连续最大原理（一种最优比过程的数学原理）得到一个包含流加速率连续增加阶段在内的最优操作曲线，得到葡萄糖流加的最优化方法。又如头孢菌素C 发酵中，采用计算机模拟的办法，综合考虑菌丝的分化、产物的诱导及分解产物对产物合成的抑制等多种因素，利用归一法原理，将复杂的多组分补料问题简化成各个单一组分的补料，实现补料方式的最优化，经模拟试验证实，采用该补料方式比分批培养在产量上提高近 30%。此外，发酵控制方面还有其他补料分批发酵的最佳比数学模型的应用。

在中间补料控制时，必须选择恰当的反馈控制参数和补料速率。同时，补料时机的判断对发酵成败也很重要，时机未掌握好会适得其反。通常情况下，大多数补料分批发酵均补加生长限制性基质；以经验数据或预测数据控制流加；以 pH、尾气、溶氧、产物浓度等参数间接控制流加；以物料平衡方程，通过传感器在线测定的一些参数计算限制性基质的浓度，间接控制流加；用传感器直接测定限制性基质的浓度，直接控制流加。

补料分批发酵还可采用"放料和补料"方法，以改善发酵培养基的营养条件和去除部分发酵产物。一般是发酵到一定时间，产生了代谢产物后，定时放出一部分发酵液（送去提取），同时补充一部分新鲜营养液后继续发酵，并重复进行。这样就可以维持一定的菌体生长速度，延长发酵周期，有利于提高产物产量，又可降低成本。因此，这也是另一种提高产量的补料分批发酵方法。

补料工艺还应注意：不同微生物品种或同一品种而菌种或培养条件不同，控制方法略有差异。为避免中间补料对菌体发酵造成抑制或阻遏,每次补料的量应保持在出现毒性反应的量以下,以少量多次为好。补料时间间隔不宜过长,长则一次加入基质越多,造成的抑制或阻遏作用越不易消失。料液浓度配比合适。另外,还要考虑无菌控制,经济核算,碳、氮平衡等问题。

【技能训练】

补料分批培养控制

1) 目的与要求

①理解补料分批培养的基本原理。

②学习高密度培养酵母细胞的方法。

2) 基本原理

补料分批培养,也称为半分批培养或半连续培养,俗称为"流加",是一种在微生物分批培养过程中,向发酵罐中间歇或连续地补加一种或一种以上特定限制性底物,直至反应结束才将培养液排出的操作方式。补料分批培养是一种介于分批发酵和连续发酵之间的特殊培养模式,也是目前发酵生产常用的操作方式,优势在于补料后可以延长微生物的对数生长期和静止期的持续时间,能增加生物量的积累和静止期细胞代谢产物的积累。补料技术最初由少次多量、少量多次,逐步改为流加,近年又实现了流加补料的微机控制。

酵母的生长、代谢不仅与是否有氧有关,还与糖的浓度有关。但是由于酵母具有克勒勃屈利效应(即葡萄糖效应),当培养基中糖含量高时,即使在有氧条件下,酵母在生长的同时,也会产生大量的乙醇,从而使酵母对糖得率($Y_{X/S}$)下降。酿酒酵母的葡萄糖效应较强,为了获得较高的酵母得率,在对其进行培养时需要控制较低的糖浓度。实验表明,氧充足的情况下,糖浓度高于50 g/L时,有50%以上的糖经酿酒酵母代谢生产乙醇;当糖浓度为1 g/L左右时,大约有5%的糖用于产生乙醇;只有当糖浓度低于50 g/L时,所有的糖才全部用于合成酵母细胞,此时酵母细胞得率($Y_{X/S}$)最大。因此,采用一次性投料的方法生产酵母时,若培养液糖浓度低,酵母得率高但培养浓度太低,如糖浓度为1%时,最终酵母浓度最大为0.4%,这样设备利用率较低;若培养液糖浓度高,酵母培养浓度高但得率较低,如当糖浓度大于5%时,供氧充足时酵母对糖的收得率一般为25%左右。因此,酵母的高密度培养采用流加培养的方式效果较理想。在流加培养过程中,培养液中的糖浓度可按工艺要求控制在较低的水平,可以根据酵母的耗糖情况流加浓糖溶液,酵母利用多少,就补加多少,流加速率等于酵母的耗糖速率,可以使培养液中的糖保持在较低的含量。酵母一直处在低糖条件下生长,酵母得率较高;随着流加糖液的不断进行,酵母的浓度也越来越高,可以实现其高密度培养。实际操作时,因糖蜜中含有一定量的非发酵性糖,总糖浓度大多控制在0.1%~0.5%,有时甚至更高些,如发酵的开始阶段一般控制在1%左右,从而保证可发酵性糖的浓度一般控制在0.1%左右。在这种情况下,酵母菌以较快的速度生长,同时产生少量乙醇,在发酵后期使糖浓度下降,酵母菌又可同化其中大部分的乙醇,其酵母对糖收得率一般可达40%以上,效果较好。

3) 仪器与材料

(1) 菌种

酿酒酵母。

（2）原料

12°Bé 麦芽汁培养基、糖蜜处理液、消泡剂等。

（3）仪器

生物培养箱、摇瓶机、自控发酵罐（3～10 L，带自动流加装置）、离心机、分光光度计、糖分测定试剂及装置等。

4）操作步骤

以 5 L 自控发酵罐为例介绍酵母流加培养的操作过程。

（1）菌种扩大培养

菌种扩大培养即种子培养。

①一级种子培养：4 个 100 mL 三角瓶装入 12°Bé 麦芽汁培养基 20 mL；然后接入新近活化的斜面菌种 1～2 环；30 ℃静置培养 24～36 h。要求一级种子液细胞浓度达 8.0×10^8 个/mL 以上，无杂菌，无死细胞。

②二级种子培养：6 个 500 mL 三角瓶装入浓度 12～14°Bé 糖蜜培养基，另加 0.5%酵母膏、0.20%硫酸铵、0.1%磷酸二氢钾，pH 值调至 5.5～6.0，装液量 80 mL；然后每瓶接入约 8 mL 一级种子液；30 ℃摇瓶培养 12～16 h。要求二级种子液细胞浓度达 1.5×10^9 个/mL 以上，无杂菌，无死细胞。

（2）补料的配制

①流加糖液：糖蜜处理液 1 000 mL，其中含可发酵性糖 250 g/L 左右，灭菌备用。

②营养盐：硫酸铵 25 g，磷酸二氢钾 5 g，硫酸镁 3 g，加自来水配成 100 mL 溶液，110 ℃，灭菌 15 min。

③碱液：10%碳酸钠溶液 200 mL。

④基液：自来水 1 400 mL，装入自控发酵罐，121 ℃，实消（实罐灭菌）20～30 min。

（3）流加培养

①接种：实消后，待发酵罐温度下降至 30 ℃左右时，接入约 500 mL 二级种子液，开搅拌、通风，实施流加培养。

②糖液流加：初始糖液流加速度控制在 30 mL/h 左右，1 h 后每小时取样，测定还原糖，并根据测定结果调整糖液流加速度。初始时因种子培养液中残糖的带入糖浓度控制在 0.5%～1.0%，3 h 后可将发酵性糖浓度控制在 0.1%左右，16～20 h 糖液全部流加完毕，可发酵性糖浓度逐渐降至 0。若采用斐林试剂法测定糖浓度，应因非发酵性糖的存在与积累，流加培养过程中控制的残糖浓度应逐渐适量增高。

③营养盐添加：接种后，加入 10 mL 营养盐，以后每小时加一次，至 9 h 时全部加完。

④流加培养条件控制：在正常情况下，初始 pH 应为 4.0～4.5，发酵中期流加碱液控制 pH 4.5左右，12 h 后使 pH 逐渐升高，至发酵结束时控制 pH 为 5.5 左右。培养温度初始时为 30 ℃，12 h 后逐渐升高，至发酵结束时控制温度为 35 ℃左右。溶氧浓度通过调节通风量与搅拌转速，控制为饱和溶氧浓度的 10%～25%。

⑤细胞浓度监测：每 2 h 测定一次细胞浓度。流加培养过程中细胞浓度测定方法采用分光光度法，即取发酵液 2.5 mL，离心，再用蒸馏水离心洗涤两次，定容至 5 mL，用蒸馏水作参比液，540 nm 下测定其吸光度值，对照预先制得的标准曲线计算其细胞浓度。最终发酵液的细

胞浓度测定则采用干重法。

整个酵母流加培养的发酵周期可视酵母生长快慢而定,一般为 16~20 h。最终发酵液总体积达 3 000 mL 左右。

5)结果与分析

(1)结果

①设计表格并将测定结果填入表格。根据发酵过程的检测和记录数据,绘制流加培养过程中糖液流加曲线和细胞浓度曲线,分析酵母流加培养过程的耗糖情况和细胞生长情况。

②计算细胞对糖得率 $Y_{\frac{x}{s}}$(g 细胞/g 糖)。

$$Y_{\frac{x}{s}} = \frac{Vx - V_0 x_0}{V_1 c_1 - V_0 c_0}$$

式中,V 为最终发酵液总体积,L;V_0 为接种液体积,L;x 为最终发酵液的细胞浓度,g/L;x_0 为种子细胞浓度,g/L;V_1 为流加糖液总体积,L;c_0 为种子液中可发酵性糖浓度,g/L;c_1 为流加糖液中可发酵性糖浓度,g/L。

③计算细胞评价生长速率 $r_x[g/(L \cdot h)]$。

$$r_x = \frac{dx}{dt} = \frac{Vx - V_0 x_0}{t}$$

式中,t 为流加培养时间,h;V 为最终发酵液总体积,L;V_0 为接种液体积,L;x 为最终发酵液的细胞浓度,g/L;x_0 为种子细胞浓度,g/L。

(2)思考题

①酵母高密度培养采用流加培养效果较好的原因是什么?

②根据流加培养过程中的细胞生长曲线,分阶段计算酵母细胞的比生长速率,分析培养过程中比生长速率逐渐下降的原因是什么?

③酵母细胞对糖得率一般情况下在 0.4 以上,如果实验结果 $Y_{X/S}$ 值较低,其可能的原因是什么?

任务 4.6　发酵基质浓度及菌浓度控制

【活动情境】

基质是供微生物生长及生物合成产物的原料,即培养基的组分,是菌种生长代谢的物质基础,又涉及产物的合成,因此基质的种类和浓度与发酵有着密切的关系。生产中必须选择适当的基质和适当的浓度,以提高产物的合成量。发酵过程的本质是由微生物细胞参与的生物化学反应过程,因此微生物细胞的数量、状态、代谢情况就对产物的生物合成有着重要的影响。菌体浓度(简称为菌浓,即单位体积培养液中菌体的含量)在科学研究以及工业发酵控制中都是一个重要的参数。在一定条件下,菌浓的大小能反映菌体细胞的多少,菌体细胞生理特性不完全相同的各个分化阶段;在发酵动力学研究中,菌浓参数对比生长速率和比产物生成速率等有关动力学参数的获得都有重要意义。生产中,如何按照工艺要求,合理地进行发酵基质浓度和菌体浓度的控制?

【任务要求】

能够运用有关知识,按照工艺要求,熟练地进行基质浓度、菌体浓度的监测与控制。

1.基质浓度的监控。

2.菌体浓度的监控。

【基本知识】

4.6.1 基质浓度对发酵的影响及控制

在发酵工艺确定的情况下,发酵底物基质质量的稳定性是保证稳产、高产的基础。实际生产中,发酵大多数采用天然有机碳源和氮源,无法全面测定其中的组分及含量。此外,某一碳源或氮源虽已被证明适于某种菌种发酵,但很可能对另一种生产菌来说就是不适的。因此,考察原料的质量,除外观、含水量、灰分、含量等规定的参数外,更重要的是要通过试验来确定其对发酵的作用。

1)碳源浓度对发酵的影响及控制

碳源的种类对发酵效果有影响。碳源按菌体利用快慢分,有速效碳源和迟效碳源。速效碳源,如葡萄糖,能较迅速地参与菌体生长、代谢和能量产生,并产生丙酮酸等分解代谢产物,因此有利于菌体生长,但有的分解代谢产物对产物的合成可能产生阻遏作用。迟效碳源,如乳糖,多为聚合物,可被菌体缓慢利用,有利于延长代谢产物的合成,特别有利于延长抗生素发酵的生产期(分泌期),也为许多微生物药物的发酵所采用。发酵过程中采用混合碳源往往可起到提高产率的作用。即使发酵原料全部为糖质原料也可选用不同种原料混合使用,可使用部分廉价原料,同时还能提高产量。

碳源的浓度对菌体生长和产物合成也有明显的影响。糖的消耗反映产生菌的生长繁殖情况,反映产物合成的活力。若碳源过于丰富,容易引起菌体异常增殖,而抑制菌体的代谢、产物的合成。反之,若碳源不足,仅仅供给维持量的碳源,菌体生长和产物合成都会停止。因此,合理地控制碳源浓度对发酵工业生产很重要。

碳源浓度的优化控制,常用的方法有经验法和发酵动力学法,以及在发酵过程中采用中间补料的方法来控制。在实际生产中,要根据不同的代谢类型来确定补糖时间、补糖量以及补糖方式等。发酵动力学法控制碳源浓度要根据菌体的比生长速率、糖比消耗速率及产物的比生产速率等动力学参数来实施。例如,谷氨酸生产菌谷氨酸棒杆菌 ATCCl3869,发酵初糖为 60 g/L,流加糖浓度控制为 20~40 g/L 时,总糖达 200 g/L,发酵后谷氨酸浓度达 93 g/L,转化率为 46.3%;若初糖浓度为 5 g/L,流加糖浓度控制为 2~5 g/L,总糖为 198 g/L,发酵后谷氨酸浓度为 100 g/L,转化率 51%,较之前提高了 10%。补碳时机不能简单以培养时间为依据,还要根据培养基中碳源的种类、碳源的用量和消耗速度、前期发酵条件、菌种特性和种子质量等因素综合考虑。

2) 氮源浓度对发酵的影响及控制

氮源的种类对发酵效果有影响。氮源可以分为无机氮源和有机氮源两种;若按照利用快慢,可分为速效碳源和迟效氮源。速效碳源,如氨水、硫酸铵、氯化铵、硝酸盐等,主要为无机氮源,具有调节 pH 值的作用,易被菌体吸收利用,促进菌体生长,但对某些产物合成具有调节作用,特别是抗生素的合成,影响产量。迟效氮源,如黄豆饼粉、玉米浆、棉籽饼粉、蛋白胨、酵母粉、鱼粉、菌丝体、酒糟等,主要为有机氮源,菌体利用缓慢,具有延长次级代谢产物的分泌期,提高产物产量的作用。

氮源的浓度对菌体生长和产物合成也有明显的影响。若氮源过于丰富,易引起菌体异常增殖,抑制菌体代谢、产物合成,浓度过高时会导致细胞脱水死亡,也影响传质;若氮源浓度过低,菌体营养不足,会造成菌体生长、产物合成停止。因此,氮浓度要适量。此外,代谢产物不同时,所需的氮浓度也不同。

菌种发酵期间,除了基础培养基中的氮源外,往往还需中途补加氮源来控制浓度,调节pH,这样可以调节菌体的生长和防止菌体衰老自溶。生产上多用两种方法:①补充无机氮源。根据发酵情况,在发酵过程中添加如氨水或硫酸铵等无机氮源,既可补充氮源,又可起到调节pH 的作用。②补充有机氮源。根据微生物的代谢情况,在发酵过程中添加某些可调节生长代谢的有机氮源,如酵母粉、玉米浆、尿素等,可以有效地提高发酵单位。

3) 磷酸盐浓度对发酵的影响及控制

磷是构成蛋白质、核酸和 ATP 的必要元素,是微生物生长必需的元素,也是合成代谢产物所必需的元素。在发酵过程中,微生物从培养基中摄取的磷通常以磷酸盐的形式存在。因此,在发酵工业中,磷酸盐的浓度对菌体的生长和产物的合成有一定的影响。微生物生长良好时,所允许的磷酸盐浓度为 $0.32 \sim 300$ mmol/L,但次级代谢产物合成良好时所允许的磷酸盐最高平均浓度仅为 1 mmol/L,并且磷酸盐浓度提高到 10 mmol/L 时,可产生明显的抑制作用。由此可知,微生物生长所允许的磷酸盐浓度和合成次级代谢物所允许的磷酸盐浓度相差较大(平均相差几十倍甚至上百倍)。若磷酸盐浓度过高,对如链霉素、新霉素、四环素、土霉素、金霉素、万古霉素等许多抗生素的合成具有阻遏和抑制作用;但磷酸盐浓度太低,菌体生长不够,也不利于抗生素合成。

生产上磷酸盐浓度的控制,通常是在基础培养基中采用适当的浓度给予控制,常采用生长亚适量(对菌体生长不是最适合但又不影响生长的量)的磷酸盐浓度。磷酸盐最适浓度的确定,要考虑菌种特性、培养条件、培养基组成和原料来源等因素,可结合具体条件和使用的原材料进行实验来确定。常用的磷酸盐有磷酸二氢钾等。总之,要根据具体的发酵过程确定补加磷酸盐的时机和浓度,如遇生长迟缓、耗糖低、习惯补充适量的磷酸盐,以促进对糖的利用。

生产上,基质各成分的浓度是决定发酵能否成功的关键,必须根据生产菌的特性和产物合成的要求进行深入细致的实验研究,以取得满意的效果。

4.6.2　菌体浓度对发酵的影响及控制

菌体浓度是指单位体积发酵液中菌体的含量。菌体浓度与菌体生长速率直接相关。比生长速率大的菌体,菌体浓度增长也迅速,反之则缓。而菌体生长速率与微生物的种类和自身的遗传特性有关,不同种类微生物的生长速率不同,其大小取决于细胞结构的复杂程度和生长机制,物种等级越高,细胞结构越复杂,细胞增殖速率越慢。例如,细菌的倍增时间小于酵母和霉菌,原生动物的倍增时间比酵母和霉菌还高。此外,菌体生长速率还与营养物质和环境条件有密切关系,营养物质丰富有利于细胞的生长,但也存在基质抑制作用,即营养物质浓度有上限,当超过此上限时会引起生长速率的下降,可能引起高渗透压、抑制关键酶或细胞结构的改变。在实际生产中,常提供丰富的培养和充足有效的溶解氧,以促进菌体迅速繁殖,菌浓增大,以提高发酵产物的产量。因此,在微生物发酵的研究和控制中,营养条件(含溶解氧)的控制非常重要。菌体生长还受温度、pH、渗透压和水的活度等环境条件因素影响。

菌体浓度的大小对发酵产物的得率有着重要的影响。在一定的比生长速率下,发酵产物的产率与菌体浓度成正比关系。例如,氨基酸、维生素等初级代谢产物的发酵,以及抗生素这类次级代谢产物的发酵都是这种情况。但是,菌体浓度过高,会产生营养成分消耗过快、培养液中营养成分明显改变、有毒物质积累等问题,有可能改变菌体的代谢途径;造成培养液中溶解氧的改变,原因在于随着菌体浓度增加,摄氧率会增加,表观黏度也会增加,培养液流体性质也会变化,最终使得氧传递速率成对数地减少。菌体浓度增加导致溶氧浓度的下降,也会引起代谢途径改变、产量降低等不良后果。因此,为了获得最高的生产率,应采用摄氧速率与氧传递速率平衡时的菌体浓度。

发酵过程中,菌体合理浓度的控制主要通过接种量和培养基中培养物质的含量来控制。接种量的大小受发酵罐中菌体的生长繁殖速度的影响。通常采用较大的接种量可缩短生长达到高峰的时间,使产物的合成提前,也可以减少杂菌生长的机会。但接种量过大,会使菌体生长过快,会增加发酵液黏度,导致溶解氧不足,影响产物合成。在一定培养条件下,菌体的生长速率主要受营养基质浓度的影响,故可以通过控制培养基中营养物质的含量对菌体浓度进行控制。具体过程是:首先要确定培养基中各种成分适宜的配比,然后采用中间补料的方式进行控制。例如,青霉素发酵时采用测定菌体代谢生成的二氧化碳量来控制补糖量,以控制菌体的生长和浓度。生产中,应根据不同的菌种和产品,采用不同的方法控制最适的菌体浓度。

【技能训练】

一、发酵液中葡萄糖浓度的监测

1)目的与要求

①了解生物传感器的一般工作原理。
②学习葡萄糖氧化酶生物传感器的制备方法。
③理解酶电极(葡萄糖氧化酶生物传感器)测定发酵液葡萄糖浓度的原理。
④学会利用酶电极(葡萄糖氧化酶生物传感器)测定发酵液葡萄糖浓度的操作方法。

2) 基本原理

生物传感器是一类利用某些生物活性物质所具有的高度选择性来识别待测生化物质的传感器。其组成包括敏感器件(固定化的酶、微生物细胞、动植物细胞等生物活性物质),与一适当换能器件构成检测系统(或器件),其工作原理如图4.6所示。

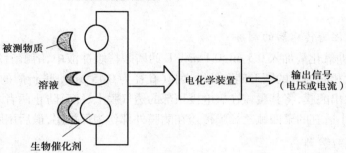

图 4.6　生物传感器原理示意图

生物传感器的测定原理:待测物质经扩散作用进入固定化生物敏感膜区域,经分子识别,发生生化反应,产生的信息可以通过物理或化学换能器转化为可定量处理的信号,再经仪表的放大和输出,便可测知待测物的浓度。

葡萄糖氧化酶生物传感器是研究得最早、最多、最成功的酶传感器。其敏感器件是由固定在聚乙烯酰胺凝胶或硝酸纤维素膜等高分子膜上的葡萄糖氧化酶(GOD)构成。其电化学敏感器件是铅阳极和铂阴极,中间溶液为强碱溶液,铂电极表面覆盖有一层透氧气的聚四氟乙烯膜,形成封闭式氧电极,这是一种隔膜型电极,溶液中的氧穿过聚四氟乙烯膜到达铂金电极上,有被还原的阴极电流流过,并且电流值与含氧浓度成比例。葡萄糖氧化酶(GOD)固定化膜与氧电极组合的结构如图4.7所示。

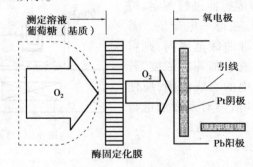

图 4.7　葡萄糖氧化酶生物传感器(使用氧电极)

葡萄糖氧化酶生物传感器的工作原理:葡萄糖在葡萄糖氧化酶(GOD)的催化下被氧化,生成葡萄糖内酯与过氧化氢,由于酶的作用,氧会不断被消耗,会使通向氧电极的氧逐渐减少。因此,通过氧电极测定得知氧浓度变化就可以知道葡萄糖浓度的变化情况。

3) 仪器与材料

(1) 实验材料与试剂

①0.5 mL 0.1 mol/L 的磷酸盐缓冲液:pH 为 7.0,由 0.1 mol/L 的 KH_2PO_4 和 0.1 mol/L Na_2

HPO_4 溶液按照以 1 : 2 的体积比混合制成。

②葡萄糖(分析纯);葡萄糖氧化酶(Sigma 公司产品,活力 2 000 U/g);硝酸纤维素膜(孔径为 0.45 μm);聚四氟乙烯膜。

（2）仪器与设备

原电池型氧电极、电极电位仪、磁力搅拌器、氧气瓶、烧杯等。

4)操作步骤

（1）葡萄糖氧化酶传感器的制备

将 1 mg 葡萄糖氧化酶加入 0.5 mL 0.1 mol/L 的磷酸盐缓冲液中,溶解后加入一个大小以与氧电极的顶部尺寸相同为宜的圆形硝酸纤维素膜(孔径为 0.45 μm),进行酶的吸附(即固定化)。固定化后用镊子取出酶膜,将其覆盖在氧电极顶部的透气膜上,注意防止两者之间产生间隙或气泡。然后,再取大小适宜的聚四氟乙烯膜覆盖在酶膜外部作为保护层,最后用固定环固定。

（2）标准曲线的绘制

实验室常采用分批式检测系统(图 4.8)。检测系统中有一个内部装有 0.1 mol/L 磷酸盐缓冲溶液的容器,将其放置于磁力搅拌器上,通入空气使磷酸盐缓冲溶液为饱和溶解氧状态之后,插入葡萄糖氧化酶传感器,几分钟后通过电极的电流值稳定下来,即为初始电流值。用 0.1 mol/L 磷酸盐缓冲液配制一系列浓度的葡萄糖标准溶液,将酶传感器插入饱和溶解氧的某浓度的葡萄糖标准溶液中,待电极的电流值稳定下来后,获得一电流值,将其记录下来,测完后将电极插回至 0.1 mol/L 磷酸盐缓冲液中冲洗,1~2 min 后当电流值回到初始电流值就可以测定另一浓度的葡萄糖溶液,如此反复进行。最后以标准葡萄糖溶液浓度为横坐标,以测得的标准葡萄糖溶液的电流值为纵坐标,绘出标准曲线。

（3）发酵液葡萄糖浓度的测定

用 0.1 mol/L 磷酸盐缓冲液将待测发酵液进行适当稀释,然后插入酶传感器进行测定,待电极的电流值稳定下来后,获得一电流值。若所测电流值在所绘制的标准曲线范围内,则可通过标准曲线换算出发酵液中葡萄糖浓度,若所测电流值超出标准曲线中的直线范围,应使用 0.1 mol/L 的磷酸盐缓冲液再对发酵液进行适当稀释,然后按照上述过程进行测量。

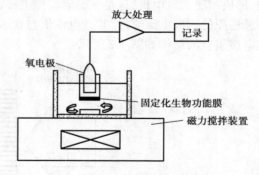

图 4.8 静态测量法示意图

5)结果与分析

（1）结果

自行设计表格将测定结果填入其中。

①试测定发酵过程底物浓度变化的进程曲线。

②试比较酵母生长和酒精发酵过程的底物(葡萄糖)消耗速率,并说明原因。

（2）思考题

①试说明实验误差产生的主要原因是什么? 如何减小实验误差?

②若所测样品的浓度超出标准曲线的直线范围,应如何处理?

6）实验注意事项

①测定系统的 pH 值对葡萄糖氧化酶与固定化酶膜的稳定性与酶活力有较大的影响，因此，缓冲液与待测样品的体积比不要太小，以免混合后的 pH 值偏离缓冲液的 pH 值。测定时所采用的 pH 值要与标准曲线绘制时系统的 pH 值相同。

②温度对葡萄糖氧化酶与固定化酶膜的稳定性与酶活力有较大的影响，测定时所采用的温度要与标准曲线绘制时的温度相同，并尽可能采用固定化酶膜的最适作用温度。经固定化形成酶膜后，葡萄糖氧化酶分子所处微环境发生了变化，最适温度为 27 ℃，比游离酶略有升高。

③酶膜的稳定性是传感器稳定性的关键因素，酶膜最好以干态于 4 ℃ 存放。研究表明，固定化葡萄糖氧化酶酶膜在干态 4 ℃ 存放一周，残留酶活力为初始酶活力的 91.2%，但存放两周，残存酶活力仅为初始酶活力的 57.7%。因此，酶传感器放置一段时间后再使用时，需重新绘制标准曲线。

二、菌体量的测定

1）目的与要求

①了解菌体量测定方法的基本原理。
②学习并掌握干重法、镜检计数法、比浊法等菌体量常见的测定方法。

2）基本原理

微生物的菌体量是发酵过程中的重要参数之一。菌体量的有效监测对于发酵过程的监控与动力学研究具有重要意义。菌体量的测定方法可分为基于细胞物理性质变化的直接法和基于细胞内（或外）成分变化换算而得出的间接法。常见菌体量测定方法包括以细胞数量变化为测定依据的平板菌落计数法与显微镜镜检计数法，以生物量变化为测定依据的比浊法、重量法（又分干重法与湿重法）、容积法等，以生理指标变化为测定依据的定氮法、定磷法、细胞壁成分测定法等。其中干重法、镜检计数法和比浊法是最常用的测定方法。干重法是将样品在常压或减压条件下烘干至恒重，然后直接称重，特点是简单实用，可作为比浊法等其他菌量测定方法的参照基准。镜检计数法常采用血球计数板对酵母菌进行计数，将细胞悬液注入计数室后，计算出一定数量小格的平均菌数即可算出每毫升的细胞数。比浊法的原理在于当光束照射到菌体悬浮液时，会产生散射和透射现象，通过测定透射率和散射率，可确定菌体悬浮液的相对浓度，比浊法严格来说应使用浊度计（测定透射光与散射光）进行测定，但实践中通常使用分光光度计（仅测透射光）进行测定，其结果常称为 OD 值，常在 300~800 nm 的波长下测定，虽然低波长测定时灵敏度高，但由于发酵液对短波光线的吸收能力较强，实践中采用较多的是 500~600 nm 波长，需要注意的是发酵中后期菌体量测定时，测定值可能会超出线性关系范围，这时采用灵敏度较低的长波段进行测量效果会更好些，多用 610 nm 和 660 nm 的波长。

这些菌体量测定方法有的可迅速得到结果，有的虽精度很高但非常费时，因此在实际使用中应根据使用目的与要求，选择适宜的方法。一般情况下，当微生物细胞以单细胞（无凝集性）形式生长时，可将培养基中悬浮粒子数的增加作为生长菌体量；而对于以菌丝体形式生长的微生物，如霉菌、放线菌等，菌体量与悬浮粒子间无对应关系。此外，液态培养基中的不溶成分会影响到菌体量的测定；固态培养中由于载体颗粒的影响，更多的是采用间接法测定微生物菌体量。

3）仪器与材料

（1）菌种

啤酒酵母。

（2）培养基

①酵母活化培养基：10°Bé 麦芽汁固体斜面培养基，pH 5.0。

②酵母三角瓶液体培养基：10°Bé 麦芽汁培养基，pH 5.0；也可使用以下配方：葡萄糖 10%，玉米浆 1%，尿素 0.2%，pH 5.0。

（3）仪器与设备

恒温摇床、超净工作台、抽滤装置、显微镜、血球计数板、分光光度计、恒温干燥箱、250 mL 三角瓶等。

4）操作步骤

（1）菌体培养液制备

①培养基制备：酵母活化培养基配制好灭菌，摆斜面备用。取 18 只 250 mL 三角瓶，分别装入液体培养基 100 mL，8 层纱布封口后 121 ℃灭菌 20 min，冷却备用。

②菌种活化与培养：将啤酒酵母转接至 10°Bé 麦芽汁固体斜面培养基，30 ℃培养 24 h。从斜面菌种上刮取 2~3 环，转入 20 mL 生理盐水（已灭菌）中，充分摇匀制成菌悬液，从中吸取 1 mL 转接入三角瓶培养基中，振荡混匀后 30 ℃，200 r/min 振荡培养，作为被测样品使用。

（2）菌体量测定

①取样。上述酵母培养液每隔 6 h 取样 3 瓶，共取样 6 次。因瓶间生长不平衡，为消除误差，可将每次取样的 3 瓶样品混合均匀，然后再分成 3 瓶，3 种测定方法各用 1 瓶。注意：取样后应立即测定。若条件不允许，可将样品于 4 ℃冰箱中冷藏待测。

②干重法测定菌体量。取 6 张圆形定性滤纸（直径为 9 cm），于 80 ℃烘干至恒重，迅速准确称量其重量并记录。将 6 瓶不同时刻接取的样品充分摇匀，先测定其体积，然后用滤纸进行过滤收集菌体，用蒸馏水洗涤滤出物两次，将滤纸连同滤出物一起于 80 ℃烘干至恒重，迅速准确称重并记录。两次称重的质量差即为菌体干重。

③镜检计数法测定菌体量。将 6 瓶不同时刻接取的样品充分摇匀，从中分别取 1 mL 样液进行 10 倍梯度系列稀释。选择合适的稀释度用以计数（稀释度选择以血球计数板小格中分布的菌体清晰可数，每小格内含 4~5 个菌体为宜）。计数过程为：取出一块干净盖玻片盖在计数板中央，用滴管吸取 1 滴菌稀释悬液注入盖玻片边缘，让菌液自行渗入，若菌液太多可用吸水纸吸去，静置 5~10 min，细胞沉降至计数后进行镜检计数。先用低倍镜找到计数室的方格，再用高倍镜计数。若是有 25 个中格，每中格再分为 16 个小格（25×16）的计数板应数 4 个顶角及中央 5 个中格的总菌数；若是 16 个中格，每个中格再分为 25 个小格（16×25）的计数板应数 4 个顶角 4 个中格的总菌数。每个样品重复 3 次。1 mL 菌液中的总菌数 $= A \times 400 \times 10^4 \times B$（个），其中，$A$ 为每个小格内平均细胞数，B 为菌液稀释倍数。

④比浊法测定菌体量。采用比浊法测定菌体量需先绘制标准曲线。将发酵液按照原液、原液×0.8、原液×0.6、原液×0.4、原液×0.2 和原液×0.1 的梯度，用缓冲溶液或原液离心后所得上清液稀释。在 660 nm 处测吸光度值，获得吸光度与细胞浓度之间的关系，吸光度以 0.05~0.3 范围内为宜（吸光度与细胞浓度呈线性关系）。同时，采用干重法测定原液的菌体浓度，并

计算出不同稀释液的菌体浓度。最后,以吸光度为横坐标,以菌体浓度为纵坐标,绘制标准曲线。标准曲线绘制后,将6瓶不同时刻接取的样品充分摇匀,分别取样并适当稀释(以吸光度为0.15~0.25为宜),置于660 nm的波长下测定吸光度。最后可根据标准曲线计算出样品的菌体浓度。

5)结果与分析

(1)结果

①分别用干重法、镜检计数法、比浊法来测定培养6 h,12 h,18 h,24 h,36 h,48 h…的酵母细胞数量,设计表格并将测定结果填入表格,根据测定结果绘制酵母细胞生长曲线。

②试比较三种菌体量测定方法的适用性、特点和实验误差大小。

(2)思考题

①常用的菌体量的测定方法有哪些? 如何选择合适的测定方法?

②干重法测定菌体量时,实验误差会由哪些步骤引起? 如何改进?

③采用血细胞计数板计数时,能够看清菌体,但看不见计数区域小格间的分界线,请问是什么原因,如何调整?

④比浊法测定菌体量时,有哪些因素会影响测定精度?

6)注意事项

(1)质量法测定菌体量注意事项

①取样量太少,会增加实验误差,确定取样量时可以参考以下数据:100 mL细菌或酵母菌的发酵液中的菌体干重为10~90 mg,每个大肠杆菌细胞的干重约为10^{-13}g。

②摇瓶培养时,使用全量培养液进行测定最为可靠。发酵罐培养时,可用取样管取样,为确保样品与罐内发酵液成分一致,取样前应先排出取样管中的滞留,还应注意微生物可能出现的贴壁生长现象。

③菌体分离可采用过滤法或离心法。在过滤法中,应根据细胞的大小与形状选择合适的滤纸,要求滤纸对菌体的截留率不应低于98%。离心法在过滤法分离菌体十分困难的情况下可考虑使用,酵母菌于3 000~5 000 r/min离心5~10 min,细菌于5 000~8 000 r/min离心10~20 min。其中从离心管中收集菌体是产生误差的主要环节,为减小误差,可在刮取菌体后用少量清水将离心管中的残余菌体洗出,与刮取菌体合并后干燥并称重,必要时可直接在离心管中烘干并称重(空离心管要预干燥称重,以计算菌体净重)。

④菌体的干燥可采用常压干燥(105 ℃)、减压干燥(80 ℃或40 ℃)及冷冻干燥等。

(2)镜检计数法测定菌体量注意事项

①镜检计数时,对"压线"菌体的计数遵循"计上不计下,计左不计右"的原则,每格只统计压上线及左线的细胞,不统计压下线与右线的细胞。

②因血球计数板中的菌体需要在不同焦距下才能看全,观察时必须不断旋转细螺旋以调焦距。

③酵母菌的芽体超过母细胞的一半,要记作两个,反之要不单独计数。

(3)比浊法测定菌体量注意事项

①标准曲线的影响因素包括微生物种类、培养条件、菌龄、测定条件(分光光度计、波长等),在标准曲线制作时应注意采用与测定时相同的条件,并采用同一稀释液稀释,以保证K

值一定。当培养条件或测试条件发生变化时,应重新绘制标准曲线。

②培养液中有絮凝现象时,可加入 Tween 与 Triton 等阴离子或非离子型表面活性剂来加以控制。

·项目小结·

良好发酵效果的获得除了要有优良的菌株作为基础外,还应研究温度、pH 值、DO 值、基质浓度、菌体浓度等适宜生产菌种生产性能发挥的最佳发酵工艺条件,对其进行有效监测和合理控制,最终实现发酵过程最优控制。本项目要求学生能理解温度、pH、DO、泡沫、基质浓度、菌体浓度等条件对发酵的影响及其控制优化机理,掌握温度、pH、DO、泡沫、基质浓度、菌体浓度等条件的控制方法,能对温度、pH、溶氧浓度、菌体浓度等常见的发酵参数进行测定与控制,能够正确地进行发酵生产数据的记录,并对其进行分析处理。

 思考练习

一、单选题

1.连续流加和分批培养技术均用于( )。
  A.巴斯德消毒大量牛奶　　　　　　　　B.生产工业量的微生物
  C.进行常规平板计数　　　　　　　　　　D.进行膜过滤

2.发酵过程中,不会直接引起 pH 变化的是( )。
  A.营养物质的消耗　　　　　　　　　　　B.微生物呼出的 CO_2
  C.微生物细胞数目的增加　　　　　　　　D.次级代谢产物的积累

3.微生物群体生长状况的测定方法可以是( )。
  ①测定样品的细胞数目　　　　②测定次级代谢产物的总含量
  ③测定培养基中细菌的体积　　④测定样品的细胞重量
  A.②④　　　　　　B.①④　　　　　　C.①③　　　　　　D.②③

4.通过影响微生物膜的稳定性,从而影响营养物质吸收的因素是( )。
  A.温度　　　　　　B.pH　　　　　　C.氧含量　　　　　　D.前三者的共同作用

5.生产菌在生长繁殖过程中产生的热能,称为( )。
  A.辐射热　　　　　　B.蒸发热　　　　　　C.搅拌热　　　　　　D.生物热

6.当发酵( )时,泡沫异常多。
  A.感染杂菌　　　　　　B.感染噬菌体　　　　　　C.A+B　　　　　　D.温度过高

7.发酵中引起溶氧异常下降,可能有下列( )原因。
  A.污染好气性杂菌　　　　　　　　　　　B.菌体代谢发生异常现象
  C.某些设备或工艺控制发生故障或变化　　D.A+B+C

8.( )的亲水性差,在发泡介质中的溶解度小,因此,用于稀薄发酵液中要比用于黏稠发酵液中的效果好。

A.GP 型　　　　　　B.GPE 型　　　　　　C.天然油脂类　　　　D.硅酮类

二、判断题

1.微生物其最适生长温度与最适发酵温度是一致的。　　　　　　　　　　（　　）

2.通风量越大,泡沫越少;搅拌转速越大,泡沫越少。　　　　　　　　　　（　　）

3.控制泡沫的方法有化学消泡和机械消泡两种方法。　　　　　　　　　　（　　）

4.pH 值不同往往引起菌体代谢过程的不同,使代谢产物的质量和比例发生改变。　（　　）

5.青霉素、链霉素这类次级代谢产物的发酵菌浓度越大,产物的产量也越大。　（　　）

三、简答题

1.温度对发酵有哪些影响?

2.简述发酵热产生的原因。

3.如何进行发酵过程温度的控制?

4.简述 pH 值对菌体生长和代谢产物形成的影响及影响 pH 值变化的因素。

5.简述发酵过程中 pH 值的调节及控制方法。

6.溶氧对发酵过程有什么影响?

7.简述发酵过程中溶氧的变化规律。

8.如何对发酵过程中的溶解氧进行控制?

9.简述发酵过程中泡沫对发酵的影响。

10.如何进行泡沫的控制?

11.如何进行发酵补料操作与控制?

12.简述发酵基质浓度及菌浓度对发酵的影响及控制方法。

项目 5　发酵罐操作

 【项目描述】

发酵罐是生物发酵的核心装备,是发挥菌种发酵潜力和实现工艺目标的基石,良好发酵设备能更有效地提升发酵生产效率和产品质量。发酵罐是一套复杂的容器,不仅有附属的蒸汽设备、供气及过滤设备、冷却及加温系统,罐体上还连接有各种仪表、探头,并且常常由可编程控制系统的工控机进行自动化控制。随着发酵技术的进步和机械制造加工水平的提升,现代发酵工业中使用的发酵罐种类越来越多、功能也越来越强大。

【学习目标】

熟悉机械搅拌通风发酵罐和啤酒发酵罐的基本结构;掌握机械搅拌通风发酵罐和啤酒发酵罐的基本操作要领。

【能力目标】

能够进行机械搅拌通风发酵罐的空消、实消及发酵操作;能够利用啤酒发酵系统进行啤酒酿造。

> **引导问题**
>
> 1. 抗生素发酵与啤酒发酵可以使用同一种发酵罐吗?
> 2. 工业规模的发酵培养设备与实验室小规模培养设备的差异有哪些?

任务 5.1　30～300 L 二级机械搅拌通风发酵罐结构认识与操作

【活动情境】

工业发酵规模通常很大,必须逐级扩大培养才能获得活力旺盛的足量种子以供发酵接种使用,因此在进行容量超过 1 m^3 的大型发酵罐进行操作时,通常使用二级或三级发酵系统,在这样的系统中通常有 2~3 个发酵罐,容积大小差异 10 倍及以上。现以 30~300 L 二级发酵系统为基本设备,如何进行发酵罐操作?

【任务要求】

能够运用种子扩大培养的基本知识和技能,根据目标微生物的特性和要求,遵循工艺控制要点,熟练进行机械搅拌通风发酵罐的空消、配料、实消、发酵过程控制、取样、放料与维护保养等基本操作,达到微生物发酵工中级以上水平。

【基本知识】

对于新的好氧发酵过程来说,人们首选的发酵罐就是机械搅拌通风式发酵罐。因为它能适应大多数的生物反应过程,并且能形成标准化的通用产品。通常只有在机械搅拌通风发酵罐的气液传递性能或剪切力不能满足生物过程时才会考虑使用其他类型的发酵罐。

机械搅拌通风发酵罐是利用机械搅拌器的作用,使空气和发酵液充分混合,促使氧在发酵液中溶解,以保证供给微生物生长繁殖、发酵所需要的氧气。

5.1.1　机械搅拌通风发酵罐的基本要求

一个性能优良的机械搅拌通风发酵罐必须满足以下基本要求:

①发酵罐应具有适宜的径高比。发酵罐的高度与直径之比一般为 1.7~4,罐身越长,氧的利用率越高。

②发酵罐能承受一定压力,达到压力容器的耐压要求。

③发酵罐的搅拌通风装置能使气液充分混合,保证发酵液必需的溶解氧。

④发酵罐应具有足够的热交换面积。

⑤发酵罐内应尽量减少死角,避免藏垢积污,灭菌能彻底,避免染菌。

⑥搅拌器的轴封应严密,尽量减少泄漏。

⑦发酵罐应有相应的补料、进料、取样、清洗等满足不同需求的接口。

⑧发酵罐应配备有各种监测仪表或探头以供监测发酵参数。

⑨现代工业发酵罐应有稳定的控制系统,并由装载可编程软件的计算机实现自动化控制。

5.1.2　机械搅拌通风发酵罐的结构

好气性机械搅拌通风发酵罐是一种密封式受压设备。其主要部件包括罐身、轴封、消泡器、搅拌器、联轴器、中间轴承、挡板、空气分布管、换热装置和人孔以及管路等。

1)罐体

搅拌通风发酵罐结构如图 5.1 所示。发酵罐的罐体通常由不锈钢(SUS304 或 316)材料焊接、抛光而成,主体部分包括空心圆柱体及椭圆形或碟形上下封头。小型发酵罐罐顶和罐身采用法兰连接,大型发酵罐则焊接成一体。为了便于清洗,小型发酵罐顶设有便于清洗用的手孔或自动清洗球,中大型发酵罐则装有快开人孔及清洗用的快开手孔。罐顶还装有视镜及灯镜,在其内表面装有压缩空气或蒸汽吹管。

在发酵罐罐顶上的接管有:进料管、补料管、排气管、接种管和压力表接管等。在罐身上的接管有冷却水进出管、进空气管、取样管、温度计管和测控仪表接口。排气管应尽量靠近封头的中心轴封位置,在其顶盖的内面顺搅拌器转动方向装有弧形挡板,可以减少跑料。取样管可装在罐侧或罐顶,视操作方便而定。原则上讲,罐体的管路越少越好,能合并的应该合并,如进料口、补料口和接种口可合为一个接管口。放料可利用通风管压出,也可在罐底另设放料口。

2) 罐体的尺寸比例

罐体各部分的尺寸有一定的比例,罐的高度与直径之比一般为 1.7~4。

发酵罐通常装有两组搅拌器,两组搅拌器的间距离 S 约为搅拌器直径的 3 倍。对于大型发酵罐以及液体深度较高的,可安装 3 组或 3 组以上的搅拌器。最下面一组搅拌器通常与风管出口较接近为好,与罐底的距离 C 一般等于搅拌器直径 D_i,但也不宜过小,否则会影响液体的循环。最常用的发酵罐各部分的比例尺寸如图 5.2 所示。

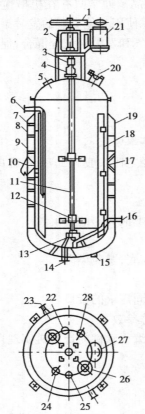

图 5.1 搅拌通风发酵罐的结构示意图
1—三角皮带转轴;2—轴承支柱;3—联轴节;4—轴封;5—窥镜;6—取样口;7—冷却水出口;8—夹套;9—螺旋片;10—温度计;11—轴;12—搅拌器;13—底轴承;14—放料口;15—冷水进口;16—通风管;17—热电偶接口;18—挡板;19—接压力表;20—手孔;21—电动机;22—排气口;23—取样口;24—进料口;25—压力表接口;26—窥镜;27—手孔;28—补料口

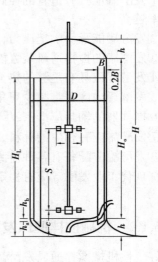

图 5.2 常用的发酵罐各部分的比例尺寸
$D_i = 1/3D$ $H_a = 2D_i$ $B = 0.1D$
$h_a = 0.25D$ $S = 3D_i$ $C = D$

3) 搅拌器

搅拌器的作用是打碎气泡,使空气与发酵液均匀接触,使氧溶解于发酵液中。

常见的搅拌器有平叶式、弯叶式、箭叶式 3 种,如图 5.3 所示。平叶式功率消耗较大,弯叶式次之,箭叶式最小。为了拆装方便,大型搅拌器可做成两半型,用螺栓连成整体。

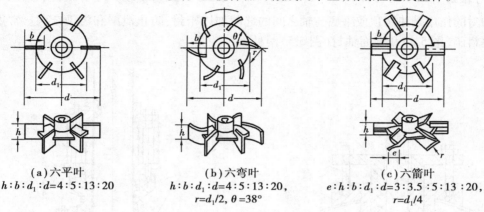

(a)六平叶
$h:b:d_1:d=4:5:13:20$

(b)六弯叶
$h:b:d_1:d=4:5:13:20,$
$r=d_1/2,\ \theta=38°$

(c)六箭叶
$e:h:b:d_1:d=3:3.5:5:13:20,$
$r=d_1/4$

图 5.3　径向式(涡轮式)搅拌器的结构示意图

4) 挡板

挡板的作用是改变液流的方向,由径向流改为轴向流,促使液体剧烈翻动,增加溶解氧,防止溢流。挡板宽度取$(0.1\sim0.2)D$,安装时与罐壁内侧保留 1~2 cm 的间隙,防止产生死角。罐壁内侧的蛇管或列管、进罐空气管也能起到类似挡板的作用,一般装设 4 块即可。

5) 消泡器

消泡器的作用是将泡沫打破。消泡器常用的形式有锯齿式、梳状式、孔板式以及罐外离心式消泡器。孔板式的孔径 10~20 mm。消泡器的长度约为罐径的 0.65 倍。锯齿式消泡器通常安装在搅拌轴的最上一组搅拌器之上并位于消泡电极水平面以下,随搅拌轴转动实现物理消泡。

6) 联轴器

大型发酵罐搅拌轴较长,常分为 2~3 段,用联轴器使上下搅拌轴成牢固的刚性连接。常用的联轴器有鼓形及夹壳形两种。小型的发酵罐可采用法兰将搅拌轴连接,轴的连接应垂直,中心线对正。

7) 轴承

为了减小振动,中型发酵罐一般在罐内装有底轴承,而大型发酵罐装有中间轴承,底轴承和中间轴承的水平位置应能适当调节。罐内轴承不能加润滑油,应采用液体润滑的塑料轴瓦(如石棉酚醛塑料等)。为了防止轴颈磨损,可以在与轴承接触处的轴上增加一个轴套。

8) 空气分布器

发酵罐借助空气分布器吹入无菌空气,并使空气均匀分布,通常有环管式和单管式。单管式空气分布器管口正对罐底,管口与罐底的距离约 40 mm,这样空气分散效果较好。空气由分布管喷出上升时,在搅拌器作用下与发酵液充分混合。通风管空气流速为 20 m/s 左右。

9) 变速装置

小中型发酵罐一般采用无级变速装置,由变频器直接控制变频电机转速。超大型发酵罐的变速装置有三角皮带传动,圆柱或螺旋圆锥齿轮减速装置,其中以三角皮带变速传动较为简便。

10) 轴封

轴封的作用是使罐顶或罐底与轴之间的缝隙加以密封,防止泄漏和污染杂菌。常用的轴封有填料函(图 5.4)和端面轴封(图 5.5)两种。

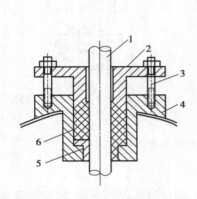
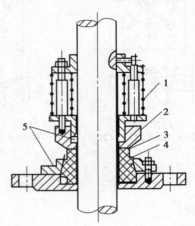

图 5.4　填料函式轴封的结构示意图
1—转轴;2—填料压盖;3—压紧螺栓;
4—填料箱体;5—铜环;6—填料

图 5.5　端面式轴封的结构示意图
1—弹簧;2—动环;3—堆焊硬质合金;
4—静环;5—O 形圈

填料函式轴封是由填料箱体、填料底衬套、填料压盖和压紧螺栓等零件构成,使旋转轴达到密封的效果。

填料函式轴封的填料室宽度可根据转轴的直径决定,其宽度为:

$$S = (1.2 \sim 2)\sqrt{d}$$

式中,d 为转轴直径,mm;填料室的高度 H 为 $4S \sim 6S$ mm。填料函式轴封结构简单,但存在死角多、难以彻底灭菌、容易渗漏及染菌等缺点。因此,目前多采用端面式轴封。

端面式轴封又称为机械轴封,其主要依靠弹簧、波纹管等弹性元件而达到密封。端面式轴封相对于填料函式轴封,具有密封可靠、无死角、使用寿命长、摩擦功率耗损小等优点,因此在工业生产中得到了广泛的应用。端面式轴封对轴的精度和光洁度没有填料密封要求那么严格,对轴的震动敏感性小。但是端面式轴封的结构比填料密封复杂,装拆不便;对动环及静环的表面光洁度及平直度要求也高。

11) 发酵罐的换热装置

(1) 夹套式换热装置

这种装置多应用于中小型发酵罐、种子罐;夹套的高度比静止液面高度稍高即可,夹套式换热器有蜂窝式、分段式等不同类型,满足不同发酵类型的需要。夹套式换热装置的结构简单,加工容易,罐内无冷却设备,死角少,容易进行清洁灭菌工作,有利于发酵。但是其传热壁较厚,冷却水流速低,发酵时降温效果差,需配合罐内搅拌提高热传递速率。

（2）竖式蛇管换热装置

这种装置是竖式的蛇管分组安装于发酵罐内，有 4 组、6 组或 8 组不等，根据管的直径大小而定，容积 5 m^3 以上的发酵罐多用这种换热装置。装置使用时冷却水在管内的流速大；传热系数高。这种冷却装置适用于冷却用水温度较低的地区，水的用量较少。但是气温高的地区，冷却用水温度较高，则发酵时降温困难，发酵温度经常超过 40 ℃，影响发酵产率，因此应采用冷冻酒精水或冷冻水冷却，这样就增加了设备投资及生产成本。

（3）竖式列管（排管）换热装置

这种装置是以列管形式分组对称装于发酵罐内。其优点是加工方便，适用于气温较高，水源充足的地区。但其传热系数较蛇管低，用水量较大。

【技能训练】

30～300 L 二级机械搅拌通风发酵罐发酵操作

1）目的要求

①熟悉 30～300 L 二级机械搅拌通风发酵罐结构及管路走向。
②掌握 30～300 L 二级机械搅拌通风发酵罐操作要领。

2）基本原理

二级发酵系统由一个 30 L 种子罐和一个 300 L 发酵罐组成，应用于种子扩大培养和发酵培养。在发酵前，利用三路蒸汽系统对管道、空气精过滤器、罐体及培养基进行在线蒸汽灭菌；发酵过程中，利用控制系统对发酵液进行温度、pH、DO、消泡的控制；发酵结束后放料收集发酵液。

3）仪器与材料

①30～300 L 二级机械搅拌通风发酵罐系统。
②蒸汽锅炉。
③空气压缩机及储罐。

4）操作步骤

（1）30 L 种子罐制备一级种子操作

①培养基配制。按照种子培养基配方进行配料；消泡剂装瓶包扎 121 ℃灭菌 30 min。
②开锅炉，产蒸汽。纯水罐储水，打开锅炉出气阀及排气阀，打开锅炉空开，启动锅炉电脑控制器，开启自动加水，加水完毕后启动锅炉燃烧，待排气阀冒出白色水蒸气关闭排气阀及出气总阀，压力升至 0.3 MPa 后锅炉自动停止燃烧，打开锅炉出气总阀即可使用蒸汽。该步骤需司炉工持证操作。
③种子罐电极安装与校正。
a.连接 pH 电极与导线，将 pH 电极探头置于 6.86 缓冲液中，读数稳定后在控制系统中点击零点校正，取出纯水冲洗后置于 4.01 缓冲液中，读数稳定后在控制系统中点击斜率校正，取出纯水冲洗套上电极护套插入发酵罐中，并锁紧螺母。
b.连接 DO 电极与导线，将电极探头置于饱和亚硫酸钠溶液中，待读数稳定后在控制系统点击零点校正，取出纯水冲洗套上电极护套插入发酵罐中，锁紧螺母。
④检查底阀、放料阀、移种阀，从接种口灌入培养基，开启搅拌 100 r/min，设置灭菌时间及温度，打开罐体排气阀。

⑤打开夹套排污阀,打开蒸汽总阀,缓慢打开夹套进汽阀。

⑥待罐温至 90 ℃,关闭搅拌,待罐温至 98 ℃关闭夹套进汽阀至微开,打开底阀蒸汽,打开底阀,向罐腔中通蒸汽。

⑦同步打开空气管路蒸汽及过滤器排冷凝水阀,保持过滤器压力不超过 0.15 MPa,待过滤器冷凝水排干后开启进罐阀门,向罐腔中通入蒸汽。

⑧关闭罐体排气阀至微开,观察压力表及罐温。

⑨待罐温至 115 ℃,关闭底阀,微开放料阀,同时减小空气管路蒸汽量,使罐温缓慢升至 121 ℃,保持进气量与出气量平衡。

⑩灭菌结束后,关闭所有蒸汽进汽阀,微开罐体排气阀,打开过滤器冷凝水阀排冷凝水,依次打开空气总阀、过滤器空气阀,吹干过滤器,维持 10 min 左右后,打开进罐空气阀及排冷凝水阀,吹干滤芯,待罐压跌零前关闭冷凝水阀,空气进罐。

⑪罐温降至 90 ℃左右,开启搅拌 100 r/min,关闭夹套排污阀,打开夹套进水阀及出水阀,待罐温降至 60 ℃左右,关闭夹套进水阀及出水阀。

⑫设置发酵温度,升温/降温设置为自动模式,打开升温/降温电磁阀前进水阀,待罐温降至所设置的发酵温度,调整通气量及罐压、搅拌转速,溶氧稳定后在系统中校正斜率为 100%。

⑬接种。减小通气量,打开排气阀将罐压降至 0,套上火焰圈,点火,打开接种口,接入摇瓶种子后迅速关闭接种口。

⑭调整通气量及罐压,在系统中将消泡设置为自动模式,点击开始发酵。

⑮发酵一定时长后点击停止发酵,系统停止自动控制,以待移种。

（2）300 L 发酵罐发酵操作

①培养基配制。按照发酵培养基配方进行配料;消泡剂装瓶包扎 121 ℃灭菌 30 min。

②开锅炉,产蒸汽。同上。

③发酵罐电极安装校正。同上。

④检查底阀、放料阀、移种阀,从接种口灌入培养基,开启搅拌 100 r/min,设置灭菌时间及温度,打开罐体排气阀。

⑤打开夹套排污阀,打开蒸汽总阀,缓慢打开夹套进汽阀,打开 30 L 罐移种管路蒸汽,打开移种阀门,排冷凝水后蒸汽进入 300 L 罐罐腔。

⑥待罐温至 90 ℃,关闭搅拌,待罐温至 98 ℃关闭夹套进汽阀至微开,打开底阀蒸汽,打开底阀,向罐腔中通蒸汽。

⑦同步打开空气管路蒸汽及过滤器排冷凝水阀,保持过滤器压力不超过 0.15 MPa,待过滤器冷凝水排干后开启进罐阀门,向罐腔中通入蒸汽。

⑧关闭罐体排气阀至微开,观察压力表及罐温。

⑨待罐温至 115 ℃,关闭底阀,微开放料阀,关闭移种管进罐阀,微开移种管排冷凝水阀,同时减小空气管路蒸汽量,使罐温缓慢升至 121 ℃,保持进气量与出气量平衡。

⑩灭菌结束后,关闭所有蒸汽进气阀、放料阀、移种管排冷凝水阀,微开罐体排气阀,打开过滤器冷凝水阀排冷凝水,依次打开空气总阀、过滤器空气阀,吹干过滤器,维持 10 min 左右后,打开进罐空气阀及排冷凝水阀,吹干滤芯,待罐压跌零前关闭冷凝水阀,空气进罐。

⑪罐温降至 90 ℃左右,开启搅拌 100 r/min,关闭夹套排污阀,打开夹套进水阀及出水阀,待罐温降至 60 ℃左右,关闭夹套进水阀及出水阀。

⑫设置发酵温度,升温/降温设置为自动模式,打开升温/降温电磁阀前进水阀,待罐温降至对应温度,调整通气量及罐压、搅拌转速,溶氧稳定后在系统中校正斜率为 100%。

⑬安装消泡插针、消泡瓶及硅胶管。

⑭接种。300 L 罐减小通气量,打开排气阀将 300 L 罐压降至 0.02 MPa;30 L 种子罐调节通气量及罐体排气阀,将罐压升至 0.1 MPa;打开 30 L 种子罐底阀、移种管阀、进罐阀,将合适体积的种子压入 300 L 罐;移种结束后关闭移种管路阀门。

⑮300 L 罐调整通气量及罐压,在系统中设置消泡设置为自动模式,点击开始发酵。

⑯清洗 30 L 种子罐。松开电机连接插头、视镜灯插头、消泡电极导线,松开 pH/DO 电极导线,拔出电极,装上堵头,用纯水清洗电极探头后用 3M KCl 保存 pH 电极,DO 电极保存于空气中;拆开 30 L 罐罐盖螺栓,抬出罐盖清洗,同时清洗罐腔内部,洗完后装上罐盖及螺栓、连接电机插头、视镜灯插头、消泡电极导线。

⑰300 L 罐发酵一定时长后点击停止发酵,系统停止自动控制。

⑱放料。打开 300 L 罐底阀蒸汽,打开放料阀,排冷凝水后保持微排汽 15 min 后,关闭底阀蒸汽;打开底阀,将发酵液收集在对应容器中。

⑲清洗。松开 pH/DO 电极导线,拔出电极,装上堵头,用纯水清洗电极探头后用 3M KCl 保存 pH 电极,DO 电极保存于空气中;拆开 200 L 罐罐盖螺栓,开启罐盖提升装置,用水枪冲洗罐腔,清洗完毕后放下罐盖,紧固螺栓。

任务 5.2 啤酒发酵设备认识与操作

【活动情境】

作为目前全球消费量最大的饮料酒,啤酒发酵生产有其特殊的工艺,如糊化、糖化、过滤、煮沸、发酵等工艺环节,因此与常规的机械搅拌发酵罐相比,啤酒发酵设备为了满足啤酒发酵的工艺需求,应该有哪些不一样的地方?

【任务要求】

能够运用啤酒发酵系统完成麦芽粉碎、糊化、糖化、过滤、煮沸、冷却、发酵、储酒等工艺环节,能够酿制出鲜啤酒。

【基本知识】

啤酒发酵设备的变迁过程,大概可分为 3 个方面:①发酵容器材料的变化。容器材料由陶瓷向金属材料演变。新建的大型容器一般使用不锈钢。②开放式向密闭式转变。小规模生产时,糖化投料量较少,啤酒发酵容器放在室内,一般用开放式,上面没有盖子,对发酵的管理、泡沫形态的观察和醪液浓度的测定比较方便。随着啤酒生产规模的扩大,投料量越来越大,发酵容器已开始向大型化和密闭化发展。从开放式转向密闭式发酵,最大问题是发酵时被气泡带到表面的泡盖的处理。开放式发酵便于撇取,密闭容器人孔较小,难以撇取,可用吸取法分离泡盖。③密闭容器的演变。原来在开放式长方形容器上面加穹形盖子的密闭发酵槽,随着技术革新过渡到用钢板、不锈钢或铝制的卧式圆筒形发酵罐。后来出现的是立式圆筒体锥底发酵罐。

5.2.1 传统发酵设备

传统发酵法生产啤酒时,根据啤酒发酵过程的不同阶段,将啤酒发酵设备分为前发酵槽和后发酵槽。

1)前发酵槽

前发酵槽又称为主发酵槽,用于啤酒发酵过程的主要阶段。

传统的前发酵槽均置于发酵室内,大部分为开口式。制造材料有钢板和钢筋混凝土,也有用砖砌、外面抹水泥的发酵槽,外形以长方形和正方形为主。

尽管发酵槽的结构形式和材质各不相同,但为了防止啤酒中有机酸对各种材质的腐蚀,前发酵槽内均要涂布一层特殊材料作为保护层。有采用沥青蜡涂料作为防腐层的,虽然防腐效果较好,但成本高,劳动强度大,且年年要维修,不能适应啤酒生产的发展。因此采用不饱和聚酯树脂、环氧树脂或其他特殊涂料较为广泛,但还未完全符合啤酒低温发酵的要求。

前发酵槽的底略有倾斜,有利于废水排出,离槽底 10~15 cm 处,伸出嫩啤酒放出管,该管为活动接管,平时可拆卸,因此伸出槽底的高度也可以适当调节。管口有个塞子,以挡住沉淀下来的酵母,避免酵母污染放出的嫩啤酒,嫩啤酒放空后,可拆去啤酒出口管头。酵母即从槽底该管口直接流出。

为了维持发酵槽内醪液的低温,在槽内装有冷却蛇管或排管。根据经验,啤酒发酵时前发酵槽的冷却面积,取每立方米发酵液为 0.2 m³ 冷却面积。蛇管内通入 0~2 ℃ 的冷水。

密闭式发酵槽具有回收二氧化碳,减少前发酵室内通风换气的耗冷量以及减少杂菌污染机会等优点。因此,这种密闭式发酵罐已日益被新建的啤酒厂采用。

除了在槽内装上冷却蛇管,维持一定的发酵温度外,也需在发酵室内配置冷却排管,维持室内低温。但这种冷却排管消耗的金属材料多,占地面积大,且冷却效果差,故新建工厂多采用空调装置,使室内维持工艺要求的温度和湿度。

2)后发酵槽

后发酵槽又称为储酒罐,该设备主要完成嫩啤酒的继续发酵,并饱和二氧化碳,促进啤酒的稳定、澄清和成熟。

后发酵槽的工艺要求:储酒室内要维持比前发酵室更低的温度,一般要求 0~2 ℃,特殊产品要求达到-2 ℃ 左右;后发酵过程残糖较低,发酵温和,产生发酵热较少,故槽内一般无须再安装冷却蛇管;后发酵的发酵热借室内低温将其带走,因此储酒室的保温要求不能低于前发酵室。

后发酵槽是金属的圆筒形密闭容器,有卧式和立式。工厂大多采用卧式。由于发酵过程中需要饱和二氧化碳,因此后发酵槽应制成耐压容器(0.1~0.2 MPa 表压的容器)。后发酵槽槽身装有人孔、取样阀、进出啤酒接管、排出二氧化碳接管、压缩空气接管、温度计、压力表和安全阀等附属装置。

后发酵槽的材料,近几年来采用碳钢与不锈钢压制的复合钢板制造。该材料能保证酒槽的安全、卫生和防腐蚀性,并且造价比不锈钢的低。

为改善后发酵的操作条件,较先进的啤酒厂将储酒槽全部放置在隔热的储酒室内,维持一定的后发酵温度。毗邻储酒室外建有绝热保温的操作通道,通道内保持常温,开启发酵液的管道和阀门都接到通道里,在通道内进行后发酵过程的调节和操作。储酒室和通道相隔的墙壁上开有一定直径和数量的玻璃观察窗,便于观察后发酵室内部情况。

5.2.2　啤酒大容量发酵罐

为了适应大生产的需要,近年来世界各国啤酒工业在传统生产基础上作了较大的改进,各种形式的大容量发酵设备应运而生。在国际上,啤酒工业发展的趋势是改进生产工艺,扩大生产设备能力,缩短生产周期和使用电子计算机进行自动控制。我国的啤酒工业从 20 世纪 80 年代开始发展迅速。大容量发酵设备及其发酵工艺等新技术得到推广,大容量发酵罐已在新老啤酒厂中广泛应用。

1)圆筒体锥底发酵罐

啤酒行业中广泛采用的啤酒发酵设备是圆筒体锥底发酵罐。其优点是发酵速度快,易于沉淀收集酵母,减少啤酒及其苦味物质的损失,泡沫稳定性得到改善,对啤酒工业的发展极为有利。目前国内最大的锥形罐为 $600 \sim 700$ m^3。

圆筒体锥底发酵罐可以用不锈钢或碳钢制作,用碳钢材料时,需要涂料作为保护层。如图 5.6 所示为圆筒体锥底发酵罐。

罐的上部封头设有人孔、视镜、安全阀、压力表、二氧化碳排出口;采用二氧化碳为背压,为了避免用碱液清洗时形成负压,可以设置真空阀;锥体上部中央设不锈钢可旋转洗涤喷射器,具体位置要能使喷出水最有力地射到罐壁结垢最厉害的地方。大罐罐体的工作压力根据大罐的工作性质而定,如果发酵罐兼做储酒罐,工作压力可定为 $1.5 \times 10^6 \sim 2.0 \times 10^6$ Pa。

这种发酵设备一般置于室外。已经灭菌的新鲜麦芽汁与酵母由底部进入罐内,发酵最旺盛时,使用全部冷却夹套,维持适宜的发酵温度。冷介质多采用乙二醇或酒精溶液,也可以用氨作冷介质。

如果放置在露天,罐体保温绝热材料可以采用聚氨酯泡沫塑料、脲醛泡沫塑料、聚苯乙烯泡沫塑料或膨

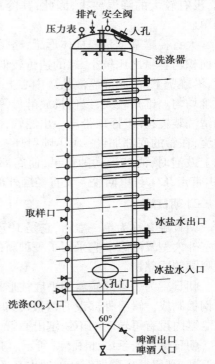

图 5.6　圆筒体锥底发酵罐

胀珍珠岩矿棉等,厚度为 $100 \sim 200$ mm,具体厚度可以根据当地的气候选定。如果采用聚氨酯泡沫塑料作保温材料,可以采用直接喷涂后,外层用水泥涂平。为了罐美观和牢固,保温层外部可以加薄铝板外套,或镀锌铁板保护,外涂银粉。

考虑到 CO_2 的回收,就必须使罐内的 CO_2 维持一定的压力,因此大罐就成为一个耐压罐,有必要设立安全阀。罐的工作压力根据不同的发酵工艺而有所不同。若作为前发酵和储酒两

用,就应以储酒时 CO_2 含量为依据,所需的耐压程度要稍高于单用于前发酵的罐。

大型发酵罐和储酒设备的机械洗涤,现在普遍使用自动清洗系统(CIP)。该系统设有碱液、热水罐、甲醛溶液罐和循环用的管道和泵,洗涤剂可以重复使用,浓度不够时可以添加。使用时先将 50~80 ℃ 的热碱液用泵送往发酵罐,储酒罐中高压旋转不锈钢喷头,压力不小于 $3.92×10^5~9.81×10^5$ Pa,使积垢在液流高压冲洗下迅速溶于洗涤剂内,达到清洁的效果。洗涤后,碱液回流储槽,每次循环时间不应少于 5 min,之后,再分别用泵送热水、清水、甲醛液,按工艺要求交替清洗。

该发酵罐的优点在于能耗低、采用的管径小,生产费用可以降低。最终沉积在锥底的酵母,可以打开锥底阀门,把酵母排出罐外,部分酵母留作下次待用。圆筒体锥底发酵罐的缺点在于,由于罐体比较高,酵母沉降层厚度大,酵母泥使用代数一般比传统低(只能使用 5~6 代);储酒时,澄清比较困难(特别在使用非凝聚性酵母),过滤必须强化;若采用单酿发酵,罐壁温度和罐中心温度一致,一般要 5~7 d 以上,短期储酒不能保证温度一致。

2)大直径露天储酒罐

大直径露天储酒罐是一种通用罐,既可以作为发酵罐,又可以作为储酒罐。大直径罐是大直径露天罐的一种,其直径与罐高之比远比圆筒体锥底管要大。大直径罐一般只要求储酒保温,没有较大的降温要求,因此,其冷却系统的冷却面积远比圆筒形锥底管小,安装基础也较简单。

大直径罐基本是一柱体形罐,略带浅锥形底,便于回收酵母等沉淀物和排出洗涤水。因其表面积与容量之比较小,罐的造价较低。冷却夹套只有一段,位于罐的中上部,上部酒液冷却后,沿罐壁下降,底部酒液从罐中心上升,形成自然对流。因此,罐的直径虽大,仍能保持罐内温度均匀。锥角较大,以便排放酵母等沉淀物。罐顶可设安全阀,必要时设真空阀。罐内设自动清洗装置,并设浮球带动一出酒管,滤酒时可以使上部澄清酒液先流出。为加强酒液的自然对流,在管的底部加设一 CO_2 喷射环。环上 CO_2 喷射眼的孔径为 1 mm 以下。当 CO_2 在罐中心向上鼓泡时,酒液运动的结果,使底部出口处的酵母浓度增加,便于回收,同时挥发性物质被 CO_2 带走,CO_2 可以回收。大直径罐外部是保温材料,厚度达 100~200 mm。

3)朝日罐

朝日罐又称为单一酿槽,它是 1972 年日本朝日啤酒公司研制成功的前发酵和后发酵合一的室外大型发酵罐。它采用了一种新的生产工艺,解决了酵母沉淀困难的问题,大大缩短了储藏啤酒的成熟期。

朝日罐为一罐底倾斜的平底柱形罐,其直径与高度之比为 1:(1~2),用厚 4~6 mm 的不锈钢板制成。罐身外部设有两段冷却夹套,底部也有冷却夹套,用乙醇溶液或液氨作为冷介质。罐内设有可转动的不锈钢出酒管,可以使放出的酒液中二氧化碳含量比较均匀。

朝日罐生产系统如图 5.7 所示。其特点是利用离心机回收酵母,利用薄板换热器控制发酵温度,利用循环泵把发酵液抽出又送回去。

使用朝日罐进行一罐法生产啤酒,可以加速啤酒的成熟,提高设备的利用率,使罐容积利用系数达 96% 左右;在发酵液循环时酵母分离,发酵液循环损失很少;还可以减小罐的清洗工作,设备投资和生产费用比传统法要低。但是朝日罐使用时动力消耗大,冷冻能力消耗大。

4)联合罐

联合罐是一种具有较浅锥底的大直径[高径比为 1:(1~1.3)]的发酵罐,能在罐内进行机械搅拌,并具有冷却装置。联合罐在发酵生产上的用途与圆筒体锥底发酵罐相同,既可用于前、后发酵,也能用于多罐法及一罐生产。因此它适合多方面的需要,故又称该类型罐为通用罐。

联合罐是一圆柱体,如图5.8所示。它是由7层1.2 m宽的钢板组成,总的表面积是378 m², 总体积为765 m³。联合罐是由带人孔的薄壳垂直圆柱体、拱形顶及有足够斜度以除去酵母的锥底所组成。锥底的形式可与浸麦槽的锥底相似。联合罐的罐体基础是一钢筋混凝土圆柱体,其外壁高约3 m,厚20 cm。基础圆柱体壁上部的形状是按照罐底的斜度来确定的。有30个铁锚均匀地分埋入圆柱体壁中,并与罐焊接。圆柱体与罐底之间填入坚固结实的水泥砂浆,在填充料与罐底之间留25.4 cm的空心层以绝缘。

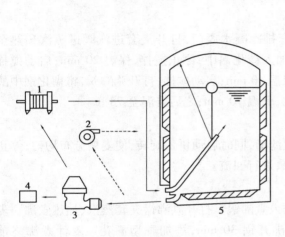

图 5.7 朝日罐

1—薄板换热器;2—循环泵;3—酵母离心机;
4—酵母;5—朝日罐

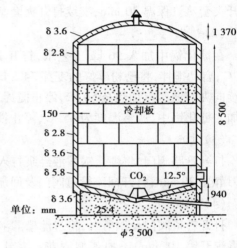

图 5.8 联合罐

【技能训练】

200 L 五器糖化发酵系统啤酒发酵操作

1) 目的要求

①观察啤酒发酵过程,掌握发酵过程中的指标分析操作技能。

②掌握啤酒发酵设备使用及啤酒发酵工艺操作。

2) 基本原理

啤酒是一种营养丰富的低酒精度饮料酒,它是利用酿酒酵母菌对麦芽汁中某些组分进行一系列的生物化学代谢,产生酒精及各种风味物质,形成具有独特风味的酿造酒。在啤酒酿造过程中,其主发酵是静止培养的。将酵母接种至盛有灭过菌的麦芽汁容器中,在一定温度下培养。由于酵母菌是一种兼性厌氧微生物,先利用麦芽汁中的溶解氧进行好氧生长,然后利用EMP途径进行厌氧发酵生成酒精。由于培养基中糖的消耗,CO_2 与酒精的产生,比重不断下降,因此整个发酵过程可用糖度表监视。若需分析其他指标,应从取样口取样测定。

3）仪器与材料

①菌种：啤酒酵母。

②原料：麦芽、酒花、纯水、大米等。

③设备：200 L 五器糖化发酵系统。

4）操作步骤

（1）糊化

糊化锅中加入 90 kg 工艺水，打开夹套排冷凝水阀门，打开夹套进汽阀进蒸汽预热至 30 ℃；将已粉碎好的大米 10 kg、麦芽 1.5 kg 加入糊化锅中，继续向夹套通蒸汽加热至 70 ℃，微开夹套蒸汽保温 20 min；继续打开夹套蒸汽加热至 100 ℃，保温 40 min。

（2）糖化

在糖化锅中加入 96 kg 工艺水，打开夹套排冷凝水阀门，打开夹套进汽阀进蒸汽预热至 37 ℃；启动搅拌，将已粉碎好的麦芽 24.5 kg 加入糖化锅中，停止搅拌，保温 20 min；启动搅拌继续向夹套通蒸汽加热至 50 ℃，停止搅拌，保温 40 min；启动搅拌，打开兑醪阀，将糊化锅中醪液加入糖化锅中，调整温度为 65 ℃，停止搅拌，保温 70 min；之后升温至 78 ℃。

（3）过滤

打开管路阀门，将糖化锅醪液经泵打入过滤槽，同时启动耕刀旋转，使麦糟分布均匀；停止耕刀静置 20 min；打开回流管道阀门及回流泵，进行回流。

（4）煮沸

打开管道阀门及倒醪泵，将过滤槽醪液排入煮沸锅。打开煮沸锅夹套蒸汽，加热煮沸。麦汁煮沸开锅 10 min，添加苦型酒花。麦汁煮沸开锅 30 min，添加香型酒花。麦汁煮沸终前 10 min，添加苦型酒花。待麦汁浓度在 0.12~0.13，停止煮沸。

（5）旋沉

打开泵及管道阀门，将醪液倒入旋沉槽，静置 20 min。

（6）冷却

薄板冷却器两段冷却，打开自来水进水阀及出水阀门，同时打开冷冻水进水阀及出水阀，打开泵，将麦芽汁从 95 ℃左右冷却至 7 ℃左右，同时打开进罐阀门，麦芽汁进罐。

（7）充氧

打开充氧阀充氧，溶氧量为 6~8 mg/L 时关闭充氧阀。

（8）发酵

提前将扩培好的酵母菌或酵母泥在无菌条件下由酵母添加口加入发酵罐中，利用冷却麦芽汁进罐冲匀酵母，主发酵温度为 9 ℃，压力为 0.03 MPa，发酵时间 72~96 h；待糖度降至 (4.2±0.2)°Bé 进入后发酵，封罐后设置发酵温度为 12 ℃，压力为 0.14 MPa，发酵时间 72~120 h；双乙酰还原结束后降温至 0 ℃，打开排液阀，将酵母排出。打开出酒阀，启动能泵，将酒液排至清酒罐储酒。

项目小结

　　发酵罐是工业发酵生产过程的主要设备,发酵罐类型必须与产品生产工艺相互匹配,换热系统、供气系统、动力系统、混合系统、监测系统必须能够完成工艺参数的控制。本项目要求掌握机械搅拌通风发酵罐的基本结构及啤酒糖化发酵系统的构成,能够熟练利用机械搅拌通风发酵罐完成有氧发酵产品的生产的各环节:配料、在线灭菌、移种、过程控制、放料等;能够利用啤酒糖化发酵系统设备完成糊化、糖化、过滤、煮沸、旋沉、发酵等生产环节。

 思考练习

一、单选题

1.200 L 发酵罐的换热装置是(　　　)。

　　A.夹套　　　　　　　B.列管　　　　　　　C.蛇管　　　　　　　D.喷淋管

2.挡板的作用是(　　　)。

　　A.防止死角　　　　　B.消除漩涡　　　　　C.换热　　　　　　　D.搅拌

3.机械通风搅拌罐的蒸汽管路通常有(　　　)。

　　A.1 路　　　　　　　B.2 路　　　　　　　C.3 路　　　　　　　D.4 路

4.啤酒发酵系统中能去除麦芽汁酶活性的设备是(　　　)。

　　A.糊化锅　　　　　　B.糖化锅　　　　　　C.煮沸锅　　　　　　D.过滤槽

5.机械搅拌通风发酵罐的搅拌器形式通常为(　　　)。

　　A.六平叶　　　　　　B.六弯叶　　　　　　C.六剑叶　　　　　　D.六斜叶

6.啤酒发酵罐夹套中的冷却媒介通常是(　　　)。

　　A.纯水　　　　　　　B.酒精水　　　　　　C.R410A　　　　　　D.液氮

二、判断题

1.机械搅拌通风发酵罐的罐体材料通常是碳钢。 (　　　)

2.啤酒发酵罐配置有搅拌系统。 (　　　)

3.向发酵罐中通入空气必须经过滤器除菌。 (　　　)

4.机械搅拌通风发酵罐的放料管必须能够通入蒸汽进行消毒。 (　　　)

5.啤酒发酵罐不是压力容器。 (　　　)

三、简答题

简述机械搅拌通风发酵罐的实罐灭菌过程。

项目 6 发酵产物提取与纯化

📖 **【项目描述】**

在发酵过程中,微生物或动植物细胞在合适的培养基、pH 值、温度和通气搅拌(或厌气)等发酵条件下进行生长和合成生物活性物质——目标产品。由于培养(发酵)液中包含了菌(细胞)体,胞内外代谢产物、胞内的细胞物质及剩余的培养基残分等,因此不管人们所需要的产物是胞内的还是胞外的或是菌体本身,都首先要进行培养液的预处理和菌体回收,只有将固、液分离开,才能从澄清的滤液中采用物理、化学的方法提取代谢产物,或从细胞出发进行破碎、碎片分离和提取胞内产物。

📖 **【学习目标】**

了解发酵液的组成,悬浮物的理化性质;熟悉发酵液预处理的基本原理;了解固液分离的常用方法;了解常用的细胞破碎的方法及原理。

📖 **【能力目标】**

学会加热降低发酵液黏度操作规程;熟练应用凝聚技术和絮凝技术进行澄清处理;掌握板框过滤的基本操作;掌握常见的细胞破碎法的操作。

任务 6.1 发酵液预处理及固液分离

【活动情境】

预处理在生物技术产品的加工和提纯过程中相当重要。目的产物不同,采用的预处理方法也不同。并且,由于具体发酵液的实际情况差别很大,预处理方法就更加灵活多样,应根据生产需要进行选择和改进。

目前,预处理的研究,一方面是改进传统的处理方法;另一方面在生化分离技术走向整合的大背景下,全发酵液的提取技术(将预处理与后续提取纯化操作相结合)备受关注。由于发酵液的预处理是生化分离过程中首要的一步,因此,正确高效的预处理是得到目标产物的关键。发酵液预处理之后,再进行固液分离,进入后续的分离纯化工艺。现有发酵液样品,目标产物在胞内,如何获得?

【任务要求】

能够运用相关知识进行发酵液预处理操作,能够进行固液分离的一般操作,掌握板框过滤的基本操作。

【基本知识】

6.1.1　发酵液的预处理

微生物发酵和细胞培养的目标产物主要有菌体、胞内产物和胞外产物 3 类物质。从发酵液和细胞培养液中提取所需的生化物质,第一步就需进行预处理,以便于固液分离,使代谢产物后续的分离纯化工序顺利进行。其原因有 3 个方面:第一,发酵液多为悬浮液,黏度大,为非牛顿型流体,不易过滤,而所需的生化物质往往只有分布在液相,才能有效地提纯。并且,在有些发酵液中,菌体自溶,核酸、蛋白质及其他有机黏性物质这 3 类物质会造成滤液混浊、滤速极慢,必须设法增大悬浮物的颗粒直径,提高沉降速度,以利于过滤。第二,目标产物在发酵液中的浓度通常较低。第三,发酵液的成分复杂,大量的菌丝体、菌种代谢物和剩余培养基会对提取造成很大的影响。因此,对发酵液进行适当的预处理,从而分离细胞、菌体和其他悬浮颗粒(如细胞碎片、核酸以及蛋白质的沉淀物),除去部分可溶性杂质并改变发酵液的过滤性能,是生化物质分离纯化过程中必不可少的首要步骤。

预处理方法要根据发酵产品、所用菌种和发酵液特性来选择。大多数发酵产品存于发酵液中,少数存于菌体中,而发酵液和菌体中都有产物存在的情形也比较常见。如果目的产物是胞外产物,则通过离心或过滤实现固液分离,使其转入液相;而对于胞内产物而言,收集细胞是预处理的首要一步。细胞经破碎或整体细胞萃取使目的产物释放,转入液相,再进行细胞碎片的分离。如果所需的产物为细胞,离心或过滤所得固相经干燥等过程就可得到菌体。预处理主要包括两个步骤:发酵液过滤性质的改变和发酵液的相对纯化。

1) 发酵液过滤性质的改变

发酵液经过预处理,一些物理性质会改变,从悬浮液中分离固形物的速度随之提高,过滤操作更易进行。发酵液过滤性质的改变主要通过降低发酵液的黏度、调节适宜的 pH 值、絮凝与凝聚、加入助滤剂和反应剂等操作来实现。

(1) 降低发酵液的黏度

根据流体力学原理,滤液通过滤饼的速率与液体的黏度成反比,因此降低液体黏度可以有效地提高过滤速率。降低液体黏度的常用方法有加热法和加水稀释法两种。

升高发酵液的温度可以有效地降低液体黏度,提高过滤速率。同时,在合适的温度和受热时间下,蛋白质会凝聚,形成大颗粒的凝聚物,发酵液的过滤特性得到了进一步的改善。但是,生物产品往往对温度敏感,因此,加热时必须严格地控制加热温度和加热时间。首先,加热温度必须低于目的产物的变性温度;其次,温度过高或时间过长,细胞溶解,会使胞外物质外溢,反而增加了发酵液的复杂性,影响其后的产物分离与纯化。例如,对于链霉素的发酵液,在 pH 值 3.0 的条件下,升温至 70 ℃ 后维持半小时,可使液体黏度下降 1/6,过滤速率增大 10~100 倍。

加水稀释法也是降低发酵液黏度的方法。但是,稀释后悬浮液的体积增大,加大了后续过程的处理任务。针对过滤操作而言,稀释后过滤速率提高的百分比必须大于加水比才能认为有效,即若加水一倍,稀释后液体黏度应下降一半以上,过滤速率才能得到有效提高。

（2）调节悬浮液的 pH 值

调节 pH 值是发酵液预处理的常用方法之一。因为 pH 值直接影响发酵液中某些物质的电离度和电荷性质,通过调节 pH 值可以改善其过滤特性。首先,对于氨基酸和蛋白质等两性物质而言,将 pH 值调至等电点,即可沉淀除去,例如,在味精生产中,利用等电点（pH 3.22）沉淀法提取谷氨酸;其次,在膜过滤时,发酵液中的大分子物质容易吸附于膜上,调节发酵液的 pH 值可改变易吸附分子的电荷性质,减少膜的堵塞和污染。此外,在合适的 pH 值下,细胞和细胞碎片及某些胶体物质会趋于絮凝状态,形成较大的颗粒,有利于过滤操作的进行。

（3）凝聚和絮凝

除降低黏度和调节 pH 值外,还可采用絮凝操作改善发酵液的处理性能。凝聚和絮凝都是悬浮液预处理的重要方法,其处理过程就是将化学药剂预先加入悬浮液中,改变细胞、细胞碎片、菌体和蛋白质等胶体粒子的分散状态,破坏其稳定性,使其凝结成较大的颗粒,便于提高过滤速率,而且能有效地除去杂蛋白和固体杂质,提高滤液质量。但凝聚和絮凝是两种不同方法,其具体处理过程还是有差别的,应该明确区分开来,不可混淆。

①凝聚　凝聚是指向胶体悬浮液中加入某种电解质,在电解质异电离子作用下,胶体粒子的双电层电位降低,从而使胶体失去稳定性并使粒子相互凝聚成 1 mm 左右大小的块状凝聚体的过程。发酵液中的细胞、菌体或蛋白质等胶体粒子的表面,一般都带有电荷,由于静电引力的作用,使溶液中带相反电荷的离子被吸附在其周围,这样在界面上就形成双电层。这种双电层的结构使胶体粒子之间不易凝聚而保持稳定的分散状态,其电位越高,电排斥作用越强,胶体粒子的分散程度也就越大,发酵液过滤就越困难。

电解质的凝聚能力可用凝聚值来表示,使胶体粒子发生凝聚作用的最小电解质浓度（mmol/L）称为凝聚值。根据 Schulze-Hardy 法则,反离子的价数越高,其凝聚值就越小,即凝聚能力越强。因此,阳离子对带负电荷的发酵液胶体粒子的凝聚能力依次为: $Al^{3+}>Fe^{3+}>H^+>Ca^{2+}>Mg^{2+}>K^+>Na^+>Li^+$。

常用的凝聚剂有 $Al_2(SO_4)_3 \cdot 18H_2O$,$AlCl_3 \cdot 6H_2O$,$ZnSO_4$,$FeCl_3$,$FeSO_4 \cdot 7H_2O$,$H_2SO_4$,HCl,NaOH,$Na_2CO_3$,$Al(OH)_3$ 等。

②絮凝　絮凝是指使用絮凝剂将胶体粒子交联成网,形成 10 mm 左右大小的絮凝团的过程,是一种以物理的集合为主的过程。其中絮凝剂主要起架桥作用。采用凝聚方法得到的凝聚体,其颗粒常常只有 1 mm 左右,比较细小,有时还不能有效地进行分离。而采用絮凝方法则常可形成粗大的絮凝体（10 mm 左右）,使发酵液较容易分离。

絮凝剂是一种能溶于水的高分子聚合物,具有长链状结构,其链节上带有许多活性官能团,包括带电荷的阳离子或阴离子基团以及不带电荷的非离子型基团,这些基团能强烈地吸附在胶体粒子的表面,使其形成较大的絮凝团。根据其来源不同,工业上使用的絮凝剂可分为以下 3 类:

a.有机高分子聚合物。如聚丙烯酰胺类衍生物和聚苯乙烯类衍生物等。

b.无机高分子聚合物。如聚合铝盐和聚合铁盐等。

c.天然有机高分子絮凝剂。如海藻酸钠、明胶、骨胶、壳聚糖等。

目前最常用的絮凝剂是有机合成的聚丙烯酰胺类衍生物,其优点是用量少(一般以 mg/L 计),絮凝速度快,分离效果好,应用广泛。缺点是存在一定的毒性,特别是阳离子型聚丙烯酰胺。因此,当用于食品及医药工业时,应谨慎使用,要考虑这些物质最终能否从产品中去除。近年来还发展了聚丙烯酸类阴离子絮凝剂,它们无毒,可用于食品和医药工业中。

絮凝效果与絮凝剂的加量、相对分子质量和类型、溶液的 pH、搅拌转速和时间等因素有关。

a.絮凝剂浓度。浓度增加有助于架桥充分,但是过多地加量会引起吸附饱和,在胶粒上形成覆盖层而产生再次稳定现象。

b.絮凝剂分子量。分子量提高、链增长,可使架桥效果明显,但分子量不能超过一定的限度,因为随分子量提高,高分子絮凝剂的水溶性降低,因此,分子量的选择应适当。

c.溶液的 pH。溶液 pH 的变化会影响絮凝剂功能团的电离度,从而影响分子链的伸展形态。电离度增大,链节上相邻离子基团间的电排斥作用,使分子链从卷曲状态变为伸展状态,架桥能力提高。

③混凝　对于带负电荷的菌体或蛋白质来说,采用阳离子型高分子絮凝剂同时具有降低胶粒双电层电位和产生吸附桥架的双重机理;对于非离子型和阴离子型高分子絮凝剂,则主要通过分子间引力和氢键作用产生吸附架桥,它们常与无机电解质凝聚剂搭配使用。首先加入无机电解质,使悬浮粒子间的相互排斥能降低,脱稳而凝聚成微粒;然后,再加入絮凝剂。无机电解质的凝聚作用为高分子絮凝剂的架桥创造了良好的条件,从而提高了絮凝效果。这种包括凝聚和絮凝机理的过程,常称为混凝。

(4)添加助滤剂

助滤剂是一种不可压缩的多孔微粒,它能使滤饼疏松,滤速增大。这是因为使用助滤剂后,悬浮液中大量的细微粒子被吸附到助滤剂的表面上,从而改变了滤饼结构,使滤饼的可压缩性下降,过滤阻力降低。

常用的助滤剂有硅藻土、纤维素、石棉粉、珍珠岩、白土、炭粒和淀粉等。其中最常用的是硅藻土,它具有极大的吸附和渗透能力,能滤除 0.1 ~ 1.0 μm 的粒子,而且化学性能稳定,既是优良的过滤介质,同时也是优良的助滤剂。助滤剂的使用方法有两种:一种是在过滤介质表面预涂助滤剂;另一种是直接加入发酵液。也可两种方法同时兼用。使用硅藻土时,通常细粒用量为 500 g/m³;中等粒度用量为 700 g/m³;粗粒用量为 700 ~ 1 000 g/m³。

(5)添加反应剂

在某些情况下,通过添加一些不影响目的产物的反应剂,可消除发酵液中某些杂质对过滤的影响,从而提高过滤速率。

加入的反应剂与某些可溶性盐类发生反应,生成不溶性沉淀,如 $CaSO_4$,$AlPO_4$ 等。生成的沉淀物能防止菌体黏结,使菌丝具有块状结构,另外沉淀物本身可作为助滤剂,并且能使胶状物和悬浮物凝固,从而改善过滤性能。若能正确选择反应剂和反应条件,则可使过滤速率提高 3 ~ 10 倍。

如果发酵液中含有不溶性的多糖物质,则最好先用酶将它转化为单糖,以提高过滤速率。

例如,万古霉素用淀粉作培养基,发酵液过滤前加入0.025%的淀粉酶,搅拌30 min后,再加2.5%硅藻土作助滤剂,可使过滤速率提高5倍。

2)发酵液的相对纯化

发酵液成分复杂,目的产品与许多溶解的和悬浮的杂质夹杂在一起。在这些杂质中对提取影响最大的是高价无机离子和杂蛋白。在采用离子交换法提炼时,高价无机离子,尤其是Ca^{2+},Mg^{2+},Fe^{3+}的存在,会影响树脂对生化物质的交换容量。而杂蛋白,一方面,在采用离子交换法和大网格树脂吸附法提炼时会降低吸附能力;另一方面,在采用有机溶剂或两水相萃取时,常有乳化现象,使两相分离不清。除此之外,在常规过滤或膜过滤时,杂蛋白还会使滤速下降,污染滤膜。因此,在预处理时,应尽量除去这些杂质。

(1)除去高价无机离子

由于培养基或水中含有无机盐,发酵液中往往存在许多无机离子,如Mg^{2+},Ca^{2+}等,因而需要经常测定并除去无机离子。

①去除钙离子　通常使用草酸。但由于草酸溶解度较小,不适合用量较大的场合,可用其可溶性盐,例如,草酸钙。草酸钙能促使蛋白质凝固,提高滤液质量。草酸价格昂贵,应注意回收。

草酸的回收:四环类抗生素废液中,加入硫酸铅,在60 ℃下生成草酸铅。后者在90~95 ℃下用硫酸分解经过滤、冷却、结晶后可回收草酸。

②去除镁离子　加入三聚磷酸钠,与镁离子形成络合物。

③去除铁离子　可加入黄血盐,使其形成普鲁士蓝沉淀而除去。

(2)去除杂蛋白的主要方法

在发酵液中除了上述高价无机离子外,还存在可溶性杂蛋白。一般来讲,对于无机或有机酸、碱及其金属盐类,在特定条件下,通过溶媒转向、离子交换等方法可使其与产物逐步分离。但对于可溶性杂蛋白,如果任其进入滤液,将给以后各步的分离精制工作带来极大的不便。因此发酵液的预处理,从根本上说,是如何使可溶性杂蛋白形成沉淀,以便随固形物一同除去的过程。在各种方法中,沉淀法、变性法和吸附法最为常用。

①沉淀法　蛋白质是两性物质,等电点多在pH 4.0~5.5,此时溶解度最小。但单靠等电点法不能将大部分蛋白质除去。在酸性溶液中,能与一些阴离子如三氯乙酸盐、水杨酸盐、苦味酸盐等形成沉淀,在碱性溶液中,能与一些阳离子如Ag^+,Cu^{2+},Zn^{2+},Fe^{3+}和Pb^{2+}等形成沉淀。

②变性法　变性蛋白质溶解度较小。最常用方法是加热。加热还能使液体黏度降低,加快过滤速度。但热处理常对原液质量有影响,特别是会使色素增多,因此只适于热稳定的物质。在抗生素生产中,常将发酵液pH调至偏酸性范围(pH 2~3)或较碱性范围(pH 8~9)使蛋白质凝固,一般在酸性下除去的蛋白质较多。例如,链霉素发酵液,调至酸性(pH 3.0),加热至70 ℃,维持1/2 h,能去除蛋白质,使过滤速度增大10~100倍,滤液黏度可降低1/6。又如,柠檬酸发酵液,使发酵液加热至80 ℃以上,可使蛋白质变性凝固,降低发酵液黏度,大大提高过滤速度。

使蛋白质变性的其他办法有大幅度改变pH,加酒精、丙酮等有机溶剂或表面活性剂等。加有机溶剂法通常只适用于所处理的液体数量较少的场合。

③吸附剂　加入某些吸附剂吸附杂蛋白而将其除去。例如,在四环类抗生素生产中,采用黄血盐和硫酸锌的协同作用生成亚铁氰化锌钾的胶状沉淀来吸附蛋白质,取得很好的效果。

又如,在枯草杆菌发酵时,常加入氯化钙和磷酸氢二钠,生成庞大的凝胶,把蛋白质、菌体及不溶性粒子吸附并包裹在其中而除去,从而加快了过滤速度。

（3）有色物质的去除

在发酵的过程中,培养基本身可能带入色素,如糖蜜、玉米浸出液等都带有颜色,使得发酵液的颜色加深。此外,微生物在代谢过程中,本身也可能产生有色物质。但是,从提高产物质量的观点来看,又必须除去发酵液中有色物质。色素的化学结构比较复杂,性质多样,给脱色工作带来了相当大的麻烦。常用的脱色方法为吸附法,如活性炭吸附、树脂吸附等。

吸附法可以不用或少用有机溶剂,操作简便,设备简单,生产过程中的 pH 值变化范围小。常用于吸附的树脂又称为"脱色树脂",它表面积大,具有多孔性,吸附能力强等特点。在发酵工业中多用于脱色、吸附大分子的产物和除去蛋白质。

近年来出现的大网格树脂孔隙大,树脂内表面积大,也可应用于脱色工艺。例如食品工业中的糖浆脱色时多用大网格树脂。此外,脱色工艺还可以利用某些离子交换树脂进行。例如,采用强碱性阴离子交换树脂,使果胶酶溶液脱色,酶活损失率不超过 15%～20%。阴离子交换树脂对糖浆中的有色物质具有很强的吸附能力,可以用在谷氨酸发酵液的脱色中,树脂的最佳操作形式为磷酸盐式。用 DEAE-纤维素从含酶溶剂中吸附有色物质,通常可同时除去非活性蛋白质,使主产物纯化 2～5 倍。另外,现在的预处理工艺也采用工业酶制剂完成,如净化发酵产物、除去干扰性浑浊物。用淀粉酶将发酵液中残留的不溶性多糖转为单糖,可以提高过滤速度;用带电胶体如鱼胶添加到浑浊的饮料中可以除去悬浮体等。

6.1.2 固液分离

固液分离是生物产品分离纯化过程中重要的单元操作。在生产中,培养基、发酵液、一些中间产品和半成品均须进行固液分离。其中,发酵液的种类多、成分复杂、黏度大,属于非牛顿型流体,因此,发酵液的固液分离最为困难。

生物产品的生产中,固液分离的方法有分离筛、悬浮分离、重力沉降以及离心和过滤等。具体的固液分离方法和设备应根据发酵液的特性进行选择。对于丝状菌,如霉菌和放线菌,体形比较大,一般采用过滤的方法处理发酵液。而单细胞的细菌和酵母菌,其菌体大小一般为 1～10 μm,高速离心的效果比较好。但是,当固形物粒径较小时,通过预处理改善发酵液的特性,就可用过滤实现固液分离。例如,在氨基酸的发酵液中,菌体很小,如果在预处理过程中进行絮凝,并添加助滤剂,就可使用板框过滤机分离菌体。由此看来,发酵液的预处理为固液分离及后处理做了准备工作。用于发酵液固液分离的主要是离心和过滤操作。

1）离心

依靠惯性离心力的作用而实现的沉降过程称为离心。对于两相密度差较小,颗粒粒度较细的非均相体系,在重力场中的沉降效率很低,甚至不能完全分离,若改用离心可以大大提高沉降速度,缩小设备尺寸。

离心是生产中广泛使用的一种固液分离手段。它在生物工业中应用十分广泛。从啤酒和果酒的澄清、谷氨酸结晶的分离至发酵液菌体、细胞的回收或除去,血球、胞内细胞器、病毒以及蛋白质的分离,以及液液相的分离都大量使用离心分离技术。离心分离与过滤相比,具有分离速度快,效率高,液相澄清度好,操作时卫生条件好等优点,适合于大规模的分离过程。但是,离心分离设备投资费用高,能耗较大,固相干燥程度不如过滤操作。

2)过滤

发酵液中含有大量菌体、细胞或细胞碎片以及残余的固体培养基成分,过滤就是利用多孔性介质(如滤布)截留固液悬浮物中的固体颗粒,从而实现固液分离的方法。微生物发酵液属于非牛顿型液体,在悬浮液中含有大量的菌体,细胞或细胞碎片以及残余的固体培养基,这些固体颗粒均可通过过滤操作减少或除去。

(1)影响过滤速度的因素

在过滤操作中,要求滤速快,滤液澄清,并且有高的收率,但发酵液往往很难过滤,目前生产中还是一个薄弱环节。影响过滤速度的因素主要有菌种、发酵条件、过滤条件等。

①菌种 菌种对过滤速度影响很大。

a.真菌。菌丝粗大,容易过滤,不需特殊处理。滤渣呈紧密饼状物,易从滤布上刮下,可采用鼓式真空过滤机过滤。

b.放线菌。菌丝细而分枝,交织成网络状,还含有很多多糖类物质,黏性强,过滤困难,一般需经预处理,以凝固蛋白质等胶体。

c.细菌。菌体更细小,过滤十分困难,如不用絮凝等方法预处理发酵液,往往难以采用常规过滤的设备来完成过滤操作。

②培养基 培养基的组成对过滤速度影响也很大。黄豆粉、花生饼作氮源、淀粉作碳源会使过滤困难。比如,在链霉素发酵液的培养基中,加以黄豆粉代替玉米浆,则比阻值增大$0.6 \sim 1.0$倍。此外,发酵后期加消泡油或剩余大量未用完的培养基都会使过滤困难。

③发酵时间 正确选择发酵终了时间对过滤影响很大。在菌丝自溶前必须放罐,因为细胞自溶后的分解产物很难过滤。有时延长发酵周期虽能使发酵单位有所提高,但严重影响发酵液质量,使色素和胶状杂质增多、过滤困难,最终造成成品质量降低。

(2)过滤方法

目前,在生化工业中,过滤的方法还是以传统的板框过滤或真空过滤等为主。传统的过滤单元操作,根据过滤机理的不同,可分为深层过滤和滤饼过滤两种。

深层过滤所用的过滤介质为硅藻土、砂、颗粒活性炭和塑料颗粒等。过滤介质填充于过滤器内形成过滤层。过滤时,悬浮液通过滤层,滤层上的颗粒阻拦或者吸附固体颗粒,使滤液澄清,因此,过滤介质在过滤中起主要作用。澄清过滤适于过滤固体含量少于0.1 g/100 mL、颗粒直径在$5 \sim 100$ μm范围内的悬浮液,如河水、麦芽汁等。

滤饼过滤的过滤介质是滤布。悬浮液通过滤布时,固体颗粒被阻拦形成滤饼或滤渣。悬浮液本身形成的滤饼起主要过滤作用。滤饼过滤一般用于过滤固体含量大于0.1 g/100 mL的悬浮液。就滤饼过滤而言,如果按过滤推动力的不同,又可分为常压过滤、加压过滤和真空过滤3类。常压过滤效率低,因此只适合于过滤易分离的物料。例如,啤酒糖化醪的过滤。而加压和真空过滤在生物和化工工业中的应用比较广泛。设备一般为板框压滤机和鼓式真空过滤机等。

3)膜分离

在传统观念中,过滤仅仅是一种过滤分离的手段,但是随着膜技术的发展,过滤已经扩展成为一种选择性滤出一定大小物质的方法。目标产物可根据设计滤出或保存在溶液中。由于膜在分离过程中,不涉及相变,没有二次污染,具有生物膜浓缩富集的功能,同时它又是一种效率较高的分离手段,在某种程度上可以代替传统的过滤、吸附、重结晶、蒸馏和萃取等分离技术,因此,作为一种新兴的有效的生化分离方法,膜分离技术已被国际上公认为 20 世纪末至 21 世纪中期很有发展前途的重大生产技术。

利用膜进行分离可以带来很大的经济效益。但由于膜在操作过程中会发生污染及浓差极化,使膜通量下降,进而导致设备成本上升、产品质量下降。为解决这些问题,目前有关滤膜污染及抗污染膜的研制已成为膜分离技术的研究热点。

广义的"膜"分隔两相界面,并以特定的形式限制和传递各种化学物质。它可以是对称或非对称的、全透性或半透性的、固体或液体的、中性或荷电性的,可以独立于流体之间或附于支持体和载体的微孔隙中。一般来讲,膜是均匀的一相或是由两相以上的凝聚物质所构成的复合体,厚度在 0.5 mm 以下。但是,膜不管薄到什么程度,至少要有两个界面,才能与两侧的流体相互接触。并且,膜传递某物质的速度必须比传递其他物质快,才能实现有效的分离。

膜分离是利用具有一定选择透过特性的过滤介质进行物质的分离纯化,过程的实质是物质通过膜的传递速度不同而得以分离,过程近似于筛分,不同孔径的膜截留粒子的大小不同。在分离过程中,膜的作用主要体现在 3 个方面:完成物质的识别与透过、充当界面和反应场。物质的识别与透过是使混合物中各种组分之间实现分离的必要条件和内在因素;在分离中,膜作为界面,将透过液和保留液(料液)分为不相混合的两相;而作为反应场,由于膜表面及孔内表面含有可与特定溶质发生相互作用的官能团,因此可以通过物理作用、化学反应或生化反应提高膜分离的选择性和分离速度。

膜分离的推动力的不同,一般有浓度差、电位差和压力差 3 种。

渗透是一个扩散过程,在膜两边渗透压差的作用下溶剂产生流动。透析是以膜两侧的浓度差为传质推动力,从溶液中分离出小分子物质的过程。在生物分离中主要用于蛋白质的脱盐。

反渗透是在透析膜浓度高的一侧施加大于渗透压的压力,利用膜的筛分性质,使浓度较高的溶液进一步浓缩。用于海水淡化、药物浓缩、纯水制造。

微滤和超滤都是利用膜的筛分性质,以压差为传质推动力,主要用于截留固体微粒和高分子溶质。微滤广泛用于细胞、菌体等的分离和浓缩,操作压力通常为 0.05~0.5 MPa。超滤适用于 1~50 nm 的生物大分子的分离,如蛋白质、病毒等。操作压力常为 0.1~1.0 MPa。

电渗析是利用分子的荷电性质和分子大小的差别进行分离的膜分离法,可用于小分子电解质的分离和溶液的脱盐。

4)固液分离设备

不同性状的发酵液应选择不同的固—液分离设备。常用于工业化生产的发酵液的分离设备有板框压滤机、鼓式真空过滤机。

(1)板框压滤机

板框压滤机的过滤面积大,过滤推动力(压力差)能较大幅度地进行调整,并能耐受较高的压力差,故对不同过滤特性的发酵液适应性强,同时还具有结构简单、价格低、动力消耗少等优点,因此,目前在国内广泛被采用。但是,这种设备不能连续操作、设备笨重、劳动强度大、卫生条件差、非生产的辅助时间长(包括卸框、卸饼、洗滤饼、洗滤布、重新压紧板框等),阻碍了过滤效率的提高。自动板框过滤机是一种较新型的压滤设备,它使板框的拆装,滤渣的脱落卸出和滤布的清洗等操作都能自动进行,大大缩短了非生产的辅助时间和减轻了劳动强度。对于菌体较细小、黏度较大的发酵液,可加入助滤剂或采用絮凝等方法预处理后进行压滤。对于难过滤的枯草杆菌发酵液,可设计一种特别薄的板框以减小滤饼的阻力。另外,也可采用带有橡皮隔膜的压滤机,过滤结束时,在滤板和橡皮膜之间通入压缩空气来压榨滤饼,将液体挤压出来。其优缺点概括如下:

①优点　板框压滤机的过滤面积大;过滤推动力(压力差)能较大幅度地进行调整,并能耐受较高的压力差;结构简单、价格低;动力消耗少等。

②缺点　不能连续操作、设备笨重、劳动强度大;卫生条件差;非生产的辅助时间长,阻碍了过滤效率的提高。

(2)鼓式真空过滤机

鼓式真空过滤机能连续操作,并能实现自动化控制,但是压差较小,主要适用于霉菌发酵液的过滤。例如,过滤青霉素发酵液的速度可达 800 L/($m^2 \cdot h$)。而对菌体较细或黏稠的发酵液不太适用。一种较好的解决办法是过滤前在转鼓面上预铺一层助滤剂,操作时,用一把缓慢向鼓面移动的刮刀将滤饼连同极薄的一层助滤剂一起刮去,这样使过滤面积不断更新,以维持正常的过滤速度。放线菌发酵液可采用这种方式过滤。其优缺点概括如下:

①优点　能连续操作;能实现自动化控制。

②缺点　压差较小,主要适用于霉菌发酵液的过滤。

【技能训练】

一、絮凝沉降实验

1)实验目的

①加深对絮凝沉淀的基本概念、特点及沉淀规律的理解。

②掌握絮凝实验方法。

2)实验原理

悬浮物浓度不太高,一般在 600~700 mg/L 以下的絮状颗粒的沉淀属于絮凝沉淀,沉淀过程中由于颗粒相互碰撞,凝聚变大,沉速不断加大,因此颗粒沉速实际上是变化的。我们所说的絮凝沉淀颗粒沉速,是指颗粒沉淀的平均速度。

3)实验设备及材料

①有机玻璃沉淀装置,包括沉淀柱、配水及投配系统,计量水深的标尺。

②浊度仪。

③玻璃烧杯、玻璃棒、废液杯、滤纸等。

④人工配水样(用硅藻土配制)。

4)实验步骤

①将配好的水样倒入水池内,开启机械搅拌,待水池内水质均匀后,从池内取样,测定水样进水浊度,记为 C_0。

②开启沉淀柱进水阀门,关闭出水阀门,开启水泵,向沉淀柱进水,当水上升到溢流口时,关闭进水阀门和水泵,同时开始计时。

③计时开始后,分别在 20,40,60,80,120 min 由取样口取样,记录沉淀柱内液面高度,测定出水浊度,记为 C_1。

5)实验记录

实验记录见表6.1。

表6.1 实验记录表

取样编号	静沉时间/min	进水浊度 C_0/NTU	出水浊度 C_1/NTU	沉淀高度 H_1/m

6)实验结果

计算各取样点的去除率。

$$浊度去除率 = \frac{进水浊度\,C_0 - 出水浊度\,C_1}{进水浊度\,C_0}$$

7)思考题

絮凝沉淀与自由沉淀现象有何不同?

二、板框压滤机在发酵菌液分离中的应用

1)实验目的

学习运用板框压滤机进行发酵液的液固分离。

2)基本原理

膜式充气压滤机为板框压滤机的一种,系厢式带隔膜、滤室可变的充气加压过滤机械(也称为带充气隔膜的厢式或板式压滤机)。该机广泛应用于制药、环保、食品、酿造及化工等行业,对抗生素发酵液、酶制剂发酵液、酒、酱油、甘油等物料进行过滤和压榨处理。

3)实验器材及原料

①膜式充气压滤机。

②万隆霉素发酵液。

4)实验步骤

①顶紧。顶紧压力以进料时不喷料为准(一般新橡胶膜为 3.5 MPa,老橡胶膜为 5 MPa)。

②进料。先关闭压滤机固定封头一侧的残料排出阀和活动封头上部的残料吹出阀;打开

固定封头上的进料阀和活动封头下部的排气阀。用压缩空气将储料罐中的物料压送到压滤机内。开始压力 0.05~0.1 MPa,大约 20 min 后,当滤液流出速率降低时,可逐步增加进料压力。但最大进料压力不得超出规定值(该设备最大进料压力为 0.4 MPa)。

③压滤。当滤液量逐渐减少到一定时,关闭进料阀和排气阀,逐渐打开进汽阀通入压缩空气,迫使橡胶膜鼓起,进一步将滤液挤压出来,最大充气压力不得超过规定值(该设备最大充气压力为 0.6 MPa)。充气一定时间后,关闭进汽阀。

④卸滤饼。当滤液出净后,先打开残料排出阀,再打开残料吹出阀,利用机体内的余气吹出进料通道中的残存物料,并用容器收集;打开排气阀,将机体内压缩空气排尽;启动千斤顶将活动封头退回,并逐一拉开过滤板,卸除滤饼。

5) 思考题

①膜式充气压滤机由哪些结构组成?
②简述膜式充气压滤机的主要技术参数和操作时需注意的事项。
③膜式充气压滤机能否处理细菌类的发酵液?为什么?

6) 注意事项

①操作人员必须熟悉使用说明书内容,并严格按说明书的要求操作、调整、使用和维修。
②选用优质滤布,滤布不应有破损,密封面不皱折、不重叠。
③经常检查整机零、部件安装是否安全,各紧固件是否紧固,液压系统是否漏油,传动部件是否灵活、可靠。
④经常检查液压油质量、油面高度是否符合要求,油液是否纯净。液压系统周围要保持清洁、防水、防尘。
⑤每次开机后,仔细观察机器工作情况,如有异常,应立即停机检修。
⑥油箱内油温以不高于 60 ℃ 为宜;油箱严禁进水和灰尘;液压站上的滤油器要经常清洗。电器控制部分每月应进行一次绝缘性能试验,损坏的电器元件应及时更换或维修。

任务 6.2　细胞破碎与浓缩

【活动情境】

生物分离的第一步是将生物机体从发酵液中分离,通常使用过滤和离心等方法,这在前面的内容中已有陈述。大多数情况下,抗生素、胞外酶、一些多糖,以及氨基酸等目标产物存在于发酵液中。在上述过程中,需被分离的发酵液可被看作一种副产物来处理,以此分离和纯化产物。

有些目标产物不在发酵液中,而是存在于生物体中。尤其是由基因工程菌产生的大多数蛋白质不会被分泌到发酵液中,而是在细胞内沉积。脂类物质和一些抗生素也是包含在生物体中。还有一些目标产物就是细胞本身,如面包酵母。还有,产物如类固醇不必通过细胞破碎提取。大多数情况下,产物还是包裹在生物体内,属胞内产物。对于胞内产物,则需首先收集菌体进行细胞破碎,使代谢产物转入液相中,然后再进行细胞碎片的分离。细胞破碎的方法在生物化学领域中得到了很广泛的运用,但多数在小规模生产中,在大规模生产尤其是基因工程中应用极少。

【任务要求】

掌握不同方法进行细胞破碎的基本原理,掌握超声破碎法的基本操作。

【基本知识】

细胞破碎就是采用一定的方法,在一定程度上破坏细胞外围,使细胞内容物包括目的产物成分释放出来的技术,是分离纯化细胞内合成的非分泌型生化物质(产品)的基础。生物的细胞外围通常包括细胞壁和细胞膜。细胞膜使细胞内外保持一定的浓度差,它主要由蛋白质和脂质组成,强度比较差,易受渗透压冲击而破碎。植物和微生物细胞有细胞壁,细胞壁维持细胞坚固。

6.2.1 细胞壁的组成与结构

细胞破碎的主要阻力来自细胞壁。为了研究细胞的破碎,提高其破碎率,有必要了解各种生物细胞壁的组成和结构(表 6.2)。

表 6.2 常见微生物的细胞壁的组成和结构

微生物类型	G^+细菌	G^-细菌	酵母菌	霉　菌
主要组成	肽聚糖(40%~90%) 多糖 胞壁酸 蛋白质 脂多糖(1%~4%)	肽聚糖(5%~10%) 脂蛋白 脂多糖(11%~22%) 磷脂 蛋白质	葡聚糖(30%~40%) 甘露聚糖(30%) 蛋白质(6%~8%) 脂类 (8.5%~13.5%)	多聚糖 (几丁质)(80%~90%)

细菌细胞壁破碎的主要阻力来自肽聚糖的网状结构,网状结构越致密,破碎的难度越大,革兰氏阴性细菌网状结构不及革兰氏阳性细菌的坚固;酵母菌细胞壁的葡聚糖细纤维构成了细胞壁的刚性骨架,甘露聚糖形成网状结构,细胞壁破碎的阻力也主要决定于壁结构交联的紧密程度和它的厚度;霉菌细胞壁中含有几丁质或纤维素的纤维状结构,其强度比细菌和酵母菌的细胞壁有所提高;植物细胞次生壁的形成提高了细胞壁的坚硬性,使植物细胞具有很高的机械强度。

根据细胞壁结构的不同,细胞破碎的难易程度:植物细胞>真菌(如酵母菌)>革兰氏阳性细菌>革兰氏阴性细菌>动物细胞。

6.2.2 常用破碎方法

细胞破碎的目的是释放细胞内产物,按是否使用外加作用力,可分为机械法和非机械法(表6.3)。

表6.3 常用细胞破碎方法及其原理和适用性

分 类		作用机理	适用性
机械法	珠磨法	固体剪切作用	可达较高破碎率,可较大规模操作,大分子目的产物易失活,浆液分离困难
	高压匀浆法	液体剪切作用	可达较高破碎率,可大规模操作,不适合丝状菌和革兰氏阳性菌
	超声破碎法	液体剪切作用	对酵母菌效果较差,破碎过程升温剧烈,不适合大规模操作
	X-press法	固体剪切作用	破碎率高,活性保留率高,对冷冻敏感目的产物不适合
非机械法	酶溶法	酶分解作用	具有高度专一性,条件温和,浆液易分离,溶酶价格高,通用性差
	化学渗透法	改变细胞膜的渗透性	具一定选择性,浆液易分离,但释放率较低,通用性差
	渗透压法	渗透压剧烈改变	破碎率较低,常与其他方法结合使用
	冻结融化法	反复冻结—融化	破碎率较低,不适合对冷冻敏感目的产物
	干燥法	改变细胞膜渗透性	条件变化剧烈,易引起大分子物质失活

1)珠磨法

珠磨法是一种有效的细胞破碎法,进入珠磨机的细胞悬浮液与极细的玻璃小珠、石英砂、氧化铝等研磨剂(直径小于1 mm)一起快速搅拌或研磨,研磨剂、珠子与细胞之间互相剪切、碰撞,使细胞破碎,释放出内含物。在珠液分离器的协助下,珠子被滞留在破碎室内,浆液流出从而实现连续操作。破碎中产生的热量一般采用夹套冷却的方式带走。

实验室规模的细胞破碎设备有高速组织捣碎机、匀浆器;中试规模的细胞破碎可采用胶体磨处理;在工业规模中,可采用高速珠磨机。珠磨法适用于细胞悬浮液和植物细胞的大规模处理,破碎率一般控制在80%以下。

2)高压匀浆法

高压匀浆法是大规模细胞破碎的常用方法,在微生物细胞和植物细胞的大规模处理中常采用。高压匀浆法的原理是利用高压使细胞悬浮液通过针形阀,由于突然减压和高速冲击撞击环使细胞破碎,细胞悬浮液自高压室针形阀喷出时,每秒速度高达几百米,高速喷出的浆液又射到静止的撞击环上,被迫改变方向从出口管流出。细胞在这一系列高速运动过程中经历了剪切、碰撞及由高压到常压的变化,从而造成细胞破碎。

表 6.4   菌体通过高压匀浆器的破碎率

菌 体	压力/MPa	破碎率/%
面包酵母	53	62
啤酒酵母	55	61
大肠杆菌	53	67
解脂假丝酵母	55	43

影响匀浆破碎的主要因素有压力、温度、通过匀浆器阀的次数。细胞破碎的主要阻力来自细胞壁,一般来说,酵母菌比细胞细菌难破碎。此外,不宜采用高压匀浆法的细胞类型有:易造成堵塞的团状或丝状真菌、较小的革兰氏阳性菌以及含有质地坚硬的包含体的基因工程菌等。

3) 超声波破碎法

超声波破碎法是由于超声波的空穴作用,从而产生一个极为强烈的冲击波压力,由它引起的黏滞性旋涡在介质中的悬浮细胞上造成了剪切应力,促使细胞内液体发生流动,从而使细胞破碎。对于不同菌种的发酵液,超声波处理的效果不同,杆菌比球菌易破碎、革兰氏阴性菌细胞比革兰氏阳性菌细胞容易破碎,对酵母菌的效果极差。此外,破碎效率与发酵液的浓度、超声波的声频、声能有关。

超声波破碎法是很强烈的破碎方法,适用于多数微生物的破碎。此方法操作简单,液量损伤少,但有效能量利用率极低,处理量也较少。同时,操作过程产生大量的热,因此需在冰水或有外部冷却的容器中进行。另外,超声波处理中产生的自由基也会使一些敏感物质变性失活,因此超声波破碎法主要用于实验室规模的细胞破碎。

4) 酶溶法

酶溶法是一种研究较广的方法,它利用酶反应,分解破坏细胞壁上的特殊键,从而达到破壁的目的。酶溶法可分为外加酶法和自溶法两种。

(1) 外加酶法

外加酶法利用溶解细胞壁的酶处理菌体细胞,使细胞壁受到部分或完全破坏后,再利用渗透压冲击等方法破坏细胞膜,进一步增大胞内产物的通透性。利用溶酶系统处理细胞时必须根据细胞壁的结构和化学组成选择适当的酶,并确定相应的次序。

溶菌酶是应用最多的酶,它能专一地分解细胞壁上糖蛋白分子的 α-1,4-糖苷键,使脂多糖解离,经溶菌酶处理后的细胞移至低渗溶液中使细胞破裂。此外还有 β-1,3-葡聚糖酶、β-1,6-葡聚糖酶、蛋白酶、甘露糖酶、糖苷酶、肽键内切酶、壳多糖酶等。

酶溶法的优点:选择性释放产物,条件温和,核酸泄出量少,细胞外形完整。

酶溶法的缺点:溶酶价格高,溶酶法通用性差,产物抑制的存在。

(2) 自溶法

自溶法是酶解的另一种方法,所需溶菌酶是由微生物本身产生的。控制一定的条件,诱发微生物产生过剩的溶菌酶或激发自身溶菌酶的活力,可以达到使细胞自溶的目的。影响自溶过程的主要因素有温度、时间、pH 值、激活剂和细胞代谢途径等。自溶法在一定程度上可以用于生产,但对不稳定的微生物,易引起所需蛋白质的变性,自溶后细胞悬浮液黏度增大,过滤速度下降。

5) 化学渗透法

某些化学试剂，如有机溶剂、变性剂、表面活性剂、抗生素、金属螯合剂等，可以改变细胞壁或膜的通透性（渗透性），从而使胞内物质有选择地渗透出来。化学渗透法取决于化学试剂的类型以及细胞壁膜的结构与组成，不同化学试剂对各种微生物作用的部位和方式有所不同。

（1）表面活性剂

表面活性剂可促使细胞膜的某些组分溶解，其增溶作用有助于细胞的破碎，例如 Triton X-100、牛黄胆酸钠、十二烷基磺酸钠等。

（2）EDTA 螯合剂

主要是处理 G-细菌，对细胞外层膜有破坏作用。EDTA 将 Ca^{2+} 或 Mg^{2+} 螯合，大量的脂多糖分子将脱落，使细胞壁外层膜出现洞穴。这些区域由内层膜的磷脂来填补，从而导致内层膜通透性的增强。

（3）有机溶剂

有机溶剂如甲苯、苯、氯仿、二甲苯及高级醇等能分解细胞壁中的类脂，使胞壁膜溶胀，细胞破裂，胞内物质被释放出来。

（4）变性剂

盐酸胍和脲是常用的变性剂。一般认为变性剂与水中氢键作用，削弱溶质分子间的疏水作用，从而使疏水性化合物溶于水溶液。

根据各种试剂的不同作用机理，将几种试剂合理地搭配使用能有效地提高胞内物质的释放率。

化学渗透法的优点：对产物释放有一定的选择性，可使一些较小分子量的溶质如多肽和小分子的酶蛋白透过，而核酸等大分子量的物质仍滞留在胞内；细胞外形完整，碎片少，浆液黏度低，易于固液分离和进一步提取。

化学渗透法的缺点：通用性差；时间长，效率低；有些化学试剂有毒。

6) X-press 法

将浓缩的菌体悬浮液冷却至-25 ℃形成冰晶体，利用 500 MPa 以上的高压冲击，使冷冻细胞从高压阀小孔中挤出。细胞破碎是由于冰晶体的磨损，使包埋在冰中的微生物变形而引起的。此法主要用于实验室，适应范围广、破碎率高、细胞碎片粉碎程度低及活性保留率高等优点，但不适应于对冷冻敏感的生化物质。

7) 渗透压法

将细胞放在高渗透压的介质中（如一定浓度的甘油或蔗糖溶液），达到平衡后，转入渗透压低的缓冲液或纯水中，由于渗透压的突然变化，水迅速进入细胞内，引起细胞溶胀，甚至破裂。渗透压法仅适用于细胞壁较脆弱的细胞或细胞壁预先用酶处理或在培养过程中加入某些抑制剂（如抗生素等），使细胞壁有缺陷，强度减弱。

8) 反复冻结—融化法

将细胞放在低温下突然冷冻而在室温下缓慢融化，反复多次而达到破壁作用。由于冷冻，一方面使细胞膜的疏水键结构破裂；另一方面胞内水结晶，使细胞内外溶液浓度变化，引起细胞膨胀而破裂。对于细胞壁较脆弱的菌体，可采用此法。但通常破碎率很低，即使反复循环多次也不能提高收率。另外，还可能引起对冻融敏感的某些蛋白质的变性。

9) 干燥法

此法使细胞结合水分丧失,从而改变细胞的渗透性。可采用空气干燥、真空干燥、喷雾干燥和冷冻干燥等。空气干燥主要适用于酵母菌,一般在 25~30 ℃ 的气流中吹干。真空干燥适用于细菌的干燥。冷冻干燥适用于较不稳定的生化物质。干燥法条件变化较剧烈,容易引起蛋白质或其他组织变性。

6.2.3 破碎方法的选择

细胞破碎的方法有很多,选择合适的破碎方法需要考虑下列因素:

①细胞的数量。

②所需要的产物对破碎条件(温度、化学试剂、酶等)的敏感性。

③要达到的破碎程度及破碎所必要的速度。

④尽可能采用最温和的方法。

⑤具有大规模应用潜力的生化产品应选择适合于放大的破碎技术。

【技能训练】

一、超声波法破碎细胞

1) 实验目的

学习超声波细胞破碎仪在不同细胞破碎中的应用。

2) 实验原理

超声波细胞破碎仪就是将电能通过换能器转换为声能,这种能量通过液体介质而变成一个个密集的小气泡,这些小气泡迅速炸裂,产生像小炸弹一样的能量,从而起到破碎细胞等物质的作用。

3) 实验材料与设备

(1)材料

大肠杆菌、芽孢杆菌、酵母菌等。

(2)设备

超声波细胞破碎仪。

①主要结构。包括超声波发生器、换能器和隔音箱等。

②工作参数。包括超声时间、间隙时间、超声功率、保护温度等。

4) 实验步骤

(1)大肠杆菌的超声破碎(革兰氏阴性菌)

大肠杆菌发酵后,经过离心收集菌体,菌体用磷酸盐缓冲液 PBS 按 1：10 的比例进行重悬菌体,冰浴。设定超声破碎仪的参数,超声功率 700 W,超声时间 5 s,间隙时间 5 s,全程时间 25 min,保护温度 20 ℃,超声结束后,离心,取上清或沉淀进行后续实验。

（2）芽孢杆菌的超声破碎（革兰氏阳性菌）

一般在缓冲液中加入溶菌酶以促进细胞的裂解。

（3）酵母菌的超声破碎（大肠杆菌的超声破碎方法对酵母处理效果不好）

超声功率 900 W，超声时间 5 s，间隔时间 5 s，全程时间 20～30 min。操作时先取 1 g 左右（湿重）离心收集的菌体，加 10 mL 裂解液（强裂解液或蜗牛酶），混匀后即可开始。超声结束后，离心，取上清进行后续实验。

5）超声波破碎仪的使用注意事项

①切记空载（一定要将超声变幅杆插入样品后才能开机）。

②变幅杆（超声探头）入水深度为 1.5 cm 左右，液面高度最好有 30 mm 以上，探头要居中，不要贴壁。超声波是垂直纵波，插入太深不容易形成对流，影响破碎效率。

③设置好仪器工作参数，对于对温度要求比较敏感的样品（比如细菌）一般外面采用冰浴，实际温度肯定是低于 25 ℃，蛋白核酸肯定不会变性。

④超声时间每次最好不要超过 5 s，间隙时间应大于或等于超声时间，以便于热量散发。时间设定应以超声时间短，超声次数多为原则，可延长超声机子以及探头的寿命。

6）思考题

①为什么革兰氏阴性菌的超声破碎效果比阳性菌要明显，而酵母菌破碎效果不明显呢？

②细菌超声破碎加入溶菌酶的目的是什么？超声破碎时为什么要冰浴？

③细胞超声破碎完毕后，离心后如果出现了黑色的沉淀，这是什么东西？为什么会这样？

二、酶解法破碎酵母细胞

1）实验目的

掌握酶溶法对细胞进行破碎的操作。

2）实验原理

随着重组 DNA 技术得到广泛应用以来，生物技术发生了质的飞跃。很多基因工程产物都是胞内物质，必须将细胞破壁，使产物得以释放，才能进一步提取。因此细胞破碎是提取胞内产物的关键步骤。破碎方法得当与否，直接影响到所提取产品的产量、质量和生产成本。

酶解法利用不同水解酶，如溶菌酶、纤维素酶、蜗牛酶和酯酶等，于 37 ℃，pH 8，处理 15 min，可以专一性地将细胞壁分解，释放出细胞内含物，此法适用于多种微生物。例如，从某些细菌细胞提取质粒 DNA 时，可采用溶菌酶（来自蛋清）破细胞壁，而在破酵母细胞时，常采用蜗牛酶（来自蜗牛），将酵母细胞悬于 0.1 mmol/L 柠檬酸—磷酸氢二钠缓冲液（pH＝5.4）中，加 1% 蜗牛酶，在 30 ℃ 处理 30 min，即可使大部分细胞壁破裂，如果同时加入 0.2% 巯基乙醇效果会更好。此法可以与研磨法联合使用。

3）实验材料

（1）器材

离心机、水浴锅、普通光学显微镜、载玻片、盖玻片、酒精灯、接种环、双层瓶、擦镜纸、量筒、烧杯、移液管。

（2）试剂

柠檬酸—磷酸氢二钠缓冲液（pH＝5.4）、蜗牛酶、巯基乙醇等。

4）实验步骤

（1）细胞培养和收集

将活化酵母菌株接入马铃薯培养基中，于 30 ℃摇床培养。在对数生长期离心收集细胞，制成湿菌体。

（2）细胞的破碎

①取 5 mL 菌液悬液于 10 mL 的 1 号试管中，再取 1%的蜗牛酶于 2 号试管中，再取 0.2%的巯基乙醇于 3 号试管中。

②将 3 支都放入 30 ℃的水浴中，预热 30 s 后，将装有蜗牛酶的 2 号试管和装有巯基乙醇的 3 号试管均倒入盛有菌液的试管中，在水浴中处理 30 min。

5）实验结果

取 1 滴菌液镜检，取 5 个视野数出破碎细胞的个数并算出平均值。

任务 6.3 发酵产物分离与纯化

【活动情境】

谷氨酸在生物体内的蛋白质代谢过程中占重要地位，参与动物、植物和微生物中的许多重要化学反应。医学上谷氨酸可用作药物，参与脑内蛋白质和糖的代谢，促进氧化过程，主要用于治疗肝性昏迷和改善儿童智力发育。过去生产谷氨酸主要用小麦面筋（谷蛋白）水解法进行，现改用微生物发酵法来进行大规模生产。现以谷氨酸发酵液为样品，要分离出符合质量标准的产物，该如何完成这项任务？

【任务要求】

能够运用发酵产物分离与纯化的基本知识，根据产物的特性，熟练完成目标产物谷氨酸提取工艺过程，利用等电点结晶、离子交换色谱分离出高纯度的谷氨酸晶体。

1.完成初步纯化发酵液中的谷氨酸。

2.完成谷氨酸粗品的精制。

3.能够测定谷氨酸含量及收率计算。

【基本知识】

发酵液经过预处理和固液分离等过程，已经具备进行后续操作的条件。通常把目标产物从发酵液提取出来的过程称为纯化。根据工艺流程的先后顺序，以及不同方法的原理差异，把纯化分为初步纯化和高度纯化(精制)两个阶段。

6.3.1 初步纯化

初步纯化只能去除与目标产物在组成和性质上有较大差异的杂质,因此,经过初步纯化提取出来的产物纯度达不到质量要求,不能作为最终产品,还需要经过高度纯化步骤进一步提纯。初步纯化的方法有很多,常用方法有沉淀法、吸附法、萃取法、离子交换法和膜分离等。

1)沉淀法

沉淀法是指通过改变条件或加入某种试剂,使发酵液中的溶质由液相转变为固相的过程。沉淀法广泛应用于蛋白质的提取,主要完成浓缩和初步纯化的过程。根据加入的沉淀剂不同,沉淀法可以分为下述5类。

(1)盐析法

盐析法是指加入高浓度的盐类使蛋白质等大分子沉淀。其原理是盐电离出的阴阳离子能够移除蛋白质等大分子表面的水膜,中和微粒携带的电荷,降低样品的溶解性。除了蛋白质和酶以外,多肽、多糖和核酸等都可以用盐析法进行沉淀分离。例如,20%~40%饱和度的硫酸铵可以使许多病毒沉淀;43%饱和度的硫酸铵可以使 DNA 和 rRNA 沉淀。盐析法的优点是成本低、不需特殊设备、操作简单、安全、应用范围广、对许多生物活性物质具有稳定作用。但盐析法分辨率不高,一般用于生物分离纯化的初步纯化阶段。由于硫酸铵的盐析效果好且使用成本较低,常作为盐析的首选盐类。

(2)有机溶剂沉淀法

有机溶剂沉淀法的原理是加入有机溶剂会使溶液的介电常数降低,从而使水分子的溶解能力减弱,引起蛋白质产生沉淀。其优点是分辨能力比盐析法高;有机溶剂沸点低,容易除去或回收,产品更纯净;沉淀物与母液间的密度差较大,分离容易。缺点是有机溶剂常引起蛋白质失活。多用于生物小分子、多糖及核酸等产品的分离纯化。

(3)等电点沉淀法

等电点沉淀法是利用两性电解质在电中性时溶解度最低的原理进行分离纯化的过程。抗生素、氨基酸、核酸等生物大分子物质都是两性电解质,在等电点时,生物大分子以两性离子形式存在,其分子净电荷为零(即正负电荷相等),此时大分子颗粒在溶液中因没有相同电荷的相互排斥,分子相互之间的作用力减弱,其颗粒极易碰撞、凝聚而产生沉淀,因此在等电点时,溶解度最小,最易形成沉淀物。生物大分子在等电点时的许多物理性质如黏度、膨胀性、渗透压等都变小,有利于悬浮液的过滤。本方法适用于疏水性较强的两性电解质(如蛋白质)的分离,对一些亲水性强的物质(如明胶),在低离子强度溶液中,效果不明显。该法常和盐析法、有机溶剂沉淀法和其他沉淀法联合使用,以提高沉淀效果,广泛应用于疏水性的生物大分子的初级分离。

(4)有机聚合物沉淀

有机聚合物沉淀是通过加入很少量的非离子多聚物或离子型的多糖化合物、阳离子聚合物和阴离子聚合物等沉淀剂,改变溶剂组成和生物大分子的溶解性而使其沉淀的方法。最早被用来沉淀分离血纤维蛋白原和免疫球蛋白以及一些细菌与病毒,近年来被广泛应用于核酸和酶的分离纯化。

（5）金属离子沉淀

金属离子沉淀的原理是在发酵液中加入金属离子，能够与生物物质形成不溶解的复合物沉淀。金属离子沉淀生物活性物质已有广泛的应用，如锌盐可用于沉淀杆菌肽和胰岛素等，碳酸钙用来沉淀乳酸、柠檬酸和人血清蛋白等。此外，还能用来除去杂质，例如微生物细胞中含大量核酸，它会使料液黏度提高，影响后续纯化操作，因此特别在胞内产物提取时，预先除去核酸是很重要的，锰盐能选择性地沉淀核酸。

2）吸附法

吸附法是指利用吸附剂与生物物质之间的分子引力而将目标产物吸附在吸附剂上，然后分离洗脱得到产物的过程，主要用于抗生素等小分子物质的提取。常用吸附剂有活性炭、硅藻土、树脂等材料。例如，维生素 B_{12} 用弱酸 122 树脂吸附；丝裂霉素用活性炭吸附等。

3）萃取法

萃取法是利用化合物在两种互不相溶（或微溶）的溶剂中溶解度或分配系数的不同，使化合物从一种溶剂内转移到另外一种溶剂中的分离方法。

根据原理上的差异萃取可以分为物理萃取与化学萃取。物理萃取是溶质根据相似相溶的原理在两相间达到分配平衡，萃取剂与溶质之间不发生化学反应，分离过程纯属物理过程，如乙酸丁酯萃取发酵液中的青霉素。物理萃取广泛应用于抗生素及天然植物中有效成分的提取过程。其中被萃取的物质为溶质，原先溶解溶质的溶剂为原溶剂，加入的第三组分为萃取剂。化学萃取是利用脂溶性萃取剂与溶质之间的化学反应生成脂溶性复合分子实现溶质向有机相的分配，萃取剂与溶质间的化学反应包括离子交换和络合反应等，如以季铵盐为萃取剂萃取氨基酸。化学萃取中常用煤油、己烷、四氯化碳和苯等有机溶剂溶解萃取剂，改善萃取相的物理性质，此时的有机溶剂称为稀释剂，主要用于金属的提取，也可用于氨基酸、抗生素和有机酸等生物产物的分离回收。

根据萃取剂不同分为有机溶剂萃取、双水相萃取、反胶团萃取、超临界流体萃取等。有机溶剂萃取法可用于有机酸、氨基酸、抗生素、维生素、激素和生物碱等生物小分子的分离和纯化，双水相萃取及反胶团萃取用于生物大分子如多肽、蛋白质、核酸等分离纯化。超临界流体萃取，可用于中草药有效成分的提取，热敏性生物制品药物的精制，以及脂质类混合物的分离。

随着研究的深入，新型萃取剂的出现带给我们更多的选择，如液膜萃取、固相萃取等技术的应用，满足了基因工程产物的分离要求。

4）离子交换法

离子交换法是指利用离子交换树脂和生物物质之间的化学亲和力，有选择地将目的产物吸附，然后洗脱收集而纯化的过程，主要用于小分子物质的提取。采用离子交换法分离的生物物质必须是极性化合物，即能在溶液中形成离子的化合物。如生物物质为碱性，则可用酸性离子交换树脂提取；如果生物物质为酸性，则可用碱性离子交换树脂来提取。如链霉素是强碱性物质，可用弱酸性树脂来提取。

5）膜分离

利用天然或人工合成的、具有选择透过能力的薄膜，以外界能量或化学位差为推动力，实现对双组分或多组分体系进行分离、分级、提纯或富集的方法称为膜分离。与传统过滤方法相比,膜分离可以在分子水平区分样品的差异,是一种不需发生相变的物理过程,目前广泛应用于基因工程产物的纯化。按膜的孔径大小分为微滤法、超滤法、纳滤法和反渗透法、透析法、电渗析法。微滤法主要用于无菌过滤、细胞收集、去除细菌和病毒。超滤法主要用于去除菌丝、病毒、热原;大分子(如蛋白质、酶和多肽等)溶液的分离、浓缩、纯化和回收。纳滤法主要用于药物的纯化、浓缩脱盐和母液回收。

6.3.2 高度纯化(精制)

发酵液经过初步纯化后,大部分杂质已经除去,料液体积缩小,目标产物的浓度已提高,但纯度达不到产品要求,必须进一步去除与目标产物的物理化学性质比较接近的杂质,获得高纯度的目标产物(精制)。在高度纯化过程中,生物大分子和小分子物质的精制方法有类似之处,但侧重点有所不同,大分子物质的精制依赖于色谱分离,而小分子物质的精制常利用结晶来操作。

色谱分离是一种基于被分离物质的物理、化学及生物学特性的不同,使它们在某种基质中移动速度不同而进行分离和分析的方法。操作是在色谱柱中进行的,包含两个相——固定相和移动相,生物物质因在两相间分配情况不同,在柱中的运动速度也不同,从而获得分离。色谱可以分为离子交换色谱、吸附色谱、凝胶过滤色谱、亲和色谱等。

1)离子交换色谱

以离子交换剂为固定相,依据流动相中的组分离子与交换剂上的平衡离子进行可逆交换时的结合力大小的差别而进行分离的一种色谱方法。离子交换剂的电荷基团带正电,装柱平衡后,与缓冲溶液中的带负电的平衡离子结合,待分离溶液中可能有正电基团、负电基团和中性基团,加样后,负电基团可以与平衡离子进行可逆的置换反应,而结合到离子交换剂上。而正电基团和中性基团则不能与离子交换剂结合,随流动相流出而被去除。通过选择合适的洗脱方式和洗脱液,如增加离子强度的梯度洗脱,随着洗脱液离子强度的增加,洗脱液中的离子可以逐步与结合在离子交换剂上的各种负电基团进行交换,而将各种负电基团置换出来,随洗脱液流出。与离子交换剂结合力小的负电基团先被置换出来,而与离子交换剂结合力强的需要较高的离子强度才能被置换出来,这样各种负电基团就会按其与离子交换剂结合力从小到大的顺序逐步被洗脱下来,从而达到分离目的。

生物分子表面所带电荷即使有很小的差别,也足以采用离子交换色谱技术把它们分离开来,因此这种方法广泛应用于各种生化物质如氨基酸、蛋白、糖类、核苷酸等的分离纯化。

2)吸附色谱

以吸附剂为固定相,根据待分离物与吸附剂之间吸附力不同而达到分离目的的色谱技术称为吸附色谱。根据吸附剂与吸附质之间吸附力性质的不同,可将吸附分成物理吸附、化学吸附和交换吸附3种类型。由于吸附选择性高,但处理能力低,一般常用于除臭、脱色、吸湿、防潮以及某些产品如酶、蛋白质、核苷酸、抗生素、氨基酸等的分离精制等。

3)凝胶过滤色谱

以具有网状结构的凝胶颗粒作为固定相,根据物质的分子大小进行分离的色谱技术称为凝胶过滤。凝胶是一种不带电荷的具有三维空间多孔网状结构、呈珠状颗粒的物质,每个颗粒的细微结构及筛孔的直径均匀一致,不同类型的凝胶其孔径大小不同。将凝胶装入一个足够长的柱子中,即构成凝胶柱。当含有分子大小不同的样品加到凝胶柱上时,比凝胶柱平均孔径小的分子连续不断地进入凝胶的内部,这样的小分子不但其运动路程长,而且受到来自凝胶内部的阻力也很大,因此越小的分子,把它们从柱子上洗脱下来所需要的时间越长,比凝胶孔径大的分子不能进入孔道中,直接通过凝胶之间的缝隙首先被洗脱下来,从而达到不同大小分子的分离。

凝胶色谱是常用分离手段之一。它具有设备简单、操作方便、样品回收率高、不改变样品生物活性等优点,被广泛用于蛋白质、核酸、多糖等生物分子的分离纯化。在生物药品生产中,凝胶色谱技术一般作为终端过滤手段,对生物药品进行最后一次纯化,以脱盐和去除热原物质。

4) 亲和色谱

根据生物大分子和配体之间的特异性亲和力(如酶和抑制剂、抗体和抗原、激素和受体等),将某种配体连接在载体上作为固定相,而对能与配体特异性结合的生物大分子进行分离的色谱技术称为亲和色谱。由于亲和力具有高度的专一性,使得亲和色谱的分辨率很高,是分离生物大分子的一种理想的色谱方法。近几十年来,亲和色谱技术发展十分迅速,并在生物技术产品、生物分子及组织的分离和纯化领域取得令人瞩目的成就。亲和色谱分离过程简单、快速,具有很高的分辨率,现已广泛用于分离纯化蛋白质、肽、酶及其底物和抑制剂、抗体及抗原、核酸及其特异性作用物、激素及受体、糖蛋白、多糖类和组织的分离和纯化。

5) 疏水色谱

根据分子表面疏水性差别来分离蛋白质和多肽等生物大分子的常用方法称为疏水色谱。蛋白质和多肽等生物大分子的表面常常暴露着一些疏水性基团,我们把这些疏水性基团称为疏水补丁。疏水补丁可以与疏水性色谱介质发生疏水性相互作用而结合。不同的分子由于疏水性不同,它们与疏水性色谱介质之间的疏水性作用力强弱不同,疏水作用色谱就是依据这一原理分离纯化蛋白质和多肽等生物大分子的。

溶液中高离子强度可以增强蛋白质和多肽等生物大分子与疏水性色谱介质之间的疏水作用。利用这个性质,在高离子强度下将待分离的样品吸附在疏水性色谱介质上,然后线性或阶段降低离子强度选择性地将样品解吸。疏水性弱的物质,在较高离子强度的溶液时被洗脱下来,当离子强度降低时,疏水性强的物质才随后被洗脱下来。

【技能训练】

发酵液中提取谷氨酸

1) 目的要求

①掌握离子交换法提取谷氨酸的工艺流程。
②掌握离子交换树脂的处理和再生。
③能够计算谷氨酸产物的收率。

2) 基本原理

谷氨酸是两性电解质,是一种酸性氨基酸,等电点为 pH 3.22,当 pH>3.22 时,羧基离解而带负电荷,能被阴离子交换树脂交换吸附;当 pH<3.22 时,氨基离解带正电荷,能被阳离子交换树脂交换吸附。也就是说,谷氨酸可被阴离子交换树脂吸附也可以被阳离子交换树脂吸附。由于谷氨酸是酸性氨基酸,被阴离子交换树脂吸附的能力强而被阳离子交换树脂吸附的能力弱,因此可选用弱碱性阴离子交换树脂或强酸性阳离子交换树脂来吸附氨基酸。目前,大规模的工业生产主要采用 732#强酸性阳离子交换树脂,本实验也采用相同树脂。

谷氨酸发酵液中既含有谷氨酸也含有其他如蛋白质、残糖、色素等妨碍谷氨酸结晶的杂质存在,通过控制合适的交换条件,再根据树脂对谷氨酸以及对杂质吸附能力的差异,选择合适的洗脱剂和控制合适的洗脱条件,使谷氨酸和其他杂质分离,以达到浓缩提纯谷氨酸的目的。

3)仪器与材料

（1）实验样品

谷氨酸发酵液或等电点母液,含谷氨酸 2%左右(配制方法:取工厂购回的谷氨酸干粉20 g 溶于 200 mL 自来水中,再加进约 8 mL 浓盐酸使谷氨酸粉全部溶解,此时 pH 值约为 1.5,最后稀释至 1.0 L)。

（2）主要仪器

①离子交换装置。本实验采用动态法固定床的单床式离子交换装置。离子交换柱是有机玻璃柱,柱底用玻璃珠及玻璃碎片装填,以防树脂漏出。

②树脂。本实验用苯乙烯型强酸性阳离子交换树脂,编号为 732#。

（3）主要试剂

①洗脱用碱。4%NaOH 溶液。40 g NaOH 溶于 1 000 mL 去离子水中。

②再生用酸。6%(W/W)盐酸溶液。把大约 80 mL 浓盐酸(质量分数 36%)用去离子水稀释至 500 mL。

③0.5%茚三酮溶液。0.5 g 茚三酮溶于 100 mL 丙酮溶液中配制成。

4)操作步骤

（1）树脂预处理

对市售干树脂,先经水充分溶胀后,经浮选得到颗粒大小合适的树脂,然后加 3 倍量的 2 mol/L HCL 溶液,在水浴中不断搅拌加热到 80 ℃,30 min 后自水溶液中取出。倾去酸液,用蒸馏水洗至中性,然后用 2 mol/L NaOH 溶液,同上洗树脂 30 min 后,用去离子水洗至中性。这样用酸碱反复轮洗,直到溶液无黄色为止。用 6%(W/W)盐酸溶液转树脂为氢型,去离子水洗至中性备用。过剩的树脂浸入 1 mol/L NaOH 溶液中保存,以防细菌生长。

（2）检查离子交换柱工作状况

检查阀门,管道是否安装妥当,若有渗漏,及时维修。

（3）样品交换

本实验用顺上柱方式。先把树脂上的水从底阀排走,排至清水高出树脂面 2 cm 左右,同时调节柱底流出液速度,控制其流速为 30 mL/min 左右。然后把样品溶液放入高位槽中,开启阀门,进行交换吸附。注意使柱的上、下流速平衡,既不"干柱",也要避免上柱液溢出交换柱。

图 6.1 离子交换法提取谷氨酸工艺流程

前期流速为 30 mL/min 左右,后期流速为 25 mL/min 左右。

每流出 100 mL 流出液,用 pH 试纸及糖度计测量其 pH 值及浓度,记录下来。间断用茚三酮溶液检查是否有谷氨酸漏出。如有漏出,应减慢流速。

交换完毕,加入 1/3 树脂体积的去离子水将未交换的上柱液全部加入树脂中交换。

(4)水洗杂质及疏松树脂

开启柱底阀门,使水从下面进入反冲洗净树脂中的杂质,注意不要让树脂冲走。反冲至树脂顶部溢流液清净为止,再把液位降至离树脂面 5 cm 左右,反冲后树脂也被疏松了。

(5)热碱洗脱

把水位降至离树脂面 2 cm 左右,接着加入 60~65 ℃ 的 4% NaOH 溶液到柱上进行洗脱,每收集 50 mL 流出液检查并记录其 pH 值及浓度。柱下流速前期为 30 mL/min,后期为 50~60 mL/min。到流出液 pH 2.5 时,开始收集流出液,此时应加快流速以免"结柱"。如出现"结柱",应用热布把阀门加热使结晶溶化。一直收集到 pH 9.0 为止。流完热碱,用 60 ℃ 热水把碱液压入树脂内,开启柱底阀门,用去离子水反冲树脂,直至溢出液清亮,pH 值为中性为止。

(6)收集

把收集液集中在一起,用浓盐酸把全部谷氨酸结晶溶解,测量其总体积及总氮摩尔含量。

(7)等电点提取谷氨酸

把收集液 pH 调至 3.2,搅拌使谷氨酸结晶析出,静置冷却过滤。

(8)树脂再生

洗净树脂后,降低液面至树脂面以上 5 cm 左右,然后通入 6%盐酸(W/W),对树脂进行再生。再生树脂流速控制在 25~30 mL/min。再生完毕,离子交换柱则处在可交换状态(树脂为 H 型)。

5)结果与分析

(1)实验记录

①离子交换树脂型号_____,离子交换柱直径_____ mm,湿树脂装量_____ mL。

②发酵液总体积_____ mL,谷氨酸含量_____ mmol/mL。

③发酵液上柱交换吸附记录表(表 6.5)。

表 6.5　发酵液上柱交换吸附记录表

	工作时间						
流出液状态	体积/mL						
	流量/(mL·min⁻¹)						
	pH 值						
	茚三酮反应						
	备注						

④反冲洗柱时间_____ min。

⑤谷氨酸洗脱液 NaOH 浓度_____ mmol/L,温度_____ ℃,用量_____ mL(表 6.6)。

表 6.6　洗脱记录表

	工作时间							
洗脱液状态	体积/mL							
	流量 mL/min⁻¹							
	pH 值							
	浓度/mol·L⁻¹							
	备注							

⑥树脂再生剂种类_____,浓度_____ mmol/L,用量_____ mL,流速_____ mL/min,再生总时间_____ min。

（2）离子交换法提取谷氨酸收率计算

$$提取率(\%)=\frac{洗脱液体积(mL)\times谷氨酸浓度(mmol/mL)}{上柱发酵液体积(mL)\times上柱发酵液谷氨酸浓度(mmol/mL)}\times100\%$$

6)注意事项

①在操作过程中每分钟液体流速不能超过柱体积的 1/10。

②树脂再生后,保存在 1%苯甲酸或 0.05 mol/L NaOH 溶液中,不能再次干燥。

③样品含量测定时,需 3 次测量取平均值。

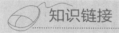 知识链接

谷氨酸含量的测定方法

取两个 250 mL 三角瓶,分别准确加入检测液 2 mL,加蒸馏水 30~40 mL。其中一个三角瓶中加两滴酚酞指示剂,用 0.1 mol/L NaOH 滴至微红色（pH 8.2）,记下消耗的 NaOH 的体积数 V_1。另一个三角瓶加两滴百里香酚酞指示剂及中性甲醛溶液 5 mL 摇匀,静置 1 min,用 0.1 mol/L NaOH 滴定至淡蓝色（pH 9.4）,记录所消耗的 NaOH 体积 V_2,两次消耗 NaOH 的体积差（V_2-V_1）用于计算谷氨酸的含量。

$$谷氨酸浓度(mmol/mL)=\frac{两次消耗 NaOH 体积差(V_2-V_1)\times NaOH 浓度}{样品体积}$$

任务 6.4 产物结晶与干燥

【活动情境】

牛黄是传统中药原料,具有很高的药用价值。由于国内天然牛黄资源日益稀缺,难以满足临床用药的需要,国家食品药品监督管理部门已批准牛黄代用品,即以牛胆汁为主要原料制备的人工牛黄。现以粗牛胆汁干品作为原料,制备高纯度人工牛黄原料之一的牛胆酸,该如何完成这项任务?

【任务要求】

能够运用结晶法纯化粗牛胆汁干品中的目标生物活性分子牛胆酸,在保证生物活性的前提下,干燥纯化产物,制备出高纯度人工牛黄样品原料。

1.结晶法提取牛胆汁中的牛胆酸。

2.真空干燥法制备牛胆酸干粉。

【基本知识】

目标产物由发酵液中经过初步纯化和高度纯化后,纯度大幅提高,能够满足质量要求,后续还要经过浓缩、结晶和干燥等操作,才能作为原料药物,进入下一生产环节。

6.4.1 浓 缩

浓缩是采用适当的方法除去提取液中的部分溶剂,以提高其浓度的过程。蒸发是浓缩的重要手段。此外,还有反渗透、超滤等用于浓缩的手段。

1) 常压浓缩

常压浓缩是在一个大气压下的蒸发浓缩过程,常用的设备为敞口倾倒式夹层蒸汽锅,浓缩过程中应加强搅拌,避免表面结膜。若提取液含有乙醇或其他有机溶剂,则可采用常压蒸馏装置回收。这种方法耗时较长,易导致某些成分被破坏。适用于对热较稳定的药液的浓缩。

2) 减压浓缩

减压浓缩是降低蒸发器内的压力,在低于 1 个大气压下进行的蒸发浓缩。其特点是:溶液的沸点降低;传热温度差增大,提高了蒸发效率;能不断地排除溶剂蒸汽,有利于蒸发顺利进行;沸点降低,可利用低压蒸汽或废气作加热源;耗能大,因维持真空和沸点的降低,黏度增大,传热系数降低,增加了耗能。适用于含热敏性成分药液的浓缩;也可用于回收溶剂,但应注意因真空度过大或冷凝不充分造成乙醇等有机溶剂的损失。

3) 薄膜浓缩

薄膜浓缩指药液在快速流经加热面时,形成薄膜并且因剧烈沸腾产生大量的泡沫,达到增加蒸发面积,显著提高蒸发效率的浓缩方法。其特点是:浸提液的浓缩速度快,受热时间短;不受液体静压和过热影响,成分不易被破坏;可在常压或减压下进行连续操作;溶剂可回收重复使用。各种薄膜浓缩器均适用于热敏性药液的浓缩和溶剂的回收,但由于结构不同而具有不同的特点与适用性。常用的方法有升膜式蒸发、降膜式蒸发、离心式薄膜蒸发。

6.4.2 结　晶

结晶是溶质呈晶态从溶液中析出来的过程。利用许多生化药物具有形成晶体的性质进行分离纯化是常用的一种手段。通常只有同类分子或离子才能排列成晶体,因此结晶过程有很好的选择性,通过结晶溶液中的大部分杂质会留在母液中,再通过过滤、洗涤等就可得到纯度高的晶体。许多蛋白质就是利用多次结晶的方法制取高纯度产品的。

结晶过程具有以下特点:能从杂质含量相当多的溶液或多组分的熔融混合物中形成纯净的晶体。对于许多使用其他方法难以分离的混合物系,例如,同分异构体混合物、共沸物系、热敏性物系等,采用结晶分离往往更为有效。结晶过程可赋予固体产品以特定的晶体结构和形态(如晶形、粒度分布、堆密度等)。能量消耗少,操作温度低,对设备材质要求不高,一般也很少有三废排放,有利于环境保护。结晶产品包装、运输、储存或使用都很方便。

结晶过程一般可分为3个阶段,即过饱和溶液的形成、晶核的生成和晶体的成长阶段。过饱和溶液的形成可通过减少溶剂或减小溶质的溶解度而达到,晶核的生成和晶体的成长过程都是复杂的过程。

1)过饱和溶液的形成

溶质在溶剂中溶解而形成溶液,在一定条件下,溶质在固液两相之间达到平衡状态,此时溶液中的溶质浓度称为该溶质的溶解度或饱和浓度,该溶液称为该溶质的饱和溶液。结晶过程都必须以溶液的过饱和度作为推动力,过饱和溶液的形成可通过减少溶剂或减小溶质的溶解度而达到,其大小直接影响过程的速度,而过程的速度也影响晶体产品的粒度分布和纯度。因此,过饱和度是结晶过程中一个极其重要的参数。除改变温度外,改变溶剂组成、离子强度、调节 pH 是蛋白质、抗生素等生物产物结晶操作的重要手段。

(1)蒸发法

借蒸发除去部分溶剂,在常压或减压下加热蒸发除去一部分溶剂,以达到或维持溶液过饱和度。此法适用于溶解度随温度变化不显著的物质或随温度升高溶解度降低的物质,而且要求物质有一定的热稳定性。蒸发法多用于一些小分子化合物的结晶中,而受热易变性的蛋白质或酶类物质则不宜采用。如丝裂霉素从氧化铝吸附柱上洗脱下来的甲醇-三氯甲烷溶液,在真空浓缩除去大部分溶剂后即可得到丝裂霉素结晶。灰黄霉素的丙酮提取液,在真空浓缩蒸发掉大部分丙酮后即有灰黄霉素晶体析出。

(2)温度诱导法

蛋白质、酶、抗生素等生化物质的溶解度大多数受温度影响。若先将其制成溶液,然后升高或降低温度,使溶液逐渐达到过饱和,即可慢慢析出晶体。该法基本上不除去溶剂。例如,猪胰 α-淀粉酶,室温下用 0.005 mol/L pH 8.0 的氯化钙溶液溶解,然后在 4 ℃下放置,可得结晶。

（3）盐析结晶法

通过向结晶溶液中引入中性盐,逐渐降低溶质的溶解度使其过饱和,经过一定时间后晶体形成并逐渐长大。例如,细胞色素 C 的结晶:向细胞色素 C 浓缩液中按每克溶液 0.43 g 的比例投入硫酸铵细粉,溶解后再投入少量维生素C(抗氧剂)和36%的氨水。在 10 ℃下分批加入少量硫酸铵细末,边加边搅拌,直至溶液微浑。加盖,室温放置(15~25 ℃)1~2 d 后细胞色素 C 的红色针状结晶体析出。再按每毫升 0.02 g 的量加入硫酸铵粉,数天后结晶体析出完全。

（4）透析结晶法

盐析结晶时溶质溶解度发生跳跃式非连续下降,下降的速度也较快,对一些结晶条件苛刻的蛋白质,最好使溶解度的变化缓慢而且连续。为达到此目的,透析法最方便。如糜胰蛋白酶的结晶:将硫酸铵盐析得到的沉淀溶于少量水,再加入适量含 25% 硫酸铵的 0.16 mol/L pH 6.0 的磷酸缓冲液,装入透析袋,室温下对含 27.5% 硫酸铵的相同磷酸缓冲液透析。每日换外透析液 4~5 次,1~2 d 后可见菱形猪糜胰蛋白酶晶体析出。

（5）有机溶剂结晶法

向待结晶溶液中加入某些有机溶剂,以降低溶质的溶解度。常用的有机溶剂有乙醇、丙酮、甲醇、丁醇、异丙醇、乙腈、2,4-二甲基戊二醇(MPO)等。如天门冬酰胺酶的有机溶剂结晶法:将天门冬酰胺酶粗品溶解后透析去除小分子杂质,然后加入 0.6 倍体积的 MPO 去除大分子杂质,再加入 0.2 倍体积 MPO 可得天门冬酰胺酶精品。将得到的精品用缓冲液溶解后滴加MPO 至微浑,置于 4 ℃冰箱 24 h 后可得到酶结晶。又如,利用卡那霉素易溶于水,不溶于乙醇的性质,在卡那霉素脱色液中加95%乙醇至微浑,加晶种并 30~35 ℃保温即得卡那霉素晶体。

（6）等电点法

等电点法是利用某些生物物质具有两性化合物性质,使其在等电点(pI)时于水溶液中游离而直接结晶的方法。等电点法常与盐析法、有机溶剂沉淀法一起使用。如溶菌酶(浓度 3%~5%)调整 pH 9.5~10.0 后在搅拌下慢慢加入 5%的氯化钠细粉,室温放置 1~2 d 即可得到正八面体结晶。又如,四环类抗生素是两性化合物,其性质和氨基酸、蛋白质很相似,等电点为 5.4。将四环素粗品溶于 pH 2 的水中,用氨水调 pH 4.5~4.6,28~30 ℃保温,即有四环素游离碱结晶析出。

（7）化学反应结晶法

调节溶液的 pH 或向溶液中加入反应剂,生成新物质,当其浓度超过它的溶解度时,就有结晶析出。例如,青霉素结晶就是利用其盐类不溶于有机溶剂,而游离酸不溶于水的特性使结晶析出。在青霉素醋酸丁酯的萃取液中,加入醋酸钾-乙醇溶液,即得青霉素钾盐结晶;头孢菌素 C 的浓缩液中加入醋酸钾即析出头孢菌素 C 钾盐;又如,利福霉素 S 的醋酸丁酯萃取浓缩液中,加入氢氧化钠,利福霉素 S 即转为其钠盐而析出结晶。

2）晶核的生成

溶质在溶液中成核现象即生成晶核,在结晶过程中占有重要的地位。晶核的产生根据成核机理不同分为初级成核和二次成核。

（1）初级成核

初级成核是过饱和溶液中的自发成核现象,即在没有晶体存在的条件下自发产生晶核的过程。初级成核根据饱和溶液中有无其他微粒诱导而分为非均相成核和均相成核。溶质单元

（分子、原子、离子）在溶液中做快速运动,可统称为运动单元,结合在一起的运动单元称为结合体。结合体逐渐增大,当增大到某种极限时,结合体可称为晶坯。晶坯长大成为晶核。

（2）二次成核

如果向过饱和溶液中加入晶种,就会产生新的晶核,这种成核现象称为二次成核。工业结晶操作一般在晶种的存在下进行,因此,工业结晶的成核现象通常为二次成核。二次成核的机理一般认为有剪应力成核和接触成核两种。剪应力成核是指当过饱和溶液以较大的流速流过正在生长中的晶体表面时,在流体边界层存在的剪应力能将一些附着于晶体之上的粒子扫落,而成为新的晶核。接触成核是指晶体与其他固体物接触时所产生的晶体表面的碎粒。

工业结晶中有几种不同的起晶方法,下面分别加以介绍。

①自然起晶法　先使溶液进入不稳区形成晶核,当生成晶核的数量符合要求时,再加入稀溶液使溶液浓度降低至亚稳区,使之不生成新的晶核,溶质即在晶核的表面长大。这是一种古老的起晶方法,因为它要求过饱和浓度较高,晶核不易控制,现已很少采用。

②刺激起晶法　先使溶液进入亚稳区后,将其加以冷却,进入不稳区,此时即有一定量的晶核形成,由于晶核析出使溶液浓度降低,随即将其控制在亚稳区的养晶区使晶体生长。味精和柠檬酸结晶都可采用先在蒸发器中浓缩至一定浓度后再放入冷却器中搅拌结晶的方法。

③晶种起晶法　先使溶液进入到亚稳区的较低浓度,投入一定量和一定大小的晶种,使溶液中的过饱和溶质在所加的晶种表面上长大。晶种起晶法是普遍采用的方法,如掌握得当可获得均匀整齐的晶体。加入的晶种不一定是同一种物质,溶质的同系物、衍生物、同分异构体也可作为晶种加入。例如,乙基苯胺可用于甲基苯胺的起晶。对纯度要求较高的产品必须使用同种物质起晶。晶种直径通常小于0.1 mm,可用湿式球磨机置于惰性介质(如汽油、乙醇)中制得。

3）晶体的成长

在过饱和溶液中,形成晶核或加入晶种后,在结晶推动力(过饱和度)的作用下,晶核或晶种将逐渐长大。与工业结晶过程有关的晶体生长理论及模型很多,传统的有扩散理论、吸附层理论,近年来提出的有形态学理论、统计学表面模型、二维成核模型等。目前得到普遍认可的扩散学说认为晶体生长过程由3个步骤组成:①溶液主体中的溶质借扩散作用,穿过晶粒表面的滞流层到达晶体表面,即溶质从溶液主体转移到晶体表面的过程,属于分子扩散过程。②到达晶体表面的溶质长入晶面,使晶体增大,同时放出结晶热,属于表面反应过程。③释放出的结晶热再扩散传递到溶液主体中的过程,属于传热过程。

4）结晶条件的选择与控制

固体产品的内在质量(如纯度)与其外观性状(如晶型、粒度等)密切相关,一般情况下,晶型整齐和色泽洁白的固体产品,具有较高的纯度。由结晶过程可知,溶液的过饱和度、结晶温度、时间、搅拌及晶种加入等操作条件对晶体质量影响很大,必须根据药物在粒度大小、分布、晶型以及纯度等方面的要求,选择适合的结晶条件,并严格控制结晶过程。

6.4.3　干　燥

在生化产品的制备过程中,经常会遇到各种湿物料,湿物料中所含的需要在干燥过程中除去的任何一种液体都称为湿分。生产过程中的湿分主要是水分。

物料中的水分可以是附着在物料表面上,也可以是存在于多孔物料的孔隙中,还可以是以结晶水的方式存在。物料中水分存在的方式不同,除去的难易程度也不同。在干燥操作中,有的水分能用干燥方法除去,有的水分除去很困难,因此需将物料中的水分分类,以便于分析研究干燥过程。

平衡水分和自由水分在一定的干燥条件下,当干燥过程达到平衡时,不能除去的水分称为该条件下的平衡水分,如图6.2所示。湿物料中的水分含量与平衡水分之差称为自由水分。平衡水分是该条件下物料被干燥的极限,由干燥条件所决定,与物料的性质无关。自由水分在干燥过程中可以全部被除去。

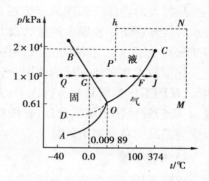

图 6.2　水的状态平衡图

存在于湿物料的毛细管中的水分,由于毛细现象,在干燥过程中较难除去,此种水分称为结合水分。而吸附在湿物料表面的水分和大孔隙中的水分,在干燥过程中容易除去,此种水分称为非结合水分。自由水分包含干燥过程中能除去的非结合水分和能除去的结合水分,平衡水分包含干燥过程中不能除去的结合水分。

干燥是利用热能除去目标产物的浓缩悬浮液或结晶(沉淀)产品中湿分(水分或有机溶剂)的单元操作,通常是生物产品成品化前的最后下游加工过程。干燥的质量直接影响产品的质量和价值。常用干燥技术包括真空干燥、喷雾干燥、冷冻干燥、沸腾干燥、红外线干燥、微波加热干燥等。

1)真空干燥

真空干燥是将被干燥物料置放在密闭的干燥室内,用真空系统抽真空的同时对被干燥物料不断加热,使物料内部的水分通过压力差或浓度差扩散到表面,水分子在物料表面获得足够的动能,在克服分子间的相互吸引后,逃逸到真空室的低压空间,从而被真空泵抽走的过程。真空干燥时物料中的水分在低温下就能气化,可以实现低温干燥;可消除常压干燥情况下容易产生的表面硬化现象;真空干燥能克服热风干燥所产生的溶质失散现象。常见的真空干燥设备有真空干燥箱、连续真空干燥设备等。

2)喷雾干燥

将原料液用雾化器分散成雾滴,并使雾滴直接与热空气(或其他气体)接触,从而获得粉粒状产品的干燥过程称为喷雾干燥。该方法能直接使溶液、乳浊液干燥成粉状或颗粒状制品,可省去蒸发、粉碎等工序。喷雾干燥的优点是:干燥进行迅速(一般不超过30 s),虽然干燥介质的温度相当高,但物料不致发生过热现象;干物料已经呈粉末状态,可以直接包装为成品。喷雾干燥也存在一些缺点,如容积干燥强度小,干燥室所需的尺寸大;将液料喷成雾状的过程中消耗动力较大。喷雾干燥的过程主要包括:料液雾化为雾滴;雾滴和干燥介质接触、混合及流动,即进行干燥;干燥产品与空气分离。

3)冷冻干燥

把含有大量水分的物质,预先进行降温冻结成固体,然后在低温下抽真空,使冰面压强降低,水直接由固态变成气态从物质中升华出去从而除去水分的过程称为冷冻干燥。干燥过程是水的物态变化和移动的过程。这种变化和移动发生在低温低压下,因此,真空冷冻干燥的基本原理就是低温低压下传质传热的机理。

冷冻干燥相比其他干燥方法,例如,烘干及真空干燥等方法具有以下突出的优点:物品在低温下干燥,使物品的活性不会受到损害,例如,疫苗、菌类、病毒、血液制品等干燥保存;对于一些易挥发的物品宜采用冻干方法;物品干燥后体积、形状基本不变,物质呈海绵状无干缩。复水时能迅速还原成原来的形状;物品在真空下干燥,使易氧化的物质得到保护;除去了物品中95%以上的水分,能使物品长期保存。

冻干技术在制药领域的应用十分广泛,常用于热稳定性差的生物制品、生化类制品、血液制品、基因工程类制品等药物冻干;为保持生物组织结构和活性,外科手术用的皮层、骨骼、角膜、心瓣膜等生物组织的处理;在微胶囊制备、药品控释材料等方面的应用;人参、蜂王浆、龟鳖等保健品及中草药制剂的加工。

4)沸腾干燥

沸腾干燥又称为流化干燥,是流化技术在药物干燥中的新发展。流化干燥的核心设备是流化床,所谓流化床,是指在一个设备中,将颗粒物料堆放在分布板上,当气流由设备的下部通入床层,随着气流速度加大到某种程度,固体颗粒在床内就会产生沸腾状态,这种床层就称为流化床。采用这种方法进行干燥则称为流化床干燥。沸腾干燥的优点有:物料与干燥介质接触面大,搅拌激烈,表面更新机会多,热容量大,热传导效果好,设备利用率高,可实现小规模设备大生产;干燥速度大,物料在设备内停留时间短,适宜于对热敏性物料的干燥;物料在干燥室内的停留时间可由出料口控制,故容易控制制品的含水率。

5)远红外线干燥

远红外线辐射器所产生的电磁波,以光的速度直线传播到被干燥的物料,当红外线的发射频率和被干燥物料中的固有频率相匹配时,引起分子强烈振动,在物料的内部发生激烈摩擦而达到干燥的目的。在红外线干燥中,由于被干燥的物料中表面水分子不断蒸发吸热,使物料表面温度降低,造成物料内部比表面温度高,这样使物料的热扩散方向由内往外。同时,由于物料内存在水分梯度而引起水分移动,总是由水分较多的部分向水分含量较少的外部进行湿扩散,因此,物料内部水分的湿扩散与热扩散方向是一致的,从而也就加速了水分内扩散的过程,也即加速了干燥的进程。

远红外线干燥加热速度快,干燥速率高,其干燥速度是热风干燥的10倍,干燥产品质量好、干燥均匀、清洁、设备简单、成本低、操作方便灵活、设备易于维护。可连续干燥,易于实现自动化。但电耗较大,仅限于薄层物料及物体表面的干燥。

6)微波加热干燥

利用微波在快速变化的高频电磁场中与物质分子相互作用,被吸收而产生热效应,把微波能量直接转换为介质热能,微波被物体吸收后,物体自身发热,加热从物体内部、外部同时开始,能做到里外同时加热,不同的物质吸收微波的能力不同,其加热效果也各不相同,这主要取决于物质的介质损耗。水是吸收微波很强烈的物质,一般含有水分的物质都能用微波来进行加热,快速均匀,达到很好的效果。微波干燥速度快,常规方法有蒸汽干燥、电热干燥、热风干燥等,由10%含水量脱至1%以下需十几个小时,采用微波干燥仅需十几分钟;微波干燥不需要热传导,物料自身发热,干燥速度快,接触物料的温度大大低于常规方法,不会造成物料裂变现象。微波设备不需要锅炉、复杂的管道系统、煤场和运输车辆,只要具备水、电这两项基本条件即可。相比而言,一般可节电 30% ~ 50%。改善劳动条件,节省占地面积,设备的工作环境低、噪音小,极大地改善了劳动条件,整套微波设备的操作只需 2~3 人。

【技能训练】

牛胆酸的结晶与干燥

1) 目的要求

①掌握结晶法的主要操作步骤。
②掌握真空干燥的主要操作步骤。
③熟悉牛胆酸制备的相关工艺流程。

2) 基本原理

牛黄是牛科动物干燥的胆结石,具有清心解毒、开窍豁痰、息风定惊的功能。人工合成牛黄是按照天然牛黄的主要成分——牛胆红素、牛胆酸、牛胆固醇、无机盐等,以牛胆汁为主要原料,经过纯化、结晶、干燥制备而成的牛黄代用品,其制作工艺简单,价格还不到天然牛黄的0.5%,在一定程度上满足了普通百姓的用药需求。人工牛黄占据了 98% 的市场份额,成为天然牛黄的主要替代品。

本次实训通过加热回流的方法,利用有机溶剂将粗牛胆汁中主要成分充分溶解,采取降温结晶使样品溶液中的目标产物以晶体形式析出,最后采用真空干燥技术制得高纯度牛胆酸。

3) 仪器与材料

（1）实验样品

粗牛胆汁干粉。

（2）主要仪器

圆底烧瓶或反应器、冷凝管、烧杯、布氏漏斗及配套抽滤瓶、真空干燥箱、电子天平等。

（3）主要试剂

75%乙醇、95%乙醇、活性炭。

4) 操作步骤

（1）牛胆汁样品溶解

取粗胆汁干品放入圆底烧瓶或反应器中,加入 0.75 倍 75%乙醇,加热回流至固体物全部溶解,再加 10% ~ 15%活性炭回流脱色15~20 min,趁热过滤。

图 6.3　牛胆酸的真空干燥操作流程

（2）洗涤与结晶

滤液用冰水浴冷却至 0~5 ℃,再放置 4 h 以上,使胆酸结晶析出,然后抽滤,并用适量乙醇洗涤结晶,抽干后,得胆酸粗结晶。

（3）真空干燥

将上述粗结晶胆酸再置脱色反应瓶中,加 4 倍量的 95%乙醇溶解,然后蒸馏回收乙醇,至总体积为原体积的 1/4 后,先用冷水浴将其冷却至室温,接着用冰水浴冷却至 0~5 ℃。

结晶 4 h 后,在布氏漏斗上真空过滤。抽干后,结晶用少量冷的 95% 乙醇洗涤 1~2 次。再次抽干,结晶在 70 ℃ 真空干燥箱中干燥至恒重,即得牛胆酸精品。

(4)计算得率

称量并计算得率。

$$得率(\%)=\frac{真空干燥产物质量(g)}{粗牛胆汁干品质量(g)}\times100\%$$

5)结果与分析

(1)实验记录

①牛胆汁样品溶解。粗牛胆汁干粉质量_____ g,75% 乙醇体积_____ mL,加热回流时间_____ min。

②结晶。滤液总体积_____ mL,结晶温度_____ ℃,结晶时间_____ min,结晶质量_____ g。

③真空干燥。滤液总体积_____ mL,结晶温度_____ ℃,结晶时间_____ min,结晶质量_____ g,干燥温度_____ ℃,干燥时间_____ min。

④计算得率。产物质量_____ g,最终得率_____ %。

(2)分析影响产物收率的主要因素有哪些?如何进一步提高收率?

6)注意事项

①加热回流溶解样品时,注意温度控制在 80 ℃ 左右。

②树脂再生后,保存在 1% 苯甲酸或 0.05 mol/L NaOH 溶液中,不能再次干燥。

③样品含量测定时,需 3 次测量取平均值。

• 项目小结 •

从发酵原液中分离、纯化目的产物是发酵工程的重要环节,想要得到质量好、市场竞争力强的发酵产品,首先要对发酵液进行预处理,对于目标产物在胞内的情况,还要先进行细胞破碎并提取胞内产物。要想从各种杂质的总含量大大多于目标产物的悬浮液中制得最终所需的产品,必须经过一系列必要的分离纯化过程才能实现。本项目要求掌握发酵液预处理、固液分离、细胞破碎、初步纯化、高度纯化及结晶干燥等基本技能,完成发酵液中目标产物的提取与纯化相关工作。

 思考练习

一、单选题

1.发酵液的预处理方法不包括(   )。

    A.加热   B.絮凝   C.离心   D.调 pH

2.下列细胞破碎的方法中,属于非机械破碎法的是(　　　)。
　　A.化学法　　　　　　　B.高压匀浆　　　　　C.超声波破碎　　　　D.高速珠磨
3.盐析法沉淀蛋白质的原理是(　　　)。
　　A.降低蛋白质溶液的介电常数　　　　　B.中和电荷,破坏水膜
　　C.与蛋白质结合成不溶性蛋白　　　　　D.调节蛋白质溶液 pH 到等电点
4.氨基酸的结晶纯化是根据氨基酸的(　　　)性质。
　　A.溶解度和等电点　　B.分子量　　　　　C.酸碱性　　　　　D.生产方式
5.下列项目中哪一项是喷雾干燥的特点?(　　　)
　　A.水分蒸发慢　　　　　　　　　　B.传热传质速度慢
　　C.适用于热敏性物质　　　　　　　D.干燥后的制品溶解性能差
6.在过滤分离中,滤液通过滤饼的速率与其黏度成(　　　)。
　　A.正比　　　　　　　B.反比　　　　　　C.无关
7.微生物代谢产物大多(　　　)。
　　A.分泌到细胞外　　B.存在于细胞内　　C.既存在于胞内也存在于胞外

二、判断题

1.发酵液预处理的目的是浓缩目标产物。　　　　　　　　　　　　　　　　(　　　)
2.絮凝剂须有长链的线性结构,越长越好。　　　　　　　　　　　　　　　(　　　)
3.除去发酵液中的杂蛋白质的最常用方法是离心分离。　　　　　　　　　　(　　　)
4.发酵液的预处理纯化中,对钙离子的除去,通常使用草酸。　　　　　　　(　　　)
5.超声波破碎时,革兰氏阴性细菌细胞比革兰氏阳性细菌细胞较易破碎。　　(　　　)
6.降低液体黏度的常用方法有加水稀释法和加热法。　　　　　　　　　　　(　　　)
7.细胞壁破碎的主要阻力是连接细胞壁网状结构的共价键。　　　　　　　　(　　　)

三、简答题

1.简述发酵产物分离与纯化的一般流程。
2.结晶条件如何选择与控制?
3.简述树脂凝胶的预处理方法。
4.微生物发酵液有哪些特性?
5.发酵液为何需要预处理? 处理方法有哪些?
6.除去发酵液杂蛋白质的常用方法有哪些?
7.细胞破碎的方法有哪些?
8.凝集与絮凝过程有何区别? 如何将两者结合使用?
9.固液分离的方法有哪些?

项目 7 厌氧发酵产品的生产

📖【项目描述】

厌氧发酵是指在厌氧条件下,乳酸菌、酵母菌将原料中大量的糖类转化为乳酸或者酒精等产物。厌氧发酵在乳酸菌类制品的生产、啤酒发酵生产、葡萄酒发酵生产等工艺中都有大量的应用。

📖【学习目标】

掌握厌氧发酵的基本原理;掌握乳酸菌类制品生产所需的原料、辅料等相关知识和一般工艺流程;掌握啤酒酿制的一般工艺流程,了解啤酒的后处理和包装技术;掌握葡萄酒酿制的一般工艺流程。

📖【能力目标】

能够熟练操作酸奶制作工艺的各项技能;能够利用现有原料进行葡萄酒加工;掌握葡萄酒的理化分析和感官鉴定方法。

❓ 引导问题

1.常见的乳酸菌类制品有哪些? 它们的发酵过程中涉及哪些微生物的作用?

2.啤酒的发酵工艺有哪些技术要点?

3.红葡萄酒和白葡萄酒在酿造工艺上有哪些差别?

任务 7.1 乳酸菌类制品发酵生产

【活动情境】

乳酸菌类制品作为一种具有营养和保健功能的品类,在全球得到了蓬勃发展,也引起了国内的广泛重视。我国乳品行业已从传统产业成为成长性较好的朝阳产业。现以新鲜乳、厌氧发酵菌保加利亚乳杆菌、嗜热链球菌等为原料,如何制作酸奶?

【任务要求】

能够运用乳酸菌发酵的基本知识,熟练进行乳酸菌类制品的发酵生产。

1.掌握发酵剂的种类、制备方法、质量要求。

2.掌握酸奶的生产工艺。

3.了解搅拌型酸奶的加工工艺要点。

4.了解凝固型酸奶的加工工艺要点。

【基本知识】

7.1.1　酸　乳

联合国粮油组织(FAO)、世界卫生组织(WHO)与 IDF 对酸乳作出以下定义:酸乳(俗称酸奶)是指添加(或不添加)乳粉(或脱脂乳粉)的乳中(杀菌乳或浓缩乳),由于保加利亚杆菌和嗜热链球菌的作用进行乳酸发酵制成的凝乳状产品,成品中必须含有大量的、相应的活性微生物。

1)酸乳的分类

按照不同的分类方法,可将酸奶分为不同的种类。

(1)按成品的组织状态分类

①凝固型酸乳　发酵过程在包装容器中进行,使成品因发酵而保留其凝乳状态。

②搅拌型酸乳　成品先发酵后灌装。发酵后的凝乳已在灌装前和灌装过程中搅碎而成黏稠状组织状态。

(2)按成品口味分类

①天然纯酸乳　产品只由原料乳和菌种发酵而成,不含任何辅料和添加剂。

②加糖酸乳　产品由原料乳和糖加入菌种发酵而成,在我国市场上常见,糖的添加量较低,一般为 6% ~ 7%。

③调味酸乳　在天然酸乳或加糖酸乳中加入香料而成。

④果酸酸乳　成品是由天然酸乳与糖、果料混合而成。

⑤复合型酸乳　在酸乳中强化不同的营养素(维生素、食用纤维素等)或在酸乳中混入不同的辅料(如谷物、干果、菇类、蔬菜汁等)而成。这种酸奶在西方国家非常流行,人们常在早餐中食用。

⑥疗效酸奶　包括低乳糖酸奶、低热量酸奶、维生素酸奶或蛋白质强化酸奶。

(3)按发酵的加工工艺分类

①浓缩酸乳　将正常酸乳中的部分乳清除去而得到的浓缩产品。因其除去乳清的方式与加工干酪方式类似,有人也称它为酸乳干酪。

②冷冻酸乳　在酸乳中加入果料、增稠剂或乳化剂,然后将其进行冷冻处理而得到的产品。

③充气酸乳　发酵后在酸乳中加入稳定剂和起泡剂(通常是碳酸盐),经过均质处理即得。这类产品通常是以 CO_2 的酸乳饮料形式存在。

④酸乳粉   通常使用冷冻干燥法或喷雾干燥法将酸乳中约 95% 的水分除去而制成酸乳粉。制造酸乳粉时,在酸乳中加入淀粉或其他水解胶体后再进行干燥处理而成。

2) 酸乳的营养价值

①酸乳能将牛奶中的乳糖和蛋白质分解,使人体更易消化和吸收。

②酸乳有促进胃液分泌、提高食欲、加强消化的功效。

③酸乳中的乳酸菌能减少某些致癌物质的产生,因而有防癌作用。

④酸乳能抑制肠道内腐败菌的繁殖,并减弱腐败菌在肠道内产生的毒素。

⑤酸乳有降低胆固醇的作用,特别适宜高血脂的人饮用。

⑥酸乳能调节肠道有益菌群恢复到正常水平。

7.1.2　发酵剂

发酵剂(starter culture)是指用于酸奶、酸牛乳酒、奶油、干酪和其他发酵产品生产的细菌以及其他微生物的培养物。当发酵剂接种到处理过程的原料中,在一定条件下繁殖,其代谢产物使发酵乳制品具有一定酸度、滋味、香味和变稠等特性,使产品增加了保藏时间,同时改善了营养价值和消化性。

1) 发酵剂的作用

酸乳发酵剂的主要作用如下:

①乳酸发酵   通过乳酸菌的发酵,使牛乳中的乳糖转变成乳酸,同时分解柠檬酸而生成微量的乙酸,使牛乳的 pH 值降低,产生凝固和形成酸味,防止杂菌污染。

②产生风味   在产生风味方面起重要代谢作用的是柠檬酸的分解,与此有关的微生物以明串珠菌属为主,并包括一部分链球菌和杆菌。这些细菌分解柠檬酸生成丁二酮、3-羟基丙酮、丁二醇等化合物和微量的挥发酸、酒精、乙醛等。其中以丁二酮对风味的影响最大。

③蛋白分解   发酵剂的蛋白质分解作用随菌种而异,通常随着乳酸发酵的进行,促进了酶的作用,增加了蛋白质的分解。由于酪蛋白的分解而生成的胨和氨基酸是干酪成熟后的主要风味物质。

④产生抗菌素   乳酸链球菌和乳油链球菌中的个别菌株,能产生乳酸链球菌素(Nisin)和乳油链球菌素(Diplococcin),可防止杂菌和酪酸菌的污染。

2) 发酵剂的分类

按照不同的分类方法,发酵剂可以分为不同的类型。

（1）按物理形态分类

①液体酸奶发酵剂   液体酸奶发酵剂比较便宜,但是菌种活力经常发生改变,存放过程中易染杂菌,保藏时间也比较短,长距离运输菌种活力降低很快,目前已经逐渐被大型酸奶厂家所淘汰。

②冷冻酸奶发酵剂   冷冻酸奶发酵剂经深度冷冻而成,其价格也比直投式酸奶发酵剂便宜,菌种活力较高,活化时间也较短,但是其运输和储藏过程中都需要 $-55 \sim -45\ ℃$ 的特殊环境条件,费用较高,使用的广泛性受到限制。

③粉状(直投式酸奶)发酵剂   粉状(直投式酸奶)发酵剂是将乳酸菌的液体培养到最大,

然后冷冻真空干燥而制得,最大限度地减少了对乳酸菌的破坏。粉状(直投式酸奶)发酵剂可以直接投入发酵罐中生产酸奶,而且储藏在普通冰箱中即可,运输成本和储藏成本都很低,其使用过程中的方便性、低成本性和品质稳定性特别突出。

(2)按含有的菌种种类分类

发酵剂中的基本菌种主要有嗜热链球菌、保加利亚杆菌以及乳酸链球菌等。根据目的不同可以追加不同的其他乳酸菌。发酵剂按其含有的菌种种类可分为:

①混合发酵剂 保加利亚乳杆菌和嗜热链球菌按 1∶1 或 1∶2 混合。

②单一发酵剂 菌株单独活化生产。

③补充发酵剂 为了提高酸奶的保健作用,可以追加嗜酸乳杆菌和双歧杆菌等功能菌,增加这些菌在肠道的定殖能力。

3)发酵剂的制备

发酵剂在酸奶生产过程中的作用非常重要,发酵剂是酸奶产品产酸和产香的基础和主要原因。酸奶质量的好坏主要取决于酸奶发酵剂的品质类型及活力。

(1)制备发酵剂所需的条件

①培养基的选择 选用脱脂乳或还原乳(全乳固体含量 10%~12%)。将原料乳加入专用的发酵剂灭菌三角瓶中。在调制生产发酵剂时,为使菌种的生活环境不致急剧改变,发酵剂的培养基最好与成品乳的原料相同,即成品用的原料如果是脱脂乳时,生产发酵剂的培养基最好也用脱脂乳,如成品的原料是全乳,则生产发酵剂也用全乳。

②培养基的制备 培养基需杀菌以消灭杂菌和破坏阻碍乳酸菌发酵的物质。常采用121 ℃高压灭菌 15~20 min 或 100 ℃下 30 min 进行连续 3 d 的间歇灭菌,然后迅速冷却至发酵剂最适生长温度。

③菌种的选择 由于生产酸乳的品种及加工方法等不同,在使用两种或两种以上菌种时,要注意对菌种发育的最适温度、耐热性、产酸及产香能力等作综合性选择,必须考虑菌种间的共生作用,使之在生长繁殖中相互得益。

④接种量 随培养基数量、菌的种类和活力、培养时间和温度等而异。一般按脱脂乳的1%~3%较合适,工作发酵剂接种量多用 1%~5%。

⑤培养时间和温度 通常取决于微生物的种类、活力、产酸力、产香程度和凝结状态。

⑥发酵剂的冷却与保存 发酵剂以适当的培养达到所需的要求时,应迅速冷却并存放于0~5 ℃冷藏库中。发酵剂冷却速度因其数量而异。发酵剂在保存中其活力随保存温度、培养基的 pH 等而变化。

(2)发酵剂的制备过程

发酵剂的制备过程一般有以下步骤:

①菌种的活化及保存 通常购买或取来的菌种纯培养物都装在试管或安瓿中,由于保存寄送等影响,活力减弱,需进行反复接种,以恢复其活力。

菌种若是粉剂,首先应用灭菌脱脂乳将其溶解,而后用灭菌铂耳或吸管吸取少量的液体接种于预先已灭菌的培养基中,置于恒温箱或培养箱中培养。待凝固后再取出 1%~3%的培养物接种于灭菌培养基中,反复活化数次。待乳酸菌充分活化后,即可调制母发酵剂。以上操作均需在无菌室内进行。

纯培养物作维持活力保存时,需保存在0~5 ℃冰箱中,每隔1~2周移植一次,但长期移植过程中,可能会有杂菌的污染,造成菌种退化。因此,还应进行不定期的纯化处理,以除去污染菌和提高活力。在正式应用于生产时,应按上述方法反复活化。

②母发酵剂的制备 取脱脂乳量1%~3%充分活化的菌种,接种于盛有灭菌脱脂乳的容器中,混匀后,放入恒温箱中进行培养。凝固后再移入灭菌脱脂乳中,如此反复3次,使乳酸菌保持一定活力,然后再制备生产发酵剂。一般以脱脂乳100~300 mL,装入三角瓶中,以121 ℃下15 min高压灭菌,并迅速冷却至40 ℃左右进行接种。

③生产发酵剂(工作发酵剂)的制备 生产发酵剂是取实际生产量的3%~4%脱脂乳,装入经灭菌的容器中,以90 ℃下15~30 min杀菌,并冷却,按1%~5%的量接种,充分混匀后,置于恒温箱中培养,待达到所需酸度时即可取出置于冷藏库中。生产发酵剂的培养基最好与成品的原料相同,以使菌种的生活环境不致急剧改变而影响菌种的活力。

(3)发酵剂的质量检验

发酵剂质量的优劣直接影响成品的质量。因此在使用前必须对发酵剂进行质量检验。乳酸菌发酵剂的质量必须符合下列各项要求:

①感官指标

a.凝块需有适当的硬度,均匀细腻,组织均匀富有弹性,表面无变色、龟裂、无气泡,乳清析出少。

b.需具有一定的芳香味和酸味,不得有腐败味、苦味、饲料味和酵母味等异味。

c.凝块完全粉碎后,质地均匀,细腻滑润,略带黏性,不含块状物。

d.接种后在规定时间内产生凝固,无延长现象。活力测定(酸度、感官、挥发酸、滋味)符合规定指标。

②化学性质检查 关于这方面的检查方法很多,最主要的为测定酸度和挥发酸。酸度以90~110°T为宜。

③细菌检查 用常规的方法测定总菌数和活菌数,必要时选择适当的培养基测定乳酸菌等特定的菌群。同时要进行杂菌总数及大肠杆菌群的测定。

④发酵剂的活力测定 发酵剂的活力是指该菌种的产酸能力,可利用乳酸菌的繁殖而产生酸和色素还原等现象来评定。

⑤活力与发酵剂的质量 活力大小是评价发酵剂质量好坏的主要指标,但不是说活力值越高发酵剂质量越好,因为产酸强的发酵剂在培养的过程中会引起过度产酸,导致在标准条件下培养后活力较高。研究表明,活力在0.65~1.15都可以进行正常生产,而最佳活力是0.80~0.95。依据活力不同来定接种量的大小(表7.1)。

表7.1 发酵剂活力与接种量

活 力	< 0.40	0.40~0.60	>0.60	0.65~0.75	0.80~0.95
接种量	—	—	5.5%	4.0%~5.5%	2.5%~3.5%
生产管理	更换发酵剂	发酵超过5 h易污染	可投入生产	增大接种量	最佳活力

7.1.3　酸奶的生产工艺

1）凝固型酸奶的生产工艺

（1）工艺流程

原料配合→过滤与净化→预热→（60~70 ℃）→均质（16~18 MPa）→杀菌（95 ℃ 15 min）→冷却（43~45 ℃）→添加香料→接种→装瓶→发酵→冷却→储藏。

①原料　原料乳是酸奶制备的关键因素，对整个工艺至关重要。应选用符合质量要求的新鲜乳、脱脂乳或再制乳为原料。干物质含量不得少于11.5%，SNF不得少于8.5%，否则将会影响发酵时蛋白质的凝胶作用。

②配料　首先将鲜奶加热到40 ℃左右时加入奶粉，搅拌溶解，至温度达50 ℃左右时加蔗糖溶化，待65 ℃时，开始用循环泵过滤与净化，并得以预热，接下来进行均质。

③均质　原料配合后通过片式热交换器串联均质机，进行16~18 MPa均质处理。均质前预热至55~65 ℃可提高均质效果。均质处理可使原料充分混匀，粒子变小，有利于提高酸乳的稳定性和稠度，并使酸乳质地细腻，口感良好。

④杀菌及冷却　均质后的物料升温至90~95 ℃，保持30 min，然后冷却至41~43 ℃。其目的如下：

a.杀死原料乳中所有致病菌和绝大多数杂菌以保证食用安全，为乳酸菌创造一个杂菌少，有利于生长繁殖的外部条件。

b.使乳中酶的活力钝化和抑菌物质失活。

c.使乳清蛋白变性，改善牛乳作为乳酸菌生长培养基的性能，提高乳中蛋白质与水的亲和力，从而改善酸奶的稠度。

⑤接种　为使乳酸菌体从凝乳块中分散出来，应在接种前将发酵剂进行充分搅拌，达到完全破坏凝乳的程度。接种量可按培养时的温度和时间，以及发酵剂的产酸能力灵活处理。一般接种量为2%~3%。接种是造成酸奶受微生物污染的主要环节之一，为防止霉菌、酵母、噬菌体和其他有害微生物的污染，必须实行无菌操作方式。

⑥装瓶　经过接种并充分搅拌的牛乳要立即连续地灌装到销售用的容器中。可根据市场需要选择容器的种类、大小和形状。在灌装前需对容器进行蒸汽灭菌，并要保持灌装室接近无菌状态。

⑦发酵　发酵时间受接种量、发酵剂活性和培养温度的影响。用保加利亚杆菌和嗜热链球菌混合发酵剂时，温度保持在41~44 ℃，培养时间2.5~4.0 h（2%~3%的接种量）。如用乳酸链球菌作发酵剂，培养温度为30~33 ℃，时间为10 h左右。达到凝固状态即可终止发酵。

⑧冷却与后熟　达到发酵终点的酸乳需进行迅速冷却，以便有效地抑制乳酸菌的生长，降低酶活力，防止产酸过度，减低和稳定脂肪上浮和乳清析出的速度。

冷藏温度一般是2~8 ℃，冷藏期内，酸度仍会有所上升。一般从42 ℃冷却到5 ℃左右需要4 h，期间酸度上升到0.8%~0.9%，pH降至4.1~4.2；同时，研究表明，冷却24 h，风味成分双乙酰含量达到最高值，超过24 h又会减少，因此酸奶一般冷藏24 h再出售，这段时间又称为后熟期。另外，冷藏可改善酸乳的硬度并延长保质期。

（2）酸乳的合格标准

酸乳的感官指标、理化指标、卫生指标应符合《食品安全国家标准——发酵乳 GB 19302—2010》的相应要求（表 7.2—表 7.4）。

表 7.2　酸乳的感官要求

项　目	要　求		检验方法
	发酵乳	风味发酵乳	
色泽	色泽均匀一致,呈乳白色或微黄色	具有与添加成分相符的色泽	取适量试样置于 50 mL 烧杯中,在自然光下观察色泽和组织状态。闻其气味,用温开水漱口,品尝滋味
滋味、气味	具有发酵乳特有的滋味、气味	具有与添加成分相符的滋味和气味	
组织状态	组织细腻、均匀,允许有少量乳清析出;风味发酵乳具有添加成分特有的组织状态		

表 7.3　酸乳的理化指标

项　目	指　标		检验方法
	发酵乳	风味发酵乳	
脂肪[a]/[g·(100 g)$^{-1}$]≥	3.1	2.5	GB 5413.3
非脂肪固体≥	8.1	—	GB 5413.39
蛋白质≥	2.9	2.3	GB 5009.5
酸度/°T≥	70.0		GB 5413.34

注:a 仅适用于全脂产品。

表 7.4　酸乳的微生物限量

项　目	采样方案[a]及限量(若非指定,均以 CFU/g 或 CFU/mL 表示)				检验方法
	n	c	m	M	
大肠杆菌	5	2	1	5	GB 4789.3 平板计数法
金黄色葡萄球菌	5	0	0/25 g(mL)	—	GB 4789.10 定性检验
沙门氏菌	5	0	0/25 g(mL)	—	GB 4789.4
酵母≤	100				GB 4789.15
霉菌≤	30				

注:a 样品的分析及处理按 GB 4789.1 和 GB 4789.18 执行。

（3）凝固型酸乳的质量控制

凝固型酸奶的质量问题包括凝固性差、乳清析出、风味不佳、霉菌污染和口感差等质量问题。

①凝固性差　凝固性是凝固型酸乳质量的一个重要指标。一般牛乳在接种乳酸菌后,在适宜的温度下发酵 2.5～4.0 h 便会凝固,表面光滑,质地细腻。但酸乳有时会出现凝固性差或

不凝固现象,黏性很差,出现乳清分离。造成的原因较多,如原料乳的质量、发酵时间和温度、菌种的使用以及加糖量等。

②乳清析出 乳清析出也会造成酸乳凝固型较差。造成原料乳乳清析出的原因一般有以下几个原因:

a.原料乳热处理不当。热处理温度偏低或时间不够,就不能使至少75%~80%的乳清蛋白变性,而变性乳清蛋白可与酪蛋白形成复合物,能容纳更多的水分,并且具有最小的脱水收缩作用。根据研究,原料乳的最佳热处理条件是95 ℃ 5~10 min。

b.发酵时间。若发酵时间过长,乳酸菌继续生长繁殖,产酸量不断增加。酸性的增强破坏了原来已形成的胶体结构,使其容纳的水分游离出来形成乳清析出。发酵时间过短,乳蛋白质的胶体结构还未充分形成,不能包裹乳中原有的水分,也会形成乳清析出。

c.其他因素。原料乳中总干物质含量低、酸乳凝胶机械振动、乳中钙盐不足、发酵剂加量过大等也会造成乳清析出,在生产时应加以注意。乳中添加适量的氯化钙既可减少乳清析出,又可赋予酸乳一定的硬度。

③风味不佳 风味是酸奶的一个重要质量指标,凝固型酸奶制作过程中会有风味不佳的问题,具体分析如下:

a.无芳香味。主要由于菌种选择及操作工艺不当所引起。正常的酸乳生产应保证两种以上的菌种混合使用并选择适宜的比例,任何一方占优势均会导致产香不足,风味变劣。高温短时发酵和固体含量不足也是造成芳香味不足的因素。芳香味主要来自发酵剂酶分解柠檬酸产生的丁二酮物质,因此原料乳中应保证足够的柠檬酸含量。据研究,饲喂精料过多,会使牛乳中柠檬酸量大大减少。牛乳中柠檬酸含量也与牛种有关。

b.酸乳的不洁味。主要由发酵剂或发酵过程中污染杂菌引起。污染丁酸菌可使产品带刺鼻怪味,污染酵母菌不仅产生不良风味,还会影响酸乳的组织状态,使酸乳产生气泡,在瓶装酸乳中可明显看见。因此,应注意器具的清洗消毒,且严格保证卫生条件,同时应考虑更换发酵剂。

c.酸乳的酸甜度。酸乳过酸、过甜均会影响质量。发酵过度、冷藏时温度偏高和加糖量较低等会使酸乳偏酸,而发酵不足或加糖过高又会导致酸乳偏甜。因此,应尽量避免发酵过度现象,并应在0~5 ℃条件下冷藏,防止温度过高,严格控制加糖量。此外,酸乳的酸度、甜度口感也有地域特殊性,因此,要根据当地消费特点决定最终发酵产酸程度和适宜的加糖量。

d.其他因素。原料乳的饲料臭、牛体臭、氧化臭味及由于过度热处理或添加了风味不良的炼乳或乳粉等制造的酸乳也是造成其风味不良的原因之一。

④表面有霉菌生长 酸乳储藏时间过长或温度过高时,往往会在表面出现有霉菌。黑色斑点易被察觉,而白色霉菌则不易被注意。这种酸乳被人误食后,轻者有腹胀感觉,重者引起腹痛下泻。因此要根据市场情况控制好储藏时间和储藏温度(0~6 ℃下最多1周)。

⑤口感差 优质酸乳柔嫩、细腻,清香可口。但有些酸乳口感粗糙,有砂状感。这主要是由于生产酸乳时,采用了劣质的奶粉,或由于生产温度过高,蛋白质变性,或由于储存时吸湿潮解,有细小的颗粒存在,不能很好地复原等原因而致。因此,生产酸乳时,应采用新鲜牛乳或优质乳粉,并采取均质处理,使乳中蛋白质颗粒细微化,达到改善口感的目的。

2)搅拌型酸奶的生产工艺

搅拌型酸乳是指加工工艺上具有以下特点的产品:经过处理的原料乳接种发酵剂以后,先在发酵罐中发酵至凝乳,再降温搅拌破乳、冷却、分装到销售用小容器中,即为成品。另外,根据在加工过程中是否添加了果蔬料或果酱,搅拌型酸乳可分为天然搅拌型酸乳和加料搅拌型酸乳。搅拌型酸乳还可进一步加工制成冷冻酸乳、浓缩干燥酸乳等。搅拌型酸乳的一般工艺流程如下:

①原料配合　除了全乳鲜奶、蔗糖、奶粉、菌种外,在搅拌型酸奶生产中,往往要使用稳定剂。一般为果胶、琼脂、CMC 等,使用量为 0.1%~0.5%。

在一年的一定季节,由于牛乳中阳离子的缺乏,牛乳的凝结能力降低,一般要加入"盐类稳定剂",目前都用钙离子补充,一般用 $CaCl_2$,其加入量为 0.02%~0.04%。

②发酵　搅拌型酸乳的发酵是在发酵罐或缸中进行,而发酵罐是利用罐周围夹层的热媒体来维持恒定温度,热媒体的温度可随发酵参数而变化。若在大缸中发酵,则应控制好发酵间的温度,避免忽高忽低。发酵间上部和下部温差不要超过 1.5 ℃。同时,发酵缸应远离发酵间的墙壁,以免过度受热。

③冷却　搅拌型酸乳冷却的目的是快速抑制细菌的生长和酶的活性,以防止发酵过程产酸过度及搅拌时脱水。酸乳完全凝固(pH 值4.6~4.7)时开始冷却,冷却过程应稳定进行。冷却过快将造成凝块收缩迅速,导致乳清分离;冷却过慢则会造成产品过酸和添加果料的脱色。搅拌型酸乳的冷却可采用片式冷却器、管式冷却器、表面刮板式热交换器、冷却缸等冷却。

④搅拌破乳　通过机械力破坏凝胶体,使凝胶体的粒子直径达到 0.01~0.4 mm,并使酸乳的硬度和黏度及组织状态发生变化。搅拌过程中应注意,搅拌既不可过于激烈,又不可过长时间。搅拌应注意凝胶体的温度、pH 值及固体含量等。通常用两种速度进行搅拌,开始用低速,以后用较快的速度。

⑤混合、灌装　果蔬、果酱和各种类型的调香物质等可在酸乳自缓冲罐到包装机的输送过程中加入,这种方法可通过一台变速的计量泵连续加入到酸乳中。果蔬混合装置固定在生产线上,计量泵与酸乳给料泵同步运转,保证酸乳与果蔬混合均匀。一般发酵罐内用螺旋桨搅拌器搅拌即可混合均匀。酸乳可根据需要,确定包装量和包装形式及灌装机。

⑥冷却、后熟　将灌装好的酸乳于冷库中 0~7 ℃冷藏 24 h 进行后熟,进一步促进芳香物质的产生和改善黏稠度。

7.1.4　乳酸菌饮料

乳酸菌饮料是一种发酵型的酸性含乳饮料,通常以牛乳或乳粉、果蔬菜汁或糖类等为原料,经杀菌、冷却、接种乳酸菌发酵剂培养发酵,然后经稀释而成。

1)分类
乳酸菌饮料主要有两类。

(1)酸乳型乳酸菌饮料
酸乳型乳酸菌饮料是在酸乳的基础上将其破碎,配入白糖、香料、稳定剂等通过均质而制成的均匀一致的液态饮料。

(2)果蔬型乳酸菌饮料
果蔬型乳酸菌饮料是在发酵乳中加入适量的浓缩果汁(如柑橘、草莓、苹果、椰汁、芒果汁等)或蔬菜汁浆(如番茄酱、胡萝卜汁、玉米浆、南瓜汁等)共同发酵后,再通过加糖、稳定剂或香料等调配、均质后制作而成。

2) 工艺流程

乳酸菌饮料的加工方式有多种,目前生产厂家普遍采用的方法是:先将牛乳进行乳酸菌发酵制成酸乳,再根据配方加入糖、稳定剂、水等其他原辅料,经混合、标准化后直接灌装或经热处理后灌装。

3) 工艺要求

(1) 原料乳成分的调整

原料要选用优质脱脂乳或复原乳,不得含有阻碍发酵的物质。建议发酵前将调配料中的非脂乳固体含量调整到8.5%左右,这可通过添加脱脂乳粉,或蒸发原料乳,或超滤,或添加酪蛋白粉、乳清粉等来实现。

(2) 冷却、破乳和配料

发酵过程结束后要进行冷却和破碎凝乳,破碎凝乳的方式可以采用边碎乳、边混入已杀菌的稳定剂、糖液等混合料。一般乳酸菌饮料的配方中包括酸乳、糖、果汁、稳定剂、酸味剂、香精和色素等。在长货架期乳酸菌饮料中最常用的稳定剂是果胶,或果胶与其他稳定剂的混合物。果胶对酪蛋白的颗粒具有最佳的稳定性,因为果胶是一种聚半乳糖醛酸,它的分子链在pH为中性和酸性时是带负电荷的。由于同性电荷互相排斥,因此避免了酪蛋白颗粒间互相聚合成大颗粒而产生沉淀。考虑到果胶分子在使用过程中的降解趋势以及它在pH为4时稳定性最佳的特点,杀菌前一般将乳酸菌饮料的pH调整为3.8~4.2。

(3) 均质

均质使混合料液滴微细化,提高料液黏度,抑制粒子的沉淀,并增强稳定剂的稳定效果。乳酸菌饮料较适宜的均质压力为20~25 MPa,温度为53 ℃左右。

(4) 杀菌

由于乳酸菌饮料属于高酸食品,故采用高温短时巴氏杀菌即可得到商业无菌,也可采用更高的杀菌条件如95~108 ℃ 30 s或110 ℃ 4 s。发酵调配后的杀菌目的是延长饮料的保存期。经合理杀菌、无菌灌装后的饮料,其保存期可达3~6个月。

(5) 果蔬预处理

在制作果蔬乳酸菌饮料时,要首先对果蔬进行加热处理,以起到灭酶作用,通常在沸水中放置6~8 min。经灭酶后打浆或取汁,再与杀菌后的原料乳混合。

4) 质量控制

(1) 饮料中活菌数的控制

乳酸菌活性饮料要求每毫升饮料中含活的乳酸菌100万个以上。欲保持较高活力的菌,发酵剂应选用耐酸性强的乳酸菌种(如嗜酸乳杆菌、干酪乳杆菌)。

为了弥补发酵本身的酸度不足,可补充柠檬酸,但是柠檬酸的添加会导致活菌数下降,因此必须控制柠檬酸的使用量。苹果酸对乳酸菌的抑制作用较小,与柠檬酸并用可以减少活菌数的下降,同时又可改善柠檬酸的涩味。

(2) 沉淀的控制

沉淀是乳酸菌饮料最常见的质量问题。乳蛋白中80%为酪蛋白,其等电点为pH 4.6。乳酸菌饮料的 pH 在 3.8~4.2,此时,酪蛋白处于高度不稳定状态。此外,在加入果汁、酸味剂时,若酸度过大,加酸时混合液温度过高或加酸速度过快及搅拌不匀等均会引起局部过度酸化而发生分层和沉淀。为使酪蛋白胶粒在饮料中呈悬浮状态,不发生沉淀,应注意以下几点:

①均质 经均质后的酪蛋白微粒,因失去了静电荷、水化膜的保护,使粒子间的引力增强,增加了碰撞机会,容易聚成大颗粒而沉淀。因此,均质必须与稳定剂配合使用,方能达到较好效果。

②稳定剂 乳酸菌饮料中常添加亲水性和乳化性较高的稳定剂,稳定剂不仅能提高饮料的黏度,防止蛋白质粒子因重力作用下沉,更重要的是它本身是一种亲水性高分子化合物,在酸性条件下与酪蛋白结合形成胶体保护,防止凝集沉淀。此外,由于牛乳中含有较多的钙,在 pH 降到酪蛋白的等电点以下时以游离钙状态存在,Ca^{2+} 与酪蛋白之间发生凝集而沉淀,可添加适当的磷酸盐使其与 Ca^{2+} 形成螯合物,起到稳定作用。

③添加蔗糖 添加 13% 蔗糖不仅使饮料酸中带甜,而且糖在酪蛋白表面形成被膜,可提高酪蛋白与其他分散介质的亲水性,并能提高饮料密度,增加黏稠度,有利于酪蛋白在悬浮液中的稳定。

④有机酸的添加 一般发酵生成的酸不能满足乳酸菌饮料的酸度要求,添加柠檬酸、乳酸、苹果酸等有机酸类是引起饮料产生沉淀的因素之一。因此,需在低温条件下添加,添加速度要缓慢,搅拌速度要快。酸液一般以喷雾形式加入。

⑤搅拌温度 为了防止沉淀产生,还应注意控制好搅拌发酵乳时的温度。高温时搅拌,凝块将收缩硬化,造成蛋白胶粒的沉淀。

(3)脂肪上浮的控制

在采用全脂乳或脱脂不充分的脱脂乳作原料时,由于均质处理不当等原因引起脂肪上浮,应改进均质条件,同时可添加酯化度高的稳定剂或乳化剂如卵磷脂、单硬脂酸甘油酯、脂肪酸蔗糖酯等。最好采用含脂率较低的脱脂乳或脱脂乳粉作为乳酸菌饮料的原料。

(4)果蔬料的质量控制

在生产乳酸菌饮料时,常常加入一些果蔬原料来强化饮料的风味与营养,由于这些物料本身的质量或配制饮料时处理不当,会使饮料在保存过程中出现变色、褪色、沉淀、污染杂菌等。因此,在选择及加入这些果蔬物料时应注意杀菌处理。另外,在生产中可适当加入一些抗氧化剂,如维生素 C、维生素 E、儿茶酚、EDTA 等,以增强果蔬色素的抗氧化能力。

(5)杂菌污染的控制

酵母菌和霉菌是造成乳酸菌饮料酸败的主要因素。酵母菌繁殖会产生二氧化碳,并形成酯臭味和酵母味等不愉快风味。另外霉菌耐酸性很强,也容易在乳酸中繁殖并产生不良影响。酵母菌、霉菌的耐热性弱,通常在 60 ℃,5~10 min 加热处理时即被杀死,制品中出现的污染主要是二次污染所致。因此使用蔗糖、果汁的乳酸菌饮料其加工车间的卫生条件必须符合有关要求,以避免制品二次污染。

5)乳酸菌饮料的合格标准

乳酸菌饮料的感官指标、理化指标、卫生指标应符合《食品安全国家标准——发酵乳》(GB 19302—2010)的相应要求。

7.1.5　其他乳酸菌制品

1）发酵稀奶油

发酵稀奶油又称为酸性奶油，作为一种添加剂，在很多国家已经使用许多年了。在烹调方面，它和酸乳一样可以用来做许多菜。发酵稀奶油是经乳酸菌发酵的稀奶油。发酵剂含有乳酸链球菌和乳脂链球菌，以及丁二酮链球菌和噬柠檬酸明串珠菌用于产香。酸奶油是表面光亮、质地均匀、相对黏稠的产品，脂肪含量一般为 $10\% \sim 12\%$ 或 $20\% \sim 30\%$；口感应该是柔和而略带酸味。酸奶油和其他发酵产品一样，货架期较短。

2）发酵酪乳

酪乳是生产甜奶油或酸奶油的副产品，脂肪含量约 0.5%，有较高的蛋白质、乳糖以及其他固形物，营养价值很高，弃置不要将造成很大浪费。但酪乳中含有较高的如卵磷脂等脂肪的膜成分，因此，它的货架期很短。因为脂肪球膜成分的氧化，酪乳的口味会很快改变。从酸奶油中分离出的酪乳常常有乳清分离现象，这一缺陷很难克服。为了克服酪乳易产生异味和不易储存等缺点，在市场上出现发酵酪乳，所用的原料是从甜奶油生产奶油时分离出来的甜酪乳、脱脂乳或低脂乳，所用的发酵剂是常规的乳酸菌。当原料为脱脂乳或低脂乳时，可以添加一些奶油，使产品更接近酪乳。

3）乳酸菌制剂的生产

所谓乳酸菌制剂，即将乳酸菌培养后，再用低温干燥的方法将其制成带活菌的粉剂、片剂或丸剂等，服用后能起到整肠和防治胃肠疾病的作用。在生产乳酸菌制剂时采用的乳酸菌菌种主要有粪链球菌、嗜酸乳杆菌和双歧乳杆菌等在肠道内能够存活的菌种。此外，也可以采用其他的菌种，但因其不能在肠道内存活，只能起到降低肠道内 pH 的作用。近年来国际上已采用带芽孢的乳酸菌种，使乳酸菌制剂进入了新的发展阶段。

各种乳酸菌制剂的生产方法、原理大致相同。主要生产步骤为：以适宜的方法培养乳酸菌，使其大量繁殖后，将活菌进行低温干燥制成。

4）乳酸发酵肉制品

肉制品经乳酸菌发酵后，使机制酸化，对改善其风味、延长保存期、提高卫生稳定性、提高质量等都有良好的作用。如乳酸发酵香肠、乳酸肉等。

5）乳酸发酵蔬菜

将蔬菜放于容器中并加入配料，使乳酸菌利用蔬菜中的可溶性养分进行乳酸发酵，既起到防腐作用，又可提高蔬菜营养价值和改善风味。

【技能训练】

酸乳的加工

1）实验目的

①理解酸乳的加工原理。

②熟悉并掌握酸乳的制作过程和方法。

2）实验原理

乳酸菌发酵糖类产生乳酸，使原料的 pH 值下降，当降至酪蛋白等电点时，乳发生凝固并形成特有酸乳风味。

3）实验器材及试剂

（1）试剂与材料

新鲜乳或复原乳、保加利亚乳杆菌、嗜热链球菌、脱脂乳培养基、白砂糖等。

（2）仪器设备

高压均质机、高压灭菌锅、酸度计、酸性 pH 试纸、超净工作台、恒温培养箱等。

4）实验步骤

（1）工艺流程

设计配方→奶粉、白砂糖称量→干拌混合→加水溶解→过筛→胶体磨→均质→超高温瞬时杀菌→冷却→接种→保温发酵→冷却→灌装→冷藏。

（2）操作要点

①根据各种原材料的成分按实验目标计算各原料的含量、设计配方。

②准确称取复核过的各种原材料，并对其进行预处理。

首先将奶粉与白砂糖干拌混合后，用 60~70 ℃的热水在不锈钢桶中溶解，制成还原（牛）乳，并用 80 目不锈钢筛对还原乳进行过滤，以除去杂质。然后采用胶体磨处理一次，使乳粉充分溶解。

③将还原乳进行两次均质，均质压力为 20 MPa。

④将均质后的还原乳进行超高温瞬时杀菌。杀菌时牛乳的温度必须控制在 135 ℃，然后冷却至 40~42 ℃。杀菌后的还原乳打入发酵罐。

⑤在发酵罐中加入直投式酸奶发酵菌种，菌种加入量为还原乳量的万分之一。接种前直投式酸奶发酵菌种先用少量灭菌后的水分散开再使用。

⑥接种后的还原乳在发酵罐中保温发酵 2.5~3 h，其中，每过半个小时测一次 pH。

⑦发酵结束后，打开发酵罐的搅拌器和冷却水，一边冷却一边搅拌，在发酵罐中将酸奶搅拌均匀，同时冷却至 10~15 ℃，冷却后的酸奶打入缓冲罐准备装袋。

⑧将发酵并冷却后的酸奶用包装机装入 250 mL 的塑料袋中并封口，装袋后的酸奶放入冷库（或冰箱）中冷藏（温度为 1~5 ℃）。

5）产品质量评价

（1）酸奶感官指标

①色泽。色泽均匀一致，呈乳白色或稍带微黄色。

②滋味和气味。具有酸甜适中、可口的滋味和酸奶特有风味，无酒精发酵味、霉味和其他不良气味。

③组织状态。凝块均匀细腻，无气泡，允许有少量乳清析出。

（2）品评方法

采用一般感官评定法及模糊综合评定法，进行果汁饮料成品品质的评定。

任务 7.2　啤酒发酵生产

【活动情境】

啤酒是典型的厌氧发酵产品。在一定的条件下,啤酒酵母利用麦汁中的可发酵性物质而进行的正常生命活动,其代谢的产物就是所要的产品——啤酒。现有大麦、水和酒花等原辅料,如何加工出啤酒?

【任务要求】

1.掌握啤酒酿造用原料、辅料等相关知识。

2.掌握啤酒的酿造过程中的制麦、糖化、发酵、包装和灭菌等工艺。

【基本知识】

7.2.1　啤酒分类

啤酒是以优质大麦芽为主要原料,大米、谷物、酒花等为辅料,经过制麦芽、糖化、发酵等工序制成的富含营养物质和二氧化碳的酿造酒。啤酒的酒精含量仅 3% ~ 6%(体积分数),有酒花香和爽口的苦味,营养价值高,因此消费面广,消费量大,是世界上产量最大的酒种。

成品啤酒按杀菌与否可分为 3 类。

①鲜啤酒　成品酒未经巴氏杀菌即出售。

②纯生啤酒　成品酒不用巴氏杀菌,而经超滤等方法进行无菌过滤处理。

③熟啤酒　成品酒经巴氏杀菌处理。

7.2.2　原辅料和生产用水

酿造啤酒用原料有大麦、水和酒花。为了降低生产成本,提高出酒率,改善啤酒风味和色泽,增强啤酒的保存性,在糖化操作时,常用大米、大麦、玉米和蔗糖等其中的一种来代替部分麦芽。在我国一般都使用大米,而欧美国家较普遍使用玉米。

1)大麦

选择大麦作为生产啤酒的主要原料,其原因是:

①种植面极广,发芽能力强,价格较便宜。

②大麦经发芽、干燥后制成的干大麦芽,内含各种水解酶酶源和丰富的可浸出物,能较容易制备到符合啤酒发酵用的麦芽汁。

③大麦的谷皮是很好的麦芽汁过滤介质。

（1）大麦的化学成分

大麦的主要化学成分是淀粉，其次是蛋白质、纤维素、半纤维素和脂肪等。

①淀粉　淀粉储藏在大麦胚乳细胞里，它是以淀粉粒的形式存在于胚乳细胞的细胞质中，占大麦干重的65%左右。

②蛋白质　大麦含蛋白质9%～12%，主要存在于胚乳、糊粉层和胚中。按蛋白质在不同溶液中的溶解度，可将大麦蛋白质分成清蛋白、球蛋白、醇溶蛋白和谷蛋白4类。大麦蛋白质含量和种类，与大麦的发芽能力、酵母菌的生长、啤酒的适口性、泡沫持久性以及非生物稳定性等有密切关系。如果不使用辅助原料，一般选用淀粉含量较高而蛋白质含量稍低的二棱大麦为发酵用原料；使用辅助原料较多时，就以蛋白质含量较高的六棱大麦作发酵原料。含蛋白质多的大麦，因为发芽力强，发芽旺盛，所以制麦芽时损失较大，糖化时浸出率低。

③纤维素　纤维素主要存在于大麦皮壳中，占大麦干重的4%～9%。纤维素是与木质素、无机盐结合在一起的，它不溶于水，吸水会膨胀。

④半纤维素　半纤维素是细胞壁的主要组成部分，占麦粒干重的4%～10%。半纤维素不溶于水，但易被热的稀酸或稀碱水解成五碳糖和六碳糖。当大麦发芽时，大麦本身的半纤维素酶将胚乳细胞细胞壁的半纤维素水解，使淀粉水解酶、蛋白水解酶等各种水解酶进入胚乳细胞内，从而发生淀粉、蛋白等物质的分解。

⑤脂肪　大麦含3%左右的脂肪，主要聚集在麦粒的糊粉层中，麦芽在干燥处理时，麦芽中的脂肪酶遭破坏，因此脂肪仍留在麦芽中，很少会转到麦芽汁中。

⑥无机盐　大麦中的无机盐约占大麦干重的3%，主要是磷酸钾、磷酸镁和磷酸钙。

⑦多酚物质　大麦含多酚物质0.1%～0.2%，主要集中存在于胚乳、糊粉层和种皮中。多酚物质与蛋白质共热时，会生成不溶性沉淀物。

（2）大麦的质量要求

①外观　麦粒有光泽，呈淡黄色，子粒饱满，大小均匀，表面有横向且细的皱纹，皮较薄。

②物理检验

a.千粒重35～45 g。

b.能通过2.8 mm筛孔径的麦粒，应占85%以上。

c.将大麦从横面切开，胚乳断面应呈软质白色，透明部分越少越好，这表明蛋白质含量低，这种麦粒不仅淀粉含量高，而且在浸渍时吸水性好，出芽率高。

d.新收大麦必须经过储藏后才能得到较高的发芽率和发芽力。发芽率是指全部样品中最终能发芽的麦粒的百分率，要求不得低于96%；发芽力是指在发芽3 d之内发芽麦粒的百分率，要求达到85%以上。

2）大米

大米作为辅助原料，主要是为啤酒酿造提供淀粉来源，一般大米用量为25%～45%。大米淀粉含量比大麦、玉米高出10%～20%，而蛋白质含量低于两者3%左右，因此用大米代替部分麦芽，既可提高出酒率，又对改善啤酒风味有利，但大米用量不宜过多，否则将造成酵母繁殖力差，发酵迟缓的后果。

3）玉米

欧美国家较普遍用玉米作为辅助原料，而我国一般都使用大米。玉米所含的蛋白质、纤维素比大米多,特别是脂肪含量要高出大米好几倍,而淀粉含量比大米少10%左右,但比大麦略多。

玉米中的油脂会使啤酒产生异味,而且减弱啤酒起泡力,因此去除油脂是必要的,由于玉米的油脂绝大部分都积存在胚芽中,因此除去胚芽的玉米就可使用。

4)酒花

酒花又称为蛇麻花、啤酒花等,它是雌雄异株,用于啤酒发酵的是成熟的雌花。酒花在啤酒中的作用:

①赋予啤酒香味和爽口苦味。

②提高啤酒泡沫的持久性。

③使蛋白质沉淀,有利于啤酒澄清。

④有抑菌作用,能增强麦芽汁和啤酒的防腐能力。

（1）酒花的化学成分

酒花的化学成分组成如下:α-酸、β-酸以及两者的氧化物15%,酒花油0.5%,多酚物质4%,果胶2%,灰分8%,蛋白质15%,水10%,脂肪和类脂3%,氨基酸0.1%,纤维素和木质素等41%。

①α-酸　α-酸也称为葎草酮,它具有苦味和防腐能力,受热后40%~60%的α-酸变成了异α-酸,苦味增强,啤酒的苦味主要来自异α-酸。经长时间加热,异α-酸变成无苦味的葎草酸或其他苦味异常的衍生物。

②β-酸　β-酸也称为蛇麻酮,其苦味和防腐力都不如α-酸。β-酸受热、光、碱的作用后变成异β-酸,苦味增强。β-酸极其异构体异β-酸,是使啤酒具有苦味的组成成分。

③酒花油　酒花油是酒花中挥发油的总称,具有芳香味。它易溶于无水乙醇等有机溶剂中,在水中溶解度极小;容易被氧化,氧化物会使啤酒风味变坏。

酒花油成分极其复杂,含萜烯、倍半萜烯、酯、酸、醇和酮等。

④多酚物质　酒花也含多酚物质。由于多酚物质会与蛋白质结合形成沉淀物,因此啤酒中如果有多酚物质存在,就会引起啤酒混浊。多酚物质种类繁多,大致可分成3类:

a.羟基苯甲酸和羟基肉桂酸的衍生物。

b.花色苷和儿茶酸。

c.黄烷醇类。

（2）酒花的储藏

酒花是啤酒酿造中不可或缺的成分之一,其质量的好坏直接影响啤酒质量的好坏,除了酒花自身质量的差异,其储藏的条件和方法也至关重要。新收酒花含水量高达75%~80%,用人工干燥方法使花梗脱落,此时酒花含水量降至6%~8%。为了防止花片碎裂,可以让花片吸湿回潮,使含水量上升至10%左右,然后包装,储藏在0℃的干燥处。为了防止酒花油的挥发,人工干燥酒花时,应将干燥温度控制在50℃以下。

（3）酒花制品

将酒花直接加入麦芽汁共煮时,仅有30%左右的有效成分进入到麦芽汁中,而且酒花的储存保藏比较麻烦,因此就有必要先把酒花中的有效成分用适当的方法提取出来。这样,不仅解决了酒花储藏的困难,相应增加了煮沸锅的有效容积,而且减少了酒花有效成分因长时间受热造成的损失。目前常见的酒花制品有酒花粉、酒花浸膏、异构酒花浸膏(含异 α-酸)、酒花油等。

5) 水

啤酒生产中,以糖化操作用水要求最高,它直接关系到啤酒质量的好坏。不同用途的水,有不同的质量要求。

(1) 糖化用水的质量要求

①水的硬度　酿制浅色啤酒,要求水的总硬度不超过 4.28 mmol/L(12°d)。硬度过高会使糖化醪酸度降低,从而影响糖化和发酵,其后果是造成啤酒质量下降。

②水中各种离子对啤酒酿造的影响　钙、镁盐的存在有助于调节麦芽汁酸度,但超过一定数量会损害啤酒的风味。水中各种离子对啤酒酿造的影响见表 7.5。

表 7.5　各种离子对啤酒酿造的影响

水中离子	对啤酒酿造的影响
钙离子	其最大作用是调节糖化醪和麦汁的 pH 值,保护 α-淀粉酶的活力,沉淀蛋白质和草酸根,避免成品啤酒产生混浊和喷涌现象;含量过高会带来粗糙的苦味
锌离子	是酵母生长的必需离子,含量在 0.1~0.5 mg/L 时,能促进酵母生长代谢,增强泡沫的持久性
钠离子	钠的碳酸盐形式能使糖化醪和麦汁的 pH 值大幅度升高,与氯离子并存能使啤酒带有咸味;含量过高常使啤酒变得粗糙、不柔和
镁离子	能使糖化醪和麦汁的 pH 值升高;过多有苦涩味,会损害啤酒的风味和泡沫稳定性
铁离子	铁含量过高,会抑制糖化的进行,加深麦汁色度,影响酵母的生长和发酵,加速啤酒氧化,产生粗糙的苦味和铁腥味,导致啤酒混浊和喷涌
锰离子	微量利于酵母生长;过量会使啤酒缺乏光泽,口味粗糙,引起啤酒混浊并影响风味稳定性
硫酸根离子	有增酸作用,提高酒花香味,促进蛋白质絮凝,利于麦汁澄清;过量易使啤酒中挥发性硫化物增多,致使啤酒口味淡薄、苦味
硝酸根离子	可作为水源是否污染的指示性离子,能对酵母造成严重伤害,可抑制酵母生长,阻碍发酵
氯离子	含量适当,能促进 α-淀粉酶的作用,提高酵母活性,啤酒口味柔和、圆润、丰满;含量过高,易引起酵母早衰,使啤酒带有咸味,且容易腐蚀设备及管路
硅酸盐	含量过高,麦汁不清,影响酵母发酵和啤酒过滤,容易引起啤酒混浊,使啤酒口味粗糙

(2) 糖化用水的处理

①提高酸度的方法　常用加硫酸钙、酸和离子交换法来提高糖化用水的酸度。

a.加硫酸钙。硫酸钙俗称石膏,将它加入水中的目的是使麦芽汁维持在适宜的酸度。但硫酸钙的用量不能过大,因为反应生成的磷酸钙和磷酸氢钙沉淀导致了可溶性磷酸盐损失,这对酵母生长不利;另外,反应生成的硫酸镁、硫酸钾量过多,会使啤酒口味变坏。一般每 1 t 糖化用水加硫酸钙 100~150 g。硫酸钙应选用溶解度较好的优品品。

b.加酸法。用乳酸、磷酸、磷酸二氢钾或硫酸,将糖化用水的 pH 值调整至所需的要求。

c.离子交换法。采用氢型阳离子交换树脂,可以除去水中的阳离子,同时由于树脂上 H^+ 被交换下来,因此流出液的 pH 值下降,这种水能够达到糖化用水的要求。

②除盐的方法　对含溶解盐类较多,总硬度在 3.21~7.85 mmol/L(9~22 °d)的硬水,可用电渗析法除盐,经处理后,水的硬度可降低到 0.035 7~0.178 mmol/L(0.1~0.5 °d)。

7.2.3　啤酒生产的一般工艺流程

1)麦芽的制备

大麦必须通过发芽过程将内含的难溶性淀粉转变为用于酿造工序的可溶性糖类。大麦在收获后先储存 2~3 个月,才能进入麦芽车间开始制造麦芽。为了得到干净、一致的优良麦芽,制麦前,大麦需先经风选或筛选除杂,永磁筒去铁,比重去石机除石,精选机分级。

在制麦芽时,淀粉和蛋白质等已发生轻度水解,所制得的麦芽要经过干燥处理,不仅去除掉过多的水分和生腥味,而且干麦芽具有了特有的色、香、味,对啤酒风味产生很大影响,这就比直接用大麦粒作糖化原料要好。

（1）浸麦

用水浸渍大麦,使麦粒吸水和吸氧,为发芽提供条件。水温以 13~18 ℃ 为宜。浸渍用水可以是饮用水或饱和澄清石灰水,也可以使用甲醛水溶液,用法是每 100 L 水中加入 40% 甲醛溶液 70 g。大麦浸渍后,含水 40%~48%。浸麦不充足,大麦发芽力弱;浸麦过头,大麦胚芽易遭破坏。

（2）发芽

水分、氧气和温度是麦粒发芽的必要条件。大麦经水浸渍后,含水 40%~48%,在制麦芽过程需通入饱和湿空气,环境的相对湿度应维持在 85% 以上。麦粒发芽因呼吸作用而耗氧,同时产生出二氧化碳,因此制麦芽时通风,既供给氧气,又能驱走麦粒堆中积累的二氧化碳,有利于麦粒发芽。

大麦发芽过程中,形成了许多水解酶,如淀粉酶、蛋白酶、磷酸酯酶和半纤维素酶等。与此同时,在发芽过程中,麦粒本身含有的大分子物质在不同程度上被各种水解酶分解,分解成小分子物质,这些小分子物质的一部分留在胚乳细胞里,一部分供胚发育长成新幼根和幼芽,一部分作为能源,被消耗于细胞内的合成反应。发芽过程应避免阳光直射,因日光能促进叶绿素形成,有害啤酒风味。

（3）干燥

生产啤酒过程中一般不直接使用绿麦芽,而是使用干麦芽,这是因为麦芽经干燥处理,许多物质发生变化。

①各种酶的活力在不同程度上有所下降。

②蔗糖含量比绿麦芽略有升高。

③蛋白质的分解,焙焦变性凝固。

④焙焦时,还原糖与氨基酸或其他简单含氮物生成了具芳香味的黑色胶体物类黑精,类黑精对啤酒的生泡性和泡持性起着良好作用。

（4）麦芽除根

麦根的吸湿性强,如不除去,易吸收水分而影响麦芽的保存。麦根含有苦涩味物质、色素和蛋白质,对啤酒的风味、色泽和稳定性都不利。因此,经干燥后的麦芽,应立即用除根机除根,否则吸湿后不易除尽。

（5）麦芽保存

麦芽经适当时间储存后再用来糖化要比直接使用新鲜麦芽效果好。在储存期间,麦芽的淀粉酶和糖化酶活力以及酸度都有提高;另外,麦芽吸收了少量水分,在粉碎时谷皮不碎,对麦汁过滤有利。干麦芽除根稍冷后,应立即送入立仓储存。如采用袋装,因与空气接触面大而易吸水,故储存期较短,不宜超过 6 个月。

2）糖化

麦芽汁的制备过程称为糖化。糖化就是把干麦芽粉碎成砂粒大小的麦芽粒,依靠麦芽自身的各种水解酶,以水为溶剂,将麦芽粒中的淀粉、蛋白质等大分子物质分解成可溶性小分子糊精、低聚糖、麦芽糖和胨、肽、氨基酸,制成营养丰富、适合于酵母生长和发酵的麦芽汁。质量好的麦芽汁,麦芽内容物的浸出率可达到 80%。麦芽汁制造过程,包括原料的粉碎、糖化、麦芽汁过滤、麦汁煮沸与酒花添加、麦汁冷却(分离热、冷凝固物、降温、充氧)等过程。

（1）麦芽粉碎

粉碎是一种纯物理加工过程,原料通过粉碎可以增大内容物与水的接触面积,使淀粉颗粒很快吸水软化、膨胀以至溶解,使内含物与介质水和生物催化剂酶接触面积增大,加速物料内含物的溶解和分解,加快可溶性物质的浸出,促进难溶性物质的溶解。

（2）麦芽糖化

糖化是指利用麦芽本身所含有的各种水解类酶(或外加酶制剂),以及水和热力作用,将麦芽和辅助原料中的不溶性高分子物质(淀粉、蛋白质、半纤维素、植酸盐等)分解成可溶性的低分子物质(如糖类、糊精、氨基酸、肽类等)。溶解于水的各种干物质称为浸出物,制得的澄清溶液称为麦芽汁或者麦汁。

啤酒的品种和质量直接受麦汁质量的影响,啤酒的成本也受糖化工艺和原料、水、电、气消耗的影响,因此,糖化过程是啤酒生产中的重要环节。糖化过程主要包括淀粉分解、蛋白质分解、β-葡聚糖分解、酸的形成和多酚物质的变化。

①淀粉分解 辅料需先在糊化锅中煮沸糊化,然后再与麦芽粒一起进行糖化。辅料的淀粉颗粒在温水中吸水膨胀,当液温升到 70 ℃左右时,颗粒外膜破裂,内部的淀粉呈糊状物溶出而进入液体中,使液体黏度增加。如果温度继续升高,那么淀粉颗粒变成无形空囊,大部分的可溶性淀粉被浸出,液体成为半透明的均质胶体。

②蛋白质分解 麦芽粒总蛋白质中的 28%~40% 是可溶性的,它们可直接进入糖化醪液,大约总蛋白质的 15% 经酶水解后变成胨、肽和氨基酸,这些水解产物被溶入糖化醪液;余下的蛋白质被留在麦粒中。

③半纤维素分解 胚乳细胞的细胞壁主要由淀粉、蛋白质和半纤维素组成。在糖化时,半纤维素被 β-葡聚糖酶分解成 β-葡聚糖,它是一种以 β-1,4 键和 β-1,3 键连接成的多糖,有黏性,可进一步分解成葡萄糖、半乳糖、木糖等单糖。

④类黑精的生成 糖化醪中的单糖和氨基酸因受热发生反应生成类黑精。它的形成,使麦芽汁和啤酒的颜色加深。类黑精具有还原性,它的氧化产物对啤酒质量无影响,因此类黑精有保护麦芽汁和啤酒防止被氧化的作用。

⑤多酚物质 麦芽粒皮壳的下面是果皮和种皮，把这两层称为皮层。皮层含硅酸、单宁和苦味物质等，它们对啤酒发酵有害。在糖化醪加热时，这些物质被氧化，生成黄褐色的氧化物，从而影响到淡色啤酒的色泽。

（3）影响糖化效果的因素

糖化过程中，麦芽质量、糖化温度、糖化醪的 pH、浓度都会影响到糖化效果。

①麦芽质量及粉碎度 在发芽过程中，大麦自身的酶类将部分淀粉和蛋白质水解成可溶性的低分子糖和蛋白质分解物，这些物质基本上都留在胚乳细胞内，不过整个胚乳结构已由坚韧变为疏松，这种变化被称为麦芽的溶解。大部分淀粉和蛋白质在糖化时被水解并同上述物质一起被溶出，溶出成分的量越多，也就是浸出率越高，说明麦芽质量越好。

②糖化温度和时间 糖化温度为 65~70 ℃，糖化时间控制在 20 min 左右，用碘液检查糖化终点。一般先在 63 ℃ 或 65 ℃ 作用 40~60 min，使 β-淀粉酶发挥最大作用，在得到适量的麦芽糖后，再升温至液化酶的最适温度，在 70 ℃ 下让液化酶和糖化型淀粉酶继续作用 5 min 左右，这部分的液化产物在以后升温杀酶过程中被糖化完全。

③糖化醪的 pH 值 液化酶最适 pH 为 5.3~5.8；β-淀粉酶最适 pH 为 5.0~5.4；β-葡聚糖酶最适 pH 为 4.8~5.5；内切型肽酶的最适 pH 为 4.5~5.0；氨肽酶的最适 pH 为 7.2；羧肽酶的最适 pH 是 5.2。为了使淀粉和蛋白质均能很好地被酶水解，同时考虑让 β-葡聚糖酶发挥最大的作用，使胚乳细胞壁分解，蛋白质及淀粉充分受蛋白酶和淀粉酶水解，因此，糖化醪的 pH 值选择在 5.2~5.8 为宜。

④糖化醪的浓度 按糖化速度和糖化最终产物的组成来看，糖化醪的浓度以 14%~18% 为宜。浓醪不仅因其高浓度影响酶对底物的作用速度，而且糖化产物中可发酵性糖所占的比例也会减少。

（4）糖化方法

生产淡色啤酒，一般都采用两次煮出糖化法。这个方法的特点就是在糊化锅中前后进行过两次煮沸操作，第 1 次是将辅助原料在糊化锅中煮沸糊化，然后进入糖化锅糖化。煮沸糊化的目的是使糖化时糖化酶容易作用。第 2 次煮沸的对象是部分糖化醪液，煮沸意图是为了杀酶，避免对啤酒泡沫性和口味醇厚性有益的物质被过度分解。

①将麦芽粒和水在糖化锅中拌匀，两者用量的比例为 1∶5（体积质量），在 35~37 ℃ 下浸渍 30 min，让 β-葡聚糖酶作用，将大麦胚乳细胞壁分解。接着在 30 min 内升温至 50 ℃，保温 40~120 min，使蛋白质分解，并等候投入糊化醪。

②在糊化锅中将大米细粉与麦芽粒用 45 ℃ 温水拌匀，大米用量为麦芽粒总用量的 30%，糊化时麦芽粒的用量为大米用量的 20%，原料和水的用量比为 1∶5（体积质量）。拌匀后，保温 20 min 使蛋白质分解。接着在 10 min 内升温至 70 ℃，让糊化、液化和糖化同时进行，作用时间为 20 min。最后在 10 min 内升温至 100 ℃，煮沸 40 min，得糊化醪。

③将煮沸的糊化醪从糊化锅泵入糖化锅，使混合醪的温度达到 63~70 ℃，维持 30~40 min，完成糖化，在此期间每隔 5 min 用碘液检查糖化情况，直至反应液呈黄色，说明糖化基本上已接近终点。

在基本完成糖化后，将大约总量 1/3 的糖化醪液泵入糊化锅，在 10~20 min 内加热至沸，然后立即泵回糖化锅，使混合醪的温度达到 76~78 ℃，保温 10 min 进行彻底糖化，随之各种酶活力都丧失。上述糖化醪液经过滤得到原麦芽汁。

（5）麦芽汁过滤

糖化过程结束时，麦芽和辅料中高分子物质的分解、萃取已经基本完成，必须要在最短时间内把麦汁和麦糟分离，也就是把溶于水的浸出物和残留的皮壳、高分子蛋白质、纤维素、脂肪等分离，分离过程称为麦芽汁的过滤。

①麦汁过滤的目的　麦汁过滤的目的是把糖化醪中的水溶性物质与非水溶性物质进行分离。在分离的过程中，要在不影响麦汁质量的前提下，尽最大可能获得浸出物，尽量缩短麦汁过滤时间，以提高糖化设备利用率。

②过滤方法　麦汁过滤方法大致可分为 3 种：一是过滤槽法；二是快速渗出槽法；三是压滤机法，压滤机法又有传统的压滤机、袋式压滤机、膜式压滤机和厢式压滤机之分。

（6）麦芽汁煮沸

糖化醪经过滤得到的清亮的麦汁要进行煮沸，煮沸期间要添加酒花。麦汁煮沸是糖化中极其重要的一步，对下一步发酵过程的工艺控制，直至生产出优质的产品，都有着极其重要的影响。煮沸工序质量的好坏，直接影响着风味的改进、凝固物的形成、稳定性问题及麦汁浓度的控制等。

①原麦芽汁煮沸和添加酒花的作用。

a.将原麦芽汁蒸发、浓缩，使其达到所要求的浓度。

b.通过加热，使麦芽蛋白质在微酸性条件和酒花存在下成片状析出，其成分主要是蛋白质和多酚物质的复合物以及被复合物吸附的酒花树脂和铁、铜等金属离子。这种片状的复合物沉淀，一部分在 60 ℃以上析出，另一部分在麦芽汁冷却过程中析出。

c.使酒花的成分溶出。原麦芽汁煮沸时溶出的酒花油以及 β-酸的煮沸产物都具有独特的香气，溶出的 α-酸被异构化成为异 α-酸，它不仅具有可口的苦味，还能增强麦汁的防腐能力和泡沫持久性。

d.破坏 α-淀粉酶及其他酶的活性，使麦芽汁所含成分不再变动。

e.杀灭麦芽汁中的乳酸菌等杂菌，以免发酵时产生酸败现象。

f.蒸发掉如酒花油中香叶烯等挥发性的异味物质。

g.麦芽汁在加热煮沸过程中生成类黑精等还原性物质，它们能增强啤酒的香气、泡沫持久性及胶体稳定性。

②煮沸的技术条件。

a.煮沸强度。又称为蒸发强度，是指单位时间内所蒸发掉的水分占混合麦芽汁（麦芽汁加上洗糟水）的百分比例，要求为 8%～10%。

b.pH 值。原麦芽汁煮沸时蛋白质凝固的最适 pH 为 5.2。在原麦芽汁煮沸过程中，由于钙离子与磷酸盐作用而放出氢离子，故 pH 值是逐步降低的，在煮沸结束时，麦芽汁的 pH 值可达到 5.4～5.6。因洗糟水 pH 值偏高，故麦芽汁的 pH 值很难降到 5.3 或 5.3 以下。如果煮沸后麦芽汁的 pH 值偏高，应添加磷酸予以调整。

c.煮沸时间。煮沸时间由原麦芽汁的蒸发强度和啤酒种类等因素而定。煮沸时间的长短对蛋白质凝固与析出的数量影响很大，延长煮沸时间，对凝固、去除蛋白质有利。但是，如果煮沸时间过长，会产生许多副作用，如麦芽汁颜色深，苦味物质损失大，泡沫差等，故一般煮沸时间控制在 1.5～2 h。

③原麦芽汁煮沸方法及其操作　国内啤酒厂多采用蒸汽常压煮沸法。当麦芽汁盖满煮沸锅

的加热器后,为缩短煮沸操作时间即开始加热,并在 80 ℃保持 30 min,让 α-淀粉酶将残存的淀粉分解完全。接着升温至沸,在全部混合麦芽汁沸腾后,继续煮沸 60~90 min,并始终保持强烈的翻腾状态,此期间按时添加酒花并经常取样检查煮沸质量,煮沸时间不宜超过 120 min。

（7）添加酒花

酒花是啤酒重要的生产原料,可赋予啤酒特有的香味和爽快的苦味,增加啤酒的防腐能力,提高非生物稳定性,并且可防止煮沸时串沫。添加酒花都在麦芽汁煮沸过程中进行,因为沸腾状态的麦芽汁不仅可加强酒花的分散和有效成分的浸出,而且会将 α-酸异构为异 α-酸。添加酒花时,不同的添加时间和不同的添加量会有不同的结果,因此掌握好添加时间和各次添加量是十分重要的。

添加酒花的目的是凝固蛋白质、促苦和增香。在添加时,按不同的添加目的而使用不同质量规格的酒花。麦芽汁开始煮沸时,添加酒花的主要目的是利用其苦味以及防止泡沫升起,因此可先用质较次或存放时间较长的酒花。最后一次添加酒花为获得酒花香气,因此应选用优质的新鲜酒花。分次加入酒花时,第一次可少加些,以后几次可多加些,用意是改善口味,增加香气和降低色泽。

（8）麦芽汁的后处理

麦汁煮沸后,还不能马上进入发酵,需要进行一系列处理,包括热凝固物分离、冷凝固物分离、麦汁的冷却与充氧等一系列处理。由于发酵技术以及成品啤酒质量要求不同,处理方法也有较大差异。最主要的差别是冷凝固物是否分离。

①热凝固物的分离　热凝固物是在较高的温度下凝固析出的凝固物。这种凝固物主要是在麦汁煮沸时,由于蛋白质变性和凝聚,以及与麦芽汁中多酚物质不断氧化和聚合而形成。60 ℃以上,热凝固物不断析出,60 ℃以下就不再析出。热凝固物对啤酒酿造没有任何价值,相反它的存在会损害啤酒质量,如不分离,会引起大量活性酵母吸附,影响发酵,若带入啤酒会影响啤酒的非生物稳定性和风味,另外,如果分离效果不好会给啤酒的过滤增加困难。

②冷凝固物的分离　麦汁经冷却析出的混浊物质称为冷凝固物。冷凝固物从 80 ℃以后就开始凝聚析出,随着温度的降低、pH 的变化以及氧化作用,析出量逐渐增多。冷凝固物主要是麦汁中的蛋白质以及蛋白质的分解产物与多酚以氢键相连形成的不溶性物质,这种连接是可逆的,当麦汁重新加热至 60 ℃以上,沉淀消失,麦汁又恢复透明。

③麦汁的冷却　煮沸定型的麦汁需进一步冷却至发酵温度 7~8 ℃,以适用于酵母发酵。常用的冷却方法是一段冷却,冷却设备是薄板冷却器。

④麦汁充氧　在啤酒发酵过程中,前期是有氧呼吸,主要是酵母细胞的增殖,后期则是厌氧发酵,酵母细胞利用麦芽汁中的营养成分生成酒精、杂醇油和有机酸等。

因为酵母细胞需在有氧条件下合成细胞膜的组成成分不饱和脂肪酸和甾醇,所以,冷麦芽汁在添加酵母前或同时,必须充氧。麦汁含氧量控制在 7~10 mg/L,过高会使酵母繁殖过量,发酵副产物增加,过低酵母繁殖数量不足,降低发酵速度,通入的空气应先进行无菌处理,否则会污染发酵罐。麦汁通风供氧有几种方法,大多数采用文丘里管进行充氧。

3）发酵

冷却后的麦汁添加酵母以后,发酵过程开始了。啤酒发酵是在啤酒酵母体内所含的一系列酶类的作用下,以麦汁所含的可发酵性营养物质为底物而进行的一系列生物化学反应。

（1）啤酒酵母

啤酒酵母属于真菌门,子囊菌纲,原子囊菌亚纲,内孢霉目,内孢霉科,酵母亚科,酵母属,啤酒酵母种。通过啤酒酵母的作用,麦汁转变为一定量的乙醇、CO_2以及少量的代谢副产物如高级醇、酯类、连二酮类、醛类、酸类和含硫化合物等。这些发酵产物影响到啤酒的风味、泡沫性能、色泽、非生物稳定性等理化指标,并形成了啤酒的典型性。

按照发酵类型,啤酒酵母可分为上面酵母和下面酵母。发酵终了时,上面酵母漂浮在发酵液表面,下面酵母凝聚且沉淀在容器底部。

（2）主发酵

啤酒发酵分主发酵(旺盛发酵)和后熟两个阶段。在主发酵阶段,进行酵母的适当繁殖和大部分可发酵性糖的分解,同时形成主要的代谢产物乙醇和高级醇、醛类、双乙酰及其前驱物质等代谢副产物。

根据发酵液表面现象的不同,可以将整个主发酵过程分为5个阶段。

①酵母繁殖期　麦汁添加酵母8~16 h后,液面出现CO_2气泡,逐渐形成白色、乳脂状泡沫。酵母繁殖20 h左右,即转入主发酵池。若麦汁添加酵母16 h后还未起泡,可能是接种温度或室温太低、酵母衰老、酵母添加量不足、麦汁溶解氧含量不足或麦汁中含氮物质不足等原因造成的。应根据具体原因进行补救。

②起泡期　换池4~5 h后,在麦汁表面逐渐出现更多的泡沫,由四周渐渐涌向中间,外观洁白细腻,厚而紧密,形如菜花状。此时发酵液温度每天上升0.5~0.8 ℃,耗糖0.3~0.5 °P,维持时间1~2 d。

③高泡期　发酵3 d后,泡沫增高,形成卷曲状隆起,高达25~30 cm,并因酒花树脂和蛋白质-单宁复合物沉淀的析出而逐渐转变为黄棕色,此时为发酵旺盛期,热量大量释放,需要及时降温。降温应缓慢进行,否则会引起酵母早期沉淀,影响正常发酵。维持时间一般为2~3 d,每天降糖1.5 °P左右。

④落泡期　发酵5 d以后,发酵力逐渐减弱,CO_2气泡减少,泡沫回缩,析出物增多,泡沫由黄棕色变为棕褐色。发酵液每天温度下降0.5 ℃,每日耗糖0.5~0.8 °P,一般维持2 d左右。

⑤泡盖形成期　发酵7~8 d,酵母大部分沉淀,泡沫回缩,形成一层褐色苦味的泡盖,集中在液面。每日耗糖0.5~0.2 °P,控制降温±0.5 ℃/d,下酒品温应在4~5.5 ℃。

（3）后发酵

后发酵阶段主要进行双乙酰的还原使酒成熟、完成残糖的继续发酵和CO_2的饱和,使啤酒口味清爽,并促进了啤酒的澄清。

①后发酵的目的　主发酵结束后,下酒至密闭式的后发酵罐,前期进行后发酵,后期进行低温储藏。后发酵的目的是:残糖的继续发酵、促进啤酒风味成熟、增加CO_2的溶解量、促进啤酒的澄清。主发酵时麦汁中的糖类大部分被发酵,但仍然存在一些麦芽糖和难发酵的麦芽三糖,后发酵就是使这一部分糖被发酵。同时啤酒中还含有一些造成啤酒不成熟味道的物质(如双乙酰、乙醛、含硫化合物等),经过后发酵使这些物质被挥发、转化而消除,使啤酒成熟。发酵全部结束后,酒中还悬浮有酵母、大分子蛋白质、酒花树脂、多酚物质等悬浮固体颗粒,经

过后发酵使酒中的悬浮物沉淀而使酒澄清。

②后发酵操作与技术要求 后发酵是传统发酵的一个必然过程。后发酵过程可分为3个时期。

a.开口发酵期(后发酵前期,发酵旺盛,产生的 CO_2 洗涤嫩啤酒,排除生酒味)。

b.封口发酵期(继续发酵,罐压增加,后发酵的后期)。

c.储酒期(酵母发酵微弱,主要是酒的澄清、CO_2 饱和及缓慢酯化等)。

③下酒 传统发酵中将主发酵池的嫩啤酒转移到后发酵罐的操作称为下酒。下酒的方式有上面下酒法和下面下酒法。上面下酒法从后发酵罐的上口进酒,产生泡沫多,不易控制,很少被采用。下面下酒法是从后发酵罐的下口进酒,下酒时罐内酒液可有一个反压加在进酒管口,因此酒液较稳定,泡沫少,CO_2 损失少,操作容易掌握,罐的充填系数高于上面下酒法。下面下酒法又可分为一次下酒法、混合下酒法、分批下酒法和加高泡酒法等。

④后发酵室温度的控制 传统后发酵酒温是由后发酵室温度来调节的,如后发酵前期室温控制在 3~5 ℃,后期室温为 1~10 ℃,这样可以促进双乙酰的还原,有利于酒液的澄清。但实际上难以实现后发酵前期温度高、后期温度低的要求。如果将后发酵室温有效地控制在 2~3 ℃的范围(不超过 4 ℃),完全能满足正常啤酒生产的需要。

⑤罐压力控制 下酒时有 1.5%~3% 的可发酵浸出物,下酒温度 4~6 ℃,含有酵母细胞数 $(10~15)×10^6$ 个/mL,后发酵室室温 0~3 ℃,下酒后 3 h,酵母继续发酵,把罐内空气排出后立即封罐,以减少酒与空气的接触。一般 3~7 d 内可以达到工艺规定的罐压 0.05~0.07 MPa,每天进行压力调整,将多余的 CO_2 排出。罐压控制必须注意:必须根据 CO_2 含量的实际需要控制罐压;罐压控制要以后发酵室温为依据,发酵液品温高,罐压就要高。当后发酵室温大于 3 ℃时,罐压可控制在 0.118~0.137 MPa,室温在 3 ℃以下,罐压控制在 0.078~0.098 MPa;后发酵罐压在封罐后 3 d 内,最好能达到 0.039~0.049 MPa,以后的 3~5 d 必须达到工艺规定的压力。

⑥储酒期控制 从封罐开始到酒成熟的天数称为酒龄。传统低温长时间储酒要 60~90 d,经过改进后缩短至 15~30 d。储酒期长短主要取决于:啤酒经过低温储存,除了使酒成熟、口味纯正和 CO_2 饱和外,还要考虑啤酒的保质期;此外,也取决于储酒罐的特点、酵母特性和产品供需要求的特点。

(4)过滤

啤酒发酵结束后,将储酒罐内的成熟啤酒通过机械过滤或离心,除去啤酒中不能自然沉降的、对啤酒品质有不利影响的少量酵母、蛋白质等大分子物质以及细菌等,使啤酒澄清,有光泽,口味纯正,改善啤酒的生物和非生物稳定性。啤酒过滤常用的方法有滤棉过滤法、硅藻土过滤法、微孔膜过滤法等。对于成熟啤酒中含有较大的颗粒和较多的酵母细胞,宜采用零下低温沉降或用离心机分离后再过滤。经过后发酵而成熟的啤酒在过滤机中将所有剩余的酵母和不溶性蛋白质滤去,就成为待包装的清酒。

4)包装及灭菌

(1)包装

啤酒包装是啤酒生产过程中最后一个环节,将过滤好的啤酒从清酒罐中分别灌装入洁净的瓶、罐或桶中,立即封盖,进行生物稳定处理、贴标、装箱为成品啤酒。投放市场的啤酒多以瓶装为主。

包装工艺及操作是否合理,对啤酒质量的稳定性和保质期有直接影响。如果控制不当,就会在极短的包装时间内使酿造好的啤酒变成次酒乃至不合格啤酒。严格认真的包装,能保证产品质量,降低酒损和瓶耗。

（2）灭菌

酿造出来的鲜啤酒,一般含有酵母菌和其他杂菌,需经杀菌处理,以提高产品的生物稳定性和延长啤酒保存期。瓶装熟啤酒应进行巴氏杀菌,小厂用吊笼式杀菌槽,大厂用隧道式喷淋杀菌机。啤酒杀菌的工艺要求如下:

①经杀菌的啤酒不得发生酵母混浊,色、香、味不得与原酒有显著变化。

②在灭菌温度 65 ℃以下、CO_2 含量 0.4%~0.5%条件下,瓶装啤酒的瓶颈空间容积应为瓶容积的 3%。杀菌温度超过 65 ℃,应保持瓶颈空间容积为瓶容积的 4%。

③喷淋水喷射均匀,标准处理量时,杀菌效果为 15~30 Pu,主杀菌区杀菌温度为 61~62 ℃。

啤酒设备的清洗和杀菌是提高啤酒质量最关键的技术措施。因此,在啤酒生产过程中,除了采取正确的生产工艺外,还必须对设备进行正确、及时的清洗,并定期进行消毒和杀菌。

【技能训练】

一、糖化实训操作

1）目的要求

协定法糖化试验是欧洲啤酒酿造协会(EBC)推荐的评价麦芽质量的标准方法,我们用该法进行小量麦芽汁制备,并借此评价所用麦芽的质量。

2）基本原理

利用麦芽所含的各种酶类将麦芽中的淀粉分解为可发酵性糖类,蛋白质分解为氨基酸。

3）仪器与材料

（1）仪器

①实验室糖化器:由水浴和 500~600 mL 的烧杯组成糖化仪器,杯内用玻棒搅拌或用 100 ℃温度计作搅拌器(此时搅拌应十分小心,以免敲碎水银头)。实验时杯内液面应始终低于水浴液面。最好采用专用糖化器(该仪器有一水浴,水浴本身有电热器加热和机械搅拌装置。水浴上有 4~8 个孔,每个孔内可放一糖化杯,糖化杯由紫铜或不锈钢制成,每一杯内都带有搅拌器,转速为 80~100 r/min,搅拌器的螺旋桨直径几乎与糖化杯同,但又不碰杯壁,它离杯底距离只有 1~2 mm)。

②粉碎机。

③白色滴板或瓷板、玻棒或温度计。

④滤纸、漏斗、电炉。

（2）材料

①麦芽。

②碘溶液,0.02 N:2.5 g 碘和 5 g 碘化钾溶于水中,稀释到 1 000 mL。

4) 操作步骤

（1）协定法糖化麦汁的制备

①取 50 g 麦芽,用植物粉碎机将其粉碎。

②在已知重量的糖化杯(500~600 mL 烧杯或专用金属杯)中,放入 50 g 麦芽粉,加 200 mL 46~47 ℃的水,于不断搅拌下在 45 ℃水浴中保温 30 min。

③使醪液以每分钟升温 1 ℃的速度,升温加热水浴,25 min 内升至 70 ℃。在此时于杯内加入 100 mL 70 ℃的水。

④70 ℃保温 1 h 后,在 10~15 min 内急速冷却到室温。

⑤冲洗搅拌器。擦干糖化杯外壁,加水使其内容物准确称量为 450 g。

⑥用玻棒搅动糖化醪,并注于干漏斗中进行过滤,漏斗内装有直径 20 cm 的折叠滤纸,滤纸的边沿不得超出漏斗的上沿。

⑦收集约 100 mL 滤液后,将滤液返回重滤。过 30 min 后,为加速过滤可用一玻棒稍稍搅碎麦槽层。将整个滤液收集于一干烧杯中。在进行各项试验前,需将滤液搅匀。

（2）糖化时间的测定

①在协定法糖化过程中,糖化醪温度达 70 ℃时记录时间,5 min 后用玻棒或温度计取麦芽汁 1 滴,置于白滴板(或瓷板)上,再加碘液 1 滴,混合,观察颜色变化。

②每隔 5 min 重复上述操作,直至碘液呈黄色(不变色)为止,记录此时间。由糖化醪温度达到 70 ℃开始至糖化完全无淀粉反应时止,所需时间为糖化时间。报告以每 5 min 计算:如 <10 min,10~15 min,15~20 min 等正常范围值浅色麦芽。

（3）过滤速度的测定

以从麦汁返回重滤开始至全部麦芽汁滤完为止所需的时间来计算,以快、正常和慢等来表示,1 h 内完成过滤的规定为"正常",过滤时间超过 1 h 的报告为"慢"。

5) 结果与分析

①气味的检查。糖化过程中注意糖化醪的气味。具有相应麦芽类型的气味规定为"正常",因此对深色麦芽若有芳香味,应报以"正常";若样品缺乏此味,则以"不正常"表示,其他异味也应注明。

②透明度的检查。麦汁的透明度用透明、微雾、雾状和混浊表示。

③蛋白质凝固情况检查。强烈煮沸麦芽汁 5 min,观察蛋白质凝固情况。在透亮麦芽汁中凝结有大块絮状蛋白质沉淀,记录为"好";若蛋白质凝结细粒状,但麦汁仍透明清亮,则记录为"细小";若虽有沉淀形成,但麦汁不清,可表示为"不完全";若没有蛋白质凝固,则记录为"无"。

6) 注意事项

粉碎最好用 EBC 粉碎机,若用 1 号筛粉碎,细粉约占 90%,用 2 号筛粉碎细粉约占 25%。对溶解度好的麦芽,建议用 2 号筛,细粉太多影响过滤速度,一般要求粗粒与细粒(包括细粉)的比例达 1∶2.5 以上。麦皮在麦汁过滤时形成自然过滤层,因而要求破而不碎。如果麦皮粉碎过细,不但会造成麦汁过滤困难,而且麦皮中的多酚、色素等溶出量增加,会影响啤酒的色泽和口味。但麦皮粉碎过粗,难以形成致密的过滤层,会影响麦汁浊度和得率。麦芽胚乳是浸出物的主要部分,应粉碎得细些。为了使麦皮破而不碎,最好稍加回潮后进行粉碎。

二、啤酒生产操作

1）目的要求

①掌握啤酒的生产工艺过程和酿造原理。

②学会啤酒在发酵过程中质量的控制及指标的测定方法。

③学会啤酒的简单的质量评定方法。

2）基本原理

麦芽经过糖化制成麦芽汁，麦芽汁经啤酒酵母发酵生成啤酒的生产工艺过程。

3）仪器与材料

（1）器材

普通比重计、250 mL 量筒、温度计、酒精计、恒温水浴、容量瓶、25 型酸度计、分光光度计、便携式折光计、容量瓶 100 mL 若干个、10 L 规格的玻璃容器 19 个。培养箱、无菌操作间、显微镜、破碎机、糖度计、糖化锅、过滤器、水浴锅、发酵罐、瓶口密封机、冰箱、三角瓶、比色管、比重计。

（2）材料

膨润土、PVPP、啤酒泥、乙醇、超纯水、邻苯二甲酸氢钾（pH 4.01）、过氧化氢溶液、氢氧化钠溶液、碳酸钠、甲基红-次甲基蓝混合指示剂、硝酸溶液、铁、铜、亚硫酸、碳酸钠、麦芽 5 kg、酒花 50 g、啤酒酵母、碘液适量。

4）操作步骤

（1）麦芽汁制备

先将麦芽粉碎，再将 2 500 mL 水放入不锈钢锅中加热至 50 ℃，此时把粉碎的麦芽放入热水中搅拌均匀，置于恒温水浴锅中浸渍 1 h 左右。升温至 65~68 ℃保温 2 h。以后每隔 5 min 取 1 滴麦汁与碘反应，至不呈色，糖化结束。糖化结束的麦汁立即升温至 76~78 ℃，趁热用纱布过滤，滤渣可加入少量 78~80 ℃热水洗涤，使总滤液达到 2 500 mL。为了有利于麦汁的澄清，可将 1 个鸡蛋的蛋清放在碗中搅散大量泡沫时放入麦汁中，同时添加酒花 2 g 搅匀，煮沸 25 min，又加酒花 1.5~2 g，停止加热，冷却后经沉淀过滤得到透明的麦汁，要补加一定的水。再冷却至 10 ℃备用。

（2）发酵

取 250 mL 麦汁放入经过消毒处理后的 500 mL 烧杯中，加入 12.5 g 酵母泥混匀，在 20~25 ℃下培养 12~24 h，培养过程中经常搅拌，待发酵旺盛时，倒入不锈钢锅中，加入所有的麦汁于 10~13 ℃下发酵。约经过 20 h，液面有白色泡沫升起。以后 2~3 d 内泡沫越来越多，又经过 2~3 d 泡沫逐渐下降。落泡后，口尝发酵液，应觉到醇厚柔和，有麦芽和酒花香。

（3）后熟

在 10 ℃左右发酵 10 d，发酵后的嫩啤酒用细棉布过滤，装入特制的无肩啤酒瓶中，密闭，再在 0 ℃储藏 20 d，60 ℃杀菌 30 min，即为啤酒。要求饮用时清香爽口，酒味柔和。

注意事项：在啤酒酿造过程中，所用的工具和容器，都要严格消毒。

5）分析检测

①可溶性固形物：手持测糖计测定。

②滴定酸:指示剂法(国标法)。

③pH 值:酸度计(电位滴定法)。

④酒精度:蒸馏法。

⑤比重:比重计法。

6)结果记录

记录酒的发酵曲线,发酵结束后对啤酒的理化指标进行测定,并对产品进行感官评价。在此基础上,进行分析。要求掌握酿造啤酒的原理,熟练啤酒酿造的流程。

任务 7.3　葡萄酒发酵生产

【活动情境】

葡萄酒是用新鲜的葡萄和葡萄汁为原料,经全部或部分酒精发酵酿造而成的,含有一定酒精度的发酵酒。葡萄酒酿造时,利用葡萄酒酵母将新鲜葡萄汁中的葡萄糖、果糖等可发酵性糖转化为酒精和二氧化碳,同时生产高级醇、脂肪酸、挥发酸、酯类等副产物。现有原料葡萄、葡萄酒酵母等原料,如何进行红、白葡萄酒的酿造?

【任务要求】

熟悉葡萄酒的种类及其特点;葡萄酒酿造前原料的选择与准备的相关知识;掌握酿酒葡萄的种类、采收、葡萄汁的制备及二氧化硫的添加等相关知识;掌握红、白葡萄酒的酿造工艺技术;葡萄酒的后处理及其罐装技术。

1.能够熟练操作葡萄酒酿造的各项技能。

2.能够分析葡萄酒酿造过程的影响因素,并学会用本章所学基本理论分析解决生产实践中的相关问题。学会分析产品生产中常见问题。

【基本知识】

葡萄是一种营养价值很高、用途很广的浆果植物,具有高产、结果早、适应性强、寿命长的特点,在所有水果中,葡萄最适于酿酒,其主要原因如下:

①葡萄汁含有的糖分量,最适合酵母的生长繁殖。

②葡萄皮上带有天然葡萄酒酵母。

③葡萄汁里含有酵母生长所需的所有营养成分,满足了酵母的生长繁殖。

④葡萄汁酸度较高,能抑制细菌生长,但其酸度仍在酵母的适宜生长范围。

⑤由于葡萄汁的糖度高,发酵得到的酒度也高,再加上酸度高,从而保证了酒的生物稳定性。

⑥葡萄有美丽的颜色,或浓郁或清雅的香味,酿成酒后,色、香、味俱佳。

葡萄酒是一种国际性饮料酒,产量在世界饮料酒中列第二位。由于葡萄酒酒精含量低,营养价值高,因此是饮料酒中主要的发展品种。世界上许多国家,如意大利、法国、西班牙等国的葡萄酒产量居世界前列。

7.3.1 葡萄酒定义

根据国际葡萄与葡萄酒组织的规定(OIV,1996),葡萄酒是以100%的葡萄经天然发酵酿制成酒精度数在8%～15%的饮料。根据气候、土壤条件、葡萄品种和一些葡萄产区特殊的质量因素或传统,在一些特定的地区,葡萄酒的最低酒精度数可低至7%。按照我国最新的葡萄酒标准GB15037—2006规定,葡萄酒是以鲜葡萄或葡萄汁为原料,经全部或部分发酵酿制而成的,酒精度不低于7.0%的酒精饮品。

7.3.2 葡萄酒的分类

1)按酒的颜色分类

①红葡萄酒 用皮红肉白或皮肉皆红的葡萄,经葡萄皮和汁混合发酵而成。酒色呈自然深宝石红、宝石红或紫红、石榴红色。

②白葡萄酒 用白葡萄或皮红肉白的葡萄,经皮肉分离发酵而成。酒色近似无色或浅黄微绿、浅黄、淡黄、禾秆黄色,外观澄清透明,果香芬芳,幽雅细腻,滋味微酸、爽口。

③桃红葡萄酒 用带色红葡萄短时间浸提或分离发酵制成。酒色介于红、白葡萄酒之间,主要有淡玫瑰红、桃红,浅红色。这一类葡萄酒在风味上具有新鲜感和明显的果香,含单宁不宜太高。玫瑰香葡萄、黑比诺、佳利酿、法国蓝等品种都适合酿制桃红葡萄酒。另外,红、白葡萄酒按一定比例勾兑也可算是桃红葡萄酒。

2)按含糖的多少分类

①干葡萄酒 含糖量≤4.0 g/L。品评感觉不出甜味,具有洁净、爽怡、和谐怡悦的果香和酒香。

②半干葡萄酒 含糖量4.1～12 g/L,微具甜味,口味洁净、舒顺,味觉圆润,并具和谐的果香和酒香。

③半甜葡萄酒 含糖量12.1～50 g/L,具有甘甜、爽顺、舒愉的果香和酒香。

④甜葡萄酒 含糖量≥50.1 g/L,具有甘甜、醇厚、舒适爽顺的口味及和谐的果香和酒香。

3)按含不含二氧化碳分类

①平静葡萄酒 也称为静酒。在20 ℃时,不含有自身发酵或人工添加CO_2的葡萄酒。

②起泡葡萄酒 所含CO_2是用葡萄酒加糖再发酵产生的。在法国香槟地区生产的起泡酒称为香槟酒,在世界上享有盛名。其他地区生产的同类型产品按国际惯例不得称为香槟酒,一般称为起泡酒。

③葡萄汽酒 葡萄酒经加糖发酵产生CO_2或是人工方法将CO_2压入酒中,因CO_2作用使酒更具有清新、愉快、爽怡的味感。

7.3.3　原　料

葡萄酒是用葡萄汁经酵母发酵而得到的一种低酒精含量的饮料。葡萄酒的好坏、原料葡萄的品质起到90%的决定作用，因此酿造葡萄酒，主要是原料葡萄的选择。供酿酒用葡萄品种多达千种以上，多数为欧亚种。

1) 酿造白葡萄酒的优良品种

酿造白葡萄酒的优良品种，有贵人香、霞多丽、白诗南、龙眼、赛美蓉等。其中我国主栽品种是贵人香和龙眼。尤其龙眼，是我国古老的栽培品种，现在从黄土高原到山东均有广泛栽培。

2) 酿造红葡萄酒的优良品种

酿造红葡萄酒的优良品种，有赤霞珠、品丽珠、梅鹿辄、佳丽酿、黑品乐、法国兰、宝石解百纳等。这些品种大都是1892年由欧洲传入我国的。赤霞珠是法国波尔多地区酿造干红葡萄酒的传统名贵品种之一，具有"解百纳"的典型性，成酒酒质优，随着近几年"干红热"的流行，已成为我国红葡萄酒的重要原料品种。

3) 调色品种

主要包括紫北塞、晚红蜜、烟74等。烟74是目前最优良的调色品种，颜色深且鲜艳，长期陈酿后不易沉淀，后味正，特别适于作调色品种。

与酿酒用葡萄的品质有密切关系的自然条件，有以下几个方面：

(1) 气温

根据栽培经验要使欧洲葡萄栽培成功，温和季节的月平均气温为19 ℃左右，最寒冷季节的月平均气温需在1 ℃以上。

(2) 降水量

欧洲葡萄主要产地的年降雨量在850 mm以下，特别在4—9月份的葡萄生长期，其降雨量仅为400 mm左右。由于降雨量少、空气干燥、日照时间长，因此病虫害的发生也就少。在夏季几乎不下雨或完全不下雨的地区所产的葡萄，其品质优良。但在冬季必须要有充足的降雨量。

(3) 土壤

葡萄果树能适应各种类型的土壤。从砂质土壤到浅质、深质土壤，从瘦土到肥土，其适应范围很广。欧洲系葡萄树根渗入土壤很深。如将葡萄果树栽培到肥沃的土壤中，葡萄的产量虽然高，但品质不一定好。然而，下层由硬土层、石块或黏土等构成的不太肥沃的土壤所栽培出来的葡萄，其品质大多十分优良。砂质土壤由于不能很好地保持水分，因此需要深耕土壤来确保有效的水分。但排水不好，也不可能收获优质葡萄。

7.3.4　红葡萄酒生产工艺

1) 预处理

(1) 葡萄的破碎与除梗

为使酵母易与果汁接触,加快发酵速度,利于红葡萄酒色素的浸出,常将果粒压碎使果汁流出,这就是葡萄的破碎。在破碎过程中,要求每粒葡萄都要破碎;籽粒不能压破,梗不能压碎,皮不能压扁;葡萄及汁不得与铁铜等金属接触。

由于果梗的化学成分主要有单宁、树脂等,单宁具有强烈的粗糙感,树脂呈现苦味,使酒产生过重的涩味,果梗还会吸附色泽而导致色泽损失,因此不论酿制红或白葡萄酒,都需先将葡萄除梗。新式葡萄破碎机都附有除梗设置,有先破碎后除梗,或先除梗后破碎两种形式。

(2) 果汁分离

白葡萄酒先压榨后发酵,红葡萄酒先发酵后压榨。压榨是将果渣中的果汁通过压力分离出来的操作过程。葡萄汁分为自流汁和压榨汁。在破碎过程中自流出来的葡萄汁称为自流汁。与此相区别,加压之后流出来的葡萄汁称为压榨汁。为了增加出汁率,在压榨时一般采用2~3次压榨。

(3) 二氧化硫的添加

葡萄汁中酚类化合物、色素、儿茶素等易发生氧化反应,使果汁变质,当葡萄汁中有游离二氧化硫存在时,首先与二氧化硫发生氧化反应,可防止葡萄汁被氧化。

果汁分离后需立即进行二氧化硫处理,以防果汁氧化。二氧化硫在葡萄酒中有杀菌、澄清、抗氧化、增酸、使酒的风味变好等作用。

(4) 果汁澄清

酿制优质的葡萄酒,葡萄汁在启动发酵前要进行澄清处理,尽量将葡萄汁中的杂质减少到最低含量,以避免葡萄汁中的杂质因参与发酵而产生不良的成分给酒带来杂味,使发酵后的葡萄酒保持新鲜、天然的果香和纯正、优雅的滋味。葡萄汁澄清的方法如下:

①果胶酶法　果胶酶可以软化果肉组织中的果胶质,使之分解生成半乳糖醛酸和果胶酸,使葡萄汁的黏度下降,原来存在于葡萄汁中的固形物失去依托而沉降下来,以增强澄清效果,同时也有加快过滤速度,提高出汁率的作用。

②皂土澄清法　皂土也称为膨润土,是一种由天然黏土精制的胶体铝硅酸盐,以二氧化硅、三氧化二铝为主要成分的白色粉末,溶解于水中的胶体带负电荷,葡萄汁中蛋白质等微粒带正电荷,正负电荷结合使蛋白质等微粒下沉。

③机械澄清法　利用离心机高速旋转产生巨大的离心力,使葡萄汁与杂质因密度不同而得到分离。离心力越强,澄清效果越好。

(5) 葡萄汁的改良

为了使酿成的酒成分接近,便于管理,防止发酵不正常,酿成的酒质量好,常需要对葡萄汁的糖度、酸度进行调整,称为葡萄汁的改良。

①糖分的调整　若葡萄汁中含糖量低于应生成的酒精含量时,必须提高糖度,发酵后才能达到所需的酒精含量,此时可添加白砂糖或添加浓缩葡萄汁。

②酸度调整　如果葡萄浆酸度不足,各种有害细菌就会发育,对酵母发生危害,当酸不足时,应调节酸度,方法有:

a.添加酒石酸和柠檬酸,一般情况下在酒精发酵开始时进行。

b.添加未成熟的葡萄压榨汁来提高酸度。

2) 发酵

发酵是葡萄酒酿制的一个重要过程,通过这一过程可以让葡萄汁转变为酒精饮料。这一过程中葡萄酒里的酵母和糖相互作用产生乙醇和二氧化碳。

（1）葡萄酒酵母

酵母菌广泛地存在于自然界,凡是有糖的地方就可能有酵母菌的存在。为了保证发酵的正常顺利进行,获得质量优等的葡萄酒,往往要从天然酵母中选育出优良的纯种酵母。

（2）前发酵

葡萄酒前发酵主要目的是进行酒精发酵、浸提色素物质和芳香物质。前发酵进行的好坏是决定葡萄酒质量的关键。

在发酵工作开始前,要先清洗发酵桶,再用二氧化硫或甲醛熏蒸、消毒,将葡萄浆加至发酵桶 3/4 容积左右,内部留有 1/4 空间,以防因产生二氧化碳而溢出皮糟。加入二氧化硫 4~8 h后,向葡萄浆中添加酒母,酒母用量为投料总量的 2%~10%,一般用 3%,加入酒母后即开始主发酵,发酵前期通过搅拌,通入空气,使酵母繁殖,随后有零星的二氧化碳气泡产生,说明发酵已开始,之后发酵醪温度迅速升高,二氧化碳逸出量增加,说明发酵进入旺盛期,必须把温度控制在 35 ℃以下,最好是在 25~28 ℃,当温度达到 45 ℃时,酵母几分钟就死亡。由于发酵产生的二氧化碳将醪液中的葡萄皮和其他固形物质带到醪液表面,生成很厚而疏松的浮糟,要压浮糟,赶走二氧化碳,当醪液的比重下降到 1.020 左右时,皮糟的浸提已很充分,制成的红葡萄酒色泽鲜艳、爽口、柔和,这时把皮糟分离出来,进行后发酵。主发酵约需 12 d。

（3）后发酵

前发酵完成后,进入后发酵时期。后发酵是残糖继续发酵,酒汁逐步澄清并陈酿,诱发苹果酸-乳酸发酵的过程。利用虹吸法,用细塑料管或胶管将葡萄酒汁倒入二次发酵器,然后将剩下的葡萄皮、籽、糟等用丝袜或细纱布过滤,过滤后的酒液也混入二次发酵器中,葡萄皮、籽、糟扔掉。注意二次发酵器留有 1/10 空隙,盖子也不要拧得很紧。放在阴凉处,此时的葡萄酒汁较为浑浊,颜色也不大好看,但喝起来已经是干红葡萄酒的味道了。进行第二次发酵时,会有少量洁白、细腻的泡沫上升。此过程可将残糖转化为酒精,其中的酸与酒精发生作用产生清香的酯。2~3 周后,二次发酵基本完成,酒液变得清澈起来,后发酵约需 15 d。

3) 储存

把分离出来的葡萄酒倒入储酒桶进行储存,室温为 8~18 ℃,相对湿度为 85%,储酒场所应保持卫生、空气新鲜,必须随时使储酒桶内的葡萄酒装满,不让它表面与空气接触,避免菌膜及醋酸菌的生长。当酵母长期缺乏营养物质时,就会下沉死亡,导致酵母自溶现象,出现不良气味,因此要通过换桶除酒脚(杂质)。换桶时,微量氧气进入酒中,促进了酒的后熟,同时损失了部分二氧化硫,为安全起见,应往酒中补充二氧化硫,并使酒液满罐存放。当年有质量潜质的新红酒,一般要进行橡木桶陈酿,经过陈酿可以除去酒液中残存的 CO_2 气体、生涩味和某些异味,增加芳香物质,增强酒的深度、广度和复杂性,凸显葡萄酒的特殊风味。

4）成品调配

调配就是将不同品质的葡萄原酒，根据目标成品要求和各自特点，按照适当的比例制成具有主体香气、独特风格葡萄酒的过程。葡萄酒的调配技术是一件技术性很强的工作，通过适当的调配可以消除和弥补葡萄酒质量的某些缺点，使葡萄酒的质量得到最大的提升，赋予葡萄酒新的活力。需要注意的是，葡萄酒的调制勾兑只能是葡萄原酒之间的混合过程，而不是通过一些配方添加某些呈色、香、味的物质。

5）过滤

葡萄酒的澄清是指去除酒液中含有的容易变性沉淀的不稳定胶体物和杂质，使酒保持稳定澄清状态的操作。澄清过程一般也称为下胶过程。高档葡萄酒经过 3 年以上的定期换桶，可以通过自然沉降获得澄清，而对于一般的佐餐葡萄酒，需要进行下胶处理。澄清是通过往酒中加入适量的澄清剂，而使酒中的不稳定物质形成絮状沉淀，并吸附了造成葡萄酒浑浊的细小微粒沉降下来，使酒得以澄清的过程。

葡萄酒通过下胶，酒的澄清度大大提高，极大地提高了酒过滤效率，避免浪费过多的过滤材料；同时也能改善酒质，下胶可以去除酒的生青味和粗糙感，使酒的香气、口感细腻；再者，下胶也提高了酒的生物稳定性。下胶时，大部分微生物被絮状沉淀吸附下来，并与沉淀一起从酒中分离出去，提高了酒的生物稳定性。红葡萄酒常用的澄清剂一般有明胶、植源胶、蛋清粉、牛血清、皂土等。

6）冷稳定处理

在低温状态下，将葡萄酒中不稳定的酒石酸盐、胶体物质及部分微生物快速从酒中沉降，进而与酒分离的过程是葡萄酒生产极其重要的工艺，尤其适合陈酿期短而装瓶的原酒。冷却温度一般将葡萄酒冷却至冰点上 0.5~1 ℃，避免葡萄酒结冰而破坏和影响酒的酒质和平衡。

7）灭菌

处理好的葡萄原酒要根据市场的需要，将其灌装到玻璃瓶或其他专用容器。为避免管道设备及空间对葡萄酒造成二次污染，在灌装前要对与酒接触的所有设备及管道进行清洗及消毒。一般方法为先用 5% 碱液去污清洗，再用 5% 弱酸中和清洗，后用无菌水冲洗，或者是在灌装前 12 h 用紫外线或臭氧进行灭菌。

7.3.5 白葡萄酒生产工艺

白葡萄酒既可用白葡萄来酿造，也可用去掉葡萄皮的红葡萄的果汁来酿造，无须经过果汁与葡萄皮的浸渍过程，而是用果汁单独进行发酵。将葡萄分选去梗后即可压榨，将果汁与皮分离并澄清，然后经低温发酵、储存陈酿及后加工处理，最终酿制成干白葡萄酒。

①果汁澄清，这是必不可少的步骤，以去除悬浮其中的杂质沉淀，避免败坏酒的味道。

②发酵中的温度控制一般比酿造红酒更严格，须通过经常冷却使葡萄汁保持在 20 ℃ 左右，保证酵母能正常工作。

③为得到清新爽口的产品，应注意防止会导致酸度降低的乳酸发酵。

④防氧也是白葡萄酒生产中必须注意的环节，因白葡萄酒中含有多种酚类化合物，它们有较强的嗜氧性，如果被氧化，会使颜色变深，酒的新鲜果香味减少，甚至出现氧化味。

7.3.6　红葡萄酒与白葡萄酒生产工艺的主要区别

在葡萄酒生产过程中,如果要生产白葡萄酒,就应将葡萄汁迅速压出,防止葡萄皮中色素溶解在葡萄汁中;而要想生产红葡萄酒,则应使葡萄皮中红色素溶解在葡萄汁中,即必须将葡萄汁和葡萄皮混合在一起,使葡萄汁对葡萄皮进行浸渍作用。因此,红葡萄酒与白葡萄酒生产工艺的主要区别在于,白葡萄酒是用澄清葡萄汁发酵的,而红葡萄酒则是用皮渣(包括果皮、种子和果梗)与葡萄汁混合发酵的。此外,干白葡萄酒的质量,主要由源于葡萄品种的一类香气和源于酒精发酵的二类香气以及酚类物质的含量所决定。因此,在葡萄品种一定的条件下,葡萄汁取汁速度及其质量、影响二类香气形成的因素和葡萄汁以及葡萄酒的氧化现象即成为影响干白葡萄酒质量的重要工艺条件。

【技能训练】

一、葡萄酒酒母的培养

1)目的要求

掌握葡萄酒酒母培养的基本操作要点。

2)基本原理

在葡萄酒的生产中,酵母作为主要的发酵微生物,不仅对葡萄酒的产量、质量和发酵生产管理影响很大,而且对葡萄酒特色和风格的形成也至关重要。酵母在酒精生产中俗称酒母,而酵母的扩大培养过程就是酒母的制备过程。采用纯培养的酵母,发酵迅速,便于控制,可获得品质均一稳定的葡萄酒。

3)仪器与材料

(1)仪器

无菌操作室、生化培养箱、三角瓶、玻璃瓶、酒母罐等。

(2)材料

葡萄酒酵母斜面试管菌种、麦芽汁培养基、葡萄汁、亚硫酸等。

4)操作步骤

(1)斜面试管菌种

斜面试管菌种由于长时间保藏于低温下,细胞已处于衰老状态,需转接于 5 °Bé 麦芽汁制成的新鲜斜面培养基上,25~28 ℃培养 3~4 d,使其活化。

(2)液体试管培养

取灭过菌的新鲜澄清葡萄汁,分装入经过干热灭菌的 10 mL 试管中,用 0.1 MPa 的蒸汽灭菌 20 min,放冷备用。在无菌条件下接入斜面试管活化培养的酵母,每支斜面试管可接种 10 支液体试管,摇匀使酵母分布均匀,置于 25~28 ℃恒温培养 24~28 h,发酵旺盛时转接入三角瓶培养。

(3)三角瓶培养

往经干热灭菌的 500 mL 三角瓶中注入新鲜澄清的葡萄汁 250 mL,用 0.1 MPa 的蒸汽灭菌

20 min,冷却后接入两支液体培养试管,摇匀25 ℃恒温箱中培养24~30 h,发酵旺盛时转接入玻璃瓶培养。

(4)玻璃瓶(卡氏罐)培养

往洗净的10 L细口玻璃瓶(或容量稍大的卡氏罐)中加入新鲜澄清的葡萄汁6 L,常压蒸煮(100 ℃)1 h以上,冷却后加入亚硫酸,使其二氧化硫含量达80 mL/L,经4~8 h后接入两个发酵旺盛的三角瓶培养酒母,摇匀后换上发酵栓(用棉栓也可)于20~25 ℃室温下培养2~3 d,其间需摇瓶数次,至发酵旺盛时接入酒母培养罐(桶)。

(5)酒母罐(桶)培养

一些小厂可用两只200~300 L带盖的木桶(或不锈钢罐)培养酒母。木桶洗净并经硫黄烟熏杀菌,过4 h后往一桶中注入新鲜成熟的葡萄汁至80%的容量,加入100~150 mg/L的亚硫酸,搅匀,静置过夜。吸取上层清液至另一桶中,随即添加1~2个玻璃瓶培养酵母,25 ℃培养,每天用酒精消毒过的木把搅动1~2次,使葡萄汁接触空气,加速酵母的生长繁殖,经2~3 d至发酵旺盛时即可使用。每次取培养量的2/3留1/3,然后再放入处理好的澄清葡萄汁继续培养。若卫生管理严格,可连续分割培养多次。有条件的酒厂,可用各种形式的酒母培养罐进行通风培养,酵母不仅繁殖快,而且质量好。

(6)酒母的使用

培养好的酒母一般应在葡萄醪添加SO₂后经4~8 h发酵再加入,目的是减少游离SO₂对酵母生长和发酵的影响。酒母的用量为1%~10%,具体添加量要视情况而定。一般来讲,在酿酒初期为3%~5%;至中期,因发酵容器上已附着有大量的酵母,酒母的用量可减少为1%~2%;如果葡萄有病害或运输中有破碎污染,则酵母接种量应增加到5%以上。

二、葡萄酒的酿造

1)目的要求

①学习和掌握葡萄酒的酿造原理和加工方法。
②了解葡萄酒酿造过程中的物质变化和工艺条件。
③学习葡萄酒的理化分析和感官鉴定方法。
④对葡萄酒的加工过程和产品增加感性认识。

2)基本原理

葡萄酒是用新鲜的葡萄或葡萄汁为原料,经全部或部分酒精发酵酿造而成的,含有一定酒精度的发酵酒。葡萄酒酿造是利用葡萄酒酵母将新鲜葡萄汁中的葡萄糖、果糖等发酵性糖转化生产酒精和二氧化碳,同时生产高级醇、脂肪酸、挥发酸、酯类等副产物,并将原料葡萄汁中的色素、单宁、有机酸、果香物质、无机盐等所有与葡萄酒质量有关的成分都带入发酵的原酒中,再经过陈酿和澄清等后处理,使酒质达到清澈透明、色泽美观、滋味醇和、芳香悦人的葡萄酒产品。

3)仪器与材料

(1)仪器

破碎机、发酵瓶、碱式滴定管、糖度计、葡萄压榨机、不锈钢或塑料盆、1 mL和2 mL吸管、250 mL锥形瓶、500 mL量筒、橡胶管等。

（2）材料

红葡萄、白葡萄、白砂糖、活性干酵母、果胶酶、偏重亚硫酸钾、酒石酸、明胶、单宁等。

4）操作步骤

（1）白葡萄酒的酿制过程

①选料：酿造用红葡萄需要满足以下要求，方能采用：

a.色泽红，紫红，黑紫红。

b.成熟度好，酸度 5~8 g/L，含糖量一般在 180 g/L 以上。

c.健康，不腐烂，不感染任何病菌。

d.采摘时果皮上不能附有任何有效的药残。

②破碎。葡萄进入破碎机后将果实打碎，梗随之从机器中吐出，而皮、浆果、汁、籽的混合醪被泵入指定的发酵罐，这一过程称为破碎。

③压榨。当前发酵结束后，把发酵醪泵入压榨机中，通过机器操作而将葡萄酒汁与皮籽分开。

④加 SO_2 并澄清。在压榨获得的葡萄汁中加入 SO_2，一半用量为 80~100 mg/L。之后，于室温下静置 24 h。待葡萄汁澄清后，采用虹吸法分离沉淀物，取得澄清葡萄汁。

⑤果胶酶澄清。果胶酶的添加量通过自行设计的实验确定，可采用梯度添加法，一般添加量 0.02~0.05 g/L，计量的果胶酶用 10 倍的水溶液后加入，控温 15 ℃澄清 8~12 h，分离后的清汁装入发酵瓶。

⑥调酸调糖。为保证发酵顺利，按预期设计进行，在发酵前要对发酵醪的酸度和糖度进行调整。

a.酸度的调整。一般调整至 6.5~8.5 g/L，目的在于增强发酵醪的杀菌框架、葡萄酒的结构及层次感。

b.糖分的调整。如果葡萄汁可发酵的糖不足，为满足葡萄酒的酒精度的需要，应往发酵醪中添加适宜的糖分，可添加的糖应该是白砂糖、天然的果葡糖浆、浓缩的葡萄汁等。

⑦活性干酵母活化。用 10 倍的水和葡萄糖混合液按 1∶1 比例溶解酵母，保持温度 38~40 ℃。搅拌均匀后静置 20 min，再加入 10 倍的果浆，搅拌均匀，静置 20 min 后加入发酵瓶。酵母添加量为 0.1~0.2 g/L。

⑧主发酵。将果胶酶和 SO_2 澄清并调整成分的葡萄汁加入洁净的发酵瓶中，接入活化后的酵母进行发酵。起始发酵温度 22 ℃，进入发酵中期后控制温度 18 ℃，发酵结束时 15 ℃以下。

⑨后发酵。主发酵基本结束后，加入 SO_2 封闭发酵栓静置。后发酵 7~10 d 分离酒脚。

⑩储存。澄清后的白葡萄酒原酒经品尝、鉴定后，加满封瓶进行储存。

⑪下胶、澄清、过滤。按酒体积计算出皂土的用量，将皂土溶于 10 倍的冷水中完全溶解后加入酒中，使之充分混合后，静置 7~10 d 后过滤。

理化指标检测、品尝鉴定：酿成的原酒清澈透明，具有新鲜果香，滋味润口，酒体协调。

（2）红葡萄酒的酿制

红葡萄酒的酿造工艺与白葡萄酒相似。主要不同是：葡萄破碎后不压榨，将皮肉与汁混合发酵以浸提果皮中的色素；酿造过程中要增加苹果酸-乳酸发酵，以降低葡萄酒的酸度。

5) 结果与分析

①对可溶性固体、糖度、酸度、酒精含量、总 SO_2 进行测定并进行热稳定性实验。

②品尝鉴定。

· 项目小结 ·

在厌氧条件下,乳酸菌、酵母菌将原料中大量的糖类转化为乳酸或者酒精等产物,得到乳酸菌类制品、啤酒、葡萄酒等厌氧发酵产品。本项目要求掌握厌氧发酵的原理、厌氧发酵的一般工艺流程,并能完成基本的厌氧发酵操作技能。

 思考练习

一、单选题

1.制作酸乳的菌种不包括下面的哪一项?( )

  A.双歧杆菌　　　B.嗜热链球菌　　　C.保加利亚乳杆菌　　　D.酵母菌

2.成品啤酒按杀菌与否分类,包括以下的哪几类?( )

  A.鲜啤酒　　　B.熟啤酒　　　C.纯生啤酒

3.浸麦是啤酒生产工艺中的重要步骤,以下哪项表述有误?( )

  A.水温以 23~28 ℃为宜

  B.大麦浸渍后,含水 40%~48%

  C.浸渍用水可以是饮用水或饱和澄清石灰水,还可以用甲醛水

  D.浸麦过头,大麦胚芽易遭破坏

4.啤酒后发酵的过程不包括以下哪个时期?( )

  A.开口发酵期　　　B.封口发酵期　　　C.高泡期　　　D.储酒期

5.葡萄酒按是否含有二氧化碳可分为以下哪几项?( )

  A.静酒　　　B.起泡葡萄酒　　　C.葡萄气酒　　　D.葡萄蒸馏酒

二、判断题

1.乳酸菌饮料中常添加亲水性和乳化性较高的稳定剂。　　　　　　　　　　　(　　)

2.常用加硫酸钙、酸和离子交换法来提高糖化用水的酸度。　　　　　　　　　(　　)

3.麦汁过滤的目的是把糖化醪中的水溶性物质与非水溶性物质进行分离。　　　(　　)

4.葡萄酒是用葡萄汁经乳酸菌发酵而得到的一种低酒精含量的饮料。　　　　　(　　)

5.红葡萄酒先压榨后发酵,白葡萄酒先发酵后压榨。　　　　　　　　　　　　(　　)

三、简答题

1.酸奶发酵的作用是什么?

2.酸奶制作的工艺流程是什么?

3.乳酸菌饮料制备过程中如何进行质量控制?

4.啤酒生产为什么要选用大麦为原料?

5.大麦发芽的目的是什么?优质麦芽有什么标准?

6.啤酒花的作用有哪些?麦汁煮沸的目的是什么?

7.影响啤酒质量的主要因素有哪些?

8.啤酒的主发酵有哪几个过程?各有什么要求?

9.啤酒的稳定性包括哪些内容?

10.葡萄酒酿制过程中的预处理有哪些内容?

11.葡萄汁的改良有哪些具体的方法?

12.红、白葡萄酒生产工艺的主要区别是什么?

项目 8　有氧发酵产品的生产

📖 【项目描述】

　　工业微生物发酵根据对氧气的需求分为好氧发酵和厌氧发酵,本项目主要包括谷氨酸、青霉素、淀粉酶、柠檬酸发酵生产的4个任务。每个任务从产品概述入手,介绍4种产品的性状、生产方法、功能应用等情况;接着从4种产品的生产菌种、原料、培养基制备、菌种扩培、发酵工艺控制、产品提取工艺等方面详细描述每种产品的发酵生产过程。项目实训部分主要设计了谷氨酸、青霉素、柠檬酸3种产品的实验室发酵工艺。

📖 【学习目标】

　　了解氨基酸、抗生素、淀粉酶、柠檬酸的生产方法及功能应用;了解这4种产品的发酵生产工艺和产品提取工艺。

📖 【能力目标】

　　掌握氨基酸、抗生素、淀粉酶、柠檬酸等好氧发酵产品的菌种扩培方法、发酵工艺控制及提取工艺流程。能应用所学的知识举一反三,进行其他好氧发酵产品的发酵生产。

❓ 引导问题

　1.日常食用的味精是怎样生产的?
　2.青霉素是发酵生产的吗?
　3.淀粉酶和柠檬酸的生产过程是怎样?

任务 8.1　谷氨酸的发酵生产

【活动情境】

味精是调味料的一种,主要成分为谷氨酸钠,谷氨酸钠由谷氨酸和钠离子合成,谷氨酸主要由棒状类细菌发酵而成。现通过培养谷氨酸棒状杆菌,对发酵条件进行控制优化,提高谷氨酸产率。设计合适的纯化流程,制得味精产品。

【任务要求】

能够运用微生物发酵的基本知识,以糖蜜或淀粉为原料进行谷氨酸的发酵生产。谷氨酸的发酵生产包括以下几点要求:

①糖蜜和淀粉的预处理。

②发酵培养基的配制及菌种扩培。

③谷氨酸发酵代谢的控制。

④谷氨酸的提取精制工艺。

【基本知识】

8.1.1　氨基酸的生产概述

氨基酸是构成生物体的基本物质,是合成人体激素、酶及抗体的原料,参与人体新陈代谢和各种生理活动,在生命中具有特殊生理作用。

氨基酸生产方法有 4 种:蛋白质水解法、化学合成法、发酵法(分直接发酵法和前体添加发酵法)和酶法。

1) 蛋白质水解法

蛋白质水解法是最早应用的氨基酸生产方法。它以豆粕为原料,采用酸水解大豆蛋白的方法来获取氨基酸,如早期的味精的生产方法。

2) 化学合成法

化学合成法是利用有机合成和化学工程相结合的技术制备或生产氨基酸的方法。化学合成法与发酵法相比,最大的优点是在氨基酸品种上不受限制,除制备天然氨基酸外还可以用于制备各种特殊结构的非天然氨基酸。化学合成法可以采用多种原料,特别是多种廉价原料和多种工艺路线,生产规模大,产品容易分离提纯。但相对而言,合成工艺比发酵法工艺更复杂,合成法今后的研究方向是简化工艺。

3) 发酵法

发酵法是借助微生物具有合成自身所需各种氨基酸的能力,通过对菌株的诱变等处理,选育出各种营养缺陷型及抗性的变异株,以解除代谢调节中的反馈与阻遇,达到过量合成某种氨基酸的目的。氨基酸发酵是典型的代谢控制发酵。1940 年开始采用发酵法,主要从自然界野生菌经过诱导或突变筛选出营养缺陷型和抗性变异株,1957 年日本用细菌发酵进行商业性生产氨基酸,现在 20 多种氨基酸大都能够用发酵法生产。产量最大的是谷氨酸,其次为赖氨酸。

4)酶法

酶法是利用微生物细胞或微生物产生的酶来制造氨基酸的方法。

8.1.2　谷氨酸概述

谷氨酸是一种酸性氨基酸,分子内含两个羧基,化学名称为 α-氨基戊二酸,为无色晶体,有鲜味,微溶于水,溶于盐酸溶液,等电点 3.22,大量存在于谷类蛋白质中,动物脑中含量也较多。分子式 $C_5H_9NO_4$,分子量 147.130 76。

谷氨酸钠俗称味精,是重要的鲜味剂,对香味具有增强作用。谷氨酸钠广泛用于食品调味剂。谷氨酸为世界上氨基酸产量最大的品种,谷氨酸发酵是典型的代谢控制发酵。谷氨酸的大量积累不是由于生物合成途径的特异,而是菌体代谢调节控制和细胞膜通透性的特异调节以及适合的发酵条件导致的。

谷氨酸产生菌主要是棒状类细菌,这类细菌中含质粒较少,而且大多数是隐蔽性质粒,难以直接作为克隆载体,而且此类菌的遗传背景、质粒稳定性尚不清楚,在此类细菌这种构建合适的载体困难较多。需要对它们进行改造,将棒状类细菌质粒与已知的质粒进行重组,构建成杂合质粒。受体菌选用短杆菌属和棒杆菌属的野生菌或变异株,特别是选用谷氨酸缺陷型变异株为受体,便于从转化后的杂交克隆中筛选产谷氨酸的个体,用谷氨酸产量高的野生菌或变异菌作为受体效果更好。供体菌株选择短杆菌及棒杆菌属的野生菌或变异株,只要具有产谷氨酸能力都可选用,但选择谷氨酸产量高的菌株作为供体效果最好。这样就可以较容易地在棒状类细菌中开展各项分子生物学研究。有了合适的载体及其转化系统后,就可通过 DNA 体外重组技术进行谷氨酸发酵菌的优化。

8.1.3　谷氨酸发酵生产

1)谷氨酸生产原料及其处理

谷氨酸生产的主要原料有淀粉、甘蔗糖蜜、甜菜糖蜜,醋酸、乙醇、正烷烃(液体石蜡)等。国内多数厂家以淀粉为原料生产谷氨酸,少数厂家以糖蜜为原料生产谷氨酸,这些原料在使用前一般都需进行预处理。

（1）糖蜜的预处理

谷氨酸发酵采用糖蜜作为原料时,需要进行预处理,是为了降低生物素的含量。糖蜜中过量的生物素会影响谷氨酸积累。降低生物素含量常用的方法有活性炭处理法、水解活性炭处理法、树脂处理法等。

（2）淀粉水解糖化

以淀粉为原料的谷氨酸生产工艺是最成熟、最典型的一种氨基酸生产工艺,但是绝大多数的谷氨酸生产菌都不能直接利用淀粉。因此,以淀粉为原料进行谷氨酸生产时,必须将淀粉质原料水解成葡萄糖后才能使用。可用来制成淀粉水解糖的原料很多,主要有薯类、玉米、小麦、大米等,我国主要以甘薯淀粉或大米制备水解糖。淀粉水解的方法有酸解法、酶解法、酸酶(或酶酸)结合法 3 种。

①酸解法　国内味精厂多数采用淀粉酸水解工艺,其工艺流程如下:

原料(淀粉、水、盐酸)→调浆(液化)→糖化→冷却→中和、脱色→过滤除杂→糖液。

具体操作要点如下:

a.调浆。原料淀粉加水调成 10~11 °Bé 的淀粉乳,用盐酸调 pH 1.5 左右。

b.糖化。先在水解锅内加部分水,预热至 100~105 ℃(蒸汽压力为 0.1~0.2 MPa),随后用泵将淀粉乳送至水解锅内迅速升温,淀粉水解用直接蒸汽加热,在表压为 0.25~0.4 MPa 保压,时间控制在 10~20 min。即可将淀粉水解成还原糖。

c.冷却。温度过高易形成焦糖,脱色效果差;温度低,糖液黏度大,过滤困难。因此,生产上一般将糖化液冷却到 80 ℃ 以下中和。

d.中和。目的是调节 pH 值,使糖化液中的蛋白质和其他胶体物质沉淀析出。淀粉水解完毕,酸解液 pH 仅为 1.5 左右,一般采用烧碱配成一定浓度进行中和,中和终点 pH 一般控制在 4.0~4.5,如原料不同,中和终点的 pH 值也不同,薯类原料的终点 pH 值略高些,玉米原料的终点 pH 值略低些。

e.脱色。酸解液中尚存在着一些色素(如蛋白质水解产物——氨基酸与葡萄糖分解产物起化学反应产生的物质)和杂质(如蛋白质及其他胶体物质和脂肪等)对氨基酸发酵和提取不利,需通过脱色除去。一般脱色方法有活性炭吸附法和脱色树脂法两种,其中活性炭吸附法具有脱色与助滤两方面作用,工艺简便、效果好,为国内多数味精厂所采用。脱色用的活性炭以采用粉末状活性炭较好,活性炭用量为淀粉原料的 0.60%~0.8%,在 70 ℃ 及酸性条件下脱色效果较好,脱色时需搅拌以促进活性炭吸附色素和杂质。

f.过滤除杂。经中和脱色的糖化液要充分沉淀 1~2 h。待液温降到 45~50 ℃,用泵打入过滤器除去杂质,过滤后的糖液送储糖桶储存,到此为止,淀粉糖化过程全都结束,制成的糖化液供发酵使用。过滤时要控制好温度,若过滤温度高,蛋白质等杂质沉淀不完全;如温度低,黏度大,过滤困难。

②酶解法　先用 α-淀粉酶将淀粉水解成糊精和低聚糖,然后再用糖化酶将糊精和低聚糖进一步水解成葡萄糖的方法,称为酶解法。国外味精厂淀粉水解糖的制备方法一般采用酶水解法,在水解液中的色素等杂质明显减少,并简化了脱色工艺,并且反应条件较温和,不需耐高温、高压的设备,节省了设备投资,改善了操作条件,淀粉水解过程中很少有副反应发生,淀粉水解的转化率较高。但国内酶解法的应用并不十分广泛,这是因为花费的时间长,酶解操作较严格,需要的设备比酸解法多。酶解法工艺条件如下:

a.液化。淀粉在淀粉酶的作用下,分子内部的 α-1,4-糖苷键发生断裂。随着酶解进行,淀粉的相对分子质量变得越来越小,酶解液黏度不断下降,流动性增强,最终生成了能溶于水的糊精和低聚糖,这个过程称为液化。国内目前较为普遍采用一次升温液化法和连续进出料液化法。一次升温液化法过程如下:用纯碱溶液将 30%~35% 淀粉乳(13~14 °Bé)调整 pH 至 6.2~6.4,然后加入 Ca^{2+} 和 α-淀粉酶,搅匀后泵入密闭的液化锅内加热到 88~90 ℃,保温15~20 min。液化完毕,用碘液检查,据糖化酶对底物分子大小的要求,应以液化液与碘液反应显棕色为淀粉的液化终点。合格后,立即升温至 100 ℃ 加热使酶失活。

b.糖化。由糖化酶将淀粉的液化产物糊精和低聚糖进一步水解成葡萄糖的过程,称为糖化。工业上生产的糖化酶主要来自曲霉、根霉和拟内孢霉。糖化工艺具体条件如下:将30%淀粉乳的液化液泵入带有搅拌器和保温装置的开口桶内,加入糖化酶,然后在一定pH和温度下进行糖化,48 h后,用无水酒精检查糖化是否完全。糖化结束,升温至80 ℃,加热20 min,杀灭糖化酶。糖化时的温度和pH取决于糖化酶制剂的性质。

③酸酶结合法　先用酸解法将淀粉水解成糊精和低聚糖,然后再用糖化酶将酸解产物糖化成葡萄糖。淀粉的液化是借助于酸解作用,液化速度比淀粉酶迅速,与双酶法相比,淀粉水解时间明显缩短。本法适合像玉米、小麦等淀粉颗粒坚实的原料。

④酶酸结合法　先用淀粉酶水解,然后再用酸将糊精水解成葡萄糖。因葡萄糖是由酸催化产生的,为了防止复合反应的发生,因此液化时淀粉乳的浓度不能太高,最高不超过20%。本法适合像碎米那样大小不一的原料。

2) 谷氨酸生产菌种

目前用于谷氨酸发酵的主要菌种有谷氨酸棒状杆菌、乳糖发酵短杆菌、黄色短杆菌、嗜氨小杆菌等,我国常用的生产菌株有北京棒杆菌、钝齿棒杆菌、黄色短杆菌、天津短杆菌等。在已报道的谷氨酸生产菌中,除芽孢杆菌外,它们都有一些共同特点:革兰氏阳性,菌体为球形、短杆至棒状,不形成芽孢,没有鞭毛,不能运动,需要生物素作为生长因子,在通气条件下才能产生谷氨酸。

3) 谷氨酸发酵工艺

谷氨酸合成途径主要包括糖酵解途径(EMP)、磷酸己糖途径(HMP)、三羧酸循环(TCA)、乙醛酸循环等,谷氨酸产生菌糖代谢的一个重要特征是α-酮戊二酸氧化能力微弱,尤其在生物素缺乏条件下,三羧酸循环生成α-酮戊二酸时代谢即受阻,在铵离子存在下,α-酮戊二酸由谷氨酸脱氢酶催化,经还原氨基化反应生成谷氨酸,如图8.1所示。

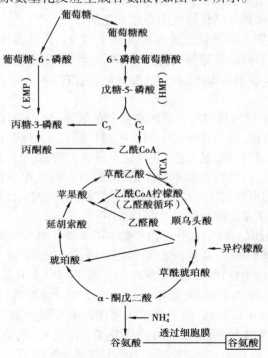

图 8.1　谷氨酸合成代谢图

其工艺流程如下：

菌种的选育→培养基配制→斜面培养→一级种子培养→二级种子培养→发酵(发酵过程参数控制通风量、pH、温度、泡沫)→发酵液→谷氨酸分离提取

谷氨酸生产总工艺流程如图表 8.2 所示。

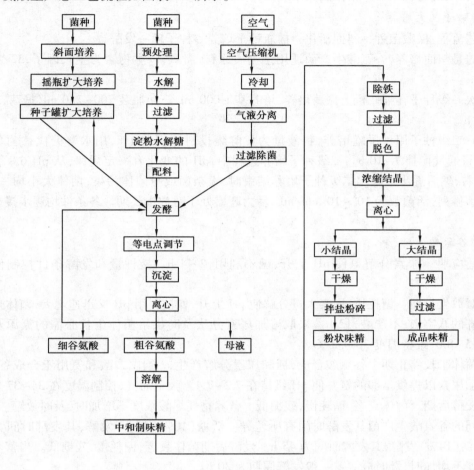

图 8.2　谷氨酸生产总工艺流程图

(1)培养基制备

谷氨酸发酵培养基组成包括碳源、氮源、无机盐和生长因子等。

①碳源　目前使用的谷氨酸生产菌均不能利用淀粉，只能利用葡萄糖、果糖等，有些菌种还能利用醋酸、正烷烃等作碳源。在一定范围内，谷氨酸产量随葡萄糖浓度的增加而增加，但若葡萄糖浓度过高，由于渗透压过大，则对菌体的生长很不利，菌株对糖的转化率降低。国内谷氨酸发酵糖浓度为 125~150 g/L，但一般采用流加糖工艺。

②氮源　常见无机氮源为尿素、液氨和碳酸氢铵。常见有机碳源为玉米浆、豆浓和糖蜜。当氮源的浓度过低时会使菌体细胞营养过度贫乏形成"生理饥饿"，影响菌体增殖和代谢，导致产酸率低。随着玉米浆的浓度增高，菌体大量增殖使谷氨酸非积累型细胞增多，同时又因生物素过量使代谢合成磷脂增多，导致细胞膜增厚，不利于谷氨酸的分泌，造成谷氨酸产量下降。碳氮比一般控制在 100：(15~30)。

③生物素 含硫水溶性维生素,是 B 族维生素的一种,又称为维生素 H 或辅酶 R。广布于动物及植物组织,可从肝提取物和蛋黄中分离,是多种羧化酶辅基的成分。生物素的作用主要影响谷氨酸生产菌细胞膜的通透性,同时也影响菌体的代谢途径。生物素对发酵的影响是全面的,在发酵过程中要严格控制其浓度。

(2)种子扩大培养

工艺流程:保藏菌种→斜面活化→摇瓶种子培养→种子罐→发酵罐

首先是斜面培养,谷氨酸生产菌适用于糖质原料,需氧,以生物素为生长因子,32 ℃培养 18~24 h。

其次一级种子在摇瓶机上振荡培养,培养基 1 000 mL 三角瓶装 200~250 mL 振荡,32 ℃,培养 12 h。

最后二级种子用种子罐培养,料液量为发酵罐投料体积的 1%,用水解糖代替葡萄糖于 32 ℃进行通气搅拌 7~10 h。二级种子培养过程中,pH 的变化有一定规律,从 pH 6.8 上升到 pH 8 左右,然后逐步下降。二级种子培养结束时,无杂菌或噬菌体污染,菌体大小均一,呈单个或八字排列,活菌数为 $10^8 \sim 10^9$ cfu/mL,活力旺盛处于对数生长期。各条件均逐步接近发酵条件。

(3)谷氨酸发酵

①适应期 尿素分解氨使 pH 上升,糖不利用,2~4 h。接种量和发酵条件控制使该期缩短。

②对数生长期 糖耗快,尿素大量分解使 pH 上升,氨被利用 pH 又迅速增大,菌体形态为排列整齐的八字形,不产酸,12 h。采取流加尿素办法及时供给菌体生长必需的氮源及调节 pH 在 7.5~8.0,维持温度 30~32 ℃。

③菌体生长停止期 谷氨酸合成,糖和尿素分解产生 α-酮戊二酸和氨用于合成谷氨酸。及时流加尿素以提供足够的氨并使 pH 维持在 7.2~7.4。大量通气,控制温度在 34~37 ℃。

④发酵后期 菌体衰老,糖耗慢,残糖低。营养物耗尽酸浓度不增加时,及时放罐。

不同的谷氨酸生产菌其发酵时间有所差异。低糖(10%~12%)发酵,其发酵时间为 36~38 h,中糖(14%)发酵,其发酵时间为 45 h。发酵后期菌体衰老,糖耗慢,残糖低。当营养物耗尽酸浓度不增加时,及时放罐。一般发酵周期为 30 h。

8.1.4 谷氨酸发酵的条件控制

谷氨酸生产菌是营养缺陷型,发酵条件对生长繁殖、代谢产物的影响非常明显。

1)pH

谷氨酸生产菌的最适 pH 一般是中性或微碱性 pH 7.0~8.0 的条件下积累计谷氨酸,发酵前期的 pH 值以 7.5 左右为宜,中后期以 7.2 左右对提高谷氨酸产量有利。

2)温度

谷氨酸发酵前期应采取菌体生长最适温度为 30~32 ℃。对数生长期维持温度为 30~32 ℃。谷氨酸合成的最适温度为 34~37 ℃。催化谷氨酸合成的谷氨酸脱氢酶的最适温度为 32~36 ℃,在发酵中、后期需要维持最适的产酸温度,以利于谷氨酸合成。

3)通风量

谷氨酸生产菌是兼性好氧菌,有氧、无氧的条件下都能生长,只是代谢产物不同。谷氨酸发酵过程中,通风必须适度,过大菌体生长慢,过小产物由谷氨酸变为乳酸。应在长菌期间低风量,产酸期间高风量,发酵成熟期低风量。其中,谷氨酸发酵罐现均采用气—液分散较理想的圆盘涡轮式多层叶轮搅拌器。

4)泡沫

谷氨酸发酵属好气性发酵,因通风、搅拌和菌体代谢产生的 CO_2,使培养液产生泡沫是正常的,但泡沫过多不仅使氧在发酵液中的扩散受阻,影响菌体的呼吸代谢,也会影响正常代谢以及染菌。因此,控制好泡沫是关键。消泡方法有机械消泡(靶式、离心式、刮板式、蝶式消泡器)和化学消泡(天然油脂、聚酯类、醇类、硅酮等化学消泡剂)两种方法。

5)染菌

谷氨酸生产菌对杂菌及噬菌体的抵抗力差。一旦染菌,就会造成减产或无产现象的发生,预示着谷氨酸发酵生产的失败,使厂家造成不同程度的损失,因此预防及挽救很重要。

常见杂菌有芽孢杆菌、阴性杆菌、葡萄球菌和霉菌。针对芽孢杆菌,打料时,检查板式换热器和维持管压力是否高出正常水平。如果堵塞,容易造成灭菌不透。板式换热器要及时清洗或拆换。维持罐要打开检查管路是否有泄漏或短路,阀门和法兰是否损坏。针对阴性杆菌,对照放罐体积,看是否异常。如果高于正常体积,可能是排管泄漏,对接触冷却水的管路和阀门等处进行检查。针对葡萄球菌,流加糖罐和空气过滤器要进行无菌检查,如果染菌要统一杀菌处理。针对霉菌,加大对环境消毒力度,对环境死角进行清理。

噬菌体不耐高温,一般升温至 80 ℃噬菌体就会死亡。在发酵 2~10 h 时污染噬菌体,确认无误后,把发酵液加热至 45 ℃ 10 min 把谷氨酸菌杀灭。在发酵 10~14 h 时污染噬菌体,仍是把发酵液加热至 45 ℃ 10 min,压出发酵罐,进行分罐处理,一般可分成两罐来处理。发酵 18 h 后出现 OD 值下跌,此时残糖在 3% 左右,出现耗糖缓慢或停止。镜检没有发现菌体碎片,可能是溶源菌或发酵前期出现高温现象,造成菌体自溶。处理方法补入 4~5 U 单位纯生物素,压入相对同期的发酵液 10% 的量,继续发酵。发酵结果比同期发酵结果略差。

8.1.5 谷氨酸提取工艺

谷氨酸提取主要方法有等电点法、离子交换法、金属盐沉淀法、盐酸盐法和电渗析法以及将上述某些方法结合使用的方法,目前较常用的是等电点法和离子交换法。

1)等电点法提取谷氨酸

谷氨酸在等电点时正负电荷相等,总静电荷等于零,形成偶极离子,此时,由于谷氨酸分子之间的相互碰撞,并通过静电引力的作用,会结合成较大的聚合体而沉淀析出。工业生产中等电点法提取谷氨酸就是根据这一特性,将发酵液 pH 调至 3.2,使谷氨酸处于过饱和状态而结晶析出。其工艺流程如图 8.3 所示。

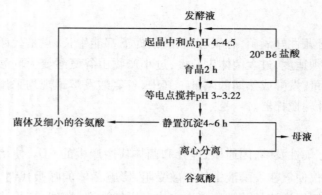

图 8.3　等电点法提取谷氨酸工艺流程

2) 离子交换法提取谷氨酸

当发酵液的 pH 值低于 3.22 时,谷氨酸以阳离子状态存在,可用阳离子交换树脂(型号 732)来提取吸附在树脂上的谷氨酸阳离子,并可用热碱液洗脱下来,收集谷氨酸洗脱组分,经冷却、加盐酸调 pH 3.0~3.2 进行结晶,之后再用离心机分离即可得谷氨酸结晶。此法操作过程简单、周期短,设备省、占地少,提取总收率可达 80%~90%,但酸碱用量大且废液污染环境。其工艺流程如图 8.4 所示。由于谷氨酸发酵液中含有一定数量的 NH_4^+,Na^+ 等,它们可优先与树脂进行交换反应,释放出 H^+,使溶液的 pH 值降低,谷氨酸带正电荷成为阳离子而被吸附,因此,实际生产中发酵液的 pH 值并不要求必须低于 3.22,而是在 5.0~5.5 就可上柱,但需控制溶液的 pH 值不高于 6.0。

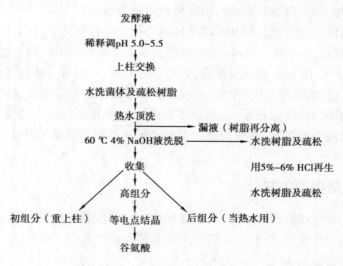

图 8.4　离子交换法提取谷氨酸工艺流程

3) 谷氨酸钠精制工序

味精生产均采用先从发酵液分离谷氨酸半成品,用 NaOH 或 Na_2CO_3 进行中和转化为谷氨酸钠,经脱色、浓缩、精制而成味精的基本工艺。在提取工艺中,需要完成发酵液→谷氨酸→谷氨酸钠的产品转化过程。

提取工序后得到的谷氨酸钠盐溶液进入活性炭脱色器脱色,分离,再进入离子交换柱除去

Ca^{2+}、Fe^{2+}、Mg^{2+}等金属离子。脱色液进入结晶罐进行浓缩结晶,当波美度达到 29.5 °Bé 时加入晶种,蒸发结晶到 80% 时放入结晶槽。结晶槽内真空度为 0.075～0.085 MPa,温度为70 ℃,最终浓缩液浓度波美度为 33～36 °Bé,结晶时间 10～14 h。晶体经过板框过滤机分离,得到湿晶体。这一工序中包括流体输送、非均相物系分离、蒸发等。湿晶体经过流化床干燥器干燥,细小粉尘经旋风分离回收。得到的大小不一的晶体进行筛分分级,小颗粒可作为晶种添加,大颗粒进行分装,得成品。这一工序中包括流体输送、板框过滤、旋风分离等。如图 8.5 所示。

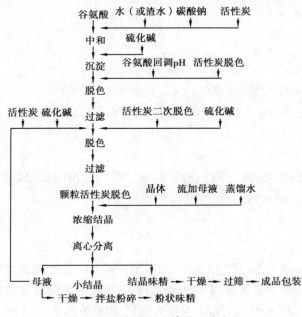

图 8.5　谷氨酸制味精的工艺流程

【技能训练】

谷氨酸发酵

1)目的要求

①了解发酵工业菌种的制备工艺和质量控制,为发酵实验准备菌种。

②熟悉发酵罐的操作,完成谷氨酸发酵的全过程操作。

③掌握快速测定发酵过程谷氨酸含量的方法。

2)基本原理

(1)淀粉水解

发酵生产中,部分产生菌不能直接利用淀粉,也基本上不能利用糊精作为碳源。因此,当以淀粉作为原料时,必须先将淀粉水解成葡萄糖才能供发酵使用。在工业生产上将淀粉水解为葡萄糖的过程称为淀粉的"糖化",所制得的糖液称为淀粉水解糖。本实验采用双酶法将淀粉水解为葡萄糖。首先利用 α-淀粉酶将淀粉液化,转化为糊精及低聚糖,使淀粉可溶性增加,接着利用糖化酶将糊精及低聚糖进一步水解,转变为葡萄糖。

（2）谷氨酸发酵

谷氨酸合成途径主要包括糖酵解途径（EMP）、磷酸己糖途径（HMP）、三羧酸循环（TCA）、乙醛酸循环等，谷氨酸产生菌糖代谢的一个重要特征是 α-酮戊二酸氧化能力微弱，尤其在生物素缺乏条件下，三羧酸循环生成 α-酮戊二酸时代谢即受阻，在铵离子存在下，α-酮戊二酸由谷氨酸脱氢酶催化，经还原氨基化反应生成谷氨酸。

3) 器材与材料

（1）菌种

谷氨酸棒杆菌。

（2）试剂

葡萄糖、大米粉、α-淀粉酶（2 000 U/g）、糖化酶（50 000 U/g）、尿素、硫酸锰、玉米浆、K_2HPO_4、$MgSO_4$、尿素、$FeSO_4$ 2×10^{-6}（0.002 1‰）、$MnSO_4$、Na_2S、活性炭、NaOH、Na_2HPO_4、KCl 等。

（3）仪器

接种环、酒精灯、摇床、超净工作台、抽滤装置、发酵罐、pH 试纸或者 pH 计、高压灭菌锅、培养箱、显微镜、分光光度计、离心机、华勃氏呼吸器等。

4) 实验步骤

（1）淀粉水解

①液化。称取 30 g 大米粉于三角瓶中，加水至 100 mL，用纯碱调节 pH 到 6.2~6.4，再加入适量的氯化钙。使钙离子浓度达到 0.01 mol/L，并加入一定量的液化酶（控制 5~8 U/g 淀粉），搅拌均匀后加热至 85~90 ℃，保温 10 min 左右，用碘液检验，达到所需的液化程度后升温到 100 ℃，灭酶 5~10 min。

②碘液检验方法。在洁净的比色板上滴入 1~2 滴碘液，再滴加 1~2 滴待检的液化液，若反应液呈橙黄色或棕红色即液化完全。

③糖化。将上述液化液冷却至 60 ℃，用 10% 柠檬酸调节 pH 至 4.0~4.5，按 100 U/g 淀粉的量加入糖化酶，并于 55~60 ℃ 保温，糖化至糖化完全。糖化结束后升温至 100 ℃，灭酶 5 min。

④糖化终点的判断。在 150×15 试管中加入 10~15 mL 无水乙醇，加糖化液 1~2 滴，摇匀后若无白色沉淀形成表明已达到糖化终点。

⑤过滤。将糖化液趁热用布氏漏斗进行抽滤，所得滤液即为水解糖液。

（2）培养基制备及培养

①一级种子培养基制备及培养。按下列培养基配方配制 200 mL 一级种子培养基。按 20% 装液量分装于 250 mL 三角瓶内，于 121 ℃ 灭菌 30 min 冷却备用。

葡萄糖 2.5%、尿素 0.5%、硫酸镁 0.04%、磷酸氢二钾 0.1%、玉米浆 2.5%~3.5%、硫酸亚铁、硫酸锰各 20×10^{-6}，pH 7.0。

将斜面菌种接入已灭菌冷却的种子培养基中（250 mL 三角瓶内接入 1~2 环）于 32 ℃±1 ℃，250 r/min 件下培养 12 h。一级种子质量要求：

种龄 12 h；pH 6.4±0.1；光密度：净增 OD 值 0.5 以上；无菌检查阴性，噬菌体检查有无。

②二级种子培养基配制及培养。按下列培养基配方配制 500 mL 二级种子培养基，并按 20% 装液量分装于 500 mL 三角瓶中后，于 121 ℃ 灭菌 30 min 冷却备用。

水解糖 2.5%、玉米浆 2.5%~3.5%、K_2HPO_4 0.15%、$MgSO_4$ 0.04、尿素 0.4%、$FeSO_4$ $2×10^{-6}$、$MgSO_4$ $2×10^{-6}$，pH 6.8~7.0。

在已灭菌的二级种子培养基中，按 0.5%~1.0% 接入上述已培养好的一级种子，于 32 ℃± 1 ℃，250 r/min 条件下培养 7~8 h，二级种子质量要求：

种龄 7~8 h；pH 6.8~7.2；OD 值净增 0.5 左右，分别做无菌检查、残糖消耗 1% 左右，镜检生长旺盛，排列整齐，G^+。

③发酵培养基配制及发酵。按下列培养基配方制备 3.5 L 发酵培养基，装入 5 L 的发酵罐内。

水解糖 10%、甘蔗糖蜜 0.18%~0.22%、玉米浆 0.1%~0.15%、Na_2HPO_4 0.17%、KCl 0.12%、$MgSO_4$ 0.04%，用 NaOH(5%) 溶液调 pH 7.2 于 110 ℃ 灭菌 20 min 冷却备用。

按 8%~10% 的接种量将合格的二级种子按无菌操作的要求接入发酵罐，于 35±1 ℃，250r/min 条件下发酵 35 h。

（3）发酵工艺控制

①温度。在发酵过程中，谷氨酸生产菌的生长繁殖与谷氨酸的合成都是在酶的催化作用下进行的酶促反应，由于产物不同，因此不同的酶促反应所需的最适温度也不同。发酵前期，控制最适温度在 30~32 ℃；发酵中后期可适当提高温度至 34~37 ℃。

②pH。在发酵过程中，发酵液 pH 的变化是微生物代谢情况的综合标志，它变化的结果则影响整个发酵的进程和产物产量。谷氨酸发酵的最适 pH 在 7.0~8.0，前期菌体生长需要大量的氮源。发酵过程中用自动补料尿素来控制 pH 值，即 8 h 前 pH 7.0~7.6；8 h 后 pH 7.2~7.3；20~24 h，pH 7.0~7.1；24~35 h，pH 6.5~6.6。尿素流加总量为 4%。

③氧。谷氨酸生产菌是好氧菌，通风和搅拌不仅会影响菌种对氮源和碳源的利用率，而且会影响发酵周期和谷氨酸的合成量。尤其是在发酵后期，加大通气量有利于谷氨酸的合成。

④生长因子。将生物素控制在亚适量条件下，才能得到高产谷氨酸，磷脂合成也相应减少。

⑤泡沫的控制。在发酵过程中，由于通气和搅拌、新陈代谢以及产生的 CO_2 等，会使发酵液产生大量的泡沫，影响菌体的呼吸代谢，也会造成杂菌污染，因此经常加入化学消泡剂或用机械消泡器进行消泡。

⑥碳源。从第 10 h 开始每隔 4 h 补糖一次，每次补入 1% 的水解糖液，在发酵 26 h 前补入 4% 的水解糖液。

⑦镜检及谷氨酸测定。每隔 2 h 取样一次进行镜检，经单染后观察菌体形态，同时用茚三酮法或华勃氏呼吸器测定发酵液中谷氨酸含量。

5）结果与分析

表 8.1　谷氨酸发酵实验记录表

时间/h	0	4	8	12	14	16	18	20	2	24	26	28	30
谷氨酸含量													

任务 8.2　青霉素的发酵生产

【活动情境】

青霉素是世界上首种被发现的抗生素,在医药行业有广泛的应用。以产黄青霉为菌种,配制合适的培养基,经过对孢子逐级扩大培养,控制优化发酵条件,提高青霉素产率。选择合适的提取纯化工艺流程,制得青霉素制品。

【任务要求】

能够运用微生物发酵基本知识,进行青霉素的发酵生产。包括以下几点要求:
1.发酵培养基的配制及菌种扩培。
2.青霉素发酵代谢的控制。
3.青霉素的提取精制工艺。

【基本知识】

8.2.1　抗生素概述

1)抗生素概念

早期,人们认为抗生素是微生物在代谢过程中产生的,在低浓度下就能抑制他种微生物生长和活动,甚至杀死他种微生物的化学物质。由于抗生素具有杀菌能力,我们曾经把这类物质称为抗菌素。随着抗生素研究和生产的发展,新的抗生素的来源正在扩大。可以是微生物、植物(如蒜素、常山碱、黄连素、长春花碱、鱼腥草素等)、动物(如鱼素、红血球素等)。作用对象可以是病毒、细菌、真菌、原生动物、寄生虫、藻类、肿瘤细胞等。因此不能把抗生素仅仅作为抗菌药物。目前,一个大多数专家所接受的定义是:抗生素是由生物(包括某些微生物、植物和动物在内)在其生命活动过程中产生的,能在低浓度下有选择地抑制或杀灭他种生物机能的低分子量的有机物质。随着抗生素合成机理和微生物遗传学理论的深入研究,目前人们已经了解到抗生素是次级代谢产物。这些物质与微生物的生长繁殖无明显关系,是以基本代谢的中间产物如丙酮酸盐、乙酸盐等作为母体衍生出来的。

2)抗生素的分类

抗生素的分类主要是为了便于研究,不同学科和科研人员因出发点不同有不同的分类体系。可根据生物来源、作用对象、化学结构、作用机制、生物合成途径、应用范围、获得途径等方面对抗生素进行分类,见表8.2。

表8.2　抗生素的分类

分类方法	类　别	抗生素举例
生物来源	放线菌:链霉菌 真菌:青霉菌 细菌:多黏杆菌 植物或动物	链霉素 青霉素 多黏菌素 蒜素、鱼素
作用对象	广谱抗生素 抗真菌抗生素 抗病毒抗生素 抗癌抗生素	氨卞青霉素(既抑制 G^+、又抑制 G^-) 制霉菌素 四环类抗生素(对立克次氏体及较大病毒有一定作用) 阿霉素
作用机理	抑制细胞壁合成 影响细胞膜功能 抑制蛋白质合成 抑制核酸合成 抑制生物能作用	青霉素 多烯类抗生素 四环素 丝裂霉素 C 抗霉素(抑制电子转移)

3) 抗生素的生产方法

(1) 微生物发酵法

利用特定的微生物,在一定条件下(培养基、温度、pH、通气、搅拌)使之生长繁殖,并代谢产生抗生素,再用适当的方法从发酵液中提取出来,并加以精制,最后获得抗生素成品。目前,抗生素的工业化生产主要是来自微生物的大量发酵法,其特点是成本低、周期长、波动大。

(2) 化学合成法

某些化学结构明确,结构比较简单的抗生素,可用化学方法合成。

(3) 半合成法

发酵出来的抗生素再经化学方法改造,以获得性能更优良的抗生素。

4) 抗生素的应用

在医疗上,应用抗生素可实现控制细菌感染性疾病、抑制肿瘤生长、调节人体生理功能、器官移植、控制病毒性感染等;在农业上,主要用于植物保护、促进或抑制植物生长;畜牧业主要用于禽畜感染性疾病控制、饲料添加剂;食品生产中主要用于食品的保鲜、防腐等。

医疗用抗生素应具备的条件:

①高效性(抗生素在低浓度下对多种病原菌有效)。

②难以使病原菌产生耐药性(临床使用时注意交叉用药,可做到有效防止)。

③较大的差异毒性(即对人体副作用小)。

实际应用中,合理使用抗生素的剂量十分重要。抗生素应用时剂量小,除重量外,常用特定的效价单位(unit)表示,效价单位也称为抗菌素活性单位。

(1) 效价单位

最初,由于抗生素无法制得纯品,用其生物活性的大小来标示其剂量。

一个青霉素的效价单位(U):能在 50 mL 肉汤培养基中完全抑制金黄色葡萄球菌标准菌株的发育的最小青霉素剂量。

一个链霉素效价单位(U):能在 1 mL 肉汤培养基中完全抑制大肠杆菌(ATCC9637)发育的最小剂量。

(2)质量单位(μg)

以抗生素的有效成分(生理活性成分)的质量作为抗生素的基准单位。

8.2.2 青霉素的概述

青霉素(Penicillin)又称盘尼西林,是人类发现的第一种抗生素,也是目前全球销量最大的抗生素。1940 年,英国弗洛里(Florey)和钱恩(Chain)在前人基础上,从青霉菌培养液中制出了干燥的青霉素制品。经实验和临床试验证明,它毒性很小,并对一些革兰氏阳性菌所引起的许多疾病有卓越疗效。

1)化学结构

青霉素是一族抗生素的总称,它们是由不同的菌种或不同的培养条件所得的同一类化学物质,其共同化学结构如图 8.6 所示,青霉素分子是由侧链酰基与母核两大部分组成。母核为 6-氨基青霉烷酸(6-APA)。R_2 为羟基(—OH),不同的侧链 R_1 构成不同类型的青霉素。

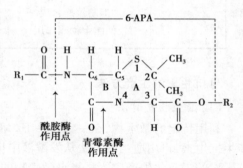

图 8.6　青霉素 β-内酰胺环结构

若 R_1 为苄基即为苄基青霉素或称为青霉素 G。目前,已知的天然青霉素(即通过发酵而产生的青霉素)有 8 种,见表 8.3,它们合称为青霉素族抗生素。

其中以青霉素 G 疗效最好,应用最广泛。如不特别注明,通常所说的青霉素即指苄青霉素。

青霉素在青霉素酰胺酶(大肠杆菌所产生)作用下,能裂解为青霉素的母核 6-氨基青霉烷酸,它是半合成青霉素的原料;若在青霉素酶(β-内酰胺酶)等条件作用下,β-内酰胺环水解而形成青霉噻唑酸或其他衍生物。

表 8.3　各种天然青霉素的结构与命名

序号	侧　链	学　名	俗　名
1	$HO—C_6H_4—CH_2—$	对羟基苄青霉素	青霉素 X
2	$C_6H_5—CH_2—$	苄青霉素	青霉素 G
3	$CH_3—CH_2—CH=CH—CH—$	2-戊烯基青霉素	青霉素 F
4	$CH_3—(CH_2)_3—CH_2—$	戊青霉素	青霉素二氢 F
5	$CH_3—(CH_2)_5—CH_2—$	庚青霉素	青霉素 K
6	$CH_2=CH—CH_2—S—CH_2—$	丙烯巯甲基青霉素	青霉素 O
7	$C_6H_5O—CH_2—$	苯氧甲基青霉素	青霉素 V
8	$COOH—CH(NH_2)—(CH_2)_2—CH_2—$	4-氨基-4-羧基丁基青霉素	青霉素 N

2）青霉素合成原理

产黄青霉菌在发酵过程中首先合成其前体，即 α-氨基己二酸、半胱氨酸、缬氨酸，再在三肽合成酶的催化下，L-α-氨基己二酸（α-AAA）与 L-半胱氨酸形成二肽，然后再与 L-缬氨酸形成三肽化合物，称为 α-氨基己二酰-半胱氨酰-缬氨酸（构型为 LLD），其中缬氨酸的构型必须是 L 型才能被菌体用于合成三肽。在三肽的形成过程中，L-缬氨酸转为 D 型。

三肽化合物在环化酶的作用下闭环形成异青霉素 N，异青霉素 N 中的 α-AAA 侧链可以在酰基转移酶作用下转换成其他侧链，形成青霉素类抗生素。如果在发酵液中加入苯乙酸，就形成青霉素 G。产生菌菌体内酰基转移酶活性高时，青霉素产量就高。对于生产菌，如果其各代谢通道畅通就可大量生产青霉素。因此，代谢网络中各种酶活性越高，越利于生产，对各酶量及各酶活性调节是控制代谢通量的关键。产黄青霉生产青霉素受下列方式调控：

①受碳源调控。青霉素生物合成途径中的一些酶（如酰基转移酶）受葡萄糖分解产物的阻遏。

②受氮源调控。NH_4^+ 浓度过高，阻遏三肽合成酶、环化酶等。

③受终产物调控。青霉素过量能反馈调节自身生物合成。

④受分支途径调控。产黄青霉在合成青霉素途径中，分支途径中 L-赖氨酸反馈抑制共同途径中的第一个酶——高柠檬酸合成酶。

3）理化性质

（1）溶解度

青霉素本身为一元有机酸，可与钾、钠、镁、钙、铝和铵等化合成盐类。青霉素游离酸易溶于醇、酸、醚、酯等一般有机溶剂，但在水溶液中溶解度很小；青霉素金属盐类极易溶于水；几乎不溶于乙醚、氯仿、醋酸戊酯，略溶于乙醇、丁醇、酮类和醋酸乙酯。如果有机溶剂中含有少量水分时，则青霉素碱金属盐在溶剂中的溶解度就大大增加。如钠盐在丙酮中溶解度随丙酮含水在 0~2.0% 变化，则其溶解度由 6.0 mg/100 mL 升至 100 mg/100 mL。青霉素临床上一般用其钠盐、钾盐或普鲁卡因盐，增强水溶性。临床用粉针剂，现用现配。

（2）吸湿性

青霉素的吸湿性与其内在质量有关。纯度越高，吸湿性越小，也就易于存放。因此制成晶体就比无定形粉末吸湿性小，而各种盐类晶体的吸湿性又有所不同，且吸湿性随着湿度的增加而增大。在某个湿度，湿度增大时，吸湿性明显上升，这个湿度称为"临界湿度"。青霉素钠盐的临界湿度为 72.6%，而钾盐为 80%。青霉素钠盐、铵盐、钾盐吸湿性依次减小，钠盐比钾盐更不易保存，因此分包装车间的湿度和成品的包装条件要求更高，以免产品变质。

（3）稳定性

一般来说，青霉素是一种不稳定的化合物，这主要是指青霉素的水溶液而言，成为晶体状态的青霉素还是比较稳定的。纯度、吸湿性、温度、湿度和溶液的酸碱性等对其稳定性都有很大影响。青霉素游离酸不耐热，一般保存于冰箱中；青霉素盐的结晶纯品，稳定性很好，在干燥条件下可于室温保存数年。青霉素钾盐结晶，150 ℃加热 1.5 h 效价无影响，因此结晶青霉素可干热灭菌。

（4）临床应用及抗菌机理

青霉素主要抑制革兰氏阳性细菌，但对某些革兰氏阴性细菌，螺旋体及放线菌也有较强的抗菌作用。青霉素的结构与细胞壁的粘肽结构中的 D-丙氨酰近似,可与后者竞争转肽酶,阻碍粘肽的形成,从而抑制细菌细胞壁的合成,造成细胞壁的缺损,菌体失去渗透屏障而膨胀、裂解,同时借助细菌的自溶酶溶解而产生抗菌作用。这一过程发生在细菌细胞的繁殖期,因此本类药物为繁殖期杀菌药。细菌细胞有细胞壁,而动物细胞无细胞壁,因此青霉素类对人体细胞的毒性很低,有效抗菌浓度的青霉素对人体细胞几乎无影响。

8.2.3 青霉素发酵工艺

1)青霉素生产菌种及培养

青霉素最初生产菌为点青霉,生产能力仅为几十个单位,不能满足人们的需要。后来发现适合深层培养的新菌种——产黄青霉,生产能力 100 U/mL,经不断诱变选育,目前平均生产能力 66 000~70 000 U/mL,国际最高生产能力已超 100 000 U/mL。

产黄青霉在液体深层培养中菌丝可发育为两种形态,即球状菌和丝状菌。在整个发酵培养过程中,产黄青霉的生长发育可分为 6 个阶段:

①分生孢子萌发,形成芽管,原生质未分化,具有小泡,为Ⅰ期。

②菌丝繁殖,原生质嗜碱性很强,有类脂肪小颗粒产生,为Ⅱ期。

③原生质嗜碱性仍很强,形成脂肪粒,积累储藏物,为Ⅲ期。

④原生质嗜碱性减弱,脂肪粒减少,形成中、小空泡,为Ⅳ期。

⑤脂肪粒消失,形成大空泡,为Ⅴ期。

⑥细胞内看不到颗粒,并有个别自溶细胞出现,为Ⅵ期。

Ⅰ—Ⅳ期为菌丝生长期,Ⅲ期的菌体适宜为种子。Ⅳ—Ⅴ期为生产期,生产能力最强,通过工程措施,延长此期,获得高产。在第六期到来之前结束发酵。实际生产中,按规定时间取样,对青霉菌形态变化进行镜检,便于控制发酵。

种子培养阶段以产生丰富的孢子(斜面和米孢子培养)或大量健壮菌丝体(种子罐培养)为主要目的。因此,在培养基中应加入丰富易代谢的碳源(如葡萄糖或蔗糖)、氮源(如玉米浆)、缓冲 pH 的碳酸钙以及生长所必需的无机盐,并保持最适生长温度为 25~26 ℃和充分的通气搅拌,使菌体量倍增达到对数生长期,此期要严格控制培养条件及原材料质量以保持种子质量的稳定性。

2)青霉素发酵工艺

(1)工艺流程

①丝状菌三级发酵工艺流程　冷冻管(孢子)→ 斜面母瓶(25 ℃,孢子培养,7 d)→ 大米孢子(25 ℃,孢子培养,7 d)→ 一级种子培养液(26 ℃,种子培养,56 h)→ 二级种子培养液(27 ℃,种子培养,24 h,1.5 vvm)→ 发酵液(前期为 27 ℃,后期 26 ℃,发酵,7 d,0.95 vvm)。

②球状菌二级发酵工艺流程　冷冻管(孢子)→ 亲米孢子(25 ℃,孢子培养,6~8 d)→ 生产米孢子(25 ℃,孢子培养,8~10 d)→ 种子培养液(28 ℃,菌丝体培养,56~60 h,1.5 vvm)→ 发酵液(前期为 26 ℃,后期降为 24 ℃,发酵,7 d,0.8 vvm)[vvm:单位时间(min)单位发酵液体积(L)内通入的标准状态下的空气体积(L),即 L/(L·min)]。

(2)工艺控制

青霉素发酵是给予最佳条件培养菌种,使菌种在生长发育过程中大量产生和分泌抗生素的过程。发酵过程的成败与种子的质量、设备构型、动力大小、空气量供应、培养基配方、合理补料、培养条件等因素有关。发酵过程控制就是控制菌种的生化代谢过程，必须对各项工艺条件加以严格管理，才能做到稳定发酵。青霉素发酵属于好氧发酵过程，在发酵过程中，需不断通入无菌空气并搅拌，以维持一定的罐压和溶氧。整个发酵阶段分为生长和产物合成两个阶段。前一个阶段是菌丝快速生长，进入生产阶段的必要条件是降低菌丝生长速度，这可通过限制糖的供给来实现。

①种子质量的控制　丝状菌的生产种子是由保藏在低温的冷冻安瓿管（孢子）经甘油、葡萄糖、蛋白胨斜面移植到小米或大米固体上，25 ℃培养 7 d，孢子发育成熟，真空干燥并以这种形式保存备用。生产时把它（孢子）按一定的接种量移种到含有葡萄糖、玉米浆、尿素为主的种子罐内，26 ℃培养 56 h 左右，菌丝浓度达 6%~8%，菌丝形态正常，按 10%~15% 的接种量移入含有花生饼粉、葡萄糖为主的二级种子罐内，27 ℃培养 24 h，菌丝体积 10%~12%，形态正常，效价在 700 U/mL 左右便可作为发酵种子。

球状菌的生产种子是由冷冻管孢子经混有 0.5%~1.0% 玉米浆的三角瓶培养原始亲米孢子，然后再移入罗氏瓶培养生产大米孢子（又称生产米），亲米和生产米均为 25 ℃静置培养，需经常观察生长发育情况，在培养到 3~4 d，大米表面长出明显小集落时要振摇均匀，使菌丝在大米表面能均匀生长，待 10 d 左右形成绿色孢子即可收获。亲米成熟接入生产米后也要经过激烈振荡才可放置恒温培养，生产米的孢子量要求每粒米 300 万只以上。亲米、生产米孢子都需保存在 5 ℃冰箱内。

工艺要求将新鲜的生产米（指收获后的孢子瓶在 10 d 以内使用）接入含有花生饼粉、玉米胚芽粉、葡萄糖、饴糖为主的种子罐内，28 ℃培养 50~60 h。当 pH 由 6.0~6.5 下降至 5.0~5.5，菌丝呈菊花团状，平均直径在 100~130 μm，每毫升的球数为 6~8 万只，沉降率在 85% 以上，即可根据发酵罐球数控制在 8 000~11 000 只/mL 范围的要求，计算移种体积，然后接入发酵罐，多余的种子液弃去。球状菌以新鲜孢子为佳，其生产水平优于真空干燥的孢子，能使青霉素发酵单位的罐批差异减少。

②培养基成分的控制

a.碳源。产黄青霉菌可利用的碳源有乳糖、蔗糖、葡萄糖等。目前生产上普遍采用的是淀粉水解糖、糖化液（DE 值 50% 以上）进行流加。

b.氮源。氮源常选用玉米浆、精制棉籽饼粉、麸皮，并补加无机氮源（硫酸铵、氨水或尿素）。

c.前体。生物合成含有苄基基团的青霉素 G，需在发酵液中加入前体。前体可用苯乙酸、苯乙酰胺，一次加入量不大于 0.1%，并采用多次加入，以防止前体对青霉素的毒害。

d.无机盐。加入的无机盐包括硫、磷、钙、镁、钾等，且用量要适度。另外，由于铁离子对青霉菌有毒害作用，必须严格控制铁离子的浓度，一般控制在 30 μg/mL。

③发酵条件的控制

a.加糖控制。加糖量的控制是根据残糖量及发酵过程中的 pH 确定，最好是根据排气中 CO_2 量及 O_2 量来控制，一般在残糖降至 0.6% 左右，pH 值上升时开始加糖。

b.补氮及加前体。补氮是指加硫酸铵、氨水或尿素，使发酵液氨氮控制在 0.01%~0.05%，补前体以使发酵液中残存苯乙酰胺浓度为 0.05%~0.08%。

c.pH 控制。对 pH 的要求视不同菌种而异，一般为 pH 6.4~6.8，可以补加葡萄糖来控制。目前一般采用加酸或加碱控制 pH。

d.温度控制。前期 25~26 ℃,后期 23 ℃,以减少后期发酵液中青霉素的降解破坏。

e.溶解氧的控制。一般要求发酵中溶解氧量不低于饱和溶解氧的 30%。通风比一般为 0.8 L/(L·min),搅拌转速在发酵各阶段应根据需要而调整。

f.泡沫的控制。在发酵过程中产生大量泡沫,可以用天然油脂,如豆油、玉米油等或用化学合成消泡剂"泡敌"来消泡,应当控制其用量并要少量多次加入,尤其在发酵前期不宜多用,否则会影响菌体的呼吸代谢。

g.发酵液质量控制。生产中按规定时间从发酵罐中取样,用显微镜观察菌丝形态变化来控制发酵。生产上惯称"镜检",根据"镜检"中菌丝形态变化和代谢变化的其他指标调节发酵温度,通过追加糖或补加前体等各种措施来延长发酵时间,以获得最多青霉素。当菌丝中空泡扩大、增多及延伸,并出现个别自溶细胞,这表示菌丝趋向衰老,青霉素分泌逐渐停止,菌丝形态上即将进入自溶期,在此时期由于菌丝自溶,游离氨释放,pH 上升,导致青霉素产量下降,使色素、溶解和胶状杂质增多,并使发酵液变黏稠,增加下一步提纯时过滤的困难。因此,生产上根据"镜检"判断,在自溶期即将来临之际,迅速停止发酵,立刻放罐,将发酵液迅速送往提炼工段。

8.2.4 青霉素提取和精制工艺

1)工艺流程(以注射用青霉素钾盐为例)

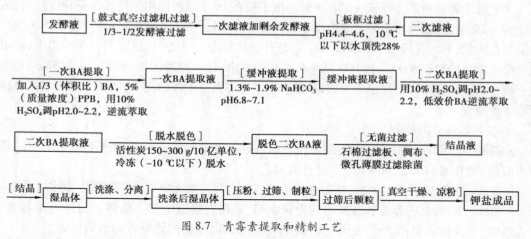

图 8.7 青霉素提取和精制工艺

2)提取和精制工艺控制

青霉素不稳定,发酵液预处理、提取和精制过程应注意条件温和、速度快,以防止青霉素被破坏。预处理及过滤、提取过程是青霉素各产品生产的共性部分,其工艺控制基本相同,只是精制过程有所差别。

(1)预处理及过滤

预处理是进行分离纯化的第一个工序。发酵液结束后,目标产物存在于发酵液中,而且浓度很低,仅 0.1%~4.5%,而杂质浓度比青霉素高几十倍甚至几千倍,它们影响后续工艺的有效提取,因此必须对其进行预处理。目的在于浓缩目的产物,去除大部分杂质,改变发酵液的流变学特征,利于后续的分离纯化过程。

发酵液放罐后,首先要冷却至 10 ℃ 以下。因为青霉素在低温时比较稳定,同时细菌繁殖也较慢,可避免青霉素被迅速破坏。再加入少量絮凝剂用以沉淀蛋白,然后经真空过滤机过滤,除掉菌丝体及部分蛋白。所得滤渣成紧密饼状,易从滤布上刮下。滤液 pH 6.2~7.2,蛋白质含量 0.05%~0.2%。这些蛋白质的存在对后面提取有很大影响,必须加以除去。通常采用 10% H_2SO_4 调节 pH 至 4.5~5.0,加入 0.07%溴代十五烷吡啶(PPB),同时再加入 0.7%硅藻土作为助滤剂(增加过滤速度),再通过板框过滤机进行二次过滤,所得滤液一般澄清透明,可进行萃取。

(2)萃取

青霉素的提取采用溶媒萃取法。青霉素游离酸易溶于有机溶剂,而青霉素盐易溶于水。利用这一性质,在酸性条件下青霉素转入有机溶媒中;调节 pH 值,再转入中性水相;反复几次萃取,即可提纯浓缩。应选择对青霉素分配系数高的有机溶剂,工业上通常用乙酸丁酯(简称 BA)和戊酯,萃取 2~3 次。从发酵液萃取到乙酸丁酯(BA)时,pH 值选择 1.8~2.2,从乙酸丁酯(BA)反萃取到水相时,pH 值选择 6.8~7.4。发酵滤液与乙酸丁酯(BA)的体积比为 1.5~2.1,即一次浓缩倍数为 1.5~2.1。为了避免 pH 值波动,可用磷酸盐、碳酸盐缓冲液进行反萃取。发酵液与溶剂比例为 3~4。几次萃取后,浓缩 10 倍,浓度几乎达到结晶要求。萃取总收率在 85%左右。

生产上一般将发酵滤液酸化至 pH 等于 2.0,加入 1/3 体积的乙酸丁酯(用量为滤液体积的 1/3),混合后以卧式离心机(POD 机)分离得一次 BA 萃取液,然后以 $NaHCO_3$ 在 pH 值为 6.8~7.4 条件下将青霉素从 BA 中萃取到缓冲液中;再用 10% H_2SO_4 调节 pH 值等于 2.0,将青霉素从缓冲液中再次转入 BA 中(方法同前面所述),得二次 BA 萃取液。在一次丁酯萃取时,由于滤液含有大量蛋白,通常加入 0.05%~0.1% PPB 防止蛋白乳化(在酸性条件下)而转入 BA 中。

萃取条件:为减少青霉素降解,整个萃取过程应在低温下进行(10 ℃ 以下),萃取罐用冷冻盐水冷却。

(3)脱色

在二次 BA 萃取液中加入活性炭 150~300 g/10 亿单位,进行脱色,除去色素、热原,石棉过滤板过滤除去活性炭。

(4)结晶

萃取液一般通过结晶提纯。不同产品结晶条件控制不同,现以青霉素钾盐为例说明。

①醋酸钾-乙醇溶液饱和盐析结晶　青霉素钾盐在醋酸丁酯中溶解度很小,因此,在二次丁酯萃取液中加入醋酸钾-乙醇溶液,使青霉素游离酸与高浓度醋酸钾溶液反应生成青霉素钾,然后溶解于过量的醋酸钾-乙醇溶液中呈浓缩液状态存在于结晶液中,当醋酸钾加到一定量时,近饱和状态的醋酸钾又起到盐析作用,使青霉素钾盐结晶析出。

②青霉素醋酸丁酯提取液减压共沸结晶　与饱和盐析结晶法一样也是由青霉素游离酸与醋酸钾反应,生成青霉素钾。所不同的是控制结晶前提取液的初始水分,使反应剂加入后,不能像饱和盐析结晶那样立即产生晶体,而是使反应生成的青霉素钾先溶于反应液的水组分中,而后随着减压共沸蒸馏脱水的进行,使反应液中水分不断降低,形成过饱和溶液,晶核产生并逐渐成长,在反应液中析出,得到青霉素钾。

③青霉素水溶液-丁醇减压共沸结晶　将青霉素游离酸的醋酸丁酯提取液用碱(KHCO₃ 或 KOH)水溶液抽提至水相中,形成青霉素钾盐水溶液,调节 pH 后加入丁醇进行减压共沸蒸馏。蒸馏是利用丁醇-水二组分能够形成共沸物,使溶液沸点下降,且二组分在较宽的液相组成范

围内蒸馏温度稳定。进行减压共沸蒸馏是为了进一步降低溶液沸点,减少对青霉素钾盐的破坏。在共沸蒸馏过程中以补加丁醇的方法将水分分离,使溶液逐步达到过饱和状态而析出结晶。

【技能训练】

10 L 发酵罐发酵生产青霉素

1)目的要求

①掌握产黄青霉菌株的扩大培养及液体发酵技术。

②训练小型发酵罐的空消、实消、接种、发酵监控等操作技能。

2)基本原理

青霉素是产黄青霉菌株在一定的培养条件下发酵产生的。生产上一般将米孢子接入种子罐经二级扩大培养后,移入发酵罐进行发酵,所制得的含有一定浓度青霉素的发酵液经适当的预处理,再经提炼、精制、成品分包装等工序最终制得符合药典要求的成品。

3)仪器材料

(1)菌种

产黄青霉菌株(安瓿瓶冷冻孢子)。

(2)染液

乳酸石炭酸棉蓝染色液。

(3)培养基

察氏琼脂培养基、新鲜大米、种子培养基、发酵培养基。

(4)其他

小型二联体发酵罐及发酵系统、小型冻干机、生物传感分析仪、可见光分光光度计、小型离心机、试管、茄形瓶、显微镜、盖玻片、载玻片、接种钩、解剖针、滤纸 20%甘油、玻璃纸、涂布棒、镊子等。

4)操作步骤

(1)产黄青霉菌株(丝状菌)的扩大培养、检验及保存

①斜面培养基配制。配制察氏斜面培养基 1 000 mL,加热溶解,分装于试管中(分装量为试管高度的 1/5),121 ℃灭菌 20 min。灭菌后立即取出,冷至 55~60 ℃时,摆置成适当斜面(斜面长度不超过试管总长度 2/3),待其自然凝固。

②斜面孢子培养。在无菌条件下,用接种环蘸取安瓿瓶中冷冻孢子,划线接种到装有察氏培养基的固体斜面上,25~28 ℃下恒温培养 6~7 d,培养基表面呈孢子颜色,镜检有大量孢子产生,培养结束,放入冰箱冷藏备用。

③大米孢子培养。将优质新米用水浸透(12~24 h),然后倒入搪瓷盘内蒸 15 min(使大米粒仍保持分散状态)。蒸毕,取出搓散团块,稍冷,可加 0.5%~1.0 %玉米浆,分装于茄形瓶内,蒸汽灭菌(121 ℃,30 min),冷却备用。取上面制备好的斜面孢子管,加入少量无菌水,制成孢子悬液,无菌条件下接入到装有大米的茄形瓶中,培养过程中要注意翻动,使菌丝在大米表面能均匀生

长,待 10 d 左右形成绿色孢子即可收获,真空冷冻干燥后备用(最好在 10 d 内使用)。

④产黄青霉菌株的保存。准备一干燥、无菌的小滤纸条,伸入斜面孢子试管中(无菌操作),轻轻蘸取培养基表面的孢子少许,再将该滤纸条装入一无菌的空试管中,加塞后,可长期冷冻保存。也可先制备好孢子悬液,倒入装有经灭菌、烘干处理的砂土管中,与管中砂土混匀后,将砂土管放在盛有无水氯化钙的干燥器中,用真空泵抽气干燥,置低温干燥环境下可保存1 年以上。若将茄形瓶中培养成熟的大米孢子,取出置冰箱中,可保存 1~3 年。

⑤青霉菌直接制片观察。用接种钩或解剖针从试管或培养皿的菌落边缘交界处,挑取少量产黄青霉菌株培养物,浸入载玻片上的乳酸石炭酸棉蓝染液液滴内。用两根解剖针小心地将菌丝团分散开,使其不缠结成团,并将其全部浸湿,然后盖上盖玻片并轻轻按压,尽量避免产生气泡。如有气泡可慢慢加热除掉。将制好的载片标本置于低倍镜下观察,必要时换用高倍镜。镜检时能看到在青霉的有隔菌丝上长出直立的分生孢子梗,梗的顶端以帚状非对称式分枝形成梗基和瓶形小梗,小梗上长有成串的分生孢子(产黄青霉菌株区别于其他杂菌的明显特征)。

(2)产黄青霉菌株的液体种子培养

①液体培养基的配制及实消。种子培养基(%):玉米浆 4.0(以干物质计),蔗糖 2.4,硫酸铵0.4,碳酸钙 0.4,少量新鲜豆油(消泡);pH 6.2~6.5。体积不超过种子罐有效容积的0.6~0.7。实消参数采用罐压 0.12 MPa(文中所述罐压皆为表压),罐温 121~123 ℃,30 min;然后立即打开冷却水阀,向夹套通水,快速冷却;罐压降到 0.05 MPa 时,打开空气阀门,向罐内通入无菌空气,保持罐压为 0.05 MPa,继续通冷却水,直到罐内培养基温度降至 27 ℃时,关闭阀门,停止通冷却水,准备接种。

②一级液体菌种培养。采用火焰封口接种法,将新鲜的大米孢子接入装有液体培养基且实消好的 5 L 种子罐中,参考接种量:100~200 g/L。25 ℃下培养 56 h,搅拌转速 110 r/min,空气流量:0~50 h 为 0.5 vvm,50 h 后为 1.0 vvm,培养至对数生长后期移种(移种标准是外观微黄较稠,菌丝浓度(体积)10%~12%,菌丝细长,均匀无空泡)。

(3)产黄青霉菌株的二级发酵培养

①10 L 发酵培养基制备及实消。发酵培养基(%):玉米浆 3.8(以干物质计),乳糖 5.0,苯乙酸 0.5~0.8(考虑流加),新鲜豆油 0.5(流加),磷酸二氢钾 0.54,无水硫酸钠 0.54,碳酸钙0.07,硫酸亚铁 0.018,硫酸锰 0.002 5;pH 4.7~4.9。实消参数同一级液体种子培养基。

②接种及发酵。采用压差接种法,接种前先进行移种管道空消,待管道冷却后,逐渐增大种子罐罐压(0.20~0.40 MPa),此时发酵罐罐压维持在 0.05~0.10 MPa。依次开启由种子罐到发酵罐的移种管道阀门,完成接种。10 L 发酵液的接种用量为 1.0~1.5 L(10%~15%),如接种量小可参考采用液体摇瓶制种。发酵期间主要控制参数:温度 25 ℃,罐压 0.04~0.10 MPa,搅拌转速120~130 r/min,空气流量为 0.50~0.95 vvm。当发酵液中氨氮含量下降至 450 μg/mL 以下时,开始补加硫酸铵。在后续发酵过程中控制发酵液氨氮含量为 300~500 μg/mL,并在线监控溶氧(DO)和 pH,考察发酵期间的最大菌丝浓度、氨氮代谢、糖代谢、发酵周期、放罐效价等参数。

③发酵终点确定。根据"镜检"判断,若菌丝中空泡扩大、增多及延伸,在自溶期即将来临之际,迅速停止发酵,立刻放罐,做好发酵液的预处理,准备进行发酵产物的提取。

5)结果与分析

将参与实训学生进行分组,各组组长兼任安全员,副组长兼任设备材料员,达到学生的自管自治和相互监督、学生与教师的高度配合。

①完成产黄青霉菌株的扩大培养、检验及保存任务后,各小组分别展示无菌检验结果、产黄青霉菌株经染色后显微镜下形态、产黄青霉菌株的冻干制品。首先,进行组内自我评价和组间互评。接着,教师对每组结果进行评价,指出存在的问题和改进的方法。

评价项目包括:

a.斜面菌种。产黄青霉菌株转管培养后,斜面长度适宜,软硬适中,光滑,表面无游离水,外观生长均匀,孢子或菌体丰满,无污染,无杂菌杂色等。

b.米孢子无污染,孢子数足,发芽率高,生产能力稳定。

c.产黄青霉菌株经染色后显微镜下形态菌丝稠密,菌丝团很少,菌丝粗壮,有中、小空泡。

d.冻干菌种。外观形状呈疏松的海绵状;菌种的真空度检测出现紫色辉光。

②完成产黄青霉菌株发酵培养基配制与发酵后,各小组分别汇报发酵过程中染菌情况以及产黄青霉菌株抽样检验情况,并展示革兰氏染色标本片以及乳酸石炭酸棉蓝染色标本片。然后,组内进行自我评价和组间互评。接着,教师对每组结果具体进行评价和打分。

教师对于产黄青霉菌株发酵培养液无杂菌污染,且有效发酵的组别给予表扬,并对制备的青霉素发酵液进行低温储存,以备后期过滤、提炼等。对于产黄青霉菌株发酵培养液有杂菌污染或无效发酵的组别,指出存在的问题和改进的方法。

评价项目包括:发酵液无杂菌污染、镜检检查结果符合青霉菌生长发育过程。

任务 8.3 淀粉酶的发酵生产

【活动情境】

淀粉酶是国内生产的高产量酶之一,目前有提取分离法、生物合成法和化学合成法生产,以微生物发酵合成法生产为主。此任务通过培养芽孢杆菌液体来发酵生产 α-淀粉酶,控制优化发酵条件,提高 α-淀粉酶产率。设计合适的纯化流程,制得 α-淀粉酶产品。

【任务要求】

能够运用微生物发酵的基本知识,进行 α-淀粉酶的发酵生产。包括以下几点要求:

1.培养基的配制及菌种扩培。

2.α-淀粉酶发酵代谢的控制。

3.α-淀粉酶的制备工艺。

【基本知识】

8.3.1　微生物酶生产概述

1) 酶的概念及产酶微生物

酶是一种生物催化剂,具有催化效率高、反应条件温和和专一性强等特点。将酶加工成不同纯度和剂型(包括固定化酶和固定化细胞)的生物制剂即为酶制剂。动植物和微生物产生的许多酶都能制成酶制剂。微生物酶具有很大的优势。首先,微生物资源丰富,可从不同生态环境筛选相关菌株,获特色酶。如耐酸碱、高或低温等;其次,微生物易于克隆相关基因,开展酶工程、遗传工程、发酵工程等研究;最后,微生物易于诱变育种,提高产量,易于生产、分离纯化,成本低。

第二次世界大战,深层培养技术的成功,酶工业得到快速发展。1949 年日本首先开始了用深层发酵生产淀粉酶。20 世纪 50 年代,糖化酶用于葡萄糖的生产。20 世纪 70 年代,酶固定技术发展,固定酶化用于氨基酸拆分,固定葡萄糖异构酶用于高果糖浆的生产。今年来又开发了青霉素酰化酶、异淀粉酶、天冬酰胺酶等。目前从自然界发现的酶有 2 500 多种,结晶分离的有数百种,有工业应用价值的 60 多种,而已大量生产的只有 20 多种。

目前常用的产酶微生物如下:

①大肠杆菌　谷胱甘肽酶、天门冬氨酸酶、青霉素酰化酶、β-半乳糖苷酶。

②曲霉(黑曲霉、黄曲霉)　糖化酶、蛋白酶、淀粉酶、果胶酶、葡萄糖氧化酶、氨基酰化酶、脂肪酶。

③枯草芽孢杆菌　α-淀粉酶、β-葡萄糖氧化酶、碱性磷酸酶。

④啤酒酵母　转化酶、丙酮酸脱羧酶、乙醇脱氢酶。

⑤青霉菌　葡萄糖氧化酶、青霉素酰化酶、5′-磷酸二酯酶、脂肪酶。

⑥木素菌　纤维素酶。

⑦根霉菌　淀粉酶、蛋白酶、纤维素酶。

⑧链霉菌　葡萄糖异构酶。

2) 酶制剂的应用

随着酶生产的发展,酶的应用越来越广泛,由于酶具有专一性强、催化散率高、反应条件温和等优点,其在医药、食品、轻工、化工、能源、环保和科研等领域广泛应用。

(1)医药方面

可利用酶的催化特性进行疾病的诊断、治疗和药物制造,例如酶疗法是临床上的一种重要手段,淀粉酶、蛋白酶广泛用作消化剂,尿激酶、链激酶可以缓解血栓。

(2)食品方面

酶制剂可用于食品保鲜,果蔬、果酒、添加剂、蛋白质和淀粉类等食品的加工生产,可以改善食品的品质和风味。

(3)轻工、化工方面

可用酶进行原料处理,生产各种轻工、化工产品,加酶可增强产品的使用效果。还将酶反应和常规的化学合成反应结合,用酶反应代替其中的一些有机合成反应步骤,可以降低生产成本,减少公害,提高回收率,减少副产物的形成。例如天冬氨酸的生产,用化学合成的延胡索酸和氨作为原料经天冬氨酸酶的催化,几乎可以定量生成 L-天冬氨酸,此外,在核苷酸、半合成抗生素类激素的制造上也广泛使用酶法和化学合成相结合的方法。

（4）环保能源方面

可用酶进行环境监测,进行废水处理,生产各种可生物降解的材料,生产各种新能源产品。

（5）分析检测

高纯度的试剂用酶是分析化学和临床检验的重要工具,酶法分析具有微量、灵敏、精确、高效的特点,通过单酶反应检测、多酶偶联反应检测和酶标记免疫反应检测等检测各种物质。若将试剂酶固定化后与离子选择性电极相结合而构成一种酶电极,可作为自动分析仪器的传感器,这种自动分析仪已是近代分析化学与临床检验的有力工具。

（6）生物工程方面

在遗传工程和蛋白质工程中广泛应用到各种试剂酶,例如酶解去除细胞壁,进行大分子的切割和分子拼接等。这些应用研究的成就,将给 21 世纪的生命科学带来重大的影响。

现在已知的酶有几千种,但还远不能满足人们对酶日益增长的需求,随着科技的发展,人们正在研发更多、更好的新酶,其中,令人瞩目的有抗体酶、磷酸酶和端粒酶等的研究开发,这也将成为新酶研究和开发的重要领域。伴随着人类基因组计划取得的巨大成果,基因组学和蛋白质组学的诞生、生物信息学的兴起,以及 DNA 重组技术、细胞或噬菌体表面展示技术等的发展,预计在不久的将来,众多新酶的出现将使酶的应用达到前所未有的广度和深度。

3) 酶制剂的生产方法

酶的生产方法有提取分离法、生物合成法和化学合成法 3 种,提取分离法是最早采用而沿用至今的方法;生物合成法是 20 世纪 50 年代以来酶生产的主要方法,其中以微生物发酵合成酶较为重要;化学合成法至今仍停留在实验室阶段。

早期的酶都是从动物、植物中提取的,但动植物资源受到各种条件的限制,不易扩大生产。利用微生物生产生物酶制剂要比从植物瓜果、种子、动物组织中获得更容易,因为动植物来源有限,且受季节、气候和地域的限制,而微生物不受这些因素的影响,且具有生长迅速、种类繁多、易变异的特点,通过菌种改良可进一步提高酶的产量,改善酶的生产和性质,加工提纯容易,加工成本相对比较低,充分显示了微生物生产酶制剂的优越性,再加上几乎所有的动植物酶都可以由微生物得到,因此目前工业酶制剂几乎都是用微生物发酵进行大规模制造的。酶的发酵生产根据微生物培养方式不同,可以分为固体培养发酵、液体深层发酵、固定化细胞发酵和固定化原生质体发酵。

（1）固体培养发酵

固态发酵法中微生物的培养物是固态,一般用麸皮、米糠作培养基,通常是在曲房内将培养基拌入种曲后(固态,含水量 60% 左右)在曲盘或帘子上铺成薄层(1 cm 左右),然后置于多层的架子上进行培养,培养过程中控制曲房的温度和湿度(90% ~ 100%),逐日测定酶活力的消长,待菌丝布满基质,酶活力达到最大值不再增加时,即可终止培养,进行酶提取。此法源于我国酿造生产中制曲技术,生产简单易行,但劳动强度高,一般不适用于霉菌的生产。近年来又有新发展,如通风制曲工艺,曲箱中麸皮培养基的厚度可达 30~60 cm。

（2）液体深层发酵

采用在通风搅拌的发酵罐中进行微生物深层液体培养,是目前酶制剂发酵生产中最主要的方法。此法机械化程度高,发酵条件易控制,且酶的产率高、质量好。目前,许多酶制剂产品都趋向用液体深层培养法来生产,但无菌程度高,在生产上要特别注意防止染菌。

(3)固定化细胞发酵

20 世纪 70 年代后期,在固定化酶的基础上发展起来的发酵技术,目前仍存在较多的技术难题。

(4)固定化原生质体发酵

20 世纪 80 年代中期发展起来的技术。通过原生质体内的物质易于分泌到胞外,为胞外物质的生产开辟了新途径。

4)酶制剂的提取工艺

酶制剂生产基本工艺流程如图 8.8 所示,酶制剂的提取大致可分为下列几个步骤:

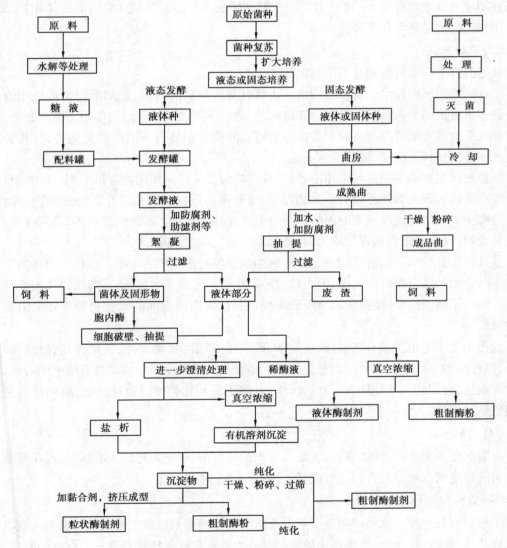

图 8.8 酶制剂生产基本工艺流程

（1）发酵液预处理

微生物酶可分为胞外酶和胞内酶，若目的酶是胞外酶，处理时在发酵液中加入适当的絮凝剂或凝固剂并进行搅拌，然后通过分离（如用离心沉降分离机、转鼓真空吸滤机和板框过滤机等）除去絮凝物或凝固物，以取得澄清的酶液。PCH 絮凝剂是从食品加工厂废料中提取的一种多糖天然高分子絮凝剂，在酶制剂发酵液的絮凝中效果好、过滤快、用量少，且对酶活力无损伤，可成为酶制剂精制中的一种良好絮凝剂。若目的酶是胞内酶，先把发酵液中的菌体分离出来，并使其破碎，将目的酶抽提至液相中，然后同上述胞外酶一样处理，以获得澄清酶液。

生产液体酶制剂时，可将酶液进行浓缩后加入缓冲剂、防腐剂（苯甲酸钠、山梨酸钾、对羟基苯甲酸甲酯、对羟基苯甲酸丙酯、食盐等）和稳定剂（甘油、山梨醇、氯化钙、亚硫酸盐、食盐等），在阴凉处一般可保存 6~12 个月。至于粉状酶的生产还需要经过酶的沉淀、酶的干燥、酶制剂化和稳定化处理等几个步骤。

（2）酶的沉淀

常用的方法有盐析法和有机溶剂沉淀法。

①有机溶剂沉淀技术　有机溶剂沉淀法具有分辨率高的特点，是酶蛋白初步纯化的常用方法。有机溶剂的加入降低了溶液的介电常数，增加了蛋白质粒子间的作用力即库仑力，使粒子间静电引力增大而聚集和沉淀。有机溶剂还会降低蛋白质分子的溶剂化能力，使其表层水层脱水破坏而变得不稳定，最后发生沉淀。

选择的沉淀剂必须是能与水相溶的，并且不与酶发生任何作用的有机溶剂，常用的有丙酮与乙醇。有机溶剂大多数都带有一定的毒性，易使蛋白质构象发生变化而导致变性，因此，在纯化过程中一般采用毒性较小的丙酮以尽量消除这种副作用。溶剂沉淀后不需要专门的方法去除沉淀剂，只需通过自然挥发除去，必要时采用真空抽滤脱除。

②盐析沉淀技术　盐析沉淀法是许多酶初纯阶段经常采用的方法。中性无机盐离子在较低浓度时会增加蛋白质的溶解度，但当盐浓度增加到一定程度时，盐离子与蛋白质表面具有相反电荷的离子基团结合，使排斥力减弱而凝聚，同时，蛋白质表面的水化膜被破坏而引起蛋白质的沉淀。

盐析中常用的中性盐有硫酸铵、硫酸钠、硫酸镁、磷酸钠、磷酸钾、氯化钾、醋酸钠、硫氰化钾等，但在酶的分离纯化中常用的是硫酸铵。由于高离子浓度对酶的活性有很大的影响，故盐析后需脱盐，常用的脱盐处理方法有透析法、电渗析法和葡萄糖凝胶过滤法，酶的分离过程最常用的是透析法。

（3）酶的干燥

收集沉淀的酶进行干燥、磨粉，并加入适当的稳定剂、填充剂等制成酶制剂，或在酶液中加入适当的稳定剂、填充剂，直接进行喷雾干燥。

（4）酶制剂化和稳定化处理

①酶制剂化处理　浓缩的酶液可制成液体或固体酶制剂成品。酶制剂的出售一般以一定体积或质量的酶活性计价，故生产出的酶制剂在出售前往往需要稀释至一定标准的酶活性。

②稳定化处理　为改进和提高酶制剂的储藏稳定性，一般都要在酶制剂中加入一种以上的物质，作为酶活稳定剂，又可作抗菌剂及助滤剂，若制成干粉，则可起到填料、稀释剂和抗结

块剂的作用。可用作酶活稳定剂的物质很多，如辅基、辅酶、金属离子、底物、整合剂、蛋白质等，最常用的有多元醇（如甘油、乙二醇、山梨醇、聚乙二醇等）、糖类、盐、乙醇及有机钙。有时单独采用一种稳定剂效果不明显，则需要几种物质合用，如明胶对细菌淀粉酶及蛋白酶有稳定作用，但效果不明显，若同时加入一些乙醇和甘油，稳定效果就显著了。

8.3.2　淀粉酶的生产概述

淀粉酶是水解淀粉和糖原酶类的总称，广泛存在于动植物和微生物中。近年来，随着淀粉质原料深加工工业的发展，酶制剂所扮演的角色也越来越重要。据统计，淀粉酶作为工业酶制剂的重要组成部分，占了酶制剂市场份额的25%左右。淀粉酶制剂已被广泛地应用于以淀粉为原料生产的产品，诸如葡萄糖、麦芽糖、高果糖浆、味精、柠檬酸等中。利用酶法转化淀粉，可根据不同工业如糖果、软饮料、罐头乃至啤酒工业的需求制造出不同组分的糖浆。淀粉转化糖不只提供甜度，还在改善终产品黏度、保持水分及控制其他特性等方面扮演着重要的角色。

根据淀粉酶对淀粉的水解方式不同，可将其分为 α-淀粉酶、β-淀粉酶、葡萄糖淀粉酶和异淀粉酶等。α-淀粉酶是以淀粉为底物的淀粉内切水解酶，又称 α-1,4-葡聚糖-4-葡聚糖水解酶（α-1,4-glucan-4-glucanohydrolase），编号：EC 3.2.1.1，通常分子量为 45～60 kD 左右。它与淀粉作用时，是从分子内部切开 α-1,4-糖苷键使淀粉分子量迅速降低，降解为水溶性的糊精并产生少量麦芽糖和葡萄糖。

α-淀粉酶广泛分布于动物、植物和微生物中，能水解淀粉产生糊精、麦芽糖、低聚糖和葡萄糖等，是工业生产中应用最为广泛的酶制剂之一。目前，α-淀粉酶已广泛应用于变性淀粉及淀粉糖、焙烤工业、啤酒酿造、酒精工业、发酵以及纺织等许多行业。

α-淀粉酶可由微生物发酵产生，也可由植物、动物提取。目前，工业生产中都是以微生物发酵法大规模生产 α-淀粉酶。有实用价值的 α-淀粉酶的产生菌为：枯草芽孢杆菌、地衣芽孢杆菌、嗜热脂肪芽孢杆菌、凝结芽孢杆菌、解淀粉芽孢杆菌、嗜碱芽孢杆菌、米曲霉、黑曲霉和拟内孢霉等。其中，高温 α-淀粉酶的工业生产菌株为地衣芽孢杆菌；中温 α-淀粉酶的工业生产菌株为解淀粉芽孢杆菌或枯草芽孢杆菌。

α-淀粉酶的生产方法有液体发酵法和固体培养法两种。液体发酵法生产的 α-淀粉酶，经分离提纯后，可制得纯净的食品级酶制剂产品，这种产品主要应用在食品、淀粉糖、制药等直接入口的产品生产中。固体培养法生产的 α-淀粉酶经干燥后得到粉剂产品，由于含有多种复杂的酶系和杂质，因此适合于条件要求不高的粗质原料发酵产品中。

8.3.3　α-淀粉酶发酵工艺

α-淀粉酶的发酵生产工艺以玉米粉为碳源，以豆饼为氮源，以枯草芽孢杆菌（bacillus subtilis）为生产菌种，采用液体深层发酵。其生产工艺流程如图 8.9 所示。

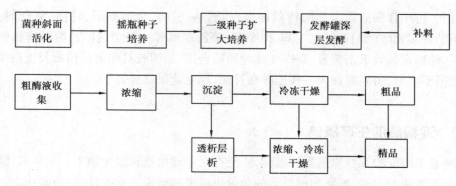

图 8.9 α-淀粉酶发酵工艺流程

1)α-淀粉酶生产菌种

目前,国内外生产 α-淀粉酶所采用的菌种主要有细菌和霉菌两大类,典型的是芽孢杆菌和米曲霉。米曲霉常用固态曲法培养,其产品主要用作消化剂,产量较小。芽孢杆菌则主要采用液体深层通风培养法大规模地生产 α-淀粉酶,如我国的枯草杆菌 BF-7658。枯草芽孢杆菌的多数中都能产生大量的淀粉酶,较易得到分离。由于芽孢具有较强的抗热能力,分离纯化时可采用热处理的方法,高温加热处理,杀死样品中所有不含芽孢的菌类,在培养过程中使芽孢杆菌得到很好的富集。利用该菌产淀粉酶的特性,选择以淀粉为碳源的分离培养基,菌体分泌的淀粉酶会使菌落周围的淀粉水解,滴加碘液即可在菌落周围出现清晰的透明圈。根据透明圈的直径(C)与菌落直径(H)之比(C/H)可初步鉴定酶活力的高低,即比值越大酶活力越高,进而筛选出优良的生产用菌。

2)生产原料

固体培养以麸皮为主要原料,酌量添加米糠或豆饼的碱水浸出液,以补充氮源。

液体培养常以麸皮、玉米粉、豆饼粉、米糠、玉米浆等为原料,并适当补充硫酸铵、氯化铵、磷酸铵等无机氮源,此外还需添加少量镁盐、磷酸盐、钙盐等。固形物浓度一般为 5%~6%,高者达 15%,为了降低培养液黏度,淀粉原料可用 α-淀粉酶液化,氮源可用豆饼碱水浸出液代替。

3)培养基制备及发酵控制

工艺流程:孢子→锥形瓶→种子罐→发酵罐。

(1)孢子培养

孢子培养基配制的目的是供菌体繁殖孢子,常采用的是固体培养基。对这类培养基的要求是能使菌体生长快速,产生数量多而优质的孢子,并且不会引起菌体变异。常用土豆斜面培养基,37 ℃,培养 3 d,待长出大量孢子后作为接种用的种子。

(2)种子培养

种子培养基是供孢子发芽、生长和大量繁殖菌丝体,并使菌丝体长得粗壮成为活力强的种子。对于种子培养基的营养要求比较丰富和完全,氮源和维生素的含量也比较高,浓度以稀薄为好,可以达到较高的溶解氧,供大量菌体生长和繁殖。

将斜面菌种接种到摇瓶种子培养基中,37 ℃,200 r/min 摇床培养。培养 3 d。将培养的种子接入到 20 L 种子罐中进行发酵培养,使菌种迅速生长、复壮,在较短周期内达到生产菌合成发酵产物的能力。种子罐培养条件,37 ℃搅拌,通风培养 12~24 h。菌种进入对数生长期(通过镜检,细胞密集,细胞粗壮整齐,大多细胞单独存在,少数呈链状,发酵液 pH 6.3~6.8,酶活力 5~10 U/mL)再接种到发酵罐中。

(3)发酵培养

发酵培养基的要求是营养要适当丰富并完全适合菌种的生理特性和生长要求,能使菌种迅速生长、健壮,能在较短的周期内充分发挥生产菌合成发酵产物的能力,并且要注意成本和能耗。

发酵罐培养基经过消毒灭菌冷却后接入3%~5%的种子培养液。培养条件,37 ℃,发酵罐压0.05 MPa,风量前 20 h 0.48 vvm,20 h 后 0.67 vvm,培养时间 40~48 h。中途 3 倍碳源的培养基补料,体积相当于基础料的1/3,从培养 12 h 开始,每小时 1 次,分 30 余次添加完毕。停止补料后6~8 h 罐温不再升高,菌体衰老,80%形成空泡,每 2~3 h 取样分析 1 次,当酶活力不再升高,结束发酵。向发酵液中添加 2%$CaCl_2$,0.8%Na_2HPO_4,50~55 ℃加热处理 30 min,以破坏共存的蛋白酶,促使胶体凝聚而易于过滤。冷却到 35 ℃,加入硅藻土为助滤剂准备过滤。

8.3.4 α-淀粉酶的提取工艺

α-淀粉酶的提取工艺如图 8.10 所示。

无论是固态发酵还是液态发酵,酶的提纯和分离精制都至关重要。酶的发酵终产物往往具有以下特点:目的酶的浓度一般比较低;待分离的体系十分复杂,含有细胞、细胞碎片、蛋白质、核酸、脂类、糖类、无机盐等。当酶是胞内酶时,需要进行细胞破碎;酶本身的性质不稳定,分离过程中如果操作不当会造成酶生物活性的丧失,因此要控制好操作温度和 pH 值,并避免产物与空气接触污染和氧化,分离提取过程尽量迅速,缩短停留时间。

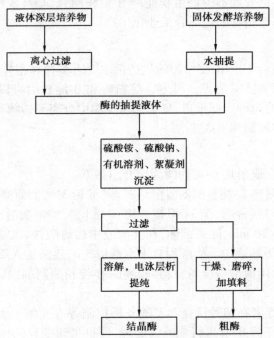

图 8.10　α-粉酶制剂提取工艺流程

1) 发酵液的过滤和预处理

去除高价离子和蛋白质,对高价离子的去除采用草酸或磷酸,草酸与钙离子生成草酸钙,还能促进蛋白质的沉淀。加磷酸既能降低钙离子也能降低镁离子。对于蛋白质的沉淀可以加入絮凝剂,调节 pH 值或加热。过滤通常采用鼓式真空过滤器,过滤前加去乳化剂并降温。

2) α-淀粉酶的提取

大多数酶的本质是蛋白质,因此用分离纯化蛋白质的方法纯化酶。分离纯化 α-淀粉酶的方法很多,一般都是依据酶分子的大小、形状、电荷性质、溶解度、稳定性、专一性结合位点等性质建立的。常用的沉淀分离技术有溶剂沉淀、盐析沉淀、等电点沉淀、变性沉淀、沉淀剂沉淀与絮凝沉淀等。要得到高纯度的 α-淀粉酶,往往需要将各种方法联合使用。盐析沉淀、凝胶过滤层析、离子交换层析、亲和层析和电泳等,是蛋白质分离纯化的主要方法。

3) α-淀粉酶的制备

上述沉淀物过滤后,滤饼于 40 ℃烘干磨粉即成粗酶制品。成品固体酶制剂的干燥方法有烘干、气流干燥、喷雾干燥、沸腾干燥、振动干燥和真空冷冻干燥。由于喷雾干燥生产能力强,维修保养简单,因此生产中常采用这种方法。α-淀粉酶的纯化方法可采用凝胶过滤法,以特定的凝胶物质为分子筛,装入层析柱。通过凝胶层析柱,便可将 α-淀粉酶分离出来,再通过酶的结晶和干燥便可制得 α-淀粉酶的纯品。

8.3.5　β-淀粉酶生产

β-淀粉酶主要用于淀粉加工、退浆、制麦芽糖等。该酶过去主要从甘薯、麦芽、大麦、大豆等高等植物中提取,近年已发现不少微生物能产 β-淀粉酶,且与高等植物的 β-淀粉酶作用一致,在耐热性等方面比高等植物的更适合工业化生产。

1) 生产菌种

目前,研究较多的适合于产 β-淀粉酶的生产菌主要有多糖芽孢杆菌、巨大芽孢杆菌、蜡状芽孢杆菌、环状芽孢杆菌和链霉菌等。因为异淀粉酶和 β-淀粉酶可以相互配合使用,所以可筛选同时具有这两种酶的菌种。据报道,日本已从土壤中分离到蜡状芽孢杆菌蕈状变种,经培养观察,可同时产生异淀粉酶和 β-淀粉酶。

2) 发酵及提取工艺

现以巨大芽孢杆菌合成耐热 β-淀粉酶为例介绍如下:

巨大芽孢杆菌合成耐热 β-淀粉酶的发酵培养基(淀粉 3%、葡萄糖 0.5%、蛋白胨 1%、玉米浆 1%、磷酸氢二钾 0.5%)接种后,于 34 ℃搅拌培养 48 h,发酵液酶活力达 25 U/mL,然后将发酵液于 8 000 r/min 离心 20 min,除去菌体,在上清液中加硫酸铵,沉淀后得粗酶制剂,再将其溶于 0.01 mol/L 醋酸盐缓冲液中。酶液用自来水透析 3 d,逐渐加入 25%醋酸铅溶液,使其杂质沉淀并离心除去,再次用硫酸铵盐析,得到较纯的 β-淀粉酶制剂,其活力为 100 U/mL,总回收率约 50%。

近年国内外科研工作者在菌种诱变和发酵条件控制等方面做了大量研究工作,如日本的新家龙等人通过对腊肠杆菌 Bgl0 进行紫外线处理,获得了新变异菌株,该菌株产 β-淀粉酶的能力比亲株提高了 25~30 倍。

【技能训练】

摇瓶固态发酵生产淀粉酶

1）目的要求

①学习固态培养基的配制方法。

②学习固态法生产淀粉酶的实验方法。

2）基本原理

淀粉酶可由微生物发酵产生,也可从植物和动物中提取。目前,工业生产上都以微生物发酵法进行大规模生产。主要的淀粉酶生产菌种有细菌和曲霉,霉菌的淀粉酶大多采用固体曲法生产。固体培养法生产淀粉酶以麸皮为主要原料,添加少量米糠或豆饼的碱水浸出液作为补充氮源。在相对湿度90%以上,米曲霉用32~35 ℃培养36~48 h后,立即在40 ℃左右烘干或风干即得工业用的粗酶。

淀粉酶催化淀粉分子中葡萄糖苷键水解,产生葡萄糖、麦芽糖等。在基质充分的条件下,反应后加入的碘液与未被水解的淀粉结合成蓝色复合物,其蓝色深浅与未经酶促反应的空白管比较其吸光度,从而推算出淀粉酶的活力单位。酶活力也称为酶活性,是以酶在最适温度、最适 pH 等条件下,催化一定的化学反应的初速度来表示。本实验是以一定量的淀粉酶液,于 40 ℃,pH 4.0 的条件下,在一定的初始作用时间里水解淀粉,比色测定,求得淀粉的水解量,即酶的活力。

3）实验器具及试剂

（1）实验材料

菌种:米曲霉。

（2）仪器设备

离心机、恒温水浴锅、恒温培养箱、高压灭菌锅、无菌操作台、精密天平、电炉、烘箱、显微镜、可见分光光度计、试管、锥形瓶、容量瓶、血细胞计数板。

（3）试剂及培养基

蒸馏水、75%酒精、0.1 mol/L 硫酸、淀粉溶液（0.5%）、碘液、无菌生理盐水。

种子培养基:蔗糖 3%,$NaNO_3$ 0.3%,$MgSO_4 \cdot 7H_2O$ 0.05%,$FeSO_4 \cdot 7H_2O$ 0.001%,$K_2HPO_4 \cdot 3H_2O$ 0.1%,KCl 0.05%,琼脂 2%,pH 自然。

发酵培养基:麸皮 8 g,豆饼粉 2 g,$K_2HPO_4 \cdot 3H_2O$ 0.3%,$MgSO_4 \cdot 7H_2O$ 0.1%,$(NH_4)_2SO_4$ 1%。

蒸馏水 10 mL,pH 自然。

4）实验步骤

（1）扩大培养

将米曲霉菌种接种于种子培养基上,恒温培养箱中 30 ℃培养 3 d。

（2）孢子悬浮液的制备

在无菌操作台中将斜面菌种用 50 mL 无菌生理盐水（少量多次）洗下孢子,无菌条件下用纱布过滤至带玻璃珠的无菌锥形瓶中摇匀,用血球计数板计数。

将清洁干燥的血球计数板盖上盖玻片,再用无菌的毛细滴管将摇匀的菌悬液由盖玻片边缘滴 1 小滴,让菌液沿缝隙靠毛细渗透作用自动进入计数室,用吸水纸吸去多余水液。由盖玻片边缘或槽内加入计数板来回推压盖玻片，使其紧贴在计数板上，计数室内不能有气泡。静置5~10 min。在低倍镜下找到小方格网后更换高倍镜观察计数，上下调动细螺旋，以便看到小室内不同深度的菌体。位于分格线上的菌体，只数两条边上的，其余两边不计数。如数上线就不数下线，数左边线就不数右边线。当芽孢菌体达到母细胞大小的1/2时，可记作两个细胞。计数时若使用刻度为25×16（大格）的计数板，则数四角的4个大格（即100小格）内的菌数。如用刻度为16×25（大格）的计数板，除数四角的4个大格外，还需数中央1个大格的菌数（即80小格）。每小格中菌数以5~10个为宜，如菌液过浓可适当稀释。每个样品重复计数2~3次，取其平均值，按下式计算样品中的菌数。计数完毕，将计数板在水龙头下冲洗干净，切勿用硬物洗刷，洗完后自行晾干或用电吹风吹干。计数时，如果使用16×25的计数板，要按对角线方位取左上、左下、右上、右下上述4个中格进行计数（即计数100个小格中的细胞数），如果使用25×16规格的计数板，则除了计数上述4个中格外，还要计数中央的1个中格，即计数80个小格中的细胞数，分别按下述公式计算出细胞数。

①16×25格的细胞计数板计算公式：

细胞数/mL=100小格内细胞个数/100×400×10 000×稀释倍数

②25×16格的细胞计数板计算公式：

细胞数/mL=80小格内细胞个数/80×400×10 000×稀释倍数

根据测出的数据将稀释成孢子浓度约为$1×10^7$个/mL悬液，备用。

（3）发酵

用移液管取5 mL孢子悬浮液接种于固体发酵培养基中，涂布均匀。在恒温培养箱中30 ℃培养84 h。期间每天定时观察培养基，菌落质地疏松，初呈白色、黄色，后转黄褐色至淡绿褐色。发酵完成后，取5 g发酵培养物（麸曲）于250 mL锥形瓶中，加入100 mL蒸馏水，摇匀。然后4 000 r/min离心10 min，过滤，取上清液即为粗酶液。

（4）酶活力的测定

取淀粉溶液5 mL于试管中，试管在40 ℃水浴中预热10 min，加入0.5 mL酶液，准确保温5 min后，另取一试管取0.5 mL反应液，并向其中加入5 mL 0.1 mol/L H_2SO_4终止反应。然后用一洁净试管从终止反应的混合液中取0.5 mL混合液，向试管中加入5 mL稀碘液进行显色，静置5 min后，使用分光光度计在波长660 nm处测定光密度值。用0.5 mL蒸馏水代替0.5 mL酶液为对照组，并按照上述方法进行操作。以蒸馏水作空白组。测定上述3组溶液吸光度值，作好记录，多次测量取平均值。

取5 g麸曲，于烘箱中烘干（100 ℃预计2 h）后，再次称重，计算麸曲含水率。

酶活力定义：在40 ℃，pH 4.0条件下，1 min，1 g干曲水解1 mg淀粉的酶量为1个活力单位，以U表示。计算公式为：

$$酶活力（U/g）=(A-R)×M×1 000×10/[A×T×(1-β)]$$

式中，A、R为对照和反应液的光密度；M为底物中含淀粉的质量；T为反应时间；V为酶液的体积；$β$为含水率。

5）思考题

①酶活力测定时为什么要保温5 min？

②本实验最易产生对结果有较大误差影响的操作是哪些步骤？为什么？怎样的操作策略可以尽量减少误差？

③要使本实验更精确应如何优化？

240

任务 8.4　柠檬酸的发酵生产

【活动情境】

柠檬酸是我国生产的高产量有机酸之一,在食品、医药行业有较大的需求。此任务通过培养黑曲霉发酵生产柠檬酸,控制优化发酵条件和代谢途径,提高柠檬酸产率。设计合适的纯化流程,制得柠檬酸产品。

【任务要求】

能够运用微生物发酵的基本知识,进行柠檬酸的发酵生产。包括以下几点要求:

1. 培养基的配制及菌种扩培。
2. 柠檬酸发酵代谢的控制。
3. 柠檬酸的提取精制工艺。

【基本知识】

8.4.1　有机酸的生产概述

有机酸是指一些具有酸性的有机化合物。最常见的有机酸是羧酸,其酸性源于羧基(—COOH)。含有一个或多个羧基的有机酸广泛存在于自然界中,在动物、植物、微生物体内均有发现。

有机酸发酵工业是生物工程领域中的一个重要并较成熟的分支。有机酸在传统发酵食品中早已得到广泛应用。用微生物发酵生产有机酸以替代从水果和蔬菜等植物中提取有机酸是近年来由于社会及市场的需要而开发出来的方法。由于食品、医药、化学合成等工业的发展,有机酸需求急剧增高,发酵生产有机酸逐渐发展成为近代重要的工业领域。目前广泛用于食品工业与化工原料的具代表性的有机酸主要有柠檬酸、乳酸、葡萄糖酸、苹果酸、衣康酸、酒石酸、琥珀酸、醋酸等。而发酵过程在这类酸的生产过程中起到了很重要的作用。

对于发酵法生产有机酸的代谢途径,各国研究颇多,目前普遍认为是通过糖酵解途径进入三羧酸循环。通过代谢调控可达到积累某个有机酸的目的。

下面就众多有机酸发酵产品中介绍几种主要的发酵有机酸的行业生产现状。

(1)柠檬酸

柠檬酸是当今世界第一有机酸。2009年全球柠檬酸总销量高达115万吨,其中食品用途约占6成,医药和其他工业用途(如作为工业洗涤剂)约占4成。我国现已成为世界主要柠檬酸生产国与出口国,去年柠檬酸出口量高达15万t以上。国内主要生产商有蚌埠丰源集团、无锡中亚罗氏公司以及青岛扶桑化学公司等。仅这3家企业的柠檬酸总产量即达20万吨左右。随着墨西哥、日本和美国的不少生产企业相继关闭其柠檬酸生产线,今后我国柠檬酸将在国际市场上占主导地位,出口前景看好。目前,由于受到原料、人力等费用高涨的影响,以及我国质优价廉产品的冲击,欧洲柠檬酸生产萎靡不振,这给我国柠檬酸产业发展提供了极好的机会。

(2)L-乳酸

乳酸发酵的菌种在工业上主要有乳酸菌和根霉两类,前者产酸高,发酵温度高,发酵速度快,但产物一般为DL-型;后者产L-乳酸纯度高,且菌体分离容易。发酵方式除传统的批式发酵外,采用细胞循环发酵、超滤和电渗析与发酵罐组合的循环发酵以及各种不同载体的固定化细胞连续发酵等多种工艺。

乳酸工业发展很快,效益也不错。特别是L-乳酸,越来越引起大家的关注。这不仅是它广泛用于食品工业,更因为它是可降解塑料的原料,潜伏着巨大的商机。

近年来,国际上许多研究表明,聚乳酸在空气、水和普通细菌存在下,可完全分解为水和二氧化碳,形成良好的生态循环,是一种很好的绿色材料。聚乳酸的出现,为目前规模巨大的塑料工业难以克服的资源不可再生性和日益严重的白色污染问题,提供了一条较为圆满的解决途径。以聚乳酸塑料逐步取代石油为原料的塑料制品,是一举三得的事,其前景不可限量,很可能超过柠檬酸,成为产量最大的发酵有机酸。

(3)苹果酸

苹果酸学名为羟基丁二酸,是一种较强的有机酸,它的性质与柠檬酸大致相同,作为酸味剂,酸度略高于柠檬酸,具有较强的令人愉快的味道,产生热量更低,是一种低热量的理想食品添加剂。在食品工业中的应用大有取代柠檬酸的趋势。

苹果酸发酵生产主要有3条路线:发酵法;二步法或酶转化法;合成法,合成法产物为DL-型。在食品、医药工业的应用主要为L-型苹果酸。发酵法和酶转化法可利用酶的专一性,特定地生产人体能利用的L-型。一步法发酵工艺的菌种主要有曲霉属和假丝酵母,二步法发酵工艺的菌种多数为根霉菌属或毕赤酵母等。

8.4.2 柠檬酸的生产概述

1)柠檬酸的介绍

柠檬酸又名枸橼酸,化学名称3-羟基-3-羧基戊二酸,为无色、无臭、半透明结晶或白色粉末,易溶于水及酒精,是三羧酸循环中的主要中间产物。柠檬酸具有令人愉快的酸味,安全无毒,是发酵生产中的重要有机酸,能被生物体直接吸收代谢。

柠檬酸广泛应用于食品工业,主要用作食品的酸味剂,能增加天然风味;在医药行业,柠檬酸糖浆及各种柠檬酸盐(如柠檬酸铁、柠檬酸钠等)广泛用于临床及生化检验;在化工行业常用作缓冲剂、抗氧化剂、除腥脱臭剂、螯合剂等,此外还可用作多种纤维的媒染剂、聚丙烯塑料的发泡剂等。

1923年首次从柠檬汁中通过化学方法将柠檬酸分离出来。1923年,美国菲泽公司建造了世界上第一家以黑曲霉浅盘发酵法生产柠檬酸的工厂,开始了柠檬酸的发酵系统生产。1933

年,世界柠檬酸总产量增加到每年 10 000 t,其中 80% 是通过发酵法生产的。这样,依靠提取天然柠檬酸的方法逐渐被发酵柠檬酸所取代。

柠檬酸发酵在 1950 年以前都是采用以蔗糖或糖蜜为原料的浅盘法发酵,菌种以黑曲霉为主。1950 年以后,以糖蜜、淀粉水解液为原料的黑曲霉深层发酵相继投产。深层发酵通过在培养基中使用低价离子和络合亚铁,使得发酵过程在 pH 5.0 进行发酵,有效地抑制了草酸的产生。浅层发酵周期为 6~11 d,所需能耗小,但劳动力多;深层发酵周期为 4~7 d,所需能耗大,但劳动力少。对于大规模生产多倾向于选择深层发酵。国内深层发酵法约占发酵法产量的 80%。

我国以薯干等为原料的深层发酵技术具有独创性,发酵指数居世界前列,自行开发的黑曲霉菌产酸效率也与国外接近。随着生物技术的进步,柠檬酸工业有了突飞猛进的发展,全世界柠檬酸产量已达 160 万 t。在柠檬酸发酵技术领域,由于高产菌株的应用和新技术的不断开拓,柠檬酸发酵和提取收率都有明显提高,每生产 1 t 柠檬酸分别消耗 2.5~2.8 t 糖蜜,2.2~2.3 t 薯干粉或 1.2~1.3 t 蔗糖。人们正在大力开发固定化细胞循环生物反应器发酵技术。

2) 黑曲霉柠檬酸生物合成途径

黑曲霉发酵法生产柠檬酸的代谢途径为:黑曲霉生长繁殖时产生的淀粉酶、糖化酶首先将薯干粉或玉米粉中的淀粉转变为葡萄糖;葡萄糖经过酵解途径(EMP)和 HMP 途径转变为丙酮酸;丙酮酸一部分氧化脱羧生成乙酰 CoA,另一部分经 CO_2 固定羧化成草酰乙酸;乙酰 CoA 和草酰乙酸在柠檬酸合成酶的作用下生成柠檬酸,如图 8.11 所示。

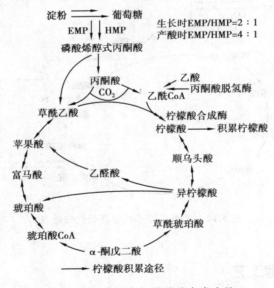

图 8.11　曲霉合成柠檬酸的代谢途径

3) 柠檬酸合成的代谢调节

(1) 磷酸果糖激酶的调节(Phosp hofructokinase,PFK)

柠檬酸、ATP 对磷酸果糖激酶有抑制作用,生产菌需要解除该抑制。而 AMP、无机磷、NH_4^+ 对该酶有活化作用。所以通过 NH_4^+ 能有效解除柠檬酸、ATP 对该酶的抑制作用,因此生产上通常添加铵盐来增加柠檬酸的产量。此外 Mn^{2+} 的影响也至关重要,Mn^{2+} 缺乏可能干扰蛋白质合成,导致蛋白质分解,从而使 NH_4^+ 水平升高,减少柠檬酸对磷酸果糖激酶的抑制。

（2）CO_2 固定量的调节

柠檬酸的生成速度与 CO_2 固定量有化学计量关系,CO_2 固定主要是丙酮酸羧化酶催化的,生成了草酰乙酸,从而保证了草酰乙酸的供应。

（3）TCA 循环上的调节

柠檬酸合成酶是一种调节酶,但在黑曲霉中没有调节作用。顺乌头酸水合酶、异柠檬酸酶在 pH 2.0 时失活,阻断 TCA 循环,使得柠檬酸积累。顺乌头酸水合酶需要 Fe^{2+},在发酵液中添加黄血盐,络合 Fe^{2+} 阻断 TCA 循环,积累柠檬酸。

黑曲霉除了正常呼吸链（产生 ATP）之外,还存在有一条旁呼吸链（不产生 ATP）。缺氧对旁呼吸链的损伤是不可逆的,因此在生产柠檬酸阶段,一定要保证足够的溶氧供应。如图8.12所示。

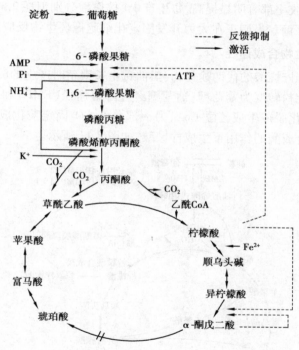

图 8.12　黑曲霉柠檬酸积累的代谢途径

8.4.3　柠檬酸发酵工艺

柠檬酸生产工艺流程如图 8.13 所示。

柠檬酸发酵不论采用何种菌种都是典型的好氧发酵,工业上生产柠檬酸的方式有 3 种,即表面发酵（也称为浅盘发酵）、固体发酵和深层发酵。最早使用的柠檬酸发酵法是表面发酵法,至今国内外仍有许多厂家沿用此法。该法的原料是糖蜜,需进行预处理,去除以铁为主的金属离子和胶体物。表面发酵常用菌种是黑曲霉,发酵在发酵室中进行,室内放置发酵盘,一层层架起来,用鼓风机供风,温度开始控制在 34~35 ℃,产酸阶段控制在 28~32 ℃。此外还可利用薯渣、淀粉渣等下脚料进行固体发酵,设备简单,适于小型生产,废渣还可作饲料。

目前,我国柠檬酸发酵以深层发酵为主,该方法有发酵周期短、产率高、操作简便、占地少等优点。由于我国薯类资源丰富,大多采用薯类原料,目前采用的菌种多为黑曲霉 $C_0$827。

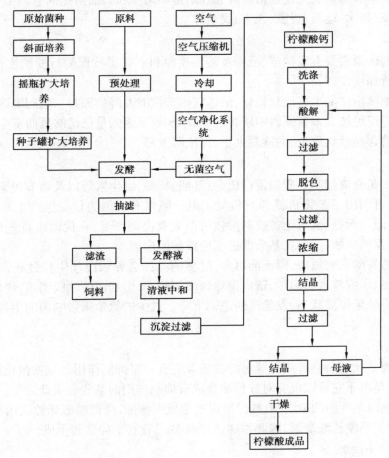

图 8.13　柠檬酸生产工艺流程

1) 柠檬酸生产菌种

黑曲霉是重要的发酵工业菌种,可生产淀粉酶、酸性蛋白酶、纤维素酶、果胶酶、葡萄糖氧化酶、柠檬酸、葡萄糖酸和没食子酸等。黑曲霉生长最适 pH 值因菌种而异,一般为 pH 3~7,产酸最适 pH 1.8~2.5。生长最适温度为 33~37 ℃,产酸最适温度为 28~37 ℃。黑曲霉在 pH 2~3 的环境中发酵蔗糖,产物以柠檬酸为主,只产极少量的草酸;当 pH 接近中性时,则大量产生草酸,而柠檬酸产量降低。

黑曲霉以无性繁殖的方式繁殖,具有多种活力较强的酶,能够利用淀粉类物质,并且对蛋白质、维生素、果胶等物质具有一定的分解能力。黑曲霉可以边长菌、边糖化、边发酵产酸的方式生产柠檬酸。

2) 生产原料

生产柠檬酸可用含淀粉或糖的物质作为原料,如红薯粉渣、甘蔗、糖蜜等。直接用薯干等淀粉质原料时,首先要利用生产菌产生的淀粉酶,把淀粉水解为葡萄糖。糖蜜原料要在糖化酶的作用下转变为葡萄糖和果糖并除去金属离子,最后由葡萄糖生成柠檬酸。

3)培养基的制备

柠檬酸发酵培养基组成主要包括碳源、氮源、金属离子和表面活化剂等。工业生产上主要考虑因素有经济、技术、运输、货源、无害、安全等。

(1)碳源

目前常用的碳源主要有废糖蜜、蔗糖及淀粉质原料。我国柠檬酸行业的生产基本采用以淀粉质原料进行深层发酵。

越南中部地区出产的木薯质量最好,最适宜作柠檬酸发酵的原料。我国海南、广东、福建、广西等地区也广泛种植。木薯原料中所含的 P、K、S 等元素的量已足够黑曲霉生长,不需专门添加。而且木薯含黏性物质少,醪液黏度小,可浓醪发酵。

(2)氮源

氮源的作用是合成细胞物质如蛋白质、氨基酸、核酸、维生素等以及调节代谢作用,从生长角度看,黑曲霉可利用很多无机氮和有机氮。但一般以有机氮为佳。生产上常用玉米浆、麸皮、米糠作为氮源。而氨、氢氧化铵或磷酸铵可以大大提高产量,在代谢中首先形成氨基酸如谷氨酸、甘氨酸及丙氨酸,这些氨基酸促进了柠檬酸的形成。

一般柠檬酸发酵需要氮源,但不能过多,过多的氮源会导致菌丝生长过旺,过量的菌丝造成供氧相对不足,形成较大的菌球,造成菌球表面积较小,引起菌体呼吸困难,使发酵后期糖的消耗和产酸几乎处于停滞状态,发酵产酸急剧下降。过少的氮量则影响菌的生长和产酸速度,对发酵不利。

(3)金属离子

一些金属离子如钼、铜、锌或钙等对柠檬酸合成有一定抑制作用。亚铁氰化钾可以提高柠檬酸的产量,这是由于它可以沉淀对柠檬酸合成有抑制作用的某些金属盐。

Mg^{2+} 是细胞内多种酶的激活剂,Mg^{2+} 可促进生成丙酮酸,降低磷酸烯醇式丙酮酸向草酰乙酸转化的可能,使草酰乙酸缺乏,因此添加适量的 Mg^{2+} 有利于柠檬酸生成。

4)种子的扩大培养

在 4~6 °Bé 的麦芽汁内加入 25%~30% 的琼脂,然后接入黑曲霉菌种,在 30~32 ℃ 条件下培养 4 d 左右。将麸皮和水以 1∶1 的比例掺拌,再加入 10% 的碳酸钙、0.5% 的硫酸铵,拌匀后装入容量为 250 mL 的三角瓶中灭菌。接入斜面培养法培养出的菌种,培养 96~120 h 后即可使用,进一步接入种子罐、发酵罐。

工艺流程:保藏菌种→斜面活化→摇瓶种子培养→种子罐→发酵罐。

8.4.4 柠檬酸发酵工艺控制

1)温度控制

黑曲霉属嗜热微生物,最适生长温度 33~37 ℃,注意发酵过程中的温度控制。整个发酵过程分为 3 个阶段:第一阶段为前 18 h,室温为 27~30 ℃,料温为 27~35 ℃;第二阶段为 18~60 h,料温为 40~43 ℃,不能超过 44 ℃,室温要求 33 ℃左右;第三阶段为 60 h 料温为 35~37 ℃,室温为 30~32 ℃。

2) pH 值的控制

发酵过程中,随着菌种对培养基的利用和代谢产物的积累,会使得 pH 值产生一定的变化。黑曲霉柠檬酸生产菌的酸性糖化酶最适 pH 4.0~4.6,柠檬酸发酵最适 pH 2.0 以下,这就需要保证糖化速度和产酸速度之间的衔接与平衡。

首先,考虑发酵培养基的基础配方,使碳源和氮源比例适当,使得发酵过程的 pH 值在合适范围内。其次,通过直接补加酸、碱和补料的方式来控制 pH,如生理酸性物质(NH_4)$_2SO_4$ 和生理酸性物质 $NaNO_3$。

3) 溶解氧的控制

黑曲霉菌是好氧微生物,该发酵属于典型的好氧发酵,对氧气十分敏感。通风搅拌十分重要。当发酵进入产酸期,只要几分钟的缺氧就会对发酵造成严重的影响,甚至发酵失败。因此,供氧方面,主要是通过调节搅拌转速或通气速率来控制供氧。也可采用调节温度、液化培养基、中间补水、添加表面活性剂等工艺措施来改善溶氧。

8.4.5 柠檬酸的提取与精制工艺

成熟的柠檬酸发酵醪中,除含有主产物柠檬酸外,还有纤维、菌体、有机杂酸、蛋白类胶体物质、糖、色素、矿物质及其他一系列代谢衍生物等杂质。这些杂质溶存或悬浮于发酵醪中。通过各种物理和化学方法,将这些杂质清除从而得到符合国家质量标准的柠檬酸产品的全过程,即柠檬的提取与精制,也叫柠檬酸生产的下游工程。主要流程如图 8.14 所示。

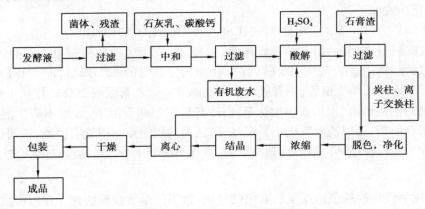

图 8.14 檬酸的提取与精制工艺流程

1) 柠檬酸的预处理

柠檬酸的预处理是指发酵液加热至 75~90 ℃,可以杀死柠檬酸产生菌和其他杂菌,终止发酵。同时使发酵液中的部分蛋白质变性、絮凝、降低发酵液浓度以便利于过滤。预处理加热时间不宜过长,防止菌体破裂使料液黏度增加,不利于过滤。

将曲料放入浸取缸,用温度 90 ℃以上的水连续浸泡 5 次,每次浸泡约 1 h。当浸液酸度低于 0.5%时,停止浸泡进行出渣。将浸液倒入搪瓷锅,加温至 90 ℃,保持 10 min 后,停止加热,让其静置沉淀 6 h。

2）过滤

过滤的目的是除去发酵液中的各种悬浮的固形物质,尽可能减少滤液的稀释度,把柠檬酸的损失减少到最低限度。

目前常用的过滤方法有板框压滤和真空带式过滤。板框过滤开始阶段不必加压,待滤饼形成、滤速减慢时可适当加压。为了提高过滤收率,可完成过滤后再用热水进行一次复滤。

3）清液中和

将经过沉淀的清液移入中和罐,加温至 60 ℃后,加入碳酸钙中和,边加边搅拌。柠檬酸与碳酸钙形成难溶性的柠檬酸钙,从发酵液中分离沉淀出来,达到与其他可溶性杂质分离的目的。加完碳酸钙后,升温到 90 ℃,保持半小时,待碳酸钙反应完成后,倒入沉淀缸内,抽去残酸,再放入离心机脱水,用 95 ℃以上的热水洗涤钙盐,以除去其表面附着的杂质和糖分。在这里要重点检查糖分是否洗净(洗净的柠檬酸钙盐最好能迅速进行酸解,不要过久存放,否则会因发霉变质造成损失。如因故不能及时处理,要晾干后再存放),方法是将 1%～2% 的高锰酸钾溶液滴 1 滴到 20 mL 洗水中,3 min 不变色即说明糖分已基本洗净。

在清液中和过程中,控制中和的终点很重要,过量的碳酸钙会造成胶体等杂质一起沉淀下来,不仅影响柠檬酸钙的质量,而且给后道工序造成困难。一般按计算量加入碳酸钙(碳酸钙总量＝柠檬酸总量×0.714),当 pH 为 6.5～7.0,滴定残酸为 0.1%～0.2%时即达到终点。一旦加过了碳酸钙量,需要补加发酵或母液。

4）酸解

酸解是将已洗净的难溶性的柠檬酸钙与硫酸作用,生成柠檬酸与硫酸钙,从而达到分离纯化的作用。反应式如下:

$$Ca_3(C_6H_5O_7)_2+3H_2SO_4===2C_6H_8O_7+3CaSO_4$$

具体操作是把柠檬酸钙用水稀释成糊状,慢慢加入硫酸(一般根据投入碳酸钙的量来计算硫酸量,以碳酸钙用量的 92%～95%为宜),在加入计算量的 80%以后,即要开始测定终点。测定方法如下:取甲乙两支试管,甲管吸取 20%硫酸 1 mL,乙管吸取 20%氯化钙 1 mL,分别加入 1 mL 过滤后的酸解液,水浴锅内加热至沸,冷却后观察两管溶液,如果不产生混浊,再分别加入 1 mL 95%酒精,如甲乙两管仍不呈混浊,即认为达到终点。甲管有混浊,说明硫酸加量不足,应再补加一些柠檬酸钙。酸解达到终点后,煮沸 30～45 min,然后放入过滤槽过滤。

5）脱色

脱色是用活性炭或脱色树脂除去有色的物质,常用的是活性炭脱色。在所得清液中,加入活性炭(一般用量为柠檬酸量 1%～3%,视酸解液的颜色而定)脱色,在 85 ℃左右保温30 min,即可过滤。滤瓶用 85 ℃以上热水洗涤,洗至残酸低于 0.3%～0.5%即可结束,洗水单独存放,作为下次酸解时的底水使用。

6）树脂吸附

离子交换树脂是用来去除柠檬酸液中的各种杂质离子的。通过阳离子交换柱可去除 Ca^{2+}、Fe^{2+} 等阳离子。最常用的阳离子交换树脂是 732 树脂。柠檬酸进入阳离子交换柱后,要控制一定流速并用黄血盐和酒精实时监测流出液中有无 Ca^{2+}、Fe^{2+},若有 Ca^{2+}、Fe^{2+}应该立即停止进料。柠檬酸液中的阴离子可用阴离子交换树脂去除,用 $AgNO_3$ 试剂监测流出液中的 Cl^- 作为阴离子交换柱进料的控制终点。

7）浓缩与结晶

将脱色后过滤所得清液，用减压法浓缩（要求真空度在 600~740 mm 汞柱，温度为 50~60 ℃）。柠檬酸液浓缩后，腐蚀性较大，因此多采用搪瓷衬里的浓缩锅，浓缩液的浓度要适当，如浓度过高，会形成粉末状；浓度过低，会造成晶核少，成品颗粒大，数量少，母液中残留大量未析出的柠檬酸，影响产量。当浓缩达到 36.7~37 °Bé 时即可出罐。柠檬酸结晶后，用离心机将母液脱净，然后用冷水洗涤晶体，最后用干燥箱除去晶体表面的水。

母液可以再直接进行一次结晶，剩下的母液往往因含大量杂质，不宜作第三次结晶，但可以在酸解液中套用，或用碳酸钙重新中和。干燥箱的温度要控制在 35 ℃ 以下，如气温高于 20 ℃ 时，可采用常温气流干燥。

【技能训练】

柠檬酸摇瓶发酵

1）目的要求

1.了解柠檬酸发酵原理及过程，掌握柠檬酸液体发酵及中间分析方法。
2.了解黑曲霉培养过程中培养基基质浓度的变化与产物的生成规律。

2）基本原理

黑曲霉发酵法生产柠檬酸的代谢途径被认为是：黑曲霉生长繁殖时产生的淀粉酶、糖化酶首先将薯干粉或玉米粉中的淀粉转变为葡萄糖；葡萄糖经过酵解途径（EMP）和 HMP 途径转变为丙酮酸；丙酮酸由丙酮酸氧化生成乙酸和二氧化碳，继而经乙酰磷酸形成乙酰辅酶 A，然后在柠檬合成酶的作用下生成柠檬酸。黑曲霉在限制氮源和锰等金属离子条件下，同时在高浓度葡萄糖和充分供氧的条件下，TCA 循环中的酮戊二酸脱氢酶受阻遏，TCA 循环变成"马蹄形"，代谢流汇集于柠檬处，使柠檬酸大量积累并排出菌体外。

其理论反应式为：$C_6H_{12}O_6 + 1.5O_2 \longrightarrow C_6H_8O_7 + 2H_2O$

3）仪器与材料

（1）实验材料

菌种：黑曲霉。

黑曲霉种子培养基：20%玉米粉糖化液。

发酵培养基：20%玉米粉糖化全液与过滤后的玉米糖化清液 1∶5 混合。

（2）仪器设备

摇床、离心机、超净工作台、恒温培养箱、灭菌锅、分析天平、蒸发器、pH 计、分光光度计、比色管、容量瓶、滤布、布氏漏斗、滴定管、水浴锅、试管、烧杯、500 mL 三角瓶等若干。

（3）药品试剂

0.142 9 mol/L NaOH，1%酚酞试剂，碳酸钙，95%乙醇，浓硫酸，3,5-二硝基水杨酸试剂，葡萄糖；草酸铵结晶紫液（A 液：1%结晶紫 95%酒精溶液：B 液：1%草酸铵溶液。取 A 液20 mL，B 液80 mL 混合，静置 48 h 后使用）。

4）操作步骤

（1）摇瓶种子制备

①摇瓶发酵培养基的配制。将玉米粉用 100 目筛子筛好备用，称取 200 g 玉米粉于烧杯中，同时加入自来水 800 mL，即质量比自来水∶玉米粉为 4∶1，混匀。

②培养基的糖化。边加热边搅拌培养基，待加热到 90 ℃ 后，加入高温淀粉水解酶 0.5~1 mL，加热搅拌恒温保持 20~30 min，防止糊化粘壁，用碘指示剂检验不变蓝，即糖化完全。得到 20% 玉米水解液全液（含碳 6.73%，氮 1.26%）。

注：筛玉米粉的目的是便于下次接种时菌种能以液体形式轻松吸出，用碘液检验淀粉含量时要待被检测液冷却后才能检测，否则结果不准确。装入摇瓶的培养基不能太多，否则培养过程中黑曲霉所需要的氧气不充分。

③分装、灭菌。将糖化好的培养基装入两个锥形瓶中，装入量为锥形瓶总体积的 1/10，封口膜封口，121 ℃，灭菌 15~20 min。

④接种。待糖化好的培养基温度降至 40 ℃ 以下时，将活化的黑曲霉孢子接种入培养基中，在 33~36 ℃，200~300 r/min 的摇床中 20 h 左右，培养后菌体浓度应达 60~150 万/mL，菌丝球为致密形的，菌球直径不应超过 0.1 mm，菌丝短，且粗壮，分支少，瘤状，部分膨胀为优。

（2）发酵培养

①发酵培养基的配置。将配置摇瓶发酵培养基时所剩的约 700 mL 糖化培养基取出 100 mL，另外 600 mL 用滤布（2~4 层纱布）过滤，得到透明清液（含碳 7.27%，氮 0.13%），然后将未过滤的糖化培养基与 500 mL 过滤后的清液混匀。

②分装、灭菌。取 40 mL 混合后的培养基加入 500 mL 摇瓶（小于总体积的 1/10），两层纱布封口，121 ℃，灭菌 20 min。

③接种。待培养基温度降至 40 ℃ 以下，接入发酵种子 2 mL，24 h 前于转速 100 r/min，24 h 后于转速 200~300 r/min 摇床上，35 ℃ 连续培养 72 h。

（3）发酵过程检测

①还原糖、柠檬酸的检测。发酵 0,24,48,72 h 分别各取下两瓶检测还原糖（残糖）、柠檬酸含量，以观察发酵过程中黑曲霉的耗糖与柠檬酸的生成速率。

②pH 值的检测。每隔 12 h 检查 pH 值。

③黑曲霉菌丝形态的观察。每隔 12 h 镜检黑曲霉菌丝的形态变化。

（4）检测方法

①黑曲霉镜检

a.直接取 1 滴发酵液于载玻片上，用盖玻片密封后镜检。

b.镜检过程：涂片→干燥→固定→染色→水洗→干燥→镜检（染料：草酸铵结晶紫液）。

②pH 的测定。用 pH 计测得发酵液的 pH。

③还原糖（残糖）的测定。DNS 还原糖测定法。

④柠檬酸的测定。检测发酵过程中的总酸，精确吸取 1 mL 的发酵液离心，上清液加入于 100 mL 锥形瓶中，加入少量的去离子水，加 2~3 滴 0.1% 酚酞指示剂，用 0.142 9 mol/L NaOH 溶液滴定，滴定微红色计算用去的 NaOH 毫升数，计为柠檬酸的百分含量。

5) 结果与分析

表 8.4　不同时间点菌丝形态和 pH 的变化

时间/h	菌丝形态	pH 值
0		
12		
24		
48		
60		
72		

表 8.5　还原糖(残糖)与柠檬酸含量的测定

发酵时间/h	还原糖(残糖)/g	柠檬酸/%
0		
24		
48		
72		

还原糖＝标准曲线上查得的还原糖克数 ×（提取液总体积/测定时提取液体积）

柠檬酸含量＝消耗 0.142 9 mol/L 的 NaOH 的毫升数

· 项目小结 ·

好氧发酵在工业中占有重要的比例,由于在发酵过程中需要通入无菌空气,因此在发酵工艺的控制上比厌氧发酵更复杂。

谷氨酸在生物体内的蛋白质代谢过程中占重要地位,参与动物、植物和微生物中的许多重要化学反应。生产原料以甘薯和淀粉最为常用,发酵工艺流程包括:菌种的选育→培养基配制→斜面培养→一级种子培养→二级种子培养→发酵(发酵过程参数控制通风量、pH、温度、泡沫)→发酵液→谷氨酸分离提取。谷氨酸生产菌是营养缺陷型,对生长繁殖、代谢产物的影响非常明显。环境控制、温度、通风量、泡沫和染菌对其发酵有巨大的影响。谷氨酸提取的基本方法有沉淀法、离子交换法、金属盐沉淀法等。

青霉素是最早发现的抗生素,本文介绍了青霉素的发现、化学结构、理化性质等,之后在青霉素发酵生产工艺中阐述了其生产原理、发酵工艺过程以及提取和精制工艺过程,介绍了青霉素的生产菌种及其生长发育特点和培养方法,以及青霉素的生物合成原理。其中工艺控制包括预处理及过滤、萃取、脱色和结晶 4 个阶段。

利用微生物生产酶制剂要比从植物、动物组织中获得更容易,而且种类繁多、生长速度快、加工提纯容易,α-淀粉酶是以淀粉为底物的淀粉内切水解酶,可降解淀粉为水溶性的糊精并产生少量麦芽糖和葡萄糖。α-淀粉酶所采用的菌种主要有细菌和霉菌两大类,典型的是芽孢杆菌和米曲霉。芽孢杆菌则主要采用液体深层通风培养法大规模地生产α-淀粉酶,液体培养常以麸皮、玉米粉、豆饼粉、米糠、玉米浆等为原料,并适当补充硫酸铵,氯化铵,磷酸铵等无机氮源,此外还需添加少量镁盐、磷酸盐、钙盐等。α-淀粉酶的发酵工艺控制主要通过调节补料、pH 值、温度、溶氧、杂菌来完成。α-淀粉酶发酵的下游工艺则采用分离纯化蛋白质的方法来进行后期的提取与纯化。

柠檬酸又名枸橼酸,是三羧酸循环中的主要中间产物,是食品和饮料行业最广泛使用的酸化剂。它在工业、医药等行业也有着广泛的用途。黑曲霉是柠檬酸发酵工业中的主要菌种,柠檬酸发酵原料主要有糖质原料(甘蔗废糖蜜、甜菜废糖蜜)、淀粉质原料(主要是番薯、马铃薯、木薯等)和正烷烃类原料 3 大类。柠檬酸的发酵工艺控制主要通过黑曲霉柠檬酸发酵的代谢控制、温度控制、pH 值的控制、溶解氧的控制来完成的。发酵后的发酵醪在经过预处理、过滤、清液中和、酸解、脱色、树脂吸附、浓缩与结晶便可完成柠檬酸的提取与精制。

 思考练习

一、选择题

1.不属于氨基酸生产方法的是(　　　)。

　　A.蛋白质水解法　　　　　B.化学合成法　　　　　C.发酵法　　　　　D.提取法

2.产黄青霉菌可利用的碳源有(　　　)。

　　A.乳糖　　　　　　　　　B.淀粉　　　　　　　　C.低聚糖　　　　　D.玉米

3.青霉素最初生产菌为(　　　)。

　　A.产黄青霉　　　　　　　B.芽孢杆菌　　　　　　C.黑曲霉　　　　　D.点青霉

4.最常用的酶的生产方法有(　　　)。

　　A.化学合成法　　　　　　B.提取分离法　　　　　C.生物合成法　　　D.细胞破碎法

5.酶的分离过程最常用的脱盐处理方法有(　　　)。

　　A.透析法　　　　　　　　　　　　　　　　　B.电渗析法

　　C.葡萄糖凝胶过滤法　　　　　　　　　　　　D.离心法

6.黑曲霉在 pH 为 2~3 的环境中发酵蔗糖,产物以柠檬酸为主,当 pH 接近中性时,主要产物是(　　　)。

　　A.柠檬酸　　　　　　　　B.草酸　　　　　　　　C.乳酸　　　　　　D.淀粉酶

7.不属于淀粉水解的方法是(　　　)。

　　A.酸解法　　　　　　　　B.酶解法　　　　　　　C.化学法　　　　　D.酸酶法

8.下列哪种不是酶的发酵生产微生物培养方式?(　　　)。

　　A.固体培养发酵　　　　　　　　　　　　　　B.厌氧培养

　C.固定化细胞发酵　　　　　　　　　　　　　　D.液体深层发酵

9.黑曲霉生长最适 pH 值因菌种而异,一般为 pH 3~7,产酸最适 pH 为(　　)。

　A.pH 1.8~2.5　　　　　B.pH 3~4.5　　　　　C.pH 4.8~6.5　　　D.pH 6.8~7.5

10.生产 α-淀粉酶所采用的菌种主要有细菌和霉菌两大类,典型的是芽孢杆菌和(　　)。

　A.大肠杆菌　　　　　　B.黑曲霉　　　　　　C.米曲霉　　　　　　D.棒状杆菌

二、判断题

1.糖化是由糖化酶将淀粉的液化产物糊精和低聚糖进一步水解成麦芽糖的过程。(　　)

2.谷氨酸生产菌均直接能利用淀粉。(　　)

3.谷氨酸在等电点时正负电荷相等,总静电荷等于零,形成偶极离子。(　　)

4.抗生素是由生物在其生命活动过程中产生的,能在低浓度下有选择地杀灭他种生物的低分子量的有机物质。(　　)

5.一个青霉素的效价单位(U):能在 50 mL 肉汤培养基中完全抑制大肠杆菌标准菌株的发育的最小青霉素剂量。(　　)

6.青霉素游离酸易水溶液中溶解度很小;青霉素金属盐类极易溶于水。(　　)

7.根据淀粉酶对淀粉的水解方式不同,可将其分为 α-淀粉酶、β-淀粉酶、葡萄糖淀粉酶和糖化酶等。(　　)

8.α-淀粉酶广泛分布于动物、植物和微生物中,能水解淀粉产生糊精、麦芽糖、低聚糖和葡萄糖等。(　　)

9.谷氨酸俗称味精。(　　)

10.黑曲霉属嗜热微生物,最适生长温度为 30~33 ℃。(　　)

三、简答题

1.氨基酸生产方法有哪几种? 各有何特点?

2.常用的谷氨酸生产菌种有哪些?

3.简述谷氨酸生产工艺流程。

4.影响谷氨酸生产发酵的因素有哪些? 如何控制?

5.谷氨酸的提取方法有哪些?

6.青霉素发酵液预处理的目的是什么? 生产中采用的方法是什么?

7.试述青霉素钾盐结晶的方法有哪些? 分析水分、酸度、温度及醋酸钾用量对生产有何影响?

8.α-淀粉酶发酵的工艺控制有哪些?

9.柠檬酸生产发酵菌种黑曲霉的特性是什么?

10.简述柠檬酸的生产工艺流程。

11.影响柠檬酸生产发酵的因素有哪些? 如何控制?

项目 9 基因重组产品的生产

 【项目描述】

    基因工程药物是指利用基因工程技术研制和生产的药物，主要包括细胞因子、抗体、疫苗、激素和寡核苷酸药物等，它们对预防、诊断和治疗人类的肿瘤、心血管疾病、糖尿病、类风湿性疾病、各种遗传病和传染病等有重要的作用。

    生产基因工程药物的基本方法是：将目的基因用 DNA 重组的方法连接在载体上，然后将载体导入靶细胞（微生物、哺乳动物细胞或人体组织靶细胞），使目的基因在靶细胞中得到表达，最后将表达的目的蛋白质提纯及做成制剂，从而成为蛋白类药物或疫苗。

【学习目标】

    掌握重组大肠杆菌发酵生产 α-干扰素、重组毕赤酵母发酵生产乙肝表面抗原的基本方法；掌握种子制备的流程和发酵的过程控制。

【能力目标】

    能够利用重组大肠杆菌发酵生产 α-干扰素；利用重组毕赤酵母发酵生产乙肝表面抗原，能够进行种子制备；能够进行发酵的过程控制。

引导问题

    1.怎样进行种子制备的流程？

    2.怎样进行发酵的过程控制？

任务 9.1　重组大肠杆菌发酵生产α-干扰素

【活动情境】

　　干扰素是最早被发现、研究最多、第一个被克隆、第一个用于临床治疗疾病的细胞因子。IFN在生物体中普遍存在,是一组多功能细胞因子,在正常个体的脾脏、肝脏、肾脏、外周血淋巴细胞和骨髓中都可检出,又可被多种因素如各种病毒、双链 RNA 和细胞内繁殖的微生物等诱发而分泌。现以工程菌为 *E.coli* JM101 为菌种,要发酵生产 α-干扰素,该如何完成这项任务?

【任务要求】

　　能够运用关于微生物的基本知识,根据菌株的特性,熟练进行微生物基本操作,实现利用重组大肠杆菌发酵生产 α-干扰素。

　　1.菌种制备。

　　2.种子罐培养。

　　3.发酵罐培养。

　　4.菌体收集。

　　5.干扰素发酵过程控制。

【基本知识】

9.1.1　干扰素的概述

　　干扰素(IFN)是最先发现的细胞因子,1957 年 Isaacs 和 Indenmann 首次发现,利用灭活的流感病毒作用于鸡胚绒毛尿囊膜后,可使细胞产生一种干扰活病毒繁殖的可溶性物质,并把它命名为干扰素(IFN)。

　　干扰素是由灭活的或活的病毒作用于易感细胞后,由易感细胞基因组编码而产生的一组抗病毒物质。除病毒以外,细菌、真菌、原虫、立克次氏体、植物血凝素以及某些人工合成的核苷酸多聚物(如聚肌胞)等都能刺激机体产生干扰素。凡能刺激机体产生干扰素的物质统称为干扰素诱生剂。干扰素的主要成分是糖蛋白,按其抗原性不同可分为 α,β 和 γ 3 种主要类型。其活性及抗原性皆取决于分子中的蛋白质,而与其糖基无关。脊椎动物细胞是产生干扰素的主要细胞,但无脊椎动物(甲壳类及昆虫)及植物细胞(如丁香等)也发现有干扰素类似物。干扰素对细胞表面的干扰素受体有高度亲和力,它与受体的相互作用可激发细胞合成新的 mRNA,产生多种效应蛋白,发挥抗病毒、抗肿瘤及免疫调节等作用。干扰素不具有特异性,即由一种病毒所诱发产生的干扰素,能抗御多种病毒甚至其他的胞内寄生的病原生物的能力。动物实验证明,干扰素能抑制多种致癌性 DNA 病毒和 RNA 病毒,从而抑制病毒诱发的肿瘤生长。干扰素制剂可用以治疗某些病毒性感染(如慢性乙型肝炎、带状疱疹等),以及治疗多种肿瘤(如骨肉瘤、白血病、多发性骨髓瘤等)。初期用于病毒性疾病,继而扩大到恶性肿瘤的治疗。但目前所用的干扰素,不论是纯化的天然干扰素,还是以 DNA 重组技术产生的干扰素,均有许多毒性,临床使用时常可造成白细胞减少、贫血、头痛、发热、肝功能异常、中枢神经系统中毒等。临床应用的干扰素诱生剂,如聚肌胞,毒性较大,而且价格昂贵,此外,人血清中存在破坏聚肌胞的核糖核酸酶,故难以在临床推广应用。

9.1.2　干扰素的分类

干扰素是一类糖蛋白,它具有高度的种属特异性,故动物的 IFN 对人无效。干扰素具有抗病毒、抑制细胞增殖、调节免疫及抗肿瘤作用。

根据其结构和来源的不同,可将干扰素分为白细胞干扰素(IFN-α)、成纤维细胞干扰素(IFN-β)和免疫细胞干扰素(IFN-γ)3 大类。近年又新发现了 IFN-ω 和 IFN-γ,它们都与 IFN-α 结构和功能相似。根据对酸和热的耐受性,可将天然干扰素分为 Ⅰ 型和 Ⅱ 型,Ⅰ 型干扰素可耐受 pH 2.0 处理或 60 ℃ 1 h 的加热,Ⅱ 型干扰素则被这种处理灭活。在同一型干扰素内,按照氨基酸序列和组成的差异又分为不同的亚型,目前已知 IFN-α 有 25 个以上亚型,分别称为 α1,α2a,α2b,α3 等,IFN-β 有 4 个亚型,IFN-γ 有 4 个以上亚型。根据干扰素 α 的一级结构特点又可分为两个亚族,分别称为 IFN-α Ⅰ 和 IFN-α Ⅱ。

IFN-α 是被病毒感染的 B 淋巴细胞诱导产生的一类由 166 个氨基酸组成的非糖基化多肽。IFN-β 是病毒感染的成纤维细胞抑或内皮细胞诱导合成的含有 166 个氨基酸的蛋白质,它在正常情况下是糖基化的二聚体。IFN-γ 是 T 细胞产生的,在正常情况下是糖基化的蛋白质,由长度为 143 个氨基酸残基的亚基构成四聚体的形式存在。

α,β 和 γ 干扰素具有抑制病毒复制、保护细胞抵抗其他胞内寄生物的危害,抑制某些正常细胞或转化细胞的增殖,调节细胞的分化,增强 Ⅰ 型组织相容性抗原的表达以及激活天然杀伤细胞等作用。IFN-γ 除上述功能之外,还具有诱导或增强 Ⅱ 型组织相容性抗原的表达,调节其他细胞因子受体的表达活性,诱导细胞因子的合成和激活巨噬细胞的活性等作用。

干扰素 α-2b(IFNα-2b)是由 165 个氨基酸组成的单链多肽,理论分子量为 19 219,由两对二硫键构成,有一定空间结构,其中,29-138 位的二硫键对于维持活性尤其重要。利用传统的胞内表达方法有一定的缺陷,如蛋白始终以还原状态存在,无法形成正确的三级结构。利用分泌型表达技术构建的干扰素 α-2b 工程菌,使所表达的外源蛋白直接分泌于细菌的细胞间质中,有利于蛋白质纯化。同时,所表达的蛋白同天然干扰素 α-2b 有相同的一、二、三级结构,因此有 100%的生物学活性。

干扰素检测方法较多,如空斑减少法、病毒定量法、放免测定法与细胞病变抑制法等。

9.1.3　干扰素的性质及类型

干扰素是由多种细胞产生的具有广泛的抗病毒、抗肿瘤和免疫调节作用的可溶性糖蛋白。干扰素在整体上不是均一的分子,可根据产生细胞分为 3 种类型:白细胞产生的为 α 型;成纤维细胞产生的为 β 型;T 细胞产生的为 ω 型。根据干扰素的产生细胞、受体和活性等综合因素将其分为 2 两种类型:Ⅰ 型和 Ⅱ 型。

1) Ⅰ型干扰素

Ⅰ型干扰素又称为抗病毒干扰素,其生物活性以抗病毒为主。Ⅰ型干扰素有 3 种形式:IFNα,IFNβ 和 IFNω,它们分别由白细胞、纤维母细胞和活化 T 细胞产生。IFN-α 为多基因产物,有十余种不同亚型,但它们的生物活性基本相同。IFN 除有抗病毒作用外,还有抗肿瘤、免疫调节、控制细胞增殖及引起发热等作用。IFN 主要由白细胞产生,含有至少 14 种不同基因编码的蛋白质,各成分之间氨基酸顺序的同源性约为 90%,成熟的 IFNα 的分子量约 1 820 kD。IFNβ 是单一基因的产物,主要由成纤维细胞和白细胞以外的其他细胞产生,分子量 20 kD,与 IFNα 的同源性在氨基酸水平上仅为 30%,在核苷酸水平上约 45%。IFNω 的基因有 6 个,但其中只有 1 个是有功能的,IFNω 与 IFNα 的基因相近,而且其主要产生细胞也为白细胞。IFNα,IFNβ 和 IFNω 的受体为同一种分子,其基因位于第 21 号染色体上,表达在几乎所有类型的有核细胞表面,因此其作用范围十分广泛。多数 Ⅰ型干扰素对酸稳定,在 pH 2.0 时不被破坏。

2) Ⅱ型干扰素

Ⅱ型干扰素又称免疫干扰素或 IFN,主要由 T 细胞产生,主要活性是参与免疫调节,是体内重要的免疫调节因子。IFNγ 与 Ⅰ型干扰素几乎在所有方向均有不同:IFNγ 只有一种活性形式的蛋白质,由 1 条分子量为 18 kD 的多肽链进行不同程度的糖基化修饰而成;IFNγ 的基因只有 1 个,位于人类第 12 号染色体上;IFNγ 的受体与 Ⅰ型干扰素的受体无关,其基因位于第 6 号染色体上,但也同样表达在多数有核细胞表面;IFNγ 对酸不稳定,在 pH 2.0 时极易被破坏,利用此特性可以很容易地将其与 Ⅰ型干扰素区分开来。

9.1.4　干扰素的诱导及产生

正常情况下组织或血清中不含干扰素,只有在某些特定因素的作用下才能诱使细胞产生干扰素。Ⅰ型干扰素的主要诱生剂是病毒及人工合成的双链 RNA,此外某些细菌和原虫感染及某些细胞因子也能诱导 Ⅰ型干扰素的产生。IFNα 和 IFNω 的表达细胞非常局限,以白细胞为主;但 IFNβ 则可由几乎所有的有核细胞产生。IFNγ 由 CD8[+]T 细胞和某些 CD4[+]T 细胞(特别是 TH1 细胞)产生,NK 细胞也可合成少量的 IFNγ;这些细胞只有在免疫应答中受到抗原或丝裂原活化后才能分泌 IFNγ。

9.1.5　干扰素的生物活性

干扰素的生物活性有较严格的种属特异性,即某一种属细胞产生的干扰素,只能作用于相同种属的细胞。Ⅰ型干扰素的抗病毒作用较强,而 Ⅱ型干扰素则具有较强的抑制肿瘤细胞增殖和免疫调节作用。目前,国内外均已利用基因工程技术批量生产重组人 IFNα,IFNβ,IFNγ,并投入抗病毒和肿瘤治疗的临床研究。

1) 抗病毒作用

在抗病毒方面,它是一个广谱抗病毒药,其机制可能是作用于蛋白质合成阶段,临床可用于病毒感染性疾病,如疱疹性角膜炎、病毒性眼病、带状疱疹等皮肤疾患、慢性乙型肝炎等。Ⅰ型干扰素具有广谱的抗病毒活性,对多种病毒如 DNA 病毒和 RNA 病毒均有抑制作用;但这种效应不是直接的,而是通过对宿主细胞的作用引起的。

①对干扰素敏感的细胞表面存在于干扰素受体,核内有"抗病毒蛋白"基因,受干扰素作用后该基因活化,产生的抗病毒蛋白可阻止病毒 mRNA 翻译,并促进病毒 mRNA 降解。

②干扰素能提高细胞表面 MHC Ⅰ 类分子的表达水平,受到病毒感染的细胞表面 MHC Ⅰ 类分子的增加有助于向 Tc 细胞递呈抗原,引起靶细胞的溶解。

③干扰素可增强 NK 细胞对病毒感染的杀伤能力。在临床应用时常见的不良反应有发热和白细胞减少等,少数病人快速静注时可出现血压下降。约5%的病人用后可产生 IGN 抗体。

2)抗肿瘤作用

Ⅰ型干扰素能抑制细胞的 DNA 合成,减慢细胞的有丝分裂速度;这种抑制作用有明显的选择性,对肿瘤细胞的作用比对正常细胞的作用强 500～1 000 倍。另外,Ⅱ型干扰素也可通过增强机体免疫机制、加强免疫监督功能来实现其抗肿瘤效应。IFN 的抗肿瘤作用在于它既可直接抑制肿瘤细胞的生长,又可通过免疫调节发挥作用。临床试验表明,它对肾细胞癌、卡波济肉瘤、多毛细胞白血病,某些类型的淋巴瘤、黑色素瘤、乳癌等有效;而对肺癌、胃肠道癌及某些淋巴瘤无效。

3)免疫调节作用

干扰素的免疫调节作用表现在对宿主免疫细胞活性的影响,如对巨噬细胞、T 细胞、B 细胞和 NK 细胞等均有一定作用。其免疫调节作用在小剂量时对细胞免疫和体液免疫都有增强作用,大剂量则产生抑制作用。

(1)对巨噬细胞的作用

IFNγ 可使巨噬细胞表面 MHC Ⅱ 类分子的表达增加,增强其抗原递呈能力;此外还能增强巨噬细胞表面表达 Fc 受体,促进巨噬细胞吞噬免疫复合物、抗体包被的病原体和肿瘤细胞。

(2)对淋巴细胞的作用

干扰素对淋巴细胞的作用较为复杂,可受剂量和时间等因素的影响而产生不同的效应。在抗原致敏之前使用大剂量干扰素或将干扰素与抗原同时投入会产生明显的免疫抑制作用;而低剂量干扰素或在抗原致敏之后加入干扰素则能产生免疫增强的效果。在适宜的条件下,IFNγ 对 B 细胞和 CD8$^+$T 细胞的分化有促进作用,但不能促进其增殖。IFNγ 能增强 TH1 细胞的活性,增强细胞免疫功能;但对 TH2 细胞的增殖有抑制作用,因此抑制体液免疫功能。IFNγ 不仅抑制 TH2 细胞产生 IL-4,而且抑制 IL-4 对 B 细胞的作用,特别是抑制 B 细胞生成 IgE。

(3)对其他细胞的作用

IFNγ 对其他细胞也有广泛影响:①刺激中性粒细胞,增强其吞噬能力。②活化 NK 细胞,增强其细胞毒作用。③使某些正常不表达 MHC Ⅱ 类分子的细胞(如血管内皮细胞、某些上皮细胞和结缔组织细胞)表达 MHC Ⅱ 类分子,发挥抗原递呈作用。④使静脉内皮细胞对中性粒细胞的粘附能力更强,且可分化为高内皮静脉,吸引循环的淋巴细胞。

9.1.6　干扰素的适应症

临床用于慢性骨髓性白血病、非何杰金淋巴瘤、皮肤 T-细胞淋巴瘤、Kaposi 肉瘤、多发性骨髓瘤、黑色素瘤、肾细胞癌、类癌综合征和骨髓增殖性病(包括真性红细胞增多症和原发性血小板增多症)有效。此外,干扰素-α 还用于膀胱内注射、基底细胞癌的病变内注射和子宫癌的腹腔内注射。还可用于预防或治疗病毒感染,以及肿瘤的辅助治疗等。

9.1.7 干扰素的用量用法

皮注或肌注:注入后6~8 h 血浆水平达高峰。还可通过静脉内、肌肉内、皮下组织、膀胱内、病变内或腹膜内给药。一般用药剂量根据剂型和给药途径,每一种肿瘤的最佳用量和给药方案并不一样。

注意事项:①多数病人有发热、寒战、肌痛、疲乏和虚弱、厌食等。②长期或大剂量用药,胃肠道不良反应有恶心、呕吐、味觉改变和腹泻等。③心血管反应如低血压、高血压。④神经系统反应如头痛、头晕、目眩等。⑤局部反应如荨麻疹、口腔炎和脱发。⑥本品可增加放射毒性、骨髓抑制,由于剂量的限制、中性粒细胞减少,但在停止或调整治疗后24~48 h 内骨髓抑制可逆转。⑦肝内酶的短暂增高,少数病人可有代谢和肾脏毒性作用。

【技能训练】

重组大肠杆菌发酵生产 α-干扰素

1)实训目的

掌握重组大肠杆菌发酵生产 α-干扰素的方法。

2)实训材料

(1)菌种

工程菌为 E.coli JM 101,基因型 F-mcrAmcrBIN(rrnD -rrnE)lamda:用于构建表达质粒的起始质粒 PST Ⅱ 其结构包括碱性磷酸酶启动子、翻译增强子序列、SD 序列、STⅡ信号肽序列、Amp 及 Tet 抗性基因、复制起点。

(2)发酵罐

B.B raun 5 L 发酵罐、A pplican 40 L 发酵罐。

(3)培养基

①种子培养基:LB 培养基。

②筛选培养基(g/L):葡萄糖 2 g,酵母粉 1.2 g,蛋白胨 15 g,NaCl 1.2 g,NH_4Cl 0.96 g,$MgSO_4 \cdot 7H_2O$ 0.494 g,调 pH 至 7.5。

③发酵基本培养基(g/L):$NaH_2PO_4 \cdot 2H_2O$ 8.5 g,$K_2HPO_4 \cdot 3H_2O$ 2.23 g,$(NH_4)_2SO_4$ 4.2 g,$MgSO_4 \cdot 7H_2O$ 1.2 g,葡萄糖 1 g,酵母粉 5 g,蛋白胨 3.6 g,柠檬酸三钠 0.965 g,微量元素 0.5 mL。其中微量元素混合物成分:Fe,Co,Mo,Zn,Cu,Mn 等。

④补料:a.50%葡萄糖(105 ℃灭菌 20 min)。b.蛋白胨 45 g,酵母粉 14 g,溶解于 1 L 水中。c.采用单独流加葡萄糖方法,需在每升发酵基本培养基中另加入蛋白胨 4.5 g,酵母粉1.4 g。使用发酵罐培养时,不应加入任何抗生素。

(4)检测方法

通过 SDS-PAGE 电泳,并经 VDS 扫描仪分析干扰素 α-2b 的表达量;通过尿糖检测试剂盒检测发酵培养过程中糖的变化;中试发酵结果的研究采用低渗裂解方法,并通过 SDS-PAGE 电泳法检测蛋白量;对 40 L 发酵罐中试结果的分析,均采用统一的纯化工艺路线;终产品检测方法及质量标准符合《中国药品生物制品检定规程》(2000 年版)有关规定。

　　3)实训工艺流程

　　(1)大肠杆菌重组人干扰素 α-2b 发酵

　　通过 SDS -PAGE 检测干扰素 α-2b 表达量来决定发酵基本条件的优劣。小试实验条件:划 LB 平板(含 Tet,37 ℃培养过夜),挑取单克隆,接种于 10 mL 液体培养基中(含 Tet)。37 ℃培养至 A_{600} 在 1.5 左右,分别筛选,接种量均为 5%,摇床转速 220 r/min。

　　通过分泌型表达技术构建的工程菌,结构中包括碱性磷酸酶启动子,其特点是随着培养基中磷酸盐的逐渐消耗,出现低磷酸盐条件时,开始诱导表达分泌干扰素 α-2b。采用 5 L 发酵罐和发酵培养基,采用单流加葡萄糖补料,并控制比生长速率。干扰素 α-2b 发酵的基本条件:温度 37 ℃,pH 7.0 左右,保持较高的溶解氧(保持溶解氧不低于 30%),有利于目的蛋白的表达及分泌。干扰素 α-2b 的发酵周期为 22 h。

　　(2)中试发酵

　　中试发酵工艺是在 5 L 发酵罐结果基础上进行线性放大,采用 40 L 发酵罐进行。将发酵工程菌划种 LB 平板,37 ℃培养过夜,挑单菌落,接种于 10 mLLB(含 Tet)的三角瓶中,37 ℃培养至 $A_{600}=1.0$,再在摇瓶中(含 Tet)放大培养至 $A_{600}=2.0$,作为种子液。按 5%接种量接种于发酵培养基中,进行中试发酵。连续流加葡萄糖及氮源方法补料。补糖及检测方式同连续流加葡萄糖方法,同时流加补料 c,进入稳定期前,补料 c 的流速为补糖流速的 1/2,进入稳定期后,流速与补糖流速一致。

　　通过控制碳(C)源、氮(N)源的流加速度,很容易控制比生长速率,减少有机酸的积累,获得高密度发酵并使目标蛋白高表达。分别补充碳源和氮源优于单补碳源。经优化后的发酵条件,光密度 $A_{600}=70$,重组人干扰素 α-2b 终产品为 120 g/L 菌体,平均比活性为 $2.2×10^8$ IU/mg 蛋白。

任务 9.2　重组毕赤酵母发酵生产乙肝表面抗原

【活动情境】

　　毕赤酵母表达系统是近年发展起来的一个高效表达系统,已有多种外源蛋白质成功地在这种酵母系统中表达。该系统即克服了原核表达系统缺乏的蛋白翻译后修饰和加工,表达产物以包涵体形式存在,不易纯化等缺点;与酿酒酵母相比,又具有强启动子,分泌效率有所提高,表达质粒更稳定等特性,是集原核和真核生物特性于一身极有发展潜力的表达系统。现以工程菌为重组毕赤酵母为菌种,要发酵生产乙肝表面抗原,该如何完成这项任务?

【任务要求】

　　能够运用关于微生物的基本知识,根据菌株的特性,熟练进行微生物基本操作,实现利用重组毕赤酵母发酵生产乙肝表面抗原。

1. 菌种制备。
2. 种子罐培养。
3. 发酵罐培养。
4. 菌体收集。
5. 发酵过程控制。

【基本知识】

9.2.1　乙肝表面抗原的概述

乙型肝炎是世界上最常见的一种传染病,是由乙型肝炎病毒引起、通过血液传播的肝炎。主要临床表现有疲乏无力、食欲不振、腹胀、黄疸、肝脏和脾脏肿大、肝功能异常和肝组织有程度不等的炎症、坏死和纤维化病变。可表现多种临床类型:慢性 HBV 携带者、急性肝炎、慢性肝炎、重型肝炎、淤胆型肝炎和肝炎肝硬化、肝细胞癌等。

HBV 感染呈世界性分布,世界卫生组织统计 2000 年全球慢性 HBV 携带者达 4 亿人,其中,1/4 有可能发展为肝细胞癌(HCC)。西欧、澳洲、北美和南美洲南部等地区属低流行区,表面抗原携带率 0.2%~1.9%;地中海地区、东欧、苏联、中东、中南美洲、非洲撒哈拉地区等属中流行区,表面抗原携带率为 2%~6.9%;非洲热带地区、东南亚、南美亚马孙河流域和中国属高流行区,表面抗原携带率为 7%~20%。我国大约有 1 亿乙肝病毒携带者,高居世界第 1 位,占世界表面抗原携带者人数的 1/3。几次较大规模的血清流行病学调查显示,我国乙肝表面抗原携带率平均为 10%。

乙型肝炎的传播途径有以下几种:血源性传播、医源性传播、母婴传播、生殖细胞传播、密切接触传播(性接触为主)和饮食传播。乙型肝炎病毒感染已成为我国最严重的公共卫生问题之一,主要的预防措施如下:①管理传染源。严格检查供血者,尽量不使用血液及血制品,特别是进口血液制品。严格执行医疗制度,增强无菌观念,实行一人一针一用一消毒,是预防乙肝经医源性传播的关键;婚前检查,给婴儿用高效价的乙肝免疫球蛋白与乙肝疫苗;使用公筷和分餐制。②保护易感人群。广泛地接种乙肝疫苗是控制 HBV 感染及流行的最有效的关键预防措施。

澳大利亚抗原是最初发现于澳大利亚本土人血清中的一种抗原物质,简称"澳抗"。后来观察到病毒性肝炎患者血清中经常出现这种抗原,故又称为肝炎相关性抗原(HAA)。后经各国专家反复研究,发现 HAA 只出现在乙型肝炎,与甲型肝炎无关。为避免混淆,经世界卫生组织肝炎专门会议正式命名为乙型肝炎表面抗原。

乙肝病毒外壳部分含表面抗原即 HBsAg(术语:乙肝表面抗原),核心部分含有核心抗原即 HBcAg、e 抗原即 HBEAg(医学术语:乙肝 E 抗原)及乙肝病毒的脱氧核糖核酸即 HBV-DNA、脱氧核糖核酸多聚酶即 DNA-P。表面抗原本身不具有传染性,但它的出现常伴随乙肝病毒的存在,因此它是已感染乙肝病毒的标志。人感染乙肝病毒后,血液内常有大量的表面抗原剩余下来,形成表面抗原血症,它可存在于患者的血液、唾液、乳汁、汗液、泪水、鼻咽分泌物、精液及阴道分泌物中。在感染乙肝病毒后 2~6 个月,当丙氨酸氨基转移酶升高前 2~8 周时,可在血清中测到阳性结果。表面抗原本身不是完整的乙肝病毒,而是乙肝病毒的外壳,它本身没有传染性但有抗原性,它只是乙肝病毒感染的标志之一。它可以表示过去感染过乙肝病毒,或者目前正在受到乙肝病毒的感染。

9.2.2 乙肝表面抗原的正常值

乙肝表面抗原转阴表示乙肝痊愈,不会再传染,也就是说该患者基本摆脱了乙肝疾病,但是得了乙肝就需要终生进行监测,即便是乙肝表面抗原(HBsAg)已经转阴,也不能放松警惕。要想长久地维持下去就需要医生和患者的共同努力。只要在今后的生活中注意生活习惯、饮食运动,基本上乙肝不会再复发。

肝病专家介绍,在不同的医院,乙肝表面抗原正常值范围会有很大不同。乙肝表面抗原正常值的范围采用不同的表示方法,其值也有所不同。乙肝表面抗原正常值主要有以下几种表示方法:

①ng/mL 表示法。如果乙肝表面抗原正常值(ng/mL)大于 0.18 ng/mL,那么就表示该患者体内有乙肝病毒,乙肝表面抗原被视为阳性结果,反之被认为是阴性。

②S/CO 值表示法。如果乙肝表面抗原正常值(S/CO)大于 1 S/CO,那么就表示该患者体内有乙肝病毒,乙肝表面抗原被视为阳性结果,反之被认为是阴性。

③S/N 值表示法。AXSYM 免疫分析仪得到 S/N 的值,如果乙肝表面抗原正常值(S/N)大于 2.1 S/N,那么就表示该患者体内有乙肝病毒,乙肝表面抗原被视为阳性结果,反之被认为是阴性。

9.2.3 检测乙肝表面抗原抗体的意义与用途

1)检测乙肝表面抗原抗体的意义

（1）HBsAg

血清中检测到 HBsAg,表示体内感染了 HBV,因而是一种特异性标志,HBsAg 阳性见于:
①急性乙型肝炎的潜伏期或急性期(大多仅短期阳性)。
②HBV 所致的慢性肝病:迁延性和慢性活动性肝炎,肝炎后肝硬化或原发性肝癌等。
③无症状携带者。

（2）抗-HBs

抗-HBs 是 HBsAg 刺激机体产生的一种特异性抗体,一般在感染后 4~5 个月出现,可持续数年甚至终生。抗-HBs 是乙肝唯一有效的保护性抗体。保护效果与抗体滴度成正比,它的出现标志着感染恢复、病毒清除、传染性消失和免疫力产生,也是考核乙肝疫苗免疫效果的指标,可见于乙肝恢复期、HBV 既往感染者和乙肝疫苗免疫后。

2)检测乙肝表面抗原抗体的用途

不可否认的是,乙肝表面抗体随着时间的推移会逐渐下降或者消失,因此,为了保持乙肝抗体能够连续有效的存在,需要定期检查乙肝表面抗体情况并每隔 3~4 年加强接种乙肝疫苗。
①筛选供血员。通过检测 HBsAg,筛选去除 HBsAg 的阳性供血者,可使输血后乙肝发生

率大幅度降低。

②可作为乙肝病人或携带者的特异性诊断。但一般来说,乙型肝炎表面抗原阳性乙型肝炎病毒的其他标志物同时存在,表示这个人的血液内正携带或存在乙型肝炎病毒复制。因此,乙型肝炎表面抗原阳性者及其对象在结婚前最好要查一查乙型肝炎病毒标志物。如对方血中表面抗体阳性,说明对方对乙型肝炎病毒已经有免疫力,不易再被感染,可以结婚。如果对方乙型肝炎标志均为阴性,则表明对方对乙型肝炎病毒既未感染过也无免疫力,婚后易被感染,故暂时不宜结婚。应按"0,1,6"方案注射乙型肝炎疫苗。等待 6 个月以后身体内产生足够保护性抗体时再结婚,这样可能比较安全。

③对乙肝病人预后和转归提供参考。一般认为急性乙肝患者,如 HBsAg 持续两个月以上者,约 2/3 病例可转为慢性肝炎。HBeAg 阳性者病后发展成为慢性肝炎和肝硬化的可能性较大。当乙肝病毒入侵人体后,就会刺激人的免疫系统产生免疫反应,身体内免疫系统中的 B 细胞就会分泌出一种特意的人体免疫球蛋白,即表面抗体,它能够和乙肝表面抗原特异性结合,然后在身体内与人体的其他免疫能力共同的作用下,将乙肝病毒清理,并且能够同时保护人体再也不受乙肝病毒的感染。有了表面抗体,证明人已经产生了免疫能力,如检查出乙肝表面抗体阳性结果,则表示不感染乙肝了。

④研究乙肝的流行病学,了解各地人群对乙肝的感染情况。

⑤判断人群对乙肝的免疫水平,了解注射疫苗后抗体阳转与效价升高情况等。

9.2.4 乙肝表面抗原的试剂

试剂是包被抗-HBs 反应板及 HRP-抗-HBs,阴、阳性对照血清,洗涤液、底物液等。

1)操作方法

取已包被固相载体反应板条安放在框架上,并编号。每孔加待测血清 50 μL,每板均作阳性、阴性及空白对照。然后每孔加入酶标记抗 HBs 1 滴,置微型振荡器上振荡 1~2 min,放 37 ℃水浴 30 min。取出反应板,甩去孔内液体,用洗液洗 5 次,每次洗涤静置 1 min,风干后加底物溶液(A 液、B 液各 50 μL),37 ℃避光显色 10 min,用 2 mol/L H_2SO_4 1 滴终止反应。

2)化验结果临床意义

血清 HBsAg 阳性主要见于:

①HBV 感染后的潜伏状态。

②乙型病毒性肝炎急性期。

③慢性肝炎(迁延性或活动性肝炎)肝炎后肝硬化或肝癌。

④HBsAg 携带者。

3)注意事项

①试剂使用前应摇匀,并弃去 1~2 滴后垂直滴加,注意均匀用力。

②从冷藏环境中取出的试剂盒应室温平衡 30 min 再进行测试,余者应及时封存,置冰箱内储藏备用。

③冷藏的待查标本需置室温平衡 30 min,再可检测。

④待检标本不可用 NaN_3 防腐。

9.2.5　基因工程乙肝表面抗原的制备

毕赤酵母的一个显著特点就是表达工程菌易于从摇瓶培养发展到大规模高密度的发酵罐培养。虽然某些外源蛋白在摇瓶培养中可以得到好的表达,但是依然比不上在发酵罐中的培养。为了优化外源蛋白的表达,前人在技术上已经作了大量的工作。一般而言,在菌株生长的初期阶段用的是以甘油为碳源的特定培养基,这时生物体增殖但外源蛋白被完全抑制。在甘油损耗之后,一个过渡期开始,在这个过渡期里加入限量的甘油来维持生长的最低需要。最后,加入甲醇或甘油与甲醇的混合物诱导表达。发酵罐培养对胞内型表达蛋白特别重要,因为在培养基中产物的浓度与培养中的细胞的浓度大致相平衡。与过量使用甲醇相比,在限量使用甲醇使细胞的生长速率受到限制,能使以 AOX1 为启动子的转录水平提高 3~5 倍,因此发酵罐培养下,表达的目的蛋白的产量有比较显著的提高。通过甲醇诱导浓度和周期,研究了不同发酵条件对毕赤酵母表达乙肝表面抗原的影响,探索和优化毕赤酵母的培养条件。

甲醇是甲醇营养型毕赤酵母表达外源蛋白的诱导剂,表明其诱导周期和浓度对目标蛋白的表达有着极大影响,而流加速度和流加方式对甲醇浓度的稳定也有着重要影响。控制甲醇流加速率 15 mL/h 的同时,根据溶氧调节甲醇的流加,甲醇诱导周期 72 h,有利于发酵过程中乙肝表面抗原产率的提高。发酵培养 96 h 后,细胞浓度最高达 318 mg/mL,乙肝抗原水平达 65.3 mg/L。因此,以上条件的选择和优化研究对乙肝表面抗原的生产意义重大。

1)酵母工程菌的高密度发酵

在培养前期以溶氧作为代谢标志,以反映甘油(碳源)的利用情况,当发酵液中的甘油耗尽溶氧会迅速上升,加入少量甘油后溶氧即迅速下降,以此调节甘油流加速度保证甘油供应处于限制的状态,避免甘油过剩造成阻遏作用。当培养 24 h 左右,菌体浓度达 200 g/L 左右时开始流加甲醇进行诱导,在诱导初期,酵母不能适应甲醇,应加入少量甲醇,当酵母完全适应甲醇后,开始以 15 mL/h 补加甲醇,由于这时酵母已经完全适应甲醇,因此根据溶氧控制甲醇的流加速度,当溶氧上升到 50% 以上时,把甲醇的流加速度增大 20%,当溶氧降到 25% 以下时,把甲醇流加速度减小 20%,限制流加速度。每 6 h 取发酵液进行抗原含量测定,诱导 96 h。

随着诱导时间的延长,细胞湿重和表达抗原量逐渐增加,诱导 72 h 后抗原表达量最大,为 65.3 mg/L,相当于摇瓶诱导表达的 4 倍多。诱导初期抗原表达产率不高,当细胞在甘油和甲醇两种碳源转换适应后,抗原表达产率迅速提高。随后产率逐渐减小,当诱导到峰值继续诱导抗原含量却逐渐下降,可能是后期细胞表达产物对宿主细胞造成毒性造成表达产物的降解。

重组毕赤酵母在发酵过程中,最重要的控制原则就是适度流加甲醇,因为甲醇既是目的蛋白表达的诱导剂,又是碳源和能量来源,但甲醇体积分数超过 1% 后,会对酵母的生长和外源蛋白合成产生明显的抑制作用。在发酵后期,表达量还在缓慢增加,但由于菌体已经衰老等原因,目的蛋白表达量已经出现下降趋势。因此,选择合适的收获时间对于毕赤酵母工程菌发酵来说至关重要。

2)甲醇流加速度对乙肝表面抗原表达的影响

诱导阶段甲醇是甲醇营养型毕赤酵母表达外源蛋白的诱导剂,也是诱导期酵母生长所需要的碳源,其流加速度对外源目标蛋白的表达影响很大。前期细胞培养和上面细胞培养相似,当细胞湿重达到 250 mg/mL，开始诱导，诱导方式为甲醇恒速连续流加，根据改变转速，改变通气量等措施，把溶氧控制在 30% 左右，严格控制其他发酵条件，控制每次流加速度为 5 mL/h、10 mL/h、15 mL/h、20 mL/h、25 mL/h。

甲醇流加速度为 15 mL/h 左右有利于表面抗原的表达。过高或过低的甲醇流加速度不利于表面抗原的表达。甲醇流加速度过低，发酵液中甲醇浓度低，不能满足菌体的代谢和生长需要，一方面，菌体生长缓慢，达不到高的菌体浓度；另一方面，低的甲醇浓度满足不了菌体表达外源蛋白。致使表达的表面抗原含量总体下降。当流加速度为 5 mL/h 时，菌体处于限制性生长，其最高菌体浓度不到 300 mg/mL。甲醇流加速度过高，发酵液中甲醇浓度高，残留的甲醇被氧化成甲醛，进而产生的甲醛会对细胞生长产生毒害，使细胞生长缓慢或停滞。当甲醇流加速度为 20 mL/h 时，其细胞浓度低于流加速度为 15 mL/h 的细胞浓度，经测量，其甲醇浓度从第 52 h 开始一直处于 5 g/L 以上，几乎随着时间的延长而线性增加。一般甲醇浓度超过 5 g/L，细胞生长速率随甲醇浓度的增加而下降。因此，控制甲醇流加速度在 15 mL/h 左右有利于表面抗原的表达，过高或过低则不利于表面抗原的表达。

3) 不同甲醇流加方式对重组毕赤酵母表达表面抗原的影响

(1) 甲醇恒速流加

前期细胞的培养和上面相同，当细胞浓度达到 200 mg/mL 时，开始以恒定速率 15 mL/h 进行甲醇诱导。发酵结束后，表面抗原的最高浓度为 45 mg/L，恒速流加虽然操作简便，但它不能有效反映菌体的实际生长情况。经测定，发酵过程中在第 56 h 和第 68 h 之间甲醇浓度在 2 g/L 以下，其浓度不能满足菌体快速生长对碳源的需求，而在第 72 h 以后，由于菌体生长进入稳定期，其对碳源需求减少，而造成了甲醇的积累，浓度高达 5 g/L 以上。高的甲醇浓度会造成对细胞的毒害，从而不利于细胞生长和表面抗原的表达。

(2) 根据溶氧控制甲醇的流加

利用毕赤酵母发酵生产乙肝表面抗原，可以利用溶氧反应酵母对碳源的消耗情况，当碳源消耗完时，酵母生长受到抑制，耗氧速率降低，溶氧会上升，如果再加入碳源，由于酵母利用碳源生长代谢会消耗大量氧，使溶氧下降，因此可以根据溶氧的变化控制毕赤酵母发酵过程中碳源的流加。

以甘油为碳源时，由于高的甘油浓度不会对细胞产生毒害，利用溶氧可以反应发酵过程中甘油的消耗情况。24 h 后培养基中甘油耗尽，溶氧迅速升到 60%，当细胞浓度达 200 mg/mL 时，开始进行甲醇诱导，刚开始流加少量的甲醇，因为在最初 1~2 h 内，酵母还没有完全适应甲醇，这时的溶氧不稳定，不能反映甲醇的消耗情况，半小时左右毕赤酵母完全适应甲醇，开始快速利用甲醇，把蠕动泵的泵速调到 15 mL/h，根据溶氧的变化控制甲醇的流加，当溶氧上升到 45% 时，将甲醇的流加速率增大 20%，使溶氧缓慢下降至 30% 左右，若溶氧低于 25%，则适当减小甲醇流速。按照如此的方法，72 h 收获菌体后，测得表面抗原的最高浓度为 60.5 mg/L，相比甲醇恒速流加的方式有比较明显的提升。因此，利用溶氧控制甲醇流加，能够较好地保证甲醇浓度一直处于稳定的水平，有利于乙肝表面抗原的表达。

【技能训练】

重组毕赤酵母发酵生产乙肝表面抗原

1）实训目的

掌握重组毕赤酵母发酵生产乙肝表面抗原的方法。

2）实训材料

（1）菌种

重组毕赤酵母工程菌 GS115-pPICZA-SH。

（2）发酵培养基配方

一级种子培养基（g/L）：YNB（酵母氮源）13.4 g，甘油 10 g。

二级种子培养基（g/L）：甘油 30 g，磷酸二氢钾 2.5 g，磷酸二氢铵 5.0 g，硫酸镁 2.5 g，氯化钾 1.15 g，氯化钠 0.25 g，硫酸亚铵 0.05 g，硫酸铜 4 mg，硫酸锌 15 mg，硫酸锰 20 mg，Na-EDTA 0.05 g，硼酸 0.25 mg，硫酸镍 0.5 mg，氯化钴 0.5 mg，钼酸钠 0.5 mg，碘化钾 0.5 mg，维生素 B_1 0.05 mg，维生素 D 0.15 mg，氯化钙 0.375 mg。

发酵培养基（g/L）：甘油 10 g，磷酸二氢钾 5.0 g，磷酸二氢铵 10 g，硫酸镁 5 g，氯化钾 2.3 g，氯化钠 0.5 g，硫酸亚铵 0.1 g，硫酸铜 8 mg，硫酸锌 30 mg，硫酸锰 40 mg，Na_2EDTA 0.1 g，硼酸 0.5 mg，硫酸镍 1 mg，氯化钴 1 mg，钼酸钠 1 mg，碘化钾 1 mg，维生素 B_1 0.1 mg，维生素 D 0.3 mg，氯化钙 0.65 mg。

补料培养基：甘油（分析纯），甲醇（分析纯）。

（3）设备

30 ℃恒温摇床（THZ-C，培英）；10 L 发酵罐（上海高盟生物工程设备有限公司）；紫外可见分光光度计（UV-1700，日本岛津）；SIGMA3K30 高速冷冻离心机；美国 Sonics 超声破碎仪（VC130）。

3）实训工艺流程

（1）培养

①一级种子。将−20 ℃冷冻菌种悬液融化，取 1 mL 接入两个装有 20 mL 培养基的摇瓶中，30 ℃，250 r/min 旋转培养 24 h。

②二级种子。将一级种子接于两个分别装有 200 mL 培养基的摇瓶中，30 ℃，250 r/min 旋转培养 24 h。

③发酵培养。10 L 发酵罐装 4 L 发酵培养基，接种量为 10%，温度为 30 ℃，用氨水调 pH 值为 5.0，通气量为 4 L/min，当发酵罐中的甘油耗尽后溶氧大幅度上升开始补加甘油培养，其流加量通过溶氧控制。通过改变通气量，搅拌转速等措施保持溶氧水平不低于 20%，培养至菌体湿重达250 mg/L左右时停止补加甘油。约 1 h 溶氧又大幅度上升，当溶氧上升至 60%时，对细胞饥饿 0.5 h，补加少量甲醇，由于此时酵母细胞对甲醇还不适应。其溶氧水平并不能反映细胞对甲醇的消耗情况。大约 1 h 后，酵母细胞完全适应甲醇，此时开始根据溶氧控制甲醇的流加，溶氧控制在 30%左右。每隔 6 h 取样离心测定细胞湿重。同时收集上清液和少量发酵液置−10 ℃冻存待测甲醇含量和表面抗原含量。

（2）测定分析方法

　　菌体浓度采用吸光光度法，发酵液经稀释后于波长 600 nm 处测光密度，根据在线形范围内由菌体湿重和对应的 OD_{600} 处绘制的标准曲线计算湿重。抗原表达量的测定采用 ELISA 法，用 HBsAg 酶联免疫检测试剂盒测定破壁液。抗原表达量用酶标仪测定的吸光度 OD_{450} 表示。OD_{450} 与抗原表达量的绝对值成正比。pH 值由 pH 电极在线检测，溶氧由溶氧电极在线检测，甲醇测定采用氧化法。

· 项目小结 ·

　　基因重组产品已经成为生物制药领域、生物技术领域的主打拳头产品，从根本上改变了许多蛋白质类药物的生产方式，并产生了多种新型药物。基因克隆与表达技术的建立与成熟为基因重组产品的研发生产提供了有利支撑，依赖于现代生物发酵技术与提取技术的进步，基因重组产品跨越了物种的限制成为了现代生物技术产品的典型代表。从胰岛素应用于市场到方兴未艾的基因工程抗体，基因重组产品无处不在地散发着它的魅力。

 思考练习

简答题

1.简述干扰素的分类与用途。

2.大肠杆菌重组人干扰素 α-2b 发酵确定的发酵基本条件是什么？

3.检测乙肝表面抗原抗体的意义与用途是什么？

4.简述乙肝表面抗原的制备。

5.根据不同甲醇流加方式对重组毕赤酵母表达表面抗原的影响，选择哪种流加方式？

参考文献

[1] 刘冬,张学仁.发酵工程[M].北京:高等教育出版社,2007.

[2] 蒋新龙.发酵工程[M].杭州:浙江大学出版社,2011.

[3] 刘振宇.发酵工程技术与实践[M].上海:华东理工大学出版社,2007.

[4] 葛绍荣,乔代蓉,胡承.发酵工程原理与实践[M].上海:华东理工大学出版社,2011.

[5] 张学仁.微生物学[M].天津:天津科技出版社,1992.

[6] 张惟才,朱厚础.重组大肠杆菌的发酵与代谢[J].微生物通报,1996,26(4):289-293.

[7] 李武平,王志武.分泌型重组人生长激素工程菌的高密度发酵[J].中国生物制品学杂志,2000,13(3):163-165.

[8] 黄方一.发酵工程[M].武汉:华中师范大学出版社,2012.

[9] 白秀峰.发酵工艺学[M].北京:中国医药科技出版社,2003.

[10] 姚汝华.微生物工程工艺原理[M].广州:华南理工大学出版社,2008.

[11] 孙俊良.发酵工艺[M].北京:中国农业出版社,2002.

[12] 熊宗贵.发酵工艺原理[M].北京:中国医药科技出版社,2003.

[13] 于文国.微生物制药及反应器[M].北京:化学工业出版社,2013.

[14] 庞巧兰,李庆刚.玉米浆对青霉素发酵的影响[J].中国医药工业杂志,2006,37(8):528-530.

[15] 庞巧兰,李庆刚.青霉素发酵罐的接种工艺改进[J].齐鲁药事,2005,24(9):571-573.

[16] 汪家政,范明.蛋白质技术手册[M].北京:科学出版社,2000.

[17] 姜锡瑞,段钢.新编酶制剂实用技术手册[M].北京:中国轻工业出版社,2002.

[18] 张文治.新编食品微生物学[M].北京:中国轻工业出版社,2004.

[19] 罗大珍.现代微生物发酵及技术教程[M].北京:北京大学出版社,2006.

[20] 韩德权.微生物发酵工艺学原理[M].北京:化学工业出版社,2013.

[21] 田洪涛.现代发酵工艺原理与技术[M].北京:化学工业出版社,2007.

[22] 韩北忠.发酵工程[M].北京:中国轻工业出版社,2013.

［23］丁立孝,赵金海.酿造酒技术［M］.北京:化学工业出版社,2008.

［24］黄儒强,李玲.现代微生物发酵及技术教程［M］.北京:化学工业出版社,2006.

［25］赵金海.啤酒酿造技术［M］.北京:中国轻工业出版社,2011.

［26］岳春.食品发酵技术［M］.北京:化学工业出版社,2008.

［27］王福源.现代食品发酵技术［M］.北京:中国轻工业出版社,2004.

［28］孟祥晨.乳酸菌与乳品发酵剂［M］.北京:科学出版社,2009.

［29］何佳,赵启美,侯玉泽.微生物工程概论［M］.北京:兵器工业出版社,2008.

［30］曹军卫,马辉文,张甲耀.微生物工程［M］.2 版.北京:科学出版社,2007.